细胞治疗：技术与产业

Cell Therapy: Technology and Industry

毛开云　范月蕾　陈大明　主编

化学工业出版社

·北京·

内容简介

本书由中国科学院上海营养与健康研究所生命科学信息中心组织编写，主要基于上海市软科学研究项目“上海细胞治疗和基因治疗产业发展研究及政策建议”的研究成果而成。

全书包括五篇，共十四章，从细胞治疗作为“活体药物”的本质特点出发，围绕细胞治疗概述（定义、分类、发展历程、应用前景等）、研究态势（基础研究、专利技术、临床试验、创新产品、技术发展趋势及主要壁垒）、研究进展（CAR-T、TCR-T、CAR-NK、间充质干细胞、诱导多能干细胞等）、产业发展（产业规模、产业链、企业分布、产业融资等）、政策与监管体系（发展规划、政策特点、法律法规、监管方式）等内容，全面、系统地梳理了细胞治疗行业的技术创新和产业发展。

本书可为细胞治疗领域的政策制定者、研究人员、管理人员、从业人员等提供参考。

图书在版编目（CIP）数据

细胞治疗：技术与产业/毛开云，范月蕾，陈大明主编. —北京：化学工业出版社，2022.9(2024.1重印)
ISBN 978-7-122-42299-6

Ⅰ. ①细… Ⅱ. ①毛… ②范… ③陈… Ⅲ. ①干细胞移植-研究 Ⅳ. ①Q813.6

中国版本图书馆CIP数据核字（2022）第181234号

责任编辑：王 琰
责任校对：边 涛　　装帧设计：韩 飞

出版发行：化学工业出版社（北京市东城区青年湖南街13号 邮政编码100011）
印 装：北京建宏印刷有限公司
787mm×1092mm 1/16 印张20¼ 字数429千字 2024年1月北京第1版第2次印刷

购书咨询：010-64518888　　售后服务：010-64518899
网 址：http://www.cip.com.cn
凡购买本书，如有缺损质量问题，本社销售中心负责调换。

定 价：198.00元

《细胞治疗：技术与产业》

编写人员名单

主　　编　毛开云　范月蕾　陈大明

副 主 编　孟海华　赵晓勤　张博文

编写人员（按姓氏汉语拼音排序）

陈大明　范月蕾　方淑蓓　龚妍芸　韩　佳　江洪波

李丹丹　李　荣　马征远　毛开云　孟海华　沈　遥

史　彤　苏　琴　王　冰　王　理　王　琼　张博文

赵若春　赵晓勤　周　赛

序一

随着生命科学的不断发展，细胞治疗作为一种安全有效的治疗手段，在全球范围内掀起了研究热潮，并在肿瘤、心血管疾病、代谢系统疾病、神经系统疾病治疗等领域展示出极大的应用价值。细胞治疗与传统类型治疗手段相比，其最大区别是以活细胞为原材料，并具有产品定制化、治疗时效性强、临床依赖度高等特点。虽然我国已有多款细胞治疗产品上市，但是在科技创新与产业发展的过程中仍存在一些问题与瓶颈亟待解决：一是细胞治疗产品的创新仍需要更多的基础研究理论突破和高技术支撑；二是细胞治疗领域医研产深度融合亟待加强；三是细胞治疗在样本采集、生产制备、质量检测等多个环节仍亟待标准的建立。目前，细胞治疗已成为全球各国科技竞争的“新赛道”与我国“十四五”规划的重点发展方向，系统梳理全球与我国细胞治疗领域的科技创新与产业发展态势，具有重要的战略意义。

《细胞治疗：技术与产业》一书的出版顺应时代发展的需要，对细胞治疗在基础研究、技术创新、临床研究、产业发展、产品监管、政策保障等领域开展了全面系统的调研，不仅在文献、专利、临床、产品等层面提供了丰富的数据支撑，也针对关键科学问题、关键核心技术、市场竞争格局、政策与监管体系展开了深入的分析，形成了兼具针对性、时效性与专业性的研究成果。本书的编著人员长期从事生物医药领域的产业情报研究与战略情报研究，具有丰富的理论知识与实践经验，对于细胞治疗领域科技创新与产业发展的脉络有清晰的认识。此书的研究成果既对细胞治疗领域的专业人士具有参考价值，也为广大群众提供了了解细胞治疗科技创新与产业发展态势的有效路径。

总体而言，细胞治疗技术的转化及临床应用是健康科技的创新和进步，而细胞治疗是战略性新兴产业。作为该领域的科学家代表，我非常看好细胞治疗未来的发展前景。我愿意并隆重地向大家推荐此书，希望本书的问世，能够帮助领域内的科研人员、产业工作者与政策制定者更好地开拓思路，了解细胞治疗科技与产业的发展态势，从而对目前存在的问题与瓶颈提出解决策略，进一步提升我国在全球细胞治疗领域的科技创新策源能力，促进我国细胞治疗产业做大做强。

李劲松　中国科学院院士

中国科学院分子细胞科学卓越创新中心研究员

细胞生物学国家重点实验室主任

2022 年 8 月

序二

细胞治疗作为一种新型临床疗法，利用体外扩增改造的细胞作为活的药物，可为一些传统疗法无法治疗的重大难治性疾病提供新的治疗选择，已成为继外科手术、药物治疗、放射治疗后，非常有潜力和前景的癌症临床治疗新方法、新手段。与传统化学药物相比，细胞治疗产品具有技术迭代快、创新潜力大、临床依赖度高、产品个性化定制等特点，已成为发达国家竞相布局的“新赛道”。其中以 CAR-T 细胞免疫疗法为代表的细胞疗法凭借在治疗血液系统恶性肿瘤方面的显著优势，更是成为当前业内关注焦点。虽然当前基于 CAR-T 的免疫细胞疗法在治疗血液瘤上获得不菲佳绩，但是在治疗实体瘤时时常折戟，遇到了包括细胞扩增、体内迁移以及肿瘤微环境抵抗等多方面挑战。此外，目前已获批的细胞疗法均为自体产品，需要根据每位患者量身定制，生产过程复杂且不能量产。 未来除了攻克细胞治疗在实体瘤应用的临床挑战外，还需要进一步降低成本，提高药物的可及性，以惠及更多病人。

《细胞治疗：技术与产业》从细胞治疗发展历程、前沿进展、研发态势、产业化、资本市场、政策监管等多个角度出发，系统分析了细胞治疗从技术研究到产业发展的趋势。全书内容丰富、编排合理、叙述流畅，既考虑了细胞治疗创新链各个环节的系统性和完整性，又注重撰写内容的实用性和新颖性。全书为本行业研究人员提供了翔实可靠的参考资料。

本书编著人员由长期从事生命健康领域的情报研究人员组成，具有丰富的情报分析视角，且本书在撰写过程中咨询了同济大学、中国科学院分子细胞科学卓越创新中心、复旦大学、上海交通大学等业内科研专家，以及复星凯特、药明巨诺、科济生物、恒润达生、和元生物等研发与生产一线企业，对细胞治疗的产业发展概况和研究进展有清晰的把握。他们不辞辛劳，为读者撰写了这本不可多得的领域专著。相信该专著的面世，将会有力推动我国细胞治疗科技创新和产业的发展。建议此书作为再生医学、免疫疗法等领域科研工作者及临床医生、管理人员、政府决策人员及行业投资人了解细胞治疗前沿的参考书。

李斌　研究员

上海交通大学医学院上海市免疫学研究所科研副所长

上海市欧美同学会生物医药分会会长

PENN Medicine China Club 副会长

2022 年 8 月

前言

21 世纪上半叶以来，生物治疗逐步走入公众视野。细胞治疗以其“活体药物”的特性，有望给肿瘤、退行性疾病、糖尿病等复杂疾病的治疗带来前所未有的解决方案，释放再生医学、组织工程、免疫治疗等巨大潜力，带来巨大的医学价值、社会价值和产业价值。

2017 年，首个嵌合抗原受体 T 细胞免疫治疗（CAR-T）产品在美国获批上市，点燃了全球细胞治疗的产业化研发热潮。除学术界外，投资界、产业界纷纷将目光投向细胞治疗。因为基因修饰、基因编辑等技术也常常被嵌入细胞治疗的技术中，有不少业界人士也称其为“细胞与基因治疗”（CGT）。

如今，细胞治疗的巨大价值和广阔前景已经得到各方的公认。然而，细胞治疗作为“活体药物”，必然与传统的小分子药物、单抗药物等以单一分子为主要成分的“活性药物”有着很大的区别。细胞治疗产品的开发，不仅涉及复杂的成分，还涉及复杂的细胞间相互作用、细胞与微环境的相互作用等。因而，细胞治疗领域的技术创新、产业开发、政策监管、临床应用等有其独特的特点。

唯有从细胞治疗的本质特点出发，才能用更为系统、全面的视角来看待细胞治疗的发展前景。例如，正是因为细胞治疗的复合性特点，细胞治疗作用机制、临床试验、给药方式的评价方式需要探索，而新兴的细胞治疗产品后续的长期安全性、有效性的评估方式需要作适当的调整或突破。再如，细胞治疗的产业化开发必然要求有更高的系统性布局作支撑，这种系统性所要求的产业链条支撑能力也更高。

鉴于此，在上海市软科学研究项目“上海细胞治疗和基因治疗产业发展研究及政策建议”支持下，本书试图从细胞治疗的基本特点出发，就国内外细胞治疗的发展现状和特点等进行分析，全面、系统地梳理细胞治疗行业的科技创新和产业发展态势，从而为细胞治疗领域的政策制定者、研究人员、管理人员、生产人员等提供参考。

我们虽然本着科学严谨的态度编写本书，力求精益求精，但是由于水平有限，疏漏之处在所难免，敬请广大读者批评指正。

编者

2022 年 8 月

目录

第一篇

细胞治疗概述

第一章

细胞治疗的定义和分类

近年来，随着细胞工程、基因工程、组织工程、合成生物学等技术的飞速发展和相互融合，作为“活体药物”的细胞治疗技术有望改变人类目前尚无有效治疗手段治疗某些疾病的局面，呈现巨大的发展潜力。作为生物医药前沿技术，细胞治疗技术已被认为是下一代药物的发展方向。目前，细胞治疗作为全球生物医药产业中最具潜力、最受关注的领域之一，已成为各国（地区）竞相布局的“新赛道”。

第一节　细胞治疗的定义

目前，全球对于细胞治疗尚未形成统一的定义。在已有的定义中，主要从作用机理和产品监管两个角度对细胞治疗进行界定。

从细胞治疗的机理角度，美国基因和细胞治疗年会（American Society of Gene and Cell Therapy，ASGCT）的报告认为，细胞治疗是指应用人自体或异体来源的细胞，经体外操作后输入（或植入）人体，用于疾病治疗的过程[1]。体外操作包括但不限于分离、纯化、培养、扩增、活化、细胞（系）的建立、冻存、复苏等。在我国，2011 年全国科学技术名词审定委员会公布的《材料科学技术名词》中的“细胞治疗”是指利用患者自体（或异体）的成体细胞（或干细胞）对组织、器官进行修复的治疗方法，广泛用于骨髓移植、晚期肝硬化、股骨头坏死、恶性肿瘤、心肌梗死等疾病。

从细胞治疗产品的监管角度，由于细胞治疗技术发展的快速、未知风险的不确定性，如表 1-1 所示，美国、欧盟国家、日本、韩国等根据本国国情形成了各具特色的细胞治疗产品监管体系，其中对于细胞治疗产品给予了不同的概念界定。2022 年 1 月，国家药品监督管理局（National Medical Products Administration，NMPA）发布了《药品生产质量管理规范 - 细胞治疗产品附录（征求意见稿）》，将细胞治疗产品定义为“人源的活细胞产品，包括经过或未经过基因修饰的细胞，如自体或异体的免疫细胞、干细胞、组织细胞或细胞系等产品，不包括输血用的血液成分、已有规定的移植用造血干细胞、生殖相关细胞，以及由细胞组成的组织、器官类产品等”，并将细胞治疗产品归为药品中的生物制品进行监管。

表1-1　美国、欧盟国家、日本、韩国、中国对于细胞治疗产品的概念界定

国家	管理分类	概念界定	产品类别
美国	人体细胞、组织及基于细胞和组织的产品（Human cells, tissues, cellular and tissue-based products，HCT/Ps）	含有人类细胞或组织，可通过植入、移植、静脉输注等方式转入受者体内的产品	生物药、医疗器械
欧盟国家	先进技术治疗医学产品（Advanced therapy medicinal products，ATMPs）	含有经过处理的被改变了生物学特性的细胞或者组织，可以用于疾病的治疗、诊断或者预防	先进治疗产品
日本	再生医学产品	含有由自体或者同源人类细胞（或组织）组成的药物或医疗器械，通过改变生物学特性、人工基因操作增殖、激活细胞，治疗疾病或促进组织修复再生	再生医学产品
韩国	医药品抗癌剂、稀有医药品及细胞治疗剂	利用物理、化学、生物学方法，通过在体外培养增殖或筛选自体、同种及异种细胞等方式而制造出来的医药品	医药品
中国	生物制品	人源的活细胞产品，包括经过或未经过基因修饰的细胞，如自体或异体的免疫细胞、干细胞、组织细胞或细胞系等产品，不包括输血用的血液成分、已有规定的移植用造血干细胞、生殖相关细胞，以及由细胞组成的组织、器官类产品等	生物制品

第二节　细胞治疗的分类

一、根据细胞类型分类

根据细胞治疗类型，细胞治疗主要可分为干细胞治疗、免疫细胞治疗和其他体细胞治疗，其中干细胞治疗和免疫细胞治疗是目前最主要的两类细胞治疗方式。

（一）干细胞治疗

干细胞是来自胚胎、胎儿或成人体内具有在一定条件下无限制自我更新与增殖分化能力的一类细胞，能够产生表现型与基因型和自己完全相同的子细胞，也能产生组成机体组织、器官的已特化的细胞，同时还能分化为祖细胞[2]。

根据发育阶段的不同，干细胞可以分为胚胎干细胞、成体干细胞和诱导性多能干细胞（表1-2）。胚胎干细胞是指由胚胎内细胞团或原始生殖细胞经体外抑制培养而筛选出的细胞。此外，胚胎干细胞还可以利用体细胞核转移技术来获得。胚胎干细胞具有发育全能性，在理论上可以诱导分化为机体中所有种类的细胞；胚胎干细胞在体外可以大量扩增、筛选、冻存和复苏而不会丧失其原有的特性。成体干细胞是指存在于已经分化组织中的一种未分化细胞，这种细胞能够自我更新并且能够特化形成组成该类型组织的细胞，成体干细胞存在于机体的各种组织器官中。还有一种特殊的干细胞是指通过导入特定的转录因子将终末分化的体细胞重编程为多能性干细胞，称为诱导性多能干细胞。分化的细胞在特定条件下被逆转后，恢复到全能性状态，形成胚胎干细胞系或进一步发育成新个体的过程即为细胞重编程。诱导性多能干细胞在细胞替代性治疗，发病机理的研究，新药筛选以及神经系统疾病、心血管疾病等临床治疗方面具有巨大的潜在价值。

根据分化潜能的不同，干细胞可分为全能干细胞、多能干细胞、单能干细胞。全能干细胞具有自我更新和分化形成任何类型细胞的能力，有形成完整个体的分化潜能。多能干细胞具有产生多种类型细胞的能力，但失去了发育成完整个体的能力，发育潜能受到一定的限制。例如，造血干细胞可分化出至少 12 种血细胞，骨髓间充质干细胞可以分化为多种中胚层组织的细胞（如骨、软骨、肌肉、脂肪等）及其他胚层的细胞（如神经元）。单能干细胞常被用来描述在成体组织、器官中的一类细胞，意思是此类细胞只能向单一方向分化，产生一种类型的细胞。

干细胞治疗过程是将健康的干细胞移植到患者体内，从而修复病变细胞或再建正常的细胞或组织。在临床上较常使用的干细胞种类主要有间充质干细胞、造血干细胞、神经干细胞、皮肤干细胞、胰岛干细胞、脂肪干细胞等。干细胞经体外纯化、增殖后可定向分化成特定细胞、组织和器官，用于修复损伤的组织细胞、替代损伤细胞，并通过分泌蛋白因子刺激机体自身细胞的再生功能。在某些领域如急性白血病、慢性白血病、淋巴瘤等，传统药物治疗手段很难彻底治愈疾病，干细胞移植是截至目前治愈效果最好的治疗手段。

表1–2　干细胞的分类方式

分类方式	细胞类型	说明
发育阶段	胚胎干细胞	胚胎内细胞团或原始生殖细胞体外培养获得
	成体干细胞	造血干细胞、骨髓间充质干细胞、神经干细胞、肝干细胞、肌肉卫星细胞、皮肤表皮干细胞等
	诱导性多能干细胞	对终末分化的体细胞重编程获得
分化潜能	全能干细胞	胚胎干细胞
	多能干细胞	造血干细胞、骨髓间充质干细胞、神经干细胞等
	单能干细胞	肌肉卫星细胞、皮肤表皮干细胞等

（二）免疫细胞治疗

免疫细胞（Immune cell）是参与免疫应答或与免疫应答相关的细胞，包括各类淋巴细胞、树突状细胞、巨噬细胞、浆细胞、粒细胞、肥大细胞和抗原呈递细胞等。免疫细胞治疗是指在体外对免疫细胞进行针对性的处理后再回输入体内，使其表现出杀伤肿瘤细胞、清除病毒等功能。

根据治疗的特异性，免疫细胞治疗可分为特异性免疫细胞治疗和非特异性免疫细胞治疗。如表 1-3 所示，特异性免疫细胞治疗包括嵌合抗原受体 T 细胞治疗、T 细胞受体嵌合 T 细胞治疗、肿瘤浸润淋巴细胞治疗、嵌合抗原受体自然杀伤细胞治疗、树突状细胞与细胞因子诱导的杀伤细胞联合治疗、调节性 T 细胞治疗等。非特异性免疫细胞治疗包括淋巴因子激活的杀伤细胞治疗、细胞因子诱导的杀伤细胞治疗等。

表1–3　免疫细胞治疗的特点与类型

治疗特点	免疫细胞治疗类型
特异性	嵌合抗原受体 T 细胞治疗
	T 细胞受体嵌合 T 细胞治疗
	肿瘤浸润淋巴细胞治疗
	嵌合抗原受体自然杀伤细胞治疗
	树突状细胞与细胞因子诱导的杀伤细胞联合治疗
非特异性	淋巴因子激活的杀伤细胞治疗
	细胞因子诱导的杀伤细胞治疗

（三）其他体细胞治疗

成纤维细胞、软骨细胞、肝细胞、胰岛细胞等也具备在特定情景下的治疗应用潜力。从治疗过程上看，其他体细胞治疗与免疫细胞治疗类似，通常是从人体中分离、培养、扩增、筛选、处理后的患者体细胞用于疾病治疗，但应用领域等有所不同（表 1-4）。基于体细胞的治疗通常被用作酶、细胞因子和生长因子的来源，如将肝细胞或胰岛细胞作为移植细胞纠正先天性的代谢错误，或作为基于支架或游离的细胞系统治疗溃疡、烧伤或软骨病变[3，4]。

受到技术和临床数据的限制，除干细胞、免疫细胞以外的其他细胞移植的应用进展非常缓慢。例如，肝细胞移植有可能成为肝移植的未来替代方案[5]。胰岛细胞移植在治疗胰岛素缺乏和胰腺炎显示出更大的潜力，其临床结果包括胰岛细胞的可用性和移植成功率[6]。在加拿大、澳大利亚和几个欧洲国家，研究者已探索将胰岛细胞移植用于特定患者的治疗。

表1–4　干细胞治疗与体细胞治疗对比

项目	干细胞治疗	体细胞治疗
细胞来源	患者本体、胚胎、诱导多能干细胞	患者本体、健康的捐赠者
主要技术	细胞分化诱导、基因转移	基因转移、基因编辑

续表

项目	干细胞治疗	体细胞治疗
治疗原理	细胞再生和替代	细胞修复或摧毁
应用领域	恶性血液瘤、软组织病、代谢消化病	恶性肿瘤、遗传病、慢性病
主要优点	人体组织可再生	靶向治疗、单次可治愈
主要风险	生命伦理、细胞过度增殖、供体配型难	基因编辑脱靶、基因转移和编辑效率低、长期安全性不详

二、根据细胞来源分类

根据细胞来源，细胞治疗可分为自体细胞治疗和异体细胞治疗。

如图 1-1 所示，自体细胞治疗是指从患者自身外周血中分离免疫细胞或干细胞等，再经过体外激活、扩增后回输入患者体内，修复正常细胞或直接杀死肿瘤细胞（或者病毒感染细胞），调节和增强机体免疫功能。

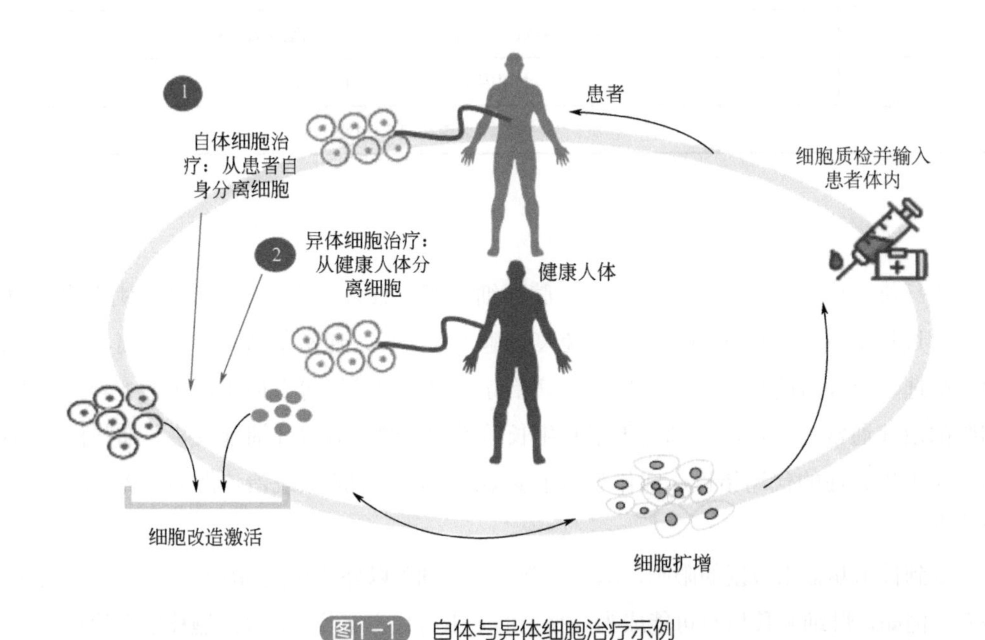

图1-1　自体与异体细胞治疗示例

异体细胞治疗是指当部分患者存在自身细胞活性不足、治疗效果不佳时，将来源于非患者本人的其他个体的细胞用于细胞治疗，但该类治疗存在细胞来源有限、移植物抗宿主病（Graft versus host disease，GvHD）、治疗效果有待验证等诸多问题，其风险一般远大于同类型自体细胞治疗。因此，对于异体细胞的治疗，我国《关于印发干细胞制剂质量控制及临床前研究指导原则》明确规定"不得使用既往史中患有严重传染性疾病和家族史中有明确遗传性疾病的供者作为异体干细胞来源”，并指出“对异体干细胞，要增加异常免疫反应和致瘤性检查”。

参考文献

[1] American Society of Gene and Cell Therapy. Gene & Cell Therapy FAQs [EB/OL]. (2022-05-02)[2022-05-02]. https://asgct.org/education/more-resources/gene-and-cell-therapy-faqs.

[2] 裴雪涛．干细胞生物学 [M]．北京：科学出版社，2003：4-15.

[3] De Pieri A, Rochev Y, Zeugolis D I. Scaffold-free cell-based tissue engineering therapies: advances, shortfalls and forecast[J]. NPJ Regen Med, 2021,6: 1-15.

[4] U.S. Department of Health and Human Services, Food and Drug Administration, Center for Biologics Evaluation and Research. Guidance for human somatic cell therapy and gene therapy[J]. Hum Gene Ther, 2001, 12: 303-314.

[5] Iansante V, Mitry R R, Filippi C, et al. Human hepatocyte transplantation for liver disease: current status and future perspectives[J]. Pediatr Res, 2018, 83: 232-240.

[6] Hering B J, Clarke W R, Bridges N D, et al. Phase 3 trial of transplantation of human islets in type 1 diabetes complicated by severe hypoglycemia[J]. Diabetes Care, 2016, 39: 1230-1240.

第二章

细胞治疗的基本流程

细胞治疗是从一个或多个人体组织中提取有特定性能的细胞并加以适当数目扩增或功能改进，重新输入患者体内，用以针对某一个特定的病人进行个性化治疗的方案。这种流程与传统药物开发有着明显的不同。

第一节　免疫细胞治疗的基本流程

免疫细胞治疗技术具有疗效好、不良反应少、无耐药性等显著优势，被誉为继外科手术、药物治疗、放射治疗后最有前景的肿瘤治疗技术之一[1]。

目前，免疫细胞治疗主要通过以下几种类型细胞实现：树突状细胞（DC）、细胞因子诱导的杀伤细胞（CIK）、DC-CIK 细胞、自然杀伤细胞（NK）、肿瘤浸润淋巴细胞（TIL）、细胞毒性 T 淋巴细胞（Cytotoxic lymphocyte，CTL）、γδT 细胞和淋巴因子激活的杀伤细胞（LAK）、TCR-T 细胞和 CAR-T 细胞等。

从作用机理来看，免疫细胞治疗可分为未经改造的免疫细胞治疗和经基因工程改造的免疫细胞治疗。其中，未经改造的免疫细胞治疗包括调节性 T 细胞（Treg）治疗、肿瘤浸润淋巴细胞（TIL）治疗、细胞毒性 T 淋巴细胞（CTL）治疗等，经基因工程改造的免疫细胞治疗包括嵌合抗原受体 T 细胞（CAR-T）治疗、T 细胞受体嵌合 T 细胞（TCR-T）治疗、嵌合抗原受体自然杀伤细胞（CAR-NK）治疗等。

在未经改造的免疫细胞治疗层面，主要采用从患者人体组织中分离获得目标免疫细胞，如 TIL、CTL 等，通过体外培养、扩增、筛选，获得具有特定功能，如杀瘤特性的免疫细胞，再通过静脉回输的方式给予患者。

在经基因工程改造的免疫细胞治疗层面，主要通过嵌合抗原受体（CAR）和 T 细胞受体（TCR）对免疫细胞进行修饰，提升免疫细胞的靶向性与特异性。例如，CAR-T 细胞治疗主要是对天然 T 细胞进行嵌合抗原受体修饰而获得更强抗原特异性，从而能特异性识别肿瘤相关抗原，引导激活的T细胞趋向肿瘤细胞从而达到杀伤肿瘤的效果。与天然T细胞杀伤所需的TCR信号不同，CAR不受组织相容性复合体（Major histocompatibility complex，MHC）的限制，避免了由于MHC消失或者改变而导致的肿瘤逃逸[2]。与CAR相比，TCR作为T细胞治疗中的抗原识别元件，能够识别更大范围潜在的肿瘤特异性抗原。

不同细胞治疗技术的特点如表2-1所示。

表2–1　四类免疫细胞治疗优劣势对比

类型	优势	劣势
TIL细胞治疗	①可杀伤实体瘤：TIL本身就是精挑细选的能够浸润到实体瘤组织并对肿瘤细胞有免疫反应的细胞，它的趋化性好，对实体瘤的渗透性好，能够杀伤实体瘤 ②肿瘤靶向性强：TIL不是单个T细胞克隆，包含针对多种肿瘤特异性抗原的T细胞，多靶点靶向肿瘤组织，肿瘤特异性更强 ③副作用小：TIL是人体本身存在的T细胞，没有免疫原性，且对肿瘤的特异性强，靶向毒性小，副作用小	①样本要求高：能提取淋巴细胞的新鲜肿瘤样本难获得（一般只能通过手术获取），此外具有抗肿瘤活性、增殖能力强的TIL细胞难获得（除了后期的体外筛选和扩增，也取决于肿瘤周围是否有比较多的T细胞浸润） ②操作难：TIL是高度定制化的治疗，TIL细胞的体外扩增缺乏标准流程，现有操作程序成本高、耗时长 ③疗效有限：TIL容易被肿瘤微环境抑制
TCR-T细胞治疗	①靶向性强：TCR-T所使用的抗原可以为精挑细选的肿瘤特异性抗原（不受是否表达在细胞表面的限制），可以为细胞内抗原（对肿瘤细胞的精准靶向性更强） ②渗透性好：相比CAR-T，TCR-T更容易向实体瘤内部渗透，而CAR-T通常在肿瘤外部附着，不易向内部渗透 ③稳定性优：TCR-T引入的是完全人源化的结构，不易引起机体的免疫排斥，抗体产生的概率低（CAR-T引入的是人为改造的基因，机体对CAR的排斥会更强，可能会缩短CAR-T的存活时间）	①技术壁垒高：TCR靶点的选择、亲和力的优化都是比较困难的，另外TCR-T对回输数量的要求也更大 ②肿瘤易逃逸：TCR-T的活化依赖MHC-I类分子将肿瘤抗原呈递给TCR-T，需要共刺激信号等，细胞活化过程比CAR-T困难，肿瘤细胞易逃逸其杀伤 ③适用人群的局限性：由于人群中MHC的多样，而TCR-T对肿瘤细胞的靶向杀伤需要MHC分子，TCR-T治疗无法像CAR-T治疗一样研发出通用型TCR-T，这限制了TCR-T的使用
CAR-T细胞治疗	①杀瘤效果好：CAR分子是人工设计的受体，能够根据目标靶点优化受体结构，CAR-T细胞只需要和靶点分子结合即可被激活，从而杀伤靶细胞；不受MHC分子、共刺激分子的影响 ②治疗效果久：CAR-T细胞进入体内后能够在患者体内增殖活化，可长期在体内存活，治疗效果持久，患者输入一次CAR-T细胞，治疗效果可维持数年。患者无需反复注射抗体类药物或化疗 ③高龄人群适用：由于老年患者耐受性较低，传统治疗只能使用次优剂量，疗效受影响，而所有年龄人群对CAR-T治疗有良好的耐受性 ④适宜联合用药：CAR-T可以和抗体类药物以及化疗药物搭配使用，达到1+1>2的治疗效果，而不会额外增加毒副作用	①实体瘤效果差：CAR-T细胞输入患者体内，容易被阻滞在实体瘤外，不易进入到肿瘤内部，对实体瘤的杀伤效果有限 ②脱靶效应：CAR-T靶向肿瘤相关抗原，并非肿瘤细胞特异性的，正常细胞也可能受到攻击 ③可及性差：CAR-T制备流程需2～3周，晚期患者“等不起”，部分患者体质不允许获得足够多健康的T细胞，不同患者最终获得的CAR-T细胞的质量不同 ④稳定性差：引入的CAR受体为外源性分子，具有一定的免疫原性，机体会产生针对CAR的抗体，会影响CAR-T细胞的存活 ⑤副作用大：CAR分子使用的单链抗体不稳定，容易发生自身聚集，引发细胞因子释放综合征

续表

类型	优势	劣势
CAR-NK治疗	①可杀伤实体瘤：NK细胞对实体瘤治疗具有明显优势，因为实体瘤对非修饰的NK细胞会表现出不同程度的耐受性，但对抗原依赖型的NK细胞敏感，NK细胞本身具有杀伤肿瘤细胞的功能，即使肿瘤细胞下调CAR的靶向抗原，NK细胞依然能够杀伤肿瘤细胞 ②安全性好：目前的临床研究表明CAR-NK不会发生移植物抗宿主病，此外NK细胞不分泌IL-1、IL-6等炎症因子，细胞因子释放综合征发生风险低。NK细胞寿命短，发挥作用后即消失，避免了活化细胞在体内存在时间太长而杀伤正常组织 ③易制备：NK细胞在体外的分离和扩增相对简单	①作用时间短：在缺乏IL-2和IL-15时，CAR-NK细胞在体内存活时间不长，过早死亡的NK细胞治疗效果有限 ②NK亚群复杂：NK细胞亚群组成复杂，学术界没有研究透彻，用何种NK细胞亚群可达到最好的治疗效果目前是未知的 ③研究不成熟：目前对于CAR-NK的研究局限于临床前和早期临床，对于CAR-NK在人体内使用的安全风险有待进一步研究

第二节　干细胞治疗的基本流程

干细胞治疗是指利用干细胞或干细胞衍生的细胞，以特殊技术移植到体内，取代或修复病人受损的细胞、组织或器官。

干细胞经体外纯化、增殖后可定向分化成特定细胞、组织和器官，如心肌细胞、肝细胞、神经细胞等，回输病人体内，可以修复损伤的组织细胞、替代损伤细胞，并通过分泌蛋白因子刺激机体自身细胞的再生功能，以此治疗一些过去无法治疗的疾病，如用神经细胞治疗神经退行性疾病、用胰岛细胞治疗糖尿病、用心肌细胞修复坏死的心肌等。干细胞治疗的机理可以分为以下几种类型。①体内分化，体内治疗。干细胞可在体外分离后，直接移植入体内，修复损伤部位。最具代表性的是造血干细胞治疗，以白血病治疗为例，在移植前，先清除患者体内原有造血干细胞，再静脉回输配型好的造血干细胞，通过血液循环进入骨髓造血微环境，增殖并分化成造血系统和免疫系统中的各类细胞，重新恢复患者的血液功能。②体外分化，替代治疗。干细胞可在体外特定条件下被大量扩增并诱导分化成功能细胞，再移植入体内修复损伤部位，治疗特定疾病。最具代表性的是多能干细胞治疗，目前通过诱导性多能干细胞在视网膜黄斑变性、帕金森病、心脏衰竭、脊髓损伤等多种疾病中开展了临床试验。③分泌效应，药用信号。大部分干细胞进入体内并不会分化成损伤部位的细胞，而是通过分泌活性因子（包括细胞因子、外囊泡等信号分子），促进组织修复及再生。最具代表性的是间充质干细胞治疗，间充质干细胞的疗效是基于其免疫调控功能和血管再生功能来发挥，这些功能主要通过分泌活性因子实现。

干细胞主要存在于人的骨髓和脂肪中，由于骨髓提取过于痛苦以及难度较大，一般情况下，也可选择从人的脂肪中提取，这样既减轻了痛苦，又降低了难度。干细胞具有归巢性，如策略得当，重新注入人体的干细胞会自动、靶向、快速修复人体受损位置，达到快速治愈的目的。

如图 2-1 所示，干细胞的临床应用技术流程如下：

① 做局部麻醉，医生从人体获取相关组织；

② 干细胞分离与纯化；

③ 分离的干细胞在实验室环境培养与扩增，并根据需要进行处理；

④ 输回患者体内。

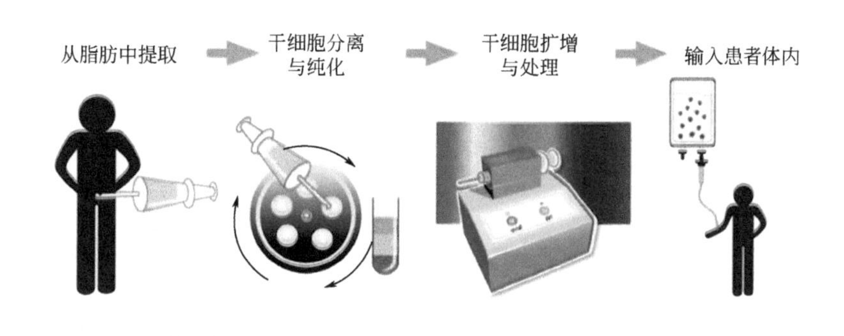

图2-1　干细胞治疗技术流程（以脂肪干细胞为例）

参考文献

[1] 胡泽斌，吴朝晖，任秀宝，等. 我国免疫细胞治疗临床研究和应用的现状及管理对策 [J]. 中国医药生物技术，2014，9（5）: 396-401.

[2] 聂蓓娜. 提高 CAR-T 细胞治疗安全性的新型“分子开关”设计 [D]. 北京：中国科学院大学（中国科学院深圳先进技术研究院），2020.

第三章

细胞治疗的发展历程

细胞治疗的发展基于对细胞治疗在体作用机制的不断探索以及细胞分离、筛选、培养、设计、生产技术的不断发展。不同类型的细胞治疗发展历程各不相同。

第一节　免疫细胞治疗的发展历程

免疫细胞治疗属于过继性细胞治疗（Adoptive cell therapy，ACT），是指从患者体内取出具有抗癌能力的免疫细胞，在体外增殖修饰，然后再注射回患者体内，从而达到清除肿瘤细胞的作用。

如图 3-1 所示，从 20 世纪 50 年代开始，在啮齿动物模型中即获得被动免疫转移有效性的早期证据。1953 年 Mithchison 将接种了淋巴肉瘤细胞小鼠的淋巴结移植到非接种小鼠体内，可赋予非接种小鼠抗肿瘤免疫力[1]。Fefer 等[2]的研究综述显示了环磷酰胺联合治疗后输入免疫细胞在肿瘤根除方面的有效性，并特别强调输入的细胞必须是对肿瘤抗原特异的 T 细胞。1973 年前后，科学家开始用骨髓移植来治疗白血病，即病人通过输入免疫细胞杀死肿瘤细胞。

免疫细胞的存在和其根除癌症的能力在早期已得到认可，然而早期由于难以在体外培养和维持免疫细胞活性，研究仅仅停留在实验阶段。1976 年，美国国立癌症研究所肿瘤细胞生物学实验室 Robert Gallo，使用聚羟基脂肪酸酯（PHA）刺激淋巴细胞产生条件培养基培养骨髓细胞，使其中 90% 的 T 细胞生存维持长达 9 个月，其中产生了一种未被纯化的成分——T 细胞生长因子（T cell growth factor，TCGF）[3]，后来发现这个 T 细胞生长因子即为重组人白细胞介素 -2（IL-2），其出现彻底改变了人类对 T 细胞的研究，特别是可直接应用于人体给药。1983 年，商业合成 IL-2 开始用于研究[4]，IL-2 的大规模生产得以实现。由此，一系列基于免疫细胞的治疗手段应运而生。

首先发展起来的是未经基因工程改造的免疫细胞治疗方法，包括 LAK 疗法、TIL 疗法、CIK 疗法等。

图3-1　免疫细胞治疗发展历程

LAK 疗法是最早的过继性免疫细胞治疗方法。1982 年，美国癌症研究所的 Rosenberg 研究组发现 IL-2 刺激的血细胞中产生一类细胞，可以对耐受 NK 细胞的实体瘤产生杀伤作用，将其命名为淋巴因子激活的杀伤细胞（LAK）。但是，LAK 细胞因为需要依赖大剂量的 IL-2 刺激，治疗副作用较大，最常见和最严重的毒副作用是出现毛细血管渗漏综合征（Capillary leak syndrome，CLS），主要表现为全身性水肿和多器官功能失调，可引起胸腹腔积液、肺间质水肿和充血性心力衰竭。

紧跟 LAK 疗法，TIL 疗法也被创立并得以发展。1986 年，Rosenberg 研究组首先报道了用机械处理和酶消化方法，从肿瘤组织中分离出肿瘤浸润的淋巴细胞，加入 IL-2 进行体外培养，其生长、扩增能力强于 LAK 细胞，对 LAK 治疗无效的晚期肿瘤具有一定治疗效果，TIL 治疗由此诞生[5]，Rosenberg 也因此被誉为过继性免疫治疗先驱。与 LAK 治疗相比，TIL 治疗具有一定的肿瘤特异性，临床效果优于 LAK 治疗，小鼠试验证实其杀瘤效果比 LAK 高 50 ～ 100 倍。TIL 技术体系比较复杂，培养成功率不高，极大地限制了临床应用，但是未来随着技术的发展，或将展现新的应用潜力。

20 世纪 90 年代，CIK 技术出现，摆脱了细胞培养及回输过程中对大剂量 IL-2 的依赖，明显减少了患者的临床副反应。1991 年，斯坦福大学医学院 Schmidt-Wolf 等在抗 CD3 单克隆抗体激活的杀伤细胞（Anti-CD3 monoclonal antibody activated killer，CD3AK）基础上制备出一类新的杀瘤细胞，是人外周血单个核细胞（PBMC）在体外经多种细胞因子（IFN-γ、rIL-2、CD3McAb 和 IL-1α 等）刺激后获得的一群异质细胞，兼具 T 淋巴细胞强大的抗瘤活性和 NK 细胞非 MHC 限制性杀瘤特点，这类细胞即为具有高增殖力和高细胞毒性的细胞因子诱导的杀伤（CIK）细胞[6]。

在经基因工程改造的免疫细胞治疗层面，T 细胞受体（TCR）和嵌合抗原受体（CAR）是最主要的两种免疫细胞工程化技术。相对于目前已进入市场化阶段的 CAR 相关细胞疗法，TCR 相关细胞疗法尚处于起步阶段。以 TCR-T 细胞疗法为例，20 世纪 80 年代开始，许多研究报告在黑色素瘤患者的肿瘤浸润淋巴细胞（TIL）和外周血中发现了特定的 TCR Vα 和 Vβ T 细胞，这些 T 细胞具有特异性杀伤黑色素瘤的能力。1999 年，Clay 等[7]构建了靶向 T 细胞识别的黑色素瘤抗原 1（melanoma antigen recognized by T cell 1，MART-1）的 TCR-T 细胞，并成功将其输入黑色素瘤患者。

2006 年，Morgan 等[8]将特异性识别 MART-1 的 TCR-T 细胞输入 15 名黑色素瘤患者中，两名患者症状成功获得缓解。这些结果进一步证实了特异性识别肿瘤抗原的 TCR-T 细胞治疗肿瘤的潜力。TCR-T 是针对不同患者肿瘤抗原差异进行的“个体化”治疗，但由于组织相容性复合体的限制，仅能用于患者自身的治疗，这限制了 TCR-T 临床应用的延展性。

最后要介绍的是目前产业化步伐最快的 CAR-T 细胞治疗技术，全球已有多个产品上市并进入临床阶段。

CAR 技术和应用的先驱是 Zelig Eshhar 和 Gideon Gross。1989 年，以色列科学家 Zelig Eshhar 和他的团队在研究 T 细胞受体的过程中发现 B 细胞产生的抗体和 TCR 结构相似，具有恒定区和可变区。抗体能够特异性识别抗原，TCR 却只能识别 MHC 递呈的抗原片段。如果将抗体中的可变区移植到 TCR 的恒定区，就能够改变 T 细胞受体的抗原特异性，介导细胞杀伤作用。Eshhar 等[9]将表达特定抗体的基因序列赋予细胞毒性 T 淋巴细胞（CTL），这项特定抗体赋予了 T 细胞识别半抗原——2，4，6- 三硝基苯酚（TNP）的能力，使得 T 细胞实现了抗原特异性的、非 MHC 限制的活化及其效应的增强。由此，CAR 技术正式登上历史舞台。为了将这项技术投入疾病治疗，1993 年，Eshhar 对该技术进行了优化，首先找到合适的肿瘤相关抗原（Tumor associated antigen，TAA），给 T 细胞装上对应的单链可变区，将这种经过基因修饰的 T 细胞称为 T-bodies，这就是 CAR-T 的雏形，第一代 CAR-T 由此诞生。然而，该 CAR-T 细胞虽然具有激活 T 细胞的特点，但是只含有激活受体 CD3-ζ，其抗肿瘤效果比较弱，在体内的持续扩增有限，不具备大规模杀灭肿瘤细胞的能力。此外，第一代 CAR-T 还面临着抗原和共刺激信号的问题。T 细胞从胸腺分化成熟然后进入外周血时属于初始 T 细胞，但只有激活成效应 T 细胞才能具备杀灭肿瘤的能力。而要激活 T 细胞，需要两个条件：一是通过 TCR 通路给细胞核传送第一个刺激信号，这是经过 TCR 对抗原肽 -MHC 复合体的识别实现，由 CD3 的 ζ 链具体实施；二是经由 CD28-B7 通路提供第二个刺激信号，即 T 细胞表面的 CD28 与树突状细胞（或靶细胞）表面的 B7 结合从而产生一个共刺激信号。

为了解决这些问题，第二代 CAR-T 技术应运而生。由于解决了规模化和生产工艺问题，CAR-T 终于开始走向市场。第二代 CAR-T 技术依据不同的共刺激结构域分为两大类，第一种基于 CD28 作为共刺激结构域，并选择 CD19 作为癌细胞靶点，这项技术由纪念斯隆凯特琳癌症中心（Memorial Sloan-Kettering Cancer Center）的 Michel Sadelain 博士团队研发，该团队与 Juno Therapeutics 公司合作研发 CAR-T，并就此申请了专利。第二种则基于 CD137（4-1BB）构建共刺激结构域，由圣裘德儿童研究医院的 Dario Campana 博士团队构建，相关产品于 2012 年用于救治患有急性淋巴细胞白血病的儿童 Emily，该患者是全球首个接受 CAR-T 细胞治疗的患者。

为了进一步加强 CAR-T 细胞的持续时间和对肿瘤细胞的杀伤能力，科学家在 CAR 的设计上串联了一些新的免疫共激活信号分子 [10]，如 CD27、CD134 等，从而使第三代和第四代的 CAR 诞生。由于第三代和第四代的 CAR 共刺激信号更多，可促进 T 细胞分泌更多的细胞因子，在体内的免疫反应更加强烈。基于安全性和有效性的全面考虑，目前在血液肿瘤的临床试验中应用更多的依然是第二代 CAR-T 细胞治疗技术。在一项新的验证研究中 [11]，研究人员构建了一种携带着 CAR 基因的 T 细胞归巢纳米颗粒（T-cell homing nanoparticle），可将体内 T 细胞转换为 CAR-T 细胞。这些纳米颗粒具有特异性的表面分子，能够被 T 细胞识别并吞噬。其被 T 细胞吞噬后，T 细胞的内部运送系统指导这些纳米颗粒进入细胞核。随后这些纳米颗粒溶解，将其所携带的 CAR 基因整合至 T 细胞核内染色体，从而使 T 细胞开始翻译这些新的 CAR 基因，仅需 1 ～ 2d 就可产生 CAR 受体。

2013 年，免疫细胞治疗被 *Science* 评为年度十大科技突破之首。由此，CAR-T 细胞免疫治疗轰动了全球，各国（地区）纷纷开展基于 CAR-T 细胞的科学研究和肿瘤治疗的临床试验。

2017 年 8 月，诺华 CAR-T 细胞治疗药物 Kymriah 获得 FDA 的批准，用于针对治疗 12 ～ 25 岁儿童和成人的急性淋巴细胞白血病，成为全球首个获批上市的 CAR-T 细胞治疗产品。自此，免疫细胞治疗领域多款产品陆续上市。2017 年 10 月，凯特制药（Kite Pharma）公司的 Yescarta 获得 FDA 批准上市，治疗复发 / 难治性大 B 细胞淋巴瘤患者，是首款针对特定非霍奇金淋巴瘤的 CAR-T 细胞药物。2020 年 7 月，吉利德旗下凯特制药公司的 Tecartus 在美国获 FDA 加速批准上市，成为全球首个并且是唯一一个获批用于治疗复发 / 难治性套细胞淋巴瘤的 CAR-T 细胞治疗产品。这也是全球第 3 款 CAR-T 治疗产品。2021 年 6 月，复星凯特 CAR-T 细胞治疗产品——益基利仑赛注射液正式获得批准，它是中国首个获批上市 CAR-T 细胞治疗产品。

第二节　干细胞治疗的发展历程

1891 年，德国科学家 Hans Driesch 通过震荡使卵裂早期的海胆胚胎细胞相互分离后，发现分开的胚胎细胞能分别独立地发育出新的胚胎，在同一阶段，很多欧洲科学家逐渐意识到不同体细胞可能具有相同的来源，这些成果为干细胞的发现奠定了坚实的基础 [12]。如图 3-2 所示，1908 年，俄国组织学家 Alexander Maksimov 在柏林血液学会首次提出了“干细胞”的概念，他是第一个假设造血干细胞存在的人 [13]。1924 年，Alexander Maximow 在间充质中鉴定出一种奇异的前体细胞，可发育成不同类型的血细胞，该类细胞后来被揭示为间充质干细胞。

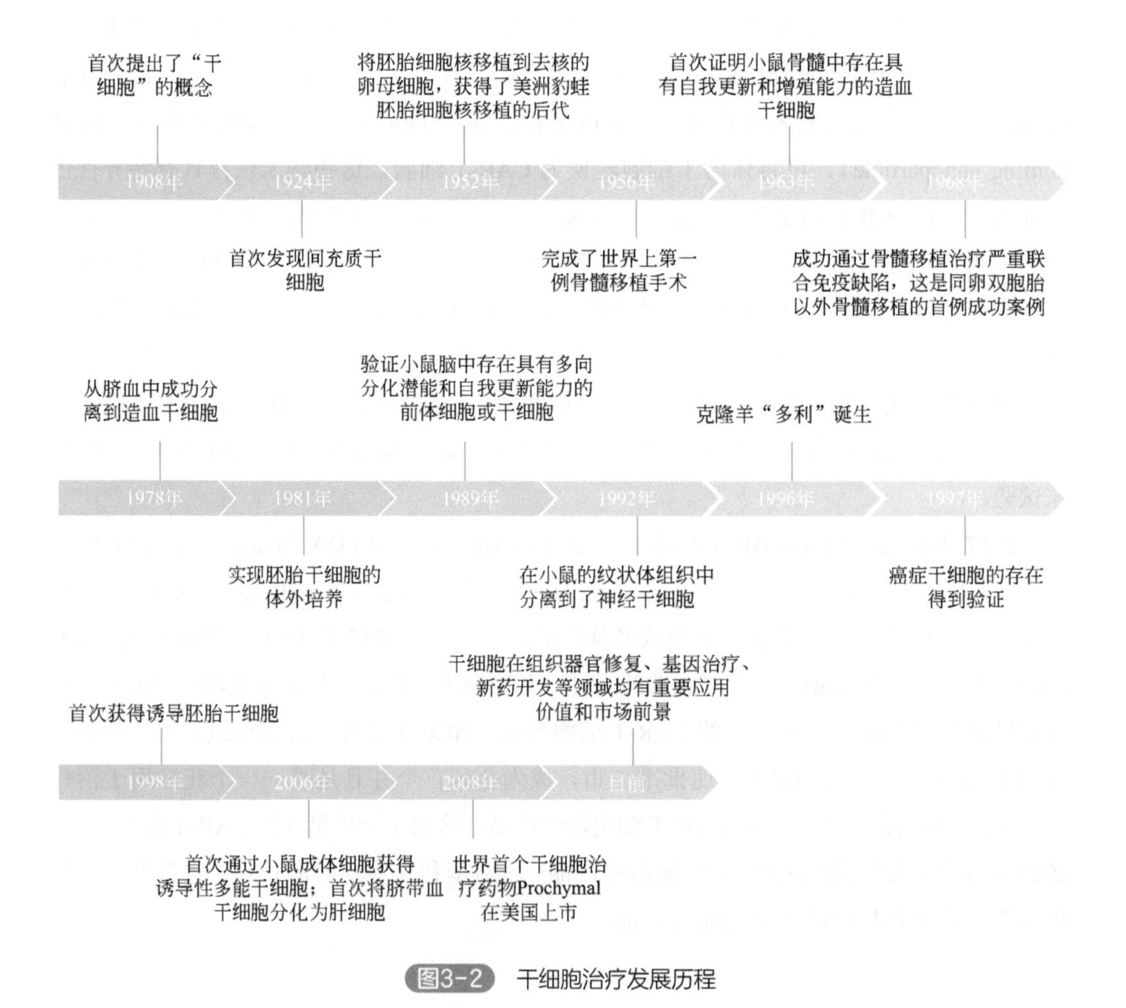

图3-2　干细胞治疗发展历程

1938 年，德国科学家 Hans Spemann 提出一个大胆的设想，即将多细胞胚胎中细胞的细胞核移植到去掉核的卵母细胞中，使它们重新发育成胚胎[14]。到 1952 年，这个设想成为现实，Robert Briggs 和 Thomas King 等将囊胚期的胚胎细胞核移植到去核的卵母细胞中后，获得了美洲豹蛙胚胎细胞核移植的后代。这也是人们第一次成功对细胞的“干性”进行操纵。

1956 年，美国华盛顿大学医学家 E. Donnall Thomas 完成了世界上第一例骨髓移植手术，这也是世界第一例干细胞移植手术，E. Donnall Thomas 也因此获得 1990 年诺贝尔生理学或医学奖。

20 世纪 60 年代，两位科学家 Joseph Altman 和 Gopal Das 获取了大脑中成人神经发生的科学数据，为大脑中存在神经干细胞提供了早期证据[15]。

1963 年，James Edgar Till 和 Ernest McCulloch 首次证明小鼠骨髓中存在一类具有自我更新和增殖能力的细胞，即造血干细胞。1968 年，Robert Good 博士成功通过骨髓移植治疗严重联合免疫缺陷（Severe combined immunodeficiency disease，SCID），这是同卵双胞胎以外骨髓移植的首例成功案例。此后，干细胞的临床应用开始广泛开展[13]。

1978 年，科学家从脐血中成功分离到了造血干细胞。1981 年，英国科学家 Martin Evans 和 Matthew Kaufman 设法从小鼠囊胚中提取小鼠胚胎干细胞，并在体外进行了培养。同年，Gail R. Martin 展示了提取小鼠胚胎干细胞的相关技术，她因胚胎干细胞的研究获得 2007 年诺贝尔生理学奖或医学奖。

在长达一个世纪的时间里人们一直认为成年哺乳动物的神经系统不具有再生和自我修复的能力，尤其是成年后的脑不能产生新的神经元。1989 年，Sally Temple 描述了在小鼠脑的室下区（Subventricular zone，SVZ）存在具有多向分化潜能和自我更新能力的前体细胞或者干细胞[16]。1992 年，卡尔加里大学的博士生 Brent Reynolds 则在小鼠的纹状体组织（包括 SVZ）中分离到了神经干细胞，为神经发育和再生治疗的研究带来了曙光[17]。

1996 年，克隆羊“多利”诞生，这是干细胞研究历史上一个里程碑式的事件。科学家们从一只芬兰多西特羊的乳腺细胞中取得细胞核，将其注射到一只苏格兰黑面羊的去掉细胞核的未受精卵细胞中，进行了核移植的细胞在体外发育，成为囊胚并被植入另一只代孕母羊的子宫内。一时间，人们围绕着克隆技术、“克隆人”等问题开展了多角度的激烈讨论。当时干细胞研究领域使用人胚胎干细胞，所涉及的伦理学问题成为了限制该领域研究的关键[18]。

1997 年，John E. Dick 通过来源于白血病的造血干细胞证明了癌症干细胞的存在。

1998 年，威斯康星大学麦迪逊分校 Jameson Hompson 及其团队首次诱导了胚胎干细胞。同年，约翰霍普金斯大学 John Gearhart 团队从胎儿性腺组织中提取生殖细胞，从中开发多能干细胞系。

2004 年，韩国科学家 Hwang Woo-Suk（黄禹锡）宣布从未受精的人类卵母细胞中创造几种人类胚胎干细胞系，引发诸多争议。2006 年之后，证实他的工作是捏造的，实际上没有人类胚胎干细胞系产生。

2006 年，英国纽卡斯尔大学的科学家成为第一个将脐带血干细胞分化为肝细胞的人[18]。

同年，日本京都大学山中伸弥与英国发育生物学家 John Bertrand Gurdon 合作将 4 种关键转录因子 Sox2、Oct4、KLF4 和 c-Myc 导入小鼠皮肤成纤维细胞中，获得了具有多能性的诱导性多能干细胞（iPSCs）。2007 年，该团队又率先将该技术应用于人体细胞，获得了人诱导性多能干细胞（hiPSCs）。诱导多能干细胞技术的出现解决了从胚胎中提取干细胞的伦理学问题。同时，由于 iPSCs 来源于患者自身，产生的身体组织或器官不会被身体排斥，在临床应用中也具有重要的价值。因为诱导性多能干细胞的研究成果，山中伸弥与 John Bertrand Gurdon 共同荣获 2012 年诺贝尔生理学或医学奖。

2008 年，Osiris 公司的干细胞产品 Prochymal 在美国上市，是一种异体骨髓来源的成体干细胞产品，被设计来控制炎症、促进组织再生、防止瘢痕的形成，被称为世界首个干细胞治疗药物，用于治疗儿童移植物抗宿主病。

目前干细胞不仅可以用于组织器官的修复和移植治疗，还将对基因治疗、新基因发现与基因功能分析、新药开发与药效毒性评估等领域产生极其重要的影响，具有不可估量的医学价值及市场前景，已经成为各国（地区）政府、科技界和企业界高度关注的战略竞争领域。

参考文献

[1] Mitchison N A. Passive transfer of transplantation immunity[J]. Nature, 1953, 171(4345): 267-268.

[2] Fefer A, Einstein A B, Cheever M A. Adoptive chemoimmunotherapy of cancer in animals: a review of results, principles, and problems[J]. Ann NY Acad Sci, 1976, 277(1): 492–504

[3] Morgan D A, Ruscetti F W, Gallo R C. Selective *in vitro* growth of T lymphocytes from normal human bone marrows[J]. Science, 1976, 193: 1007-1008.

[4] Robb R J, Kutny R M, Chowdhry V. Purification and partial sequence analysis of human T-cell growth factor[J]. Proc, 1983, 80(19): 5990-5994.

[5] Rosenberg S A, Spiess P, Lafreniere R. A new approach to the adoptive immunotherapy of cancer with tumor-infiltrating lymphocytes[J]. Science, 1986, 233(4770): 1318-1321.

[6] Schmidt-Wolf I G, Negrin R S, Kiem H P, et al. Use of a SCID mouse/human lymphoma model to evaluate cytokine-induced killer cells with potent antitumor cell activity[J]. J Exp Med, 1991,174: 139-149.

[7] Clay T M, Custer M C, Sachs J, et al. Efficient transfer of a tumor antigen-reactive TCR to human peripheral blood lymphocytes confers anti-tumor reactivity[J]. J Immunol, 1999, 163(1): 507-513.

[8] Morgan R A, Dudley M E, Wunderlich J R et al. Cancer regression in patients after transfer of genetically engineered lymphocytes[J]. Science, 2006, 314(5796): 126-129.

[9] Gross G, Waks T, Eshhar Z. Expression of immunoglobulin-T-cell receptor chimeric molecules as functional receptors with antibody-type specificity[J]. Proc Natl Acad Sci, 1989, 86(24): 10024-10028.

[10] Li H，Zhao Y. Increasing the safety and efficacy of chimeric anti-gen receptor T cell therapy[J]. Protein Cell, 2017, 8(8): 573-589.

[11] Sommermeyer D, Hill T, Shamah S M, et al. Fully human CD19-specific chimeric antigen receptors for T-cell therapy[J]. Leukemia, 2017, 31(10): 2191-2199.

[12] Mary E S. Hans Adolf Eduard Driesch (1867—1941) [EB/OL]. (2007-11-01）[2022-05-02]. https://embryo.asu.edu/pages/hans-adolf-eduard-driesch-1867-1941.

[13] Stemcellsfreak. Stem cell history [EB/OL]. (2022-05-02）[2022-05-02]. http: //www.stemcellsfreak.com/p/stem-cell-history. html.
[14] Karen W. Hans Spemann (1869—1941) [EB/OL]. (2010-06-15）[2022-05-02]. https: //embryo.asu.edu/pages/hans-spemann-1869-1941.
[15] Altman J, Das Gopal D. Autoradiographic and histological evidence of postnatal hippocampal neurogenesis in rats[J]. J Comp Neurol, 1965, 124(3): 319-335.
[16] Temple S. Division and differentiation of isolated CNS blast cells in microculture [J]. Nature, 1989, 340(6233): 471-473.
[17] Reynolds B A, Weiss S. Generation of neurons and astrocytes from isolated cells of the adult mammalian central nervous system[J]. Science, 1992, 255(5052): 1707-1710.
[18] 澎湃新闻．干细胞的前世今生 [EB/OL]. (2011-05-11)[2022-06-25]. https: //www.thepaper.cn/newsDetail_forward_18045508.

第四章

细胞治疗的应用前景

根据不同细胞治疗技术特点、技术成熟度和临床研究情况，细胞治疗技术已被广泛用于多个疾病治疗领域。再生医学、免疫学、遗传工程和合成生物学等领域的不断进步，持续提升细胞治疗的安全性和有效性，在未来该治疗技术将对人类健康产生重大影响。

第一节　免疫细胞治疗的应用前景

免疫细胞治疗是目前治疗癌症最前沿的技术之一，除了已进入产业化阶段的 CAR-T 细胞治疗，还有 TCR-T 细胞治疗、TIL 细胞治疗、CAR-NK 细胞治疗、LAK 细胞治疗、CIK 细胞治疗等多种类型的免疫细胞治疗技术。CAR-T 细胞治疗或 CAR-NK 细胞治疗已经在血液瘤和实体瘤中进行或开展临床试验，而 TCR-T 细胞治疗和 TIL 细胞治疗也被在实体瘤中进行探索并取得一定成功。正在开发的 Treg、CAR-Treg 和 CAR-T 细胞治疗，被用来治疗各种自身免疫病并防止器官移植后的免疫排斥 [1]。本节以 CAR-T 细胞治疗、CAR-NK 细胞治疗、TIL 细胞治疗、TCR-T 细胞治疗为例，对免疫细胞在不同疾病领域的应用情况和前景进行讨论。

从应用角度来看，在血液肿瘤层面，CAR-T 细胞治疗在血液肿瘤的治疗中已经取得了显著的成果。临床研究 [2] 显示，特异性靶向 CD19 分子的 CAR-T（CD19-CAR-T）细胞能有效地治疗 B 细胞性恶性肿瘤（CD19 分子表达阳性），包括复发难治性的急性淋巴细胞白血病、慢性淋巴细胞白血病和 B 细胞淋巴瘤（B-cell lymphomas）。研究表明 CAR-T 细胞技术对晚期复发难治性急性淋巴细胞白血病的治疗有效率可达到 90%，对慢性淋巴细胞白血病和部分 B 细胞淋巴瘤的治疗有效率大于 50%。在实体瘤领域，研究者们开展了一系列针对癌胚抗原（Carcinoembryonic antigen，CEA）、人表皮生长因子受体 -2（Human epidermal growth factor receptor 2，HER-2）、表皮生长因子受体（Epidermal growth factor receptor，EGFR）、磷脂酰肌醇蛋白聚糖 3（Glypican 3，GPC3）等实体瘤靶点的 CAR-T 细胞治疗研究，并且使用了第二代或第三代 CAR-T，引入了共刺激信号 CD28 和 CD137

等，大大增强了 CAR-T 细胞的增殖、存活和杀伤能力[3]。Sun 等构建了包含 chA21 scFv 的人源 HER-2 特异性 CAR-T 细胞并检测其抗肿瘤活性，结果表明这种 CAR-T 细胞能够在体外识别并杀死 HER-2 阳性的乳腺癌细胞和卵巢癌细胞，在动物模型中也观察到肿瘤消退[4]。与其他几类免疫细胞治疗产业相比，CAR-T 细胞治疗产业化程度最高，截至 2021 年底，全球已有 7 款 CAR-T 治疗产品获批上市，分别是诺华公司的 Kymriah、吉利德公司旗下细胞治疗公司 Kite Pharma 的 Yescarta、吉利德公司的 Tecartus、百时美施贵宝公司的 Breyanzi、百时美施贵宝和合作伙伴蓝鸟生物（Bluebrid Bio）公司的 Abecma、复星凯特公司的阿基仑赛注射液以及药明巨诺公司的瑞基仑赛注射液。

相较于 CAR-T 细胞治疗，CAR-NK 细胞治疗具有很多优势，如 CAR-NK 细胞具备更多的肿瘤杀伤途径，如细胞脱粒、激活凋亡途径和介导抗体依赖性细胞毒性作用；异体 CAR-NK 移植不会引起移植物抗宿主病；CAR-NK 细胞因不分泌 IL-1、IL-6 等炎症因子，不会诱发细胞因子风暴效应；CAR-NK 细胞在体内存活周期短，不易产生长期的不良反应。值得注意的是，CAR-NK 细胞对实体瘤治疗具有明显优势，因为实体瘤对未修饰的 NK 细胞会表现出不同程度的耐受性，但对抗原依赖型 CAR-NK 细胞较敏感。美国 MD 安德森癌症中心 Katy Rezvani 教授主导了将 CAR-NK 细胞用于治疗复发 / 难治的 B 细胞恶性肿瘤Ⅰ/Ⅱ期的临床试验研究，用 3 种不同剂量治疗 11 名患者，客观缓解率为 73%（8/11），其中 7 名患者完全缓解，治疗后第一个月便有反应，且 11 名患者获 CAR-NK 治疗后均未发现细胞因子释放综合征、神经毒性和移植物抗宿主病等副作用[5]。在其他疾病领域，CAR-NK 也显示出独特的应用潜力，如在新冠肺炎的治疗中，温州医科大学高基民团队与重庆市公共卫生医疗救治中心陈耀凯教授领导的临床团队合作研制的、源于脐带血的 NKG2D-ACE2 CAR-NK 在防治新冠肺炎上取得了积极的疗效[6]。

TCR-T 细胞治疗需要识别抗原肽 -MHC 复合物，是一类具有人类白细胞抗原（Human leukocyte antigen，HLA）限制性的肿瘤抗原特异性治疗。早期大部分 TCR-T 相关临床试验靶点以癌 - 睾丸抗原为主，如黑色素瘤相关糖蛋白 gp100、纽约食管鳞状细胞癌 1、T 细胞识别的黑色素瘤相关抗原 1 等。但近几年，由肿瘤突变产生的肿瘤新生抗原成为 TCR-T 靶标选择的新热点[7]。在肿瘤治疗层面，PACT Pharma 公司开发的 imPACT 分离技术能特异性识别肿瘤突变的 T 细胞，待确认后利用非病毒基因组工程法将其重新引入外周血的 T 细胞中，产生对抗新抗原的特异性 T 细胞，其结果显示了对黑色素瘤的杀伤作用。PACT Pharma 公司已将肿瘤特异性 neoTCR-P1 细胞治疗产品推进至Ⅰ期临床，可能为实体肿瘤患者提供显著的临床疗效。香雪精准医疗公司在中国开展了具有高亲和力的、靶向抗原 NY-ESO-1 的 TCR-T 细胞治疗产品的Ⅰ期临床试验。初步临床结果显示，在接受治疗的 6 名患者中，2 名患者显示出部分反应；4 名患者表现稳定，其中 2 名在治疗后不久出现肿瘤坏死明显。此外，该治疗还表现出可控的安全性，且没有产生中枢神经系统相关的不良反应[8]。在其他疾病层面，Lion TCR 公司针对肝癌开展个性化乙型肝炎病毒（Hepatitis B virus，HBV）特异性 TCR-T 治疗，其中针对晚期肝细胞癌的Ⅰ期临床试验结果显示了比较好的治疗效果和安全性[9]。

与 CAR-T 和 TCR-T 等免疫细胞治疗相比，TIL 治疗也存在独特的优势。首先，TIL 治疗由靶向癌细胞中多种抗原的 T 细胞组成，因此可以通过多个靶点激发对癌细胞的细胞毒性反应。其次，由于 TIL 治疗使用的细胞是迁移到肿瘤中的天然 TIL，研究人员尚未观察到其脱靶效应和激发细胞因子释放综合征的能力，因此 TIL 治疗较 TCR-T、CAR-T 等免疫细胞治疗更为安全。TIL 至今已发展 30 多年，前瞻性临床研究证明肿瘤特异反应性 TIL 治疗对多种实体瘤有效，部分患者可完全缓解。2011 年一项关于转移性黑色素瘤Ⅱ期临床研究显示，TIL 治疗黑色素瘤患者的客观缓解率（Objective response rate，ORR）为 56%，完全缓解率（Complete response rate，CRR）高达 24%；浸润肿瘤的免疫细胞数量与患者的生存机会成正比[10]。Iovance 公司研发的 Lifileucel（LN-144）治疗更新了黑色素瘤的Ⅱ期临床结果。对Ⅲc 期或Ⅳ期转移性黑色素瘤的患者进行 TIL 过继治疗，结果显示疾病控制率（Disease control rate，DCR）高达 80%。更重要的是，细胞程序性死亡 - 配体 1（Programmed cell death ligand 1，PD-L1）阴性患者也有响应，这说明对免疫检查点抑制剂没有效果的患者仍能采用 TIL 治疗。Iovance 公司公布 TIL 治疗 LN-145 对晚期宫颈癌的 DCR 高达 89%。基于积极的临床试验数据，FDA 于 2019 年授予 LN-145 突破性治疗认定，这是用于实体瘤的免疫细胞治疗首次获此认定。

第二节　干细胞治疗的应用前景

在干细胞治疗中，胚胎干细胞、间充质干细胞和诱导性多能干细胞从基础研究深度、临床应用广度、产业化程度来看具有代表性，已在再生医学、组织工程、新药开发等领域体现出巨大的应用价值。本节以胚胎干细胞、间充质干细胞和诱导性多能干细胞三类干细胞为例，对干细胞在不同疾病领域的应用情况进行讨论。

随着对胚胎干细胞的深入研究，科学家们通过添加特定因子或小分子调控干细胞内信号通路，将胚胎干细胞定向分化为各类型细胞，如神经元细胞、胶质细胞、肝细胞、胰岛细胞、精卵细胞、心肌细胞、血液细胞、小肠上皮细胞等[11]。在眼部疾病领域，视网膜色素上皮（Retinal pigmen epithelium，RPE）是一类生长于神经视网膜和脉络膜血管层之间玻璃膜上的单层细胞，在维持视网膜和光感受器功能方面具有非常重要的作用。2012 年，研究者首次证明人胚胎干细胞来源 RPE 治疗老年性黄斑变性安全且部分有效。研究者将纯度 99% 以上的 RPE 细胞注射入老年性黄斑变性患者视网膜下腔，移植后随访 4 个月，未观察到移植细胞异常增殖和移植相关免疫排斥反应，接受 RPE 移植的患者视力有一定程度的改善[12]。在神经系统疾病领域，干细胞能够增强细胞存活和营养因子的分泌，取代死亡的神经元，修复受损的神经回路。在心血管疾病领域，人胚胎干细胞可以分化为心肌细胞，有望替代受损的心肌细胞，从而实现心脏的再生。细胞治疗可应用于急性心肌梗死、缺血性心肌病、心脏移植后出现的缺血再灌注损伤以及其他心血管疾病的治疗。2013 年，法国巴黎医院科学家 Menasche 开始使用人胚胎干细胞来源的心肌前体细胞治疗急性心脏病的临床试验。2015 年，Menasche 团队报道了第 1 例胚胎干细胞来源的心肌前体细胞治疗急性心脏疾病的临床试验结果，该团队选择了 1 例心功能Ⅲ级的糖尿病老年患者，在对患者做冠状动脉搭桥手术后，将心包片细胞补片固定在病变区的心室壁表面，手术后 3 个月，患者的心脏功能得到明显改善 [13]。

相对于其他成体干细胞，间充质干细胞具有强大的增殖能力和多分化潜能。目前，间充质干细胞可被诱导分化为成骨细胞、软骨细胞、脂肪细胞、肌细胞、神经细胞、肝细胞、内皮细胞、基质细胞等多种细胞，同时，国际细胞治疗协会（International Society for Cell & Gene Therapy，ISCT）确定体外可诱导为脂肪细胞、成骨细胞、成软骨细胞的能力为间充质干细胞鉴定的必检指标。间充质干细胞的分化能力和分化方向受到信号通路、培养体系、关联基因等因素的调节 [14]。在骨组织工程方面，科学家 Song 等 [15] 发现将异体人脐带血来源间充质干细胞和透明质酸混合并植入人为形成的孔或关节缺损部位，可以改善膝关节炎的预后。在心血管疾病方面，人脐带间充质干细胞外泌体是治疗心肌梗死的一种新选择。张雨晴等 [16] 研究表明，间充质干细胞的条件培养基具有修复心肌缺血再灌注损伤的能力，间充质干细胞释放的外泌体是主要的再生因子。在神经系统疾病方面，在体内和体外多种试验都证实了间充质干细胞可成功、稳定地向神经细胞分化 [17]。在糖尿病方面，脐带血来源间充质干细胞可抑制淋巴细胞激活和增殖功能，从而提供一种很有发展前景的和安全性的 1 型糖尿病治疗 [18]。

目前，诱导多功能干细胞可被诱导分化为生殖细胞、心肌细胞、神经细胞、上皮细胞、破骨细胞、胰岛分泌细胞等终末分化细胞，甚至间充质干细胞等多能干细胞。诱导多功能干细胞系因其无伦理障碍、来源容易、免疫排斥小、强分化能力等独特优势，开启了细胞治疗、发育分化研究、疾病模型建立及药物评价的新纪元。但是，目前不同组织、器官来源或不同发育阶段的体细胞生成诱导多功能干细胞的效率和安全性仍存在较大差别。因此未来仍需要突破性成果来促进其应用价值的发挥。在血液疾病领域，2012 年，Kobari 等 [19] 将镰状细胞贫血患者体细胞诱导为诱导多功能干细胞，然后在体外分化为红细胞，依据血红蛋白含量、氧运输能力、可变形性、镰状和黏附性来分析红细胞的功能和成熟性。在神经系统疾病领域，2012 年，Byers 等 [20] 研究发现由帕金森病患者 iPS 细胞系诱导的多巴胺能神经元与野生型多巴胺能神经元相比，其对 caspase-3 激活途径更加敏感。2013 年，Kondo 等 [21] 通过将家族性和散发性阿尔茨海默病患者的 iPS 细胞转化为神经细胞，对阿尔茨海默病的发病机制进行了研究。在其他疾病领域，2013 年，Moad 等 [22] 将前列腺组织细胞成功重编程为 Pro-iPS 细胞，将膀胱和泌尿管细胞分化为 UT-iPS 细胞。与传统的由皮肤组织分化的 iPS 细胞相比，Pro-iPS 细胞和 UT-iPS 细胞显现出更强的向前列腺上皮细胞和膀胱细胞分化的能力，这为临床再生医学提供了新的思路。在临床层面，真正应用于人类治疗的诱导多功能干细胞来源方案和移植程序等仍然需要优化和验证。

参考文献

[1] Weber E W, Maus M V, Mackall C L. The emerging landscape of immune cell therapies[J]. Cell, 2020, 181(1): 46-62.

[2] Stegen S J, Hamieh M, Sadelain M. The pharmacology of secondgeneration chimeric antigen receptors[J]. Nat Rev Drug Discov, 2015, 14(7) : 499-509.

[3] 郑晓，蒋敬庭. CAR-T 细胞治疗的现状与临床应用前景 [J]. 临床肿瘤学杂志，2018，23(7)：655-660.

[4] Sun M, Shi H, Liu C, et al. Construction and evaluation of a novel humanized HER2-specific chimeric receptor[J]. Breast Cancer Res, 2014, 16(3) : R61.

[5] Liu E L, Marin, D Banerjee P, et al. Use of CAR-Transduced natural killer cells in CD19-positive Lymphoid tumors[J]. N Engl J Med, 2020, 382: 545-553.

[6] 高基民. 抗癌新利器：CAR-NK 治疗 [J]. 张江科技评论，2021，6：24-26.

[7] 全家乐，康彦良，张万里，等. 肿瘤免疫治疗中过继性细胞治疗的研究进展 [J]. 药学进展，2021，45(10)：725-734.

[8] 区裕升，郑红俊，钟时，等. TAEST16001：TCR 亲和力增强型特异性 T 细胞免疫治疗 [J]. 中国生物工程杂志，2019，39(2)：49-61.

[9] Hafezi M, Lin M, Chia A, et al. Immunosuppressive drug-resistant armored T-cell receptor T cells for immune therapy of HCC in liver transplant patients[J]. Hepatology, 2021, 74(1): 200-213.

[10] Rosenberg S A, Yang J C, Sherry R M, et al. Durable complete responses in heavily pretreated patients with metastatic melanoma using T-cell transfer immunotherapy[J]. Clin Cancer Res, 2011, 17(13): 4550-4557.

[11] 吴骏，王昱凯，王磊，等. 人胚胎干细胞的临床转化研究进展 [J]. 中国细胞生物学学报，2018，40(S1)：2116-2128.

[12] Schwartz S D, Hubschman J P, Heilwell G, et al. Embryonic stem cell trials for macular degeneration: a preliminary report[J]. Lancet, 2012, 379(9817): 713-720.

[13] Menasche P, Vanneaux V, Hagege A, et al. Human embryonic stem cell-derived cardiac progenitors for severe heart failure treatment: first clinical case report[J]. Eur Heart J, 2015; 36(30): 2011-2017.

[14] 王泽，宋扬，秦林伟. 干细胞的研究进展和应用前景 [J]. 沈阳师范大学学报（自然科学版），2021，39(6)：566-570.

[15] SONG J S, HONG K T, KIM N M, et al. Implantation of allogenicumbilical cord blood-derived mesenchymal stem cells improves knee osteoarthritis outcomes: two-year follow-up[J]. Regen Ther, 2020, 14: 32-39.

[16] 张雨晴，王燕丽，严兵，等. 人脐带间充质干细胞来源的外泌体通过 circHIPK3 促进心梗修复 [J]. 复旦学报（自然科学版），2020，59(1)：40-47.

[17] 王洪娇，周洁信，母玉元，等. 微小 RNA-449a 对骨髓间充质干细胞向神经元样细胞分化的影响 [J]. 中华老年心脑血管病杂志，2020，22(7)：757-761.

[18] Stiner R, Alexander M, Liu G Y, et al. Transplantation of stem cells from umbilical cord blood as therapy for type 1 diabetes[J]. Cell Tissue Res, 2019, 378(2) : 155-162.

[19] Kobari L, Yates F, Oudrhiri N, et al. Human induced pluripotent stem cells can reach complete terminal maturation: *in vivo* and *in vitro* evidence in the erythropoietic differentiation model[J]. Haematologica, 2012, 97(12): 1795-1803.

[20] Byers B, Lee H L, Rera R. Modeling Parkinson's disease using induced pluripotent stem cells[J]. Curr Neurol Neurosci Rep, 2012, 12(3): 237-242.

[21] Kondo T, Asai M, Tsukita K, et al. Modeling alzheimer's disease with iPSCs reveals phenotypes associated with intracellular Aβ and differential drug responsivenesss[J]. Cell Stem Cell, 2013, 12(4): 487-496.

[22] Moad M, Pal D, Hepburn A C, et al. A novel model of urinary tract differentiation, tissue regeneration, and disease: reprogramming human prostate and bladder cells into induced pluripotent stem cells[J]. Eur Urol, 2013, 8(2): 259-273.

第五章

细胞治疗发展面临的问题

当前，细胞治疗产品的临床应用和规模化生产才逐渐起步，开发流程并不缺乏标准化的研究方法。虽然国内外已有几款细胞治疗产品上市，但相关流程、标准、政策仍处于不断被优化的阶段，细胞治疗领域离大规模临床应用仍有很远距离。

第一节　免疫细胞治疗发展面临的问题

本节主要从技术开发、临床应用、产品生产、产业发展、政策监管等多个层面对免疫细胞治疗面临的主要问题进行概述。

从技术开发来看，目前免疫细胞治疗仍处于起步阶段，即使是成熟度最高的CAR-T细胞治疗，从技术角度仍有许多问题亟待解决，包括：①靶点选择困难，即由于缺乏肿瘤特异性抗原，CAR-T对肿瘤细胞的识别不够精准；② CAR-T细胞在肿瘤组织中的浸润量较少，没有足够多的CAR-T细胞浸润至肿瘤部位；③ CAR-T细胞在实体瘤中存活时间短；④实体瘤所存在的复杂的免疫抑制微环境限制了CAR-T细胞的杀伤功能[1]。

从临床应用来看，首先，免疫细胞治疗仍具有较严重的副反应。免疫细胞治疗最常见的副作用是细胞因子释放综合征和神经毒性。细胞因子释放综合征是指在免疫细胞和肿瘤细胞作用的过程中，大量释放细胞因子，这些细胞因子又会引发进一步的连锁反应，进而导致器官受损和脑肿胀，最终危及生命。其次，作为一种个性化制备的生物药，对病情严重、急需治疗的患者来说，当前的治疗技术未能充分满足时间要求。以CAR-T产品为例，需要在实验室中添加特异性嵌合抗原受体对T细胞进行遗传改造，制备出治疗所需的大量T细胞通常需要几周，如诺华细胞治疗产品Kymriah的个性化处理过程约21d，对病情严重、急需治疗的患者来说时间较长。能解决该问题的通用型免疫细胞治疗研究目前正处于起步阶段，离产业化还有较大距离，其在细胞来源、细胞扩增、持久性和免疫原性等仍有较多问题无法解决。另外，免疫细胞治疗的耐药问题已出现。治疗耐药性问题是肿瘤治疗方案不断迭代的原因之一，短期或数年内出现耐药同样会成为细胞治疗技术的新挑战。

CD19 在血液瘤治疗上的耐药出现，提示细胞治疗依然不是一劳永逸的终极方案。

从产品生产来看，细胞制品获批上市并不能确保商业化成功，产品的大规模市场化应用仍需要不断探索。不同于传统小分子药物和生物制品批量化生产模式，现阶段的细胞治疗仍是一种个性化的昂贵治疗方式。从产业化前景来看，自体细胞治疗能够为患者提供个体化治疗服务，但产品难以实现规模化生产，因此生产和分析质控成本较高，商业化比较困难。相比之下，异体细胞治疗更有可能规模化发展，产业化前景也更加明朗[2]。

从产业发展来看，免疫细胞治疗在产品推广中仍存在诸多问题。细胞治疗定价高昂，商业化前景不明确。高昂的定价不仅限制了细胞治疗产品进入医保的可能性，也极大地影响了患者的可及性，因此，相比于同类型的其他肿瘤治疗产品，细胞治疗上市后的临床应用仍然受限。

从政策监管来看，和传统小分子药物和生物制品类似，国内细胞治疗领域监管体系也正在逐步与国际接轨。现阶段，国内细胞治疗领域已在参照国外模式和已有经验的基础上，探索建立了与产业发展相适应的监管体系，并根据技术与产业化的进程，不断完善相关指导原则和审批指南。然而，由于该领域尚处于摸索阶段，目前，细胞治疗领域的监管政策仍存在产品生命周期覆盖不到位、政策文件稳定性不强、细胞产品从审批到上市的通道尚未完全打通、从细胞来源到细胞生产缺乏行业标准支撑、上市后机构和患者双向受益机制有待挖掘等问题，具体可详见本书第五篇细胞治疗政策与监管体系。

第二节　干细胞治疗发展面临的问题

本节主要从技术开发、临床应用、产品生产、政策监管等多个层面对干细胞治疗面临的主要问题进行概述。

从技术开发来看，干细胞治疗领域未来仍需要突破性成果来促进其应用价值的发挥。首先，干细胞的作用非常广泛且作用机制较为复杂，对于干细胞在诸多领域的治疗机制仍处于探索阶段。其次，干细胞的定向迁移或归巢也非常关键，干细胞的归巢取决于组织分泌的趋化因子和干细胞表面相应趋化因子受体之间的匹配性和相互作用。研究发现，新鲜分离的干细胞具有较好的归巢效应，但体外扩增会导致归巢能力的降低。再次，干细胞的来源和质量也不稳定，临床应用的干细胞主要来源于健康志愿者，而不同个体之间存在差异，其细胞属性也不尽相同。第四，干细胞的体外扩增不可避免地造成细胞的衰老，而细胞衰老会造成自身功能的下降。最后，现阶段仍然缺乏干细胞生物学有效性的评价体系。如何保证并提高临床用干细胞质量，特别是生物学有效性的评测，已成为亟待解决的瓶颈问题。

从临床应用来看，输入体内的细胞存活率低和长期滞留是阻碍细胞治疗发展的重要原因，对此科研人员提出可以在移植前对细胞进行预处理（增强其抗逆性）、联合应用支持性生物材料、操纵局部免疫环境来优化宿主组织（接受移植物）等方法解决该问题。如果涉及异体细胞移植，则可能产生宿主免疫排斥，解决免疫排斥是开展异体甚至异种干细胞移植的关键。从临床试验本身来看，由于干细胞的临床应用处于初级阶段，尚未建立干细胞治疗安全性和有效性的评估机制，干细胞的产品质量评估缺乏统一的评估标准。

从产品生产来看，干细胞产品的生产包括多个环节，包括细胞库存储（包括供者细胞采集和早期小规模体外培养）、细胞复苏、细胞培养扩增、微载体分离、纯化、浓缩、配制、细胞清洗、冷冻保存等，如果涉及诱导性多能干细胞，还涉及诱导性多能干细胞的重编程等步骤。目前，干细胞生物制品的商业化成药还处在起步阶段，研发者对按药品管理的细胞产品的研发思路和质量控制策略还缺乏深入研究，监管机构对于干细胞产品的理解和认识也在累积阶段。对于影响干细胞产品的质量因素，包括起始原料组织、细胞分离扩增方法、细胞接种密度、培养基、培养设备、培养添加物、生长因子等，在该领域尚未建立相关的标准体系，也缺乏足够的临床前与临床试验对其进行支撑。

从政策监管层面来看，对于干细胞药物研发、审评、审批等问题，亟须国家出台一系列可行性的实施细则或管理条例等。此外，干细胞的伦理问题是其中最受争议的考量因素，尤其是胚胎干细胞领域，相关问题对于干细胞的获取、干细胞临床试验的审批等带来重要影响。因此，需对包括生物材料来源、生物材料供者保护、生物材料采集的知情同意、干细胞制剂制备工艺、干细胞研究和应用方向等领域的伦理问题建立完善的评估机制，在保障生物安全和伦理规范同时，塑造健康产业环境，保证干细胞产品的合理使用。

参考文献

[1] 董一唯，蒋华. 嵌合抗原受体 T 细胞治疗面临的挑战与对策 [J]. 肿瘤，2019，39（6）: 493-499.

[2] 于晓雯，曹震，张健，等. 细胞治疗产品开发流程及管理对策 [J]. 中国医药生物技术，2018，13（3）: 281-285

第二篇

细胞治疗研究态势

第六章

免疫细胞治疗研究态势

为进一步分析免疫细胞治疗的研究态势，以有关免疫细胞治疗的论文、专利、临床试验与产品研发数据为研究对象，采用统计学、科学知识图谱、专利地图等工具，重点分析了免疫细胞治疗领域的科技产出数量及趋势、国家（地区）分布、研究机构分析、研究热点分布以及重点药物。

第一节　文献计量分析

利用 Web of Science 核心合集数据库对免疫细胞治疗相关文献进行检索，时间跨度为2002—2021 年，对数据清洗和整理后的分析，结果表明，近 20 年来免疫细胞治疗的发文量总体呈上升趋势。

一、年度趋势

近 20 年来免疫细胞治疗的发文量总体呈上升趋势。从全球免疫细胞治疗发文量的数据分析发现：2002—2012 年，全球免疫细胞治疗发文量呈现线性增加趋势，从 2002 年的 4481 篇增加到 2012 年的 8513 篇，年均增长率 6.6%（图 6-1）；2012—2019 年，全球免疫细胞治疗发文量呈现稳定波动趋势，年发文量维持在 8500 ～ 10000 篇；2020 年，全球免疫细胞治疗发文量快速增加，首次突破 10000 篇大关，年增长率达到 12.9%，且 2021 年继续保持增长态势。

从图 6-1 中可以看出，中国免疫细胞治疗发文量总体呈不断上升趋势，从 2002 年的 57 篇增加到 2021 年的 2785 篇，年均增速达到 22.7%，且发文量全球占比从 2002 年的 1% 增加到 2021 年的 25%，反映出近 20 年来我国免疫细胞治疗发展迅猛。特别是 2012—2019 年，在全球免疫细胞治疗整体发文量呈现波动情况下，我国免疫细胞治疗的发文量实现了翻倍，并于 2020 年继续保持 20% 以上的增长速度，说明我国免疫细胞治疗的发展处于爆发期，我国免疫细胞治疗相关研究在全球免疫细胞治疗研究中发挥越来越重要的作用。

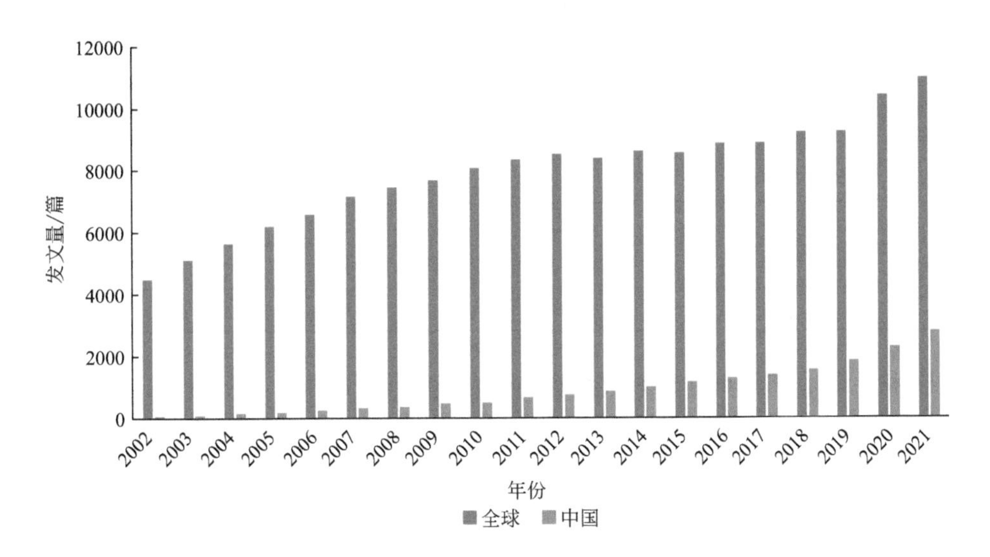

图 6-1　2002—2021年全球和中国免疫细胞治疗领域研究论文年度发表趋势

数据来源：Web of Science，论文类型为“article”和“review”，检索时间为2022-5-31，下同

二、国家（地区）分布

表6-1是2002—2021年全球免疫细胞治疗发文量前十位的国家（地区），美国是免疫细胞治疗发文量最多的国家，占比为34.2%，达到54102篇，其次是中国、德国、日本和英国。美国的发文量超过了第二名至第五名的总和，说明美国在免疫细胞治疗领域具有绝对领先地位。早在1984年，美国国立癌症研究院就开展了肿瘤免疫治疗的临床试验，美国海军女军人琳达·泰勒因晚期转移性黑色素瘤参加这项试验，成为全球第一位被免疫细胞治疗治愈的患者[1]。2012年，宾夕法尼亚大学的Carl June博士团队成功利用免疫细胞治疗救治了急性淋巴细胞白血病患者Emily[2]。2013年美国国立卫生研究院的科研团队也成功利用TIL免疫细胞治疗救治了肿瘤患者[3]。得益于哈佛大学、宾夕法尼亚大学和美国国立卫生研究院等众多实力强劲的高校和机构，美国在免疫细胞治疗基础研究领域展示出较强的统治地位。除美国外，欧洲、亚洲、北美洲和大洋洲的国家（地区）也是免疫细胞治疗研究重要的聚集地。

表6-1　2002—2021年免疫细胞治疗发文量前十位国家（地区）

国家（地区）	全球发文量/篇	占比	全球ESI高水平论文量/篇	ESI高水平论文占比
美国	54102	34.2%	1222	2.3 %
中国	16862	10.7%	214	1.3%
德国	14542	9.2%	242	1.7 %
日本	10789	6.8%	71	0.7 %
英国	9319	5.9%	174	1.9 %

续表

国家（地区）	全球发文量/篇	占比	全球 ESI 高水平论文量/篇	ESI 高水平论文占比
法国	8785	5.6%	175	2.0 %
意大利	7315	4.6%	103	1.4 %
荷兰	5860	3.7%	123	2.1 %
澳大利亚	5445	3.4%	89	1.6 %
加拿大	5386	3.4%	88	1.6 %

基本科学指标（Essential Science Indicators，ESI）是评价高校、科研机构、国家（地区）学术水平和影响力的重要评价工具之一，通常代表着相关学科领域的研究前沿和热点，在指引学科发展、体现学术成果影响力方面具有重要意义。从 ESI 高水平论文来看，美国在免疫细胞治疗 ESI 高水平论文量以 1222 篇遥遥领先其他国家，占美国免疫细胞治疗论文总数的 2.3%。中国和德国的免疫细胞治疗发文量相接近，ESI 高水平论文发文量也较为接近，分别为 214 篇和 242篇，占比分别为 1.3% 和 1.7%，在免疫细胞治疗基础研究方面旗鼓相当。法国和荷兰 ESI 高水平论文占比也较高，均超过了 2.0%，分别为 2.0% 和 2.1%。

三、研究机构分布

表 6-2 是 2002—2021 年全球研究机构免疫细胞治疗发文量排名前十位的分布，其中欧洲研究型大学联盟是发文量最多的机构，发文量达到 13127 篇。欧洲研究型大学联盟是欧洲领先研究型大学的高校联盟，成立于 2002 年，已由最初的 12 所高校扩展至 23 所。该联盟包括比利时的天主教鲁汶大学，芬兰的赫尔辛基大学，法国的斯特拉斯堡大学，德国的海德堡大学和慕尼黑大学，意大利的米兰大学，荷兰的莱顿大学，瑞典的卡罗琳学院，瑞士的日内瓦大学以及英国的剑桥大学、牛津大学和爱丁堡大学等[4]。

表6–2　2002—2021年全球研究机构免疫细胞治疗发文量前十位分布

研究机构	全球发文量/篇	全球 ESI 高水平论文量/篇	ESI 高水平论文占比
欧洲研究型大学联盟	13127	319	2.4%
法国国家健康与医学研究院	6278	125	2.0%
哈佛大学	5808	214	3.7%
美国国立卫生研究院	5133	112	2.2%
加州大学	5119	144	2.8%
法国研究型大学联盟协会	4969	139	2.8%
得克萨斯大学	3543	101	2.9%
法国国家科学研究中心	3460	54	1.6%
伦敦大学	3038	58	1.9%
宾夕法尼亚州立高等教育系统	2946	42	1.4%

法国国家健康与医学研究院是法国在健康与医学领域最大的专业性公立科研机构，下设 9 个研究所，主要从事细胞生物学、分子生物学、遗传学、生理学、生理病理学、基因治疗、流行病学、医学影像学等与人类健康相关的生物医学基础与应用研究[5]。免疫细胞治疗发文量全球排名前十的研究机构中，5 所来自欧洲的顶尖研究型机构，其他 5 所机构均来自美国，包括哈佛大学、美国国立卫生研究院、加州大学、得克萨斯大学和宾夕法尼亚州立高等教育系统，可以看出美国拥有众多实力强劲的研究机构，这些顶尖的研究型机构在免疫细胞治疗基础研究的一系列成果推动了美国免疫细胞治疗产业的快速发展。如美国国家癌症研究所的史蒂文 · 罗森伯格早在 2010 年就报道了使用 CD19 CAR-T 细胞对淋巴瘤病人进行治疗[6]；宾夕法尼亚大学的卡尔 · 朱恩在 2012 年利用 CAR-T 技术治愈了急性前 B 淋巴细胞白血病；纪念斯隆 - 凯特琳癌症中心的米歇尔 · 萨德兰和达里奥 · 坎帕纳是第二代 CAR-T 技术的核心人物，米歇尔 · 萨德兰博士设计出 CAR 结构中 CD28 共刺激结构，达里奥 · 坎帕纳设计出 4-1BB 共刺激结构，对临床使用的 CAR-T 设计做了很大的贡献。

2002—2021 年免疫细胞治疗发文量全球排名前十研究机构的 ESI 高水平论文量如表 6-2 所示，免疫细胞治疗论文发文量最多的欧洲研究型大学联盟发表的 ESI 高水平论文量也排在首位，为 319 篇，占欧洲研究型大学发文量的 2.4%，说明欧洲研究型大学联盟在免疫细胞治疗领域具有一定的引领作用。哈佛大学在免疫细胞治疗论文发文量中排在第三位，其发表的 ESI 高水平论文为 214 篇，占比 3.7%，在 ESI 高水平论文量中排在第二位，占比排在首位，说明哈佛大学在免疫细胞治疗研究论文中的整体质量最高。加州大学、法国研究型大学联盟协会、得克萨斯大学等机构的 ESI 高水平论文占比也较高，分别达到 2.8%、2.8% 和 2.9%。

表 6-3 是 2002—2021 年免疫细胞治疗论文中国排名前十的研究机构分布，其中中国科学院是我国免疫细胞治疗发文量最多的机构，发文量为 1646 篇，仅达到全球排名第十位的宾夕法尼亚州立高等教育系统发文量的 55.9%，说明我国免疫细胞治疗基础研究整体上与国际顶尖水平还有一定差距。在 ESI 高水平论文发文量方面，中国研究机构的 ESI 高水平论文发文量总体较低，可能是由于中国机构在免疫细胞治疗的发文总量较国际顶尖机构尚有差距，但是中国机构的 ESI 高水平论文占比与国际顶尖机构相近（中国科学院大学及中国科学院各研究所发文量计入中国科学院总发文量）。

表6–3　2002—2021年中国研究机构免疫细胞治疗发文量排名前十

研究机构	发文量 / 篇	ESI 高水平论文量 / 篇	ESI 高水平论文占比
中国科学院	1646	34	2.1%
上海交通大学	987	13	1.3%
复旦大学	971	8	0.8%
浙江大学	949	18	1.9%
中国医学科学院北京协和医学院	911	22	2.4%
华中科技大学	844	11	1.3%

续表

研究机构	发文量/篇	ESI 高水平论文量/篇	ESI 高水平论文占比
北京大学	609	14	2.3%
四川大学	532	5	0.9%
山东大学	518	2	0.4%
苏州大学	487	10	2.1%

四、研究热点分布

关键词凝聚了论文主要思想和要点，它出现频次的高低反映了研究者对该领域关注度的大小。出现频次越高的关键词，越有可能成为研究的热点。关键词的突发是指特定时间段内的数据量显著异常于其他时间段，即关键词出现明显增多[7]。表 6-4 列出了免疫细胞治疗研究排名前 20 位的关键词。通过高频关键词可以看出，目前免疫细胞治疗研究的关注点集中在树突状细胞、NK 细胞、巨噬细胞、T 细胞、单核细胞、炎症、癌症、肿瘤微环境、天然免疫、细胞因子、疫苗、嵌合抗原受体、免疫应答、自身免疫、预后、免疫抑制、新冠肺炎等方面。

表6–4　免疫细胞治疗研究领域排名前20主题频词分析

关键词	词频/次	关键词	词频/次
免疫治疗（Immunotherapy）	3599	巨噬细胞（Macrophages）	748
树突状细胞（Dendritic cells）	3127	疫苗（Vaccine）	664
炎症（Inflammation）	1560	嵌合抗原受体（Chimeric antigen receptor）	603
癌症（Cancer）	1130	免疫应答（Immune response）	557
肿瘤微环境（Tumor microenvironment）	910	自身免疫（Autoimmunity）	556
T 细胞（T cells）	898	调节性 T 细胞（Regulatory T cells）	487
天然免疫（Innate immunity）	892	预后（Prognosis）	426
癌症免疫疗法（Cancer immunotherapy）	835	免疫抑制（Immunosuppression）	375
细胞因子（Cytokines）	760	新冠肺炎病毒（COVID-19）	364
NK 细胞（NK cell）	755	单核细胞（Monocytes）	363

从图 6-2 全球免疫细胞治疗的研究热点中可以看出，目前免疫细胞治疗的研究热点可以分为六类：CAR-T 细胞治疗，NK 细胞，DC 细胞，炎症和免疫，肿瘤微环境，肿瘤治疗和疫苗。其中，CAR-T 细胞治疗、NK 细胞和 DC 细胞的研究是近 5 年全球免疫细胞治疗的主要研究热点，关于肿瘤治疗方面的研究是免疫细胞治疗的主要应用领域。CAR-T 细胞治疗技术作为目前免疫细胞治疗领域较为成熟的技术，在近 5 年依旧保持较高的关注度。DC 细胞负责对抗原进行加工处理后提呈给 T 细胞，诱导 T 细胞的活化和增殖，激发有效

的免疫应答。2010 年 DC 疫苗成为第一个 FDA 批准的治疗性肿瘤疫苗，近些年科研人员努力寻找更合适的肿瘤抗原、更有效促进 DC 活化的方法或者联合治疗方法。NK 细胞过继性免疫治疗是细胞生物治疗方法之一，NK 细胞相关的临床研究在全球广泛开展，用于治疗造血系统恶性肿瘤和实体肿瘤等。目前的研究集中于进一步提高 NK 细胞在体内的存活时间、更高效地扩增、增强 NK 细胞对肿瘤细胞的识别与杀伤能力以及在 GMP 水平生产大规模的 NK 细胞等。斯坦福大学医学院等机构的研究人员提出，免疫细胞治疗已经在某些 B 细胞恶性肿瘤的治疗中凸显出了变革性的作用，并且在未来几年内，将会在癌症和其他疾病的治疗中发挥越来越大的作用，但将其转化为实体瘤治疗手段还会面临一些挑战，而且相关治疗性药物对其他疾病的疗效也较为有限。利用基因剔除、转录因子异位过表达、多种特异性结合物等复杂生物工程技术，或许最终能够开发出下一代的免疫细胞治疗方法来改善人类多种疾病的治疗 [8]。

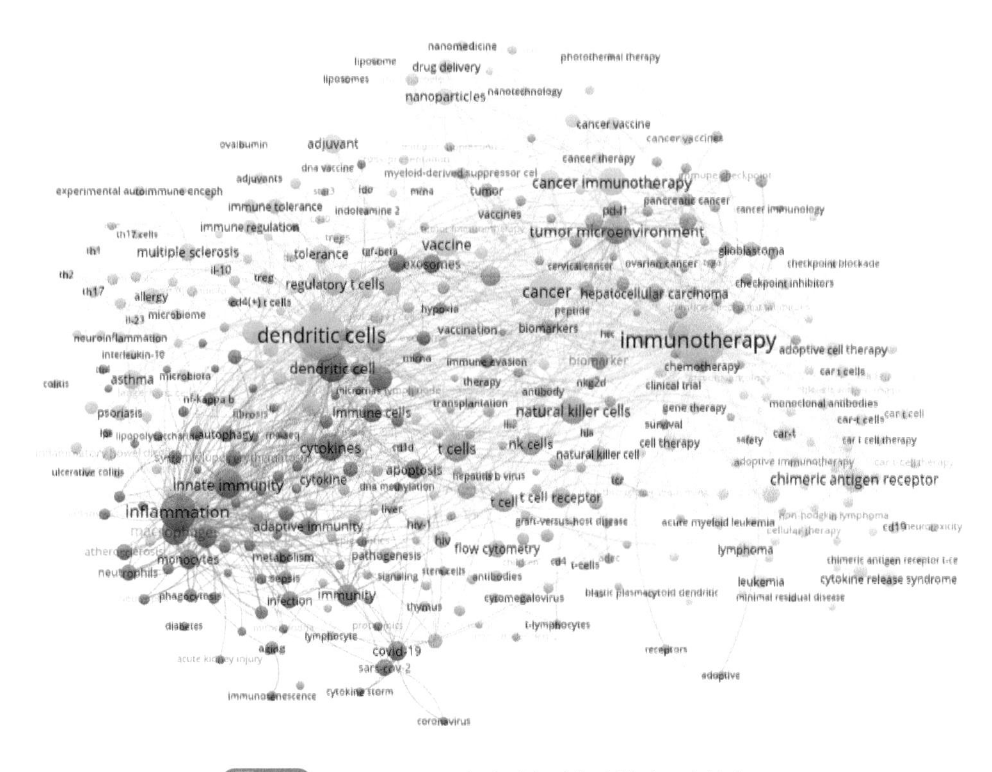

图6-2 2017—2021年全球免疫细胞治疗研究热点图

从图 6-3 中国免疫细胞治疗的研究热点中可以看出，近 5 年我国免疫细胞治疗的研究热点与全球免疫细胞治疗研究热点接近，可以分为六类：CAR-T 治疗，NK 细胞，DC 细胞，炎症和免疫，肿瘤微环境和预后，肿瘤治疗和疫苗。其中，关于 CAR-T 治疗、NK 细胞和 DC 细胞的研究是近 5 年我国免疫细胞治疗的主要研究热点，关于肿瘤治疗方面的研究是免疫细胞治疗的主要应用领域。可以看出，我国在免疫细胞治疗的研究热点与全球总体情况相似。

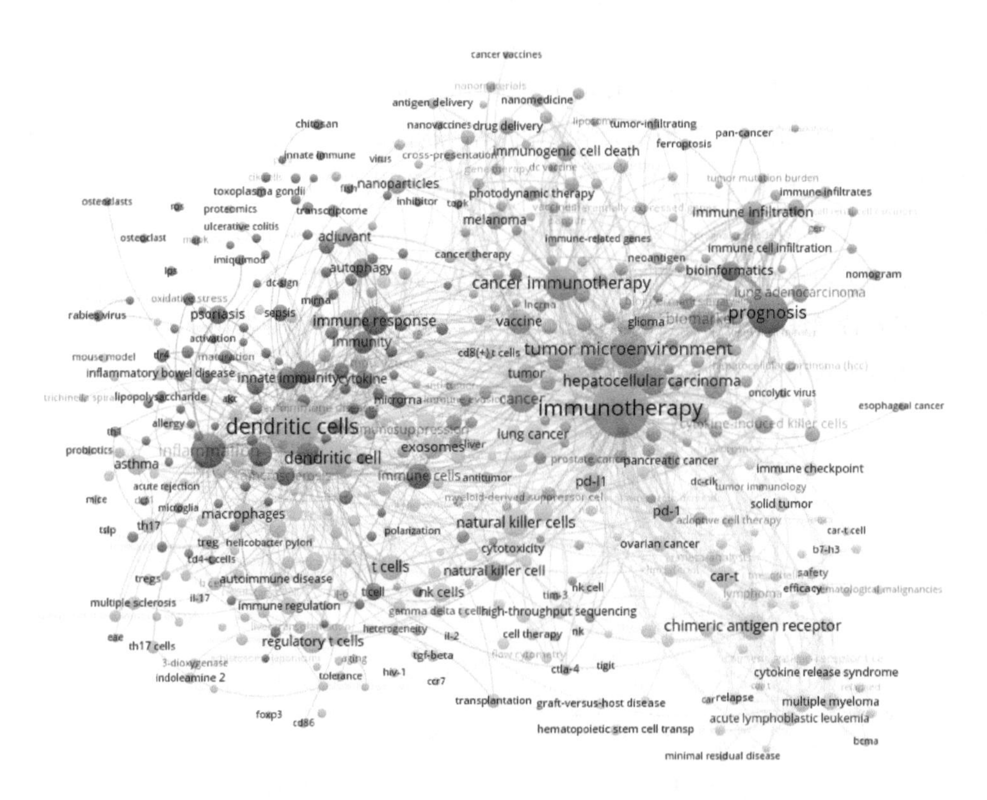

图6-3　2017—2021年中国免疫细胞治疗研究热点图

第二节　专利分析

以IncoPat专利数据库为数据源对免疫细胞治疗相关专利进行检索，时间跨度为2002—2021年，获取全球免疫细胞治疗的专利信息。分析结果显示，近20年来全球免疫细胞治疗的专利申请总体保持增长态势，2015年之后保持在每年3000件以上专利申请量。

一、年度趋势

如图6-4所示，2002—2021年，全球免疫细胞治疗领域的专利申请量为36877件，其中中国申请量为5665件，占全球免疫细胞治疗专利申请的15.4%。近20年，全球免疫细胞治疗的专利申请总体保持增长态势，我国免疫细胞治疗专利申请量也持续上升，2002—

2019 年的年均增长率为 19.0%，我国申请量全球占比从 2002 年的 3.4% 上升至 2019 年的 16.7%。与全球总体态势相似，2010 年之前我国免疫细胞治疗专利申请量维持在低位，2011 年之后逐年增加，并于 2018 年达到峰值，为 870 件，占全球免疫细胞治疗专利申请的 20.2%。2019 年我国免疫细胞治疗专利申请量有所下降，全球占比也降低至 16.7%。由于专利申请公开的滞后与数据录入的滞后，近两年的专利申请量仅供参考。

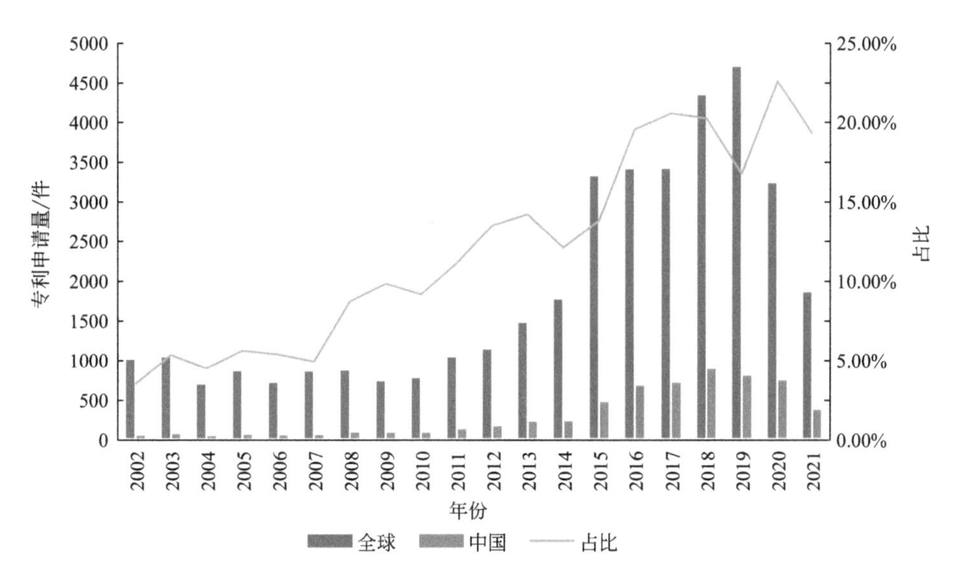

图6-4　2002—2021年全球和中国免疫细胞治疗领域专利年度申请趋势

数据来源：Incopat，检索时间为 2022-5-31，下同

二、国家（组织）分布

全球免疫细胞治疗专利申请的国家（组织）排名如表 6-5 所示，美国、中国、世界知识产权组织、欧洲专利局、日本是专利布局最多的 5 个国家（组织）。前四位国家（组织）的专利申请占比均超过 10%，可见包括美国、中国和欧洲等国家（组织）已成为免疫细胞治疗专利最主要的技术布局地，这些地区的免疫细胞治疗市场具有极大的潜力与吸引力。

表6-5　2002—2021年免疫细胞专利申请量前十位国家（组织）

专利申请国家（组织）	专利申请量 / 件	占比
美国	6754	18.3%
中国	5665	15.4%
世界知识产权组织	4618	12.5%

续表

专利申请国家（组织）	专利申请量 / 件	占比
欧洲专利局（EPO）	4087	11.1%
日本	2718	7.4%
澳大利亚	2253	6.1%
韩国	1795	4.9%
加拿大	1652	4.5%
巴西	727	2.0%
以色列	714	1.9%

免疫细胞治疗专利优先权国家（组织）排名如表 6-6 所示，美国作为专利优先权国家共申请专利 19821 件，占专利总数的 53.8%，超过一半的免疫细胞治疗专利均来源于美国，可见美国在免疫细胞治疗领域的绝对领先地位。值得注意的是，虽然我国在免疫细胞治疗领域的专利申请量排在第二位，但是我国拥有优先权的免疫细胞治疗专利仅有 1371 件，占全球免疫细胞治疗专利申请总数的 3.7%，与美国等国家（组织）相比仍存在显著差距。

表6-6　2002—2021年免疫细胞治疗专利申请量前十位优先权国家（组织）

专利优先权国家（组织）	专利量 / 件	占比
美国	19821	53.8%
欧洲专利局（EPO）	2382	6.5%
英国	2022	5.5%
日本	1580	4.3%
中国	1371	3.7%
世界知识产权组织	1020	2.8%
韩国	975	2.6%
丹麦	637	1.7%
德国	547	1.5%
澳大利亚	244	0.7%

如表 6-7 所示，我国的专利申请人主要来源于广东、上海、北京和江苏 4 个省（市），专利申请量均超过 500 件。根据专利申请人省（市）分布情况，可以发现我国免疫细胞治疗专利主要分布在粤港澳大湾区、京津冀地区、长三角地区等重要城市群，政策的扶持、人才的流动、经济的活力、市场的需求等多种因素共同促进了免疫细胞治疗的发展。国家发展和改革委员会 2022 年 5 月 10 日发布了《“十四五”生物经济发展规划》的通知 [9]，明确指出推动医疗健康产业发展，在长三角、粤港澳等地区推动政策先行先试，用好长三角、粤港澳大湾区药品与医疗器械技术审评检查分中心，鼓励依托自由贸易试验区、海南

自由贸易港在细胞治疗、中药和中医医疗器械注册监管等领域开展改革试点。

表6-7　2002—2021年中国免疫细胞治疗领域专利申请前十位的省（市）

专利申请人所在省（市）	专利申请量/件	占比
广东	858	15.2%
上海	717	12.7%
北京	576	10.2%
江苏	552	9.7%
浙江	201	3.6%
山东	191	3.4%
天津	152	2.7%
湖北	127	2.2%
重庆	92	1.6%
安徽	81	1.4%

三、申请人分布

如表 6-8 所示，从前十位专利申请人所属的国家（地区）来看，美国是这些申请人最主要的来源国，前十位专利申请人中共有 6 位来自美国，其余来自瑞士、法国、德国和英国。前十位申请人中尚未有中国企业或机构入选。从前十位全球免疫细胞治疗专利申请人来看，全球免疫细胞治疗的主要申请人中机构和企业分占半壁江山，包括宾夕法尼亚大学、纪念斯隆 - 凯特琳癌症中心等机构以及诺华、Cellectis 等生物医药企业。其中，宾夕法尼亚大学在免疫细胞治疗的专利申请中占据领先地位，2002—2021 年共在免疫细胞治疗领域申请专利 878 件，占全球免疫细胞治疗专利申请总数的 2.4%。宾夕法尼亚大学在免疫细胞治疗领域拥有众多开创性研究成果，例如宾夕法尼亚大学教授 Carl H. June 是 CAR-T 细胞治疗的创始人之一，由其开发的 CAR-T 细胞治疗 CTL019 是美国 FDA 批准的第一款基因治疗药物[10]，现已授权给诺华，并在美国、欧洲和日本获得批准和销售。宾夕法尼亚大学临床细胞和疫苗生产中心是宾夕法尼亚大学开展免疫细胞治疗研究的重要平台，也是国际细胞治疗认证基金会认证的 GMP（Good manufacturing practice）机构[11]。诺华在免疫细胞治疗的专利申请中排在第二位，2002—2021 年共在免疫细胞治疗领域申请专利 760 件，占全球免疫细胞治疗专利申请总数的 2.1%，在生物医药企业中遥遥领先。2017 年，诺华获得了首个 CAR-T 细胞治疗的 FDA 批准，用于治疗儿童与年轻成人 B 细胞急性淋巴细胞白血病，商品名为 Kymriah。诺华目前在全球有 290 家合格的 CAR-T 细胞治疗中心，有 27 个国家批准了 Kymriah 至少一项适应证。

表6-8　2002—2021年全球免疫细胞治疗前十位专利申请人

申请人名称	国家（地区）	专利数量/件	全球占比
宾夕法尼亚大学	美国	878	2.4%
诺华	瑞士	760	2.1%
Cellectis	法国	570	1.6%
纪念斯隆-凯特琳癌症中心	美国	500	1.4%
Juno Therapeutics	美国	488	1.3%
美国卫生和公众服务部	美国	472	1.3%
Immatics Biotechnologies	德国	362	1.0%
UCL Business	英国	344	0.9%
贝勒医学院	美国	283	0.8%
加州大学	美国	273	0.7%

从免疫细胞治疗前五位专利申请人的专利申请趋势来看（图6-5），2013年开始这些主要申请人在免疫细胞治疗领域的专利申请量开始明显增多，2015年大部分申请人的专利申请量达到峰值，并在2016年之后保持稳定。其中，Juno Therapeutics公司在免疫细胞治疗领域的专利申请增长最为显著，其成立于2013年，到2017年专利申请量就跃升至第二位。Juno Therapeutics公司由福瑞德·哈金森癌症研究中心、纪念斯隆-凯特琳癌症中心、西雅图儿童研究机构三家医学研究机构联合成立，专注于开发基于重编码T细胞的癌症免疫治疗。2016年Juno Therapeutic公司与药明康德公司在中国建立了上海药明巨诺生物科技有限公司，开始进军中国免疫细胞治疗市场。

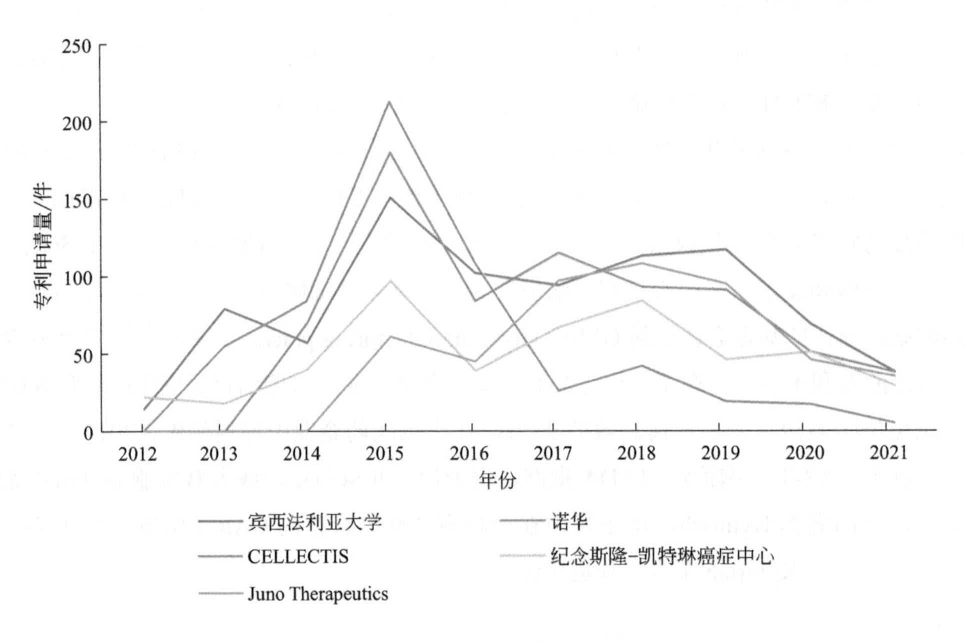

图6-5　2012—2021年全球免疫细胞治疗专利申请量前五位专利申请人申请情况

中国免疫细胞治疗药物的主要申请人为生物医药企业，如表 6-9 所示。深圳宾德生物技术有限公司排名在第一位，专利申请量占比为 1.4%。深圳宾德生物技术有限公司是由中国科学院深圳先进技术研究院生物医药与技术研究所万晓春研究团队于 2015 年参与孵化的生物医药企业。上海恒润达生生物科技有限公司成立于 2015 年，由美国南加州大学王品教授担任公司首席科学家，美国杜克大学李启靖教授和美国加州大学洛杉矶分校杨莉莉教授等组成公司科学技术顾问团队。该企业是目前国内获 CAR-T 应用血液肿瘤批件最多的企业，也是国内首个启动 CAR-T细胞治疗注册临床试验的企业 [12]。

表6-9　2002—2021年中国免疫细胞治疗前十位专利申请人

申请人名称	专利数量 / 件	占比
深圳宾德生物技术有限公司	80	1.4%
上海恒润达生生物科技有限公司	79	1.4%
北京鼎成肽源生物技术有限公司	61	1.1%
山东兴瑞生物科技有限公司	55	1.0%
上海优卡迪生物医药科技有限公司	51	0.9%
美国卫生和人力服务部	50	0.9%
诺华股份有限公司	49	0.9%
巨诺治疗学股份有限公司	47	0.8%
宾夕法尼亚大学托管会	44	0.8%
广东香雪精准医疗技术有限公司	44	0.8%

从中国免疫细胞治疗专利申请人类型来看，如图 6-6 所示，我国免疫细胞治疗专利

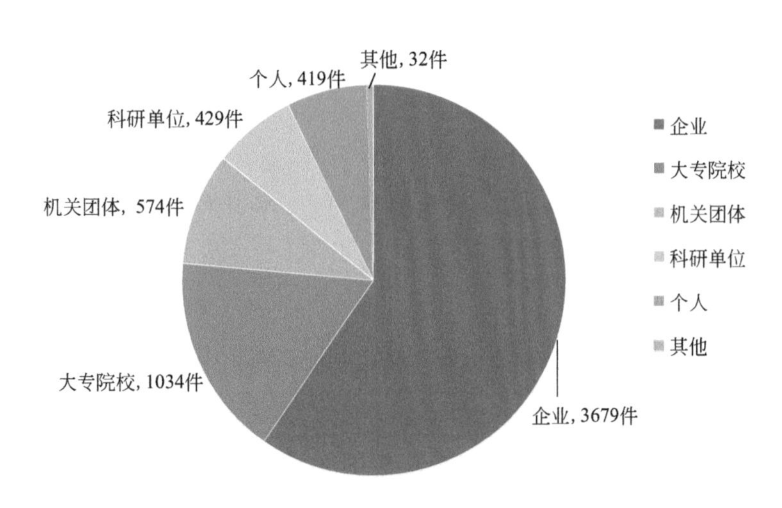

图6-6　2002—2021年中国免疫细胞治疗专利申请人类型

申请人主要是企业，2002—2021 年共申请专利 3679 件，占专利总数的 64.9%。大专院校与机关团体分别申请专利 1034 件与 574 件，占专利总数的 28.4%。我国免疫细胞治疗专利申请人主要是企业，体现出我国免疫细胞治疗技术进步主要由企业推动，产业推动力强。

四、研究热点分布

从免疫细胞治疗专利的技术构成来看，如表 6-10 所示，抗体药物和肽是免疫细胞治疗领域重要的研究方向（如 IPC 分类号 A61K39、C07K14）。此外，突变或遗传工程在免疫细胞治疗研发中也占有一席之地（如 IPC 分类号 C12N15）。从应用领域来看，免疫治疗药物和抗肿瘤药是最主要的应用领域。

表6-10　2002—2021年免疫细胞治疗全球专利IPC专利分类（大组）前十位

IPC 分类号	定义	专利数量 / 件
C12N5	未分化的人类、动物或植物细胞	12610
A61K39	含有抗原或抗体的医药配制品	11059
C07K14	具有多于 20 个氨基酸的肽；促胃液素；生长激素释放抑制因子	10278
A61P35	抗肿瘤药	10257
A61K35	含有其他不明结构的原材料或其反应产物的医用配制品	10187
C07K16	免疫球蛋白，例如单克隆或多克隆抗体	9327
C12N15	突变或遗传工程	8651
A61K38	含肽的医药配制品	4073
A61P37	治疗免疫或过敏性疾病的药物	3202
C07K19	杂合肽	3164

从中国免疫细胞治疗专利的技术构成来看，如表 6-11 所示，整体 IPC 分类分布情况与全球相似。值得关注的是，中国在免疫细胞治疗专利的技术构成中抗肿瘤药专利数量排在第二位，共有 2346 件专利，说明我国免疫细胞治疗技术领域更注重于抗肿瘤的应用。突变或遗传工程在我国免疫细胞治疗研发中的比重也高于全球水平，排在第三位，共有 2010 件专利。

表6-11　2002—2021年免疫细胞治疗中国专利IPC专利分类（大组）前十位

IPC 分类号	定义	专利数量 / 件
C12N5	未分化的人类、动物或植物细胞	2661
A61P35	抗肿瘤药	2346
C12N15	突变或遗传工程	2010

续表

IPC 分类号	定义	专利数量 / 件
A61K39	含有抗原或抗体的医药配制品	1454
A61K35	含有其他不明结构的原材料或其反应产物的医用配制品	1372
C07K19	杂合肽	1059
C07K14	具有多于 20 个氨基酸的肽；促胃液素；生长激素释放抑制因子；促黑激素	760
C07K16	免疫球蛋白，例如单克隆或多克隆抗体	750
A61P37	治疗免疫或过敏性疾病的药物	376
A61K38	含肽的医药配制品	365

研究热点是技术突发性的重要观测指标，代表短期内出现频率急速增加的现象，在一定程度上反映了该技术领域的新兴研究趋势。选取 IncoPat 数据库中最新公开的 3000 件专利（去除了失效专利和外观专利）获得全球和中国免疫细胞治疗技术热点沙盘图（图 6-7、图 6-8），目前全球研究热点主要聚焦在工程化细胞、细胞因子受体、CAR-T 细胞、自然杀伤细胞等领域，中国研究热点主要聚焦在单链抗体等领域。

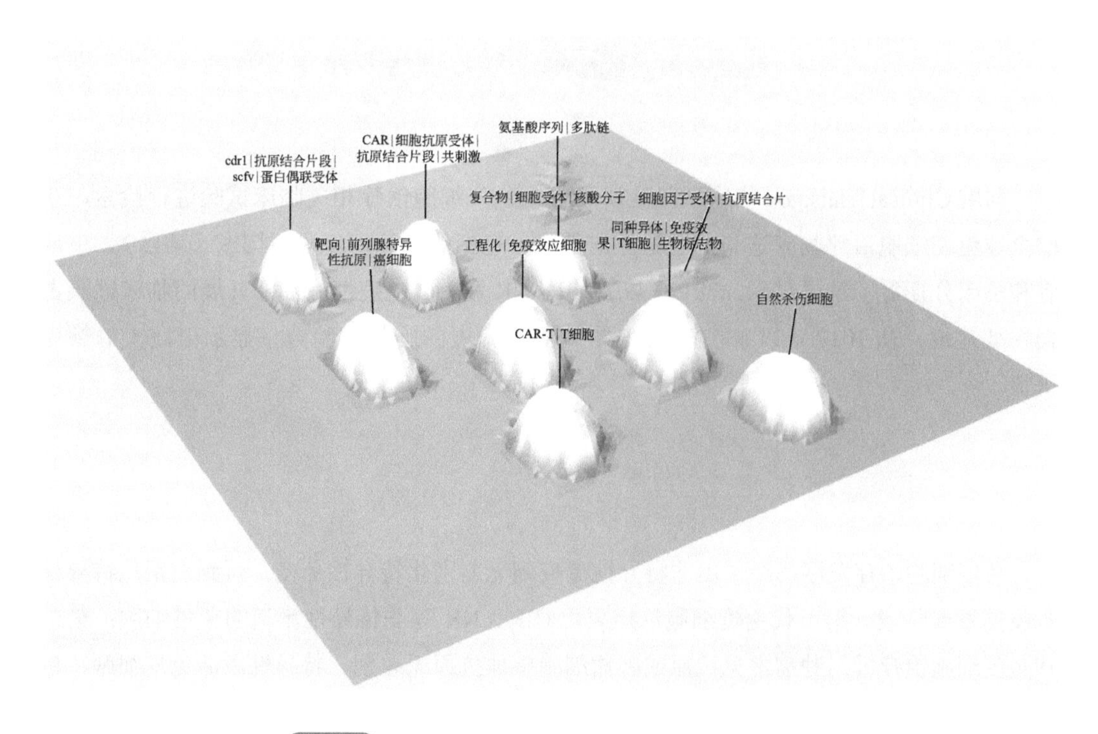

图6-7 全球免疫细胞治疗技术热点研究领域沙盘图

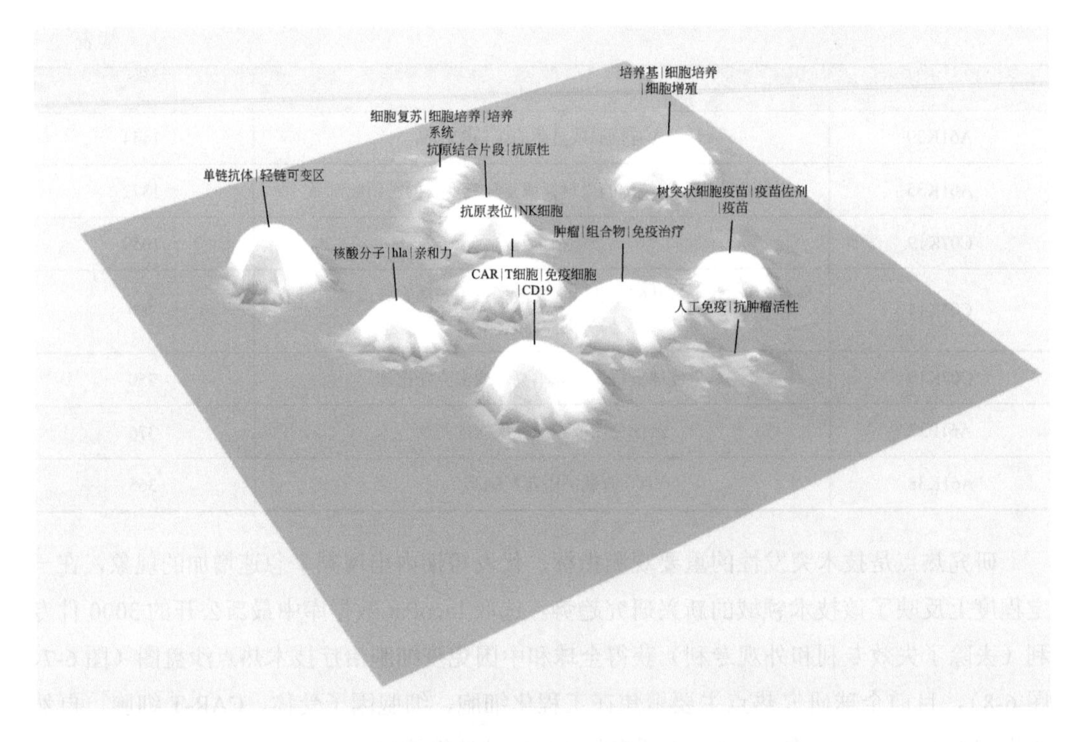

图6-8 中国免疫细胞治疗技术热点研究领域沙盘图

第三节 临床试验信息分析

利用ClinicalTrials.gov临床试验注册平台对免疫细胞治疗相关临床试验进行检索，获取全球免疫细胞治疗临床试验的登记注册信息，包括登记注册年份、国家（地区）、申请者和临床分期等。结果显示，2012—2016年，NK和DC免疫细胞治疗开展的临床试验占据主要地位，从2017年以来，以CAR-T为对象开展的临床试验数量显示出巨大的领先优势。

一、年度趋势

免疫细胞治疗发展历经了由非特异性免疫到无差别化特异性免疫，再到差别化特异性免疫的发展阶段。第一代免疫细胞治疗采用CIK、NK等非特异性激活的免疫细胞；第二代免疫细胞治疗采用肿瘤常见抗原或肿瘤细胞整体抗原无差别、特异性激活免疫细胞，包括DC、CTL和TIL细胞治疗；第三代免疫细胞治疗通过基因工程改造免疫细胞，使其表达嵌合抗原受体或新的能识别癌细胞的T细胞受体，从而激活并引导免疫细胞杀死肿瘤细胞，包括CAR-T、TCR-T等。

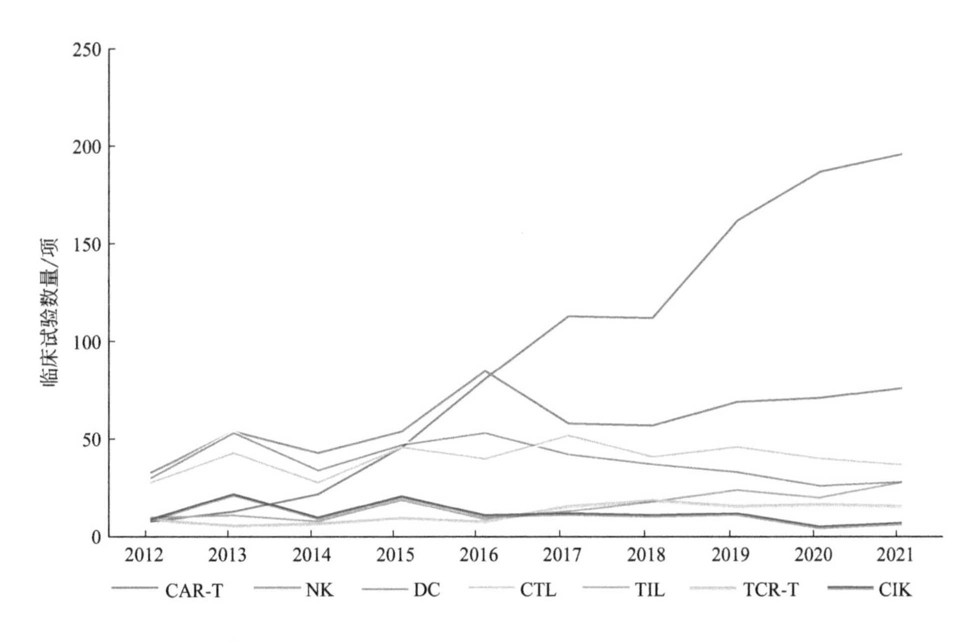

图6-9　2012—2021年免疫细胞治疗临床试验开展情况

数据来源：ClinicalTrials，检索时间为2022-5-13，下同

其中，CAR-T细胞治疗已成为当前免疫细胞治疗研究的焦点，并于2017年8月正式投入市场[13]。图6-9表明，2017年以来，以NK细胞、DC细胞等为对象开展的临床试验数量较为稳定，以CIK细胞为对象开展的临床试验数量基本表现为逐年减少，而以CAR-T为对象开展的临床试验数量则显示出巨大的领先优势，说明目前免疫细胞治疗产品主要以CAR-T为主，大量临床试验集中在CAR-T方面，未来还将有更多的CAR-T产品走向市场。包括NK、DC、CTL、TIL、TCR-T等多种细胞在内的免疫细胞治疗也是未来可能出现的产品，其临床试验数目保持相对稳定。

二、国家（地区）分布

CAR-T作为最为关注的免疫细胞治疗，截至2022年5月13日，在ClinicalTrials. gov上注册的CAR-T细胞治疗的临床试验共1073项，其中中国开展的CAR-T细胞治疗临床试验数量位居全球榜首，共有550项，占比超过50%；美国开展的CAR-T细胞治疗临床试验数量位居全球第二位，共有375项，占比为35%（表6-12）。中国和美国作为免疫细胞治疗论文和专利最主要的聚集地，在临床试验方面也是全球最主要的试验地。其他开展CAR-T临床试验的国家包括法国、德国、西班牙、英国、意大利、加拿大、比利时、荷兰等，主要集中在欧洲。由于欧洲各国家之间的地理位置接近、政策通用性强等，欧洲国家之间的临床试验合作也较为密切。

表6-12 全球CAR-T细胞治疗临床试验数量前十位国家（地区）

国家（地区）	临床试验数量/项
中国	550
美国	375
法国	34
德国	33
西班牙	31
英国	30
意大利	27
加拿大	24
比利时	23
荷兰	22

截至 2022 年 5 月 13 日，在 ClinicalTrials. gov 上注册的 TCR-T 细胞治疗的临床试验共 154 项，如表 6-13 所示。其中，超过 85% 的临床试验都在美国（102 项）和中国（29 项）开展，其他开展 TCR-T 临床试验的国家包括加拿大、英国、德国、西班牙、法国、荷兰、波兰和澳大利亚等。在 TCR-T 免疫细胞治疗临床试验方面，美国保持了较为明显的领先地位，临床试验数量超过了 100 项。

表6-13 全球TCR-T细胞治疗临床试验数量前十位国家（地区）

国家（地区）	临床试验数量/项
美国	102
中国	29
加拿大	13
英国	12
德国	9
西班牙	8
法国	7
荷兰	7
波兰	2
澳大利亚	2

如表 6-14 所示，在 ClinicalTrials. gov 上注册的 NK 细胞治疗的临床试验中，美国和中国开展的 NK 细胞免疫治疗临床试验最多，分别有 385 项和 223 项，其次分别是韩国、法国、意大利、英国、德国、西班牙、加拿大、新加坡。在全球 NK 细胞治疗临床试验数量前十位国家（地区）中，除了已经在 CAR-T 和 TCR-T 临床试验方面进行大量开展的中美和欧洲国家以外，韩国和新加坡在 NK 细胞治疗领域开展了一定数量的临床试验。

表6-14　全球NK细胞治疗临床试验数量前十位国家（地区）

国家（地区）	临床试验数量/项
美国	385
中国	223
韩国	57
法国	43
意大利	29
英国	28
德国	27
西班牙	25
加拿大	25
新加坡	20

如表 6-15 所示，在 ClinicalTrials. gov 上注册的 DC 细胞治疗的临床试验中，美国和中国开展的 DC 细胞免疫治疗临床试验最多，分别有 341 项和 109 项，其次分别是荷兰、法国、比利时、德国、西班牙、意大利、加拿大、英国。

表6-15　全球DC细胞治疗临床试验数量前十位国家（地区）

国家（地区）	临床试验数量/项
美国	341
中国	109
荷兰	28
法国	25
比利时	21
德国	21
西班牙	21
意大利	16
加拿大	12
英国	10

三、试验机构分布

从 CAR-T、TCR-T、NK、DC 等免疫细胞治疗临床试验数量的国家（地区）分布可以看出，美国和中国启动的免疫细胞治疗临床试验数量占全球免疫细胞治疗临床试验数量的近 85%，大部分免疫细胞治疗临床试验在中美两个国家进行。如表 6-16 所示，全球 CAR-T 细胞治疗临床试验数量前十位的研究机构也集中在中美两个国家。其中美国国家癌症研究所开展了 60 项 CAR-T 细胞治疗临床试验，排在首位；浙江大学开展了 46 项

CAR-T 细胞治疗临床试验，排在第二位，也是中国开展 CAR-T 细胞治疗临床试验最多的机构。较多中国研究机构在 CAR-T 细胞治疗方面进行了大量临床试验，全球 CAR-T 细胞治疗临床试验数量前十位的研究机构中有 7 个均为中国机构，其他 3 个为美国机构。

表6-16　全球CAR-T细胞治疗临床试验数量前十位研究机构

机构名称	国家（地区）	临床试验数量 / 项
美国国家癌症研究所（NCI）	美国	60
浙江大学	中国	46
贝勒医学院	美国	32
中国人民解放军总医院	中国	32
宾夕法尼亚大学	美国	32
博生吉医药科技（苏州）有限公司	中国	28
河北森朗生物科技有限公司	中国	27
苏州大学附属第一医院	中国	27
上海雅科生物科技有限公司	中国	27
深圳市免疫基因治疗研究院	中国	25

如表 6-17 所示，全球 TCR-T 细胞治疗临床试验数量前十位的研究机构分布在美国、中国、英国和新加坡 4 个国家。其中美国国家癌症研究所开展了 43 项 TCR-T 细胞治疗临床试验，排在首位。Adaptimmune 是英国开展 TCR-T 细胞治疗临床试验最多的机构，开展了 9 项，排在第三位。Lion TCR 是新加坡开展 TCR-T 细胞治疗临床试验最多的机构，开展了 5 项，排在第六位。中山大学是中国开展 TCR-T 细胞治疗临床试验最多的机构，开展了 5 项，排在并列第六位。全球 TCR-T 细胞治疗临床试验数量前十位的研究机构中有 4 个为中国机构，3 个为美国机构，2 个为英国机构，1 个为新加坡机构。

表6-17　全球TCR-T细胞治疗临床试验数量前十位研究机构

机构名称	国家（地区）	临床试验数量 / 项
美国国家癌症研究所（NCI）	美国	43
美国国立卫生研究院临床中心	美国	34
Adaptimmune	英国	9
福瑞德 · 哈金森癌症研究中心	美国	8
葛兰素史克	英国	8
Lion TCR	新加坡	5
中山大学	中国	5
华夏英泰（北京）生物技术有限公司	中国	4
广东香雪精准医疗技术有限公司	中国	4
重庆天科雅生物科技有限公司	中国	4

如表 6-18 所示，全球 NK 细胞治疗临床试验数量前十位的研究机构集中在中国、美国

和英国三个国家。其中美国国家癌症研究所开展了 133 项 NK 细胞治疗临床试验，排在首位。广州复大肿瘤医院是中国开展 NK 细胞治疗临床试验最多的机构，开展了 26 项，排在第五位。葛兰史素克是英国开展 NK 细胞治疗临床试验最多的机构，开展了 21 项，排在第九位。全球 NK 细胞治疗临床试验数量前十位的研究机构中有 6 个为美国机构，3 个为中国机构，1 个为英国机构。美国在 NK 细胞治疗方面开展的临床试验最多，前四位的研究机构均来自美国。

表6-18　全球NK细胞治疗临床试验数量前十位研究机构

机构名称	国家（地区）	临床试验数量 / 项
美国国家癌症研究所（NCI）	美国	133
MD 安德森癌症中心	美国	31
明尼苏达大学癌症中心（共济会癌症中心）	美国	31
ImmunityBio	美国	27
广州复大肿瘤医院	中国	26
深圳市汉科生物工程有限公司	中国	26
中山大学	中国	26
美国国立卫生研究院临床中心	美国	25
葛兰史素克	英国	21
美国圣犹达儿童研究医院	美国	15

如表 6-19 所示，全球 DC 细胞治疗临床试验数量前十位的研究机构集中在美国和荷兰两个国家。其中美国国家癌症研究所开展了 116 项 DC 细胞治疗临床试验，排在首位。拉德布德大学医学中心是荷兰开展 DC 细胞治疗临床试验最多的机构，开展了 16 项，排在第七位。美国在 DC 细胞治疗方面开展的临床试验最多，全球 DC 细胞治疗临床试验数量前十位的研究机构中有 9 个均为美国机构。

表6-19　全球DC细胞治疗临床试验数量前十位研究机构

机构名称	国家（地区）	临床试验数量 / 项
美国国家癌症研究所（NCI）	美国	116
杜克大学	美国	29
H. Lee Moffitt 癌症中心和研究所	美国	25
琼森综合癌症中心	美国	23
匹兹堡大学	美国	23
丹娜 - 法伯癌症研究所	美国	18
拉德布德大学医学中心	荷兰	16
美国国立卫生研究院临床中心	美国	15
美国国家过敏和传染病研究所	美国	14
贝斯以色列女执事医疗中心	美国	11

美国在免疫细胞治疗临床试验方面展现出了较强的领先优势，较多实力强劲的研究机构在 CAR-T、TCR-T、NK、DC 等免疫细胞治疗方面开展了大量的临床试验。美国免疫细胞治疗临床试验机构主要由研究机构承担，如国家癌症研究所、贝勒医学院、宾夕法尼亚大学、杜克大学等，ImmunityBio 等生物医药公司也扮演着重要的作用。而入选 CAR-T、TCR-T、NK、DC 等免疫细胞治疗临床试验数量全球前十位的中国机构中，研究机构和生物医药企业各占一半，生物医药企业包括博生吉医药科技（苏州）有限公司、河北森朗生物科技有限公司、上海雅科生物科技有限公司、华夏英泰（北京）生物技术有限公司、广东香雪精准医疗技术有限公司、重庆天科雅生物科技有限公司、深圳市汉科生物工程有限公司等，研究机构包括浙江大学、中国人民解放军总医院、苏州大学附属第一医院、深圳市免疫基因治疗研究院、中山大学、广州复大肿瘤医院等。

四、类型分布

目前免疫细胞治疗的研究热点和产品主要集中在 CAR-T 细胞治疗，而 NK、CIK、NK、DC、CTL、TIL、LAK 等也是免疫细胞治疗的重要类型。如图 6-10 所示，全球免疫细胞治疗临床试验开展数量从高到低分别是 CAR-T(1073 项)、NK(948 项)、DC(713 项)、CTL（568 项）、TIL（211 项）、TCR-T（154 项）、CIK（136 项）和 LAK（13 项）细胞治疗，其中，CAR-T、NK、DC 和 CTL 是目前免疫细胞治疗主要开展的临床试验类型，均超过了 500 项。中国免疫细胞治疗临床试验开展数量从高到低分别是 CAR-T(550 项)、NK(223 项)、CTL（92 项）、CIK（84 项）、TCR-T（29 项）、DC（28 项）和 TIL（28 项）细胞治疗，

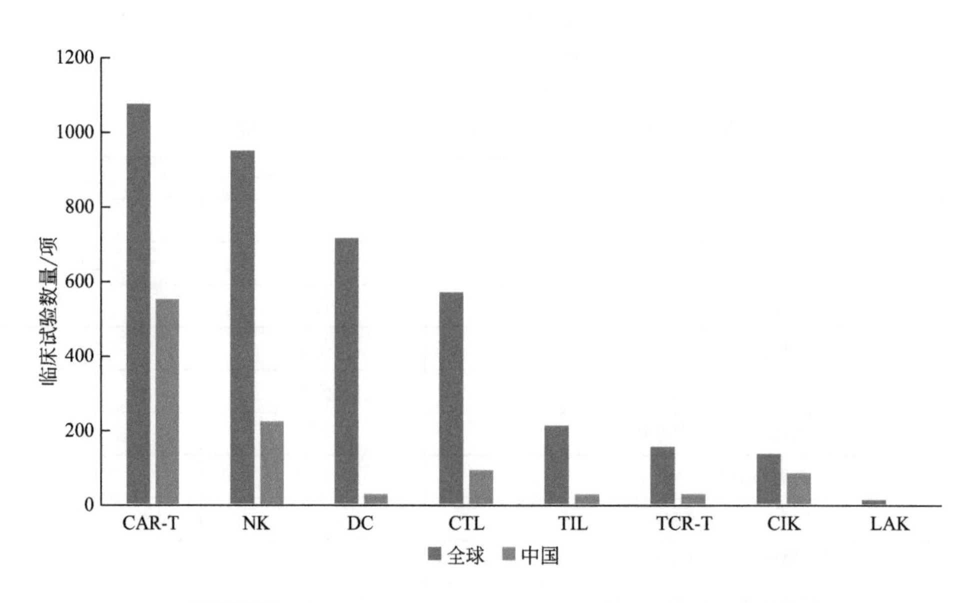

图6-10　全球和中国免疫细胞治疗主要开展的临床试验数量

其中，CAR-T 和 NK 是目前中国免疫细胞治疗主要开展的临床试验类型，均超过了 200 项。中国尚未有 LAK 免疫细胞治疗临床试验开展，在 DC、TIL、TCR-T 等细胞治疗方面的临床试验数量相较全球免疫细胞治疗临床试验数量还略少。

CAR-T 细胞治疗作为开展最多的免疫细胞治疗临床试验，代表着免疫细胞治疗临床试验的发展状况。全球 CAR-T 免疫细胞治疗不同阶段临床试验开展数量如图 6-11 所示，其中早期临床阶段的 CAR-T 临床试验有 115 项，Ⅰ期临床试验有 737 项，Ⅱ期临床试验有 343 项，Ⅲ期临床试验有 17 项，Ⅳ期临床试验有 2 项。其中，中国早期临床阶段的 CAR-T 临床试验有 96 项，Ⅰ期临床试验有 374 项，Ⅱ期临床试验有 186 项，Ⅲ期临床试验有 4 项，Ⅳ期临床试验有 2 项。中国开展的 CAR-T 临床试验中，Ⅰ期临床试验数量最多，其次是Ⅱ期临床试验，这也符合一般临床试验数量的分布规律，如由于某些 CAR-T 产品的Ⅰ期临床试验效果不佳会导致进入Ⅱ期临床试验的数量有所下降。

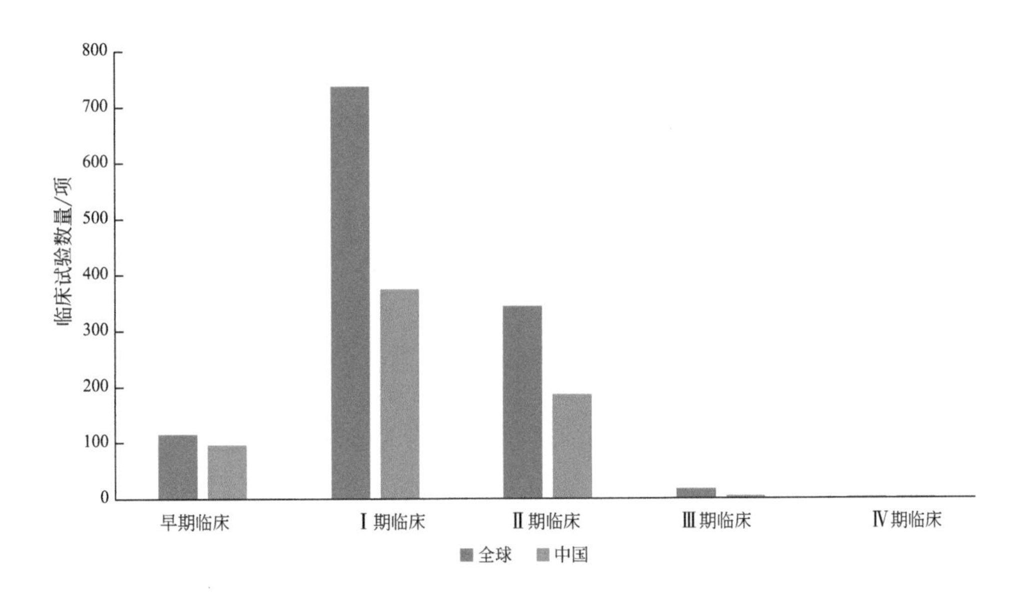

图6-11 全球和中国CAR-T细胞治疗临床试验数量

TCR-T 细胞治疗更容易浸润到实体瘤内部，对于实体瘤治疗具有良好的前景。全球 TCR-T 免疫细胞治疗不同阶段临床试验开展数量如图 6-12 所示，其中早期临床阶段的 TCR-T 临床试验有 2 项，Ⅰ期临床试验有 99 项，Ⅱ期临床试验有 72 项，Ⅲ期临床试验暂无。中国早期临床阶段的 TCR-T 临床试验暂无，Ⅰ期临床试验有 25 项，Ⅱ期临床试验有 6 项，Ⅲ期临床试验暂无。全球目前暂无 TCR-T 细胞治疗产品上市，也暂无Ⅲ期临床试验登记注册，说明 TCR-T 细胞治疗走向市场仍需时日。

NK 细胞治疗能够启动多重免疫应答，在肿瘤治疗方面展示出巨大的潜力。全球 NK 免疫细胞治疗不同阶段临床试验开展数量如图 6-13 所示，其中早期临床阶段的 NK 临床试验有 25 项，Ⅰ期临床试验有 401 项，Ⅱ期临床试验有 437 项，Ⅲ期临床试验有 49 项。中

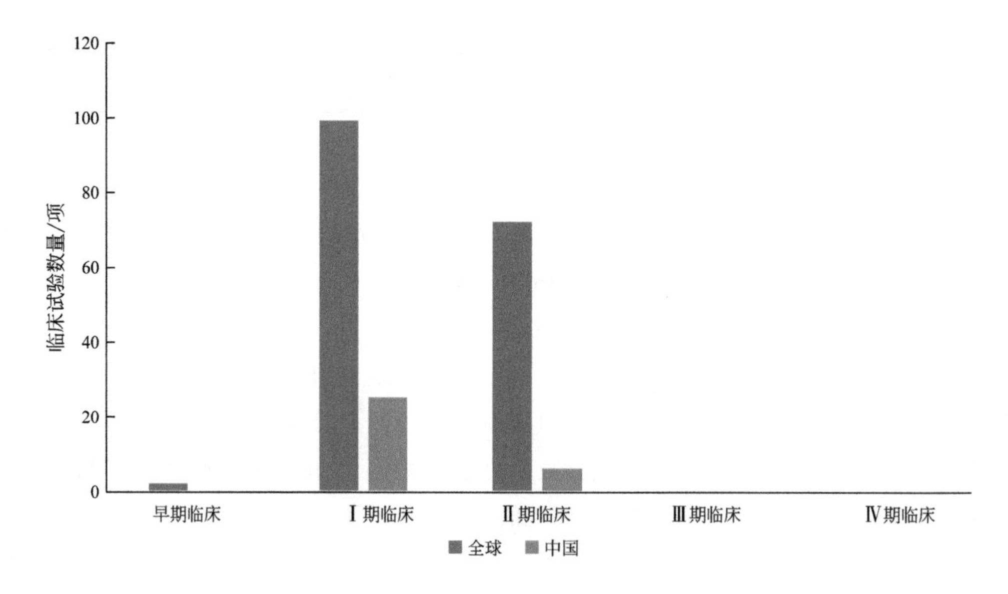

图6-12 全球和中国TCR-T细胞治疗临床试验数量

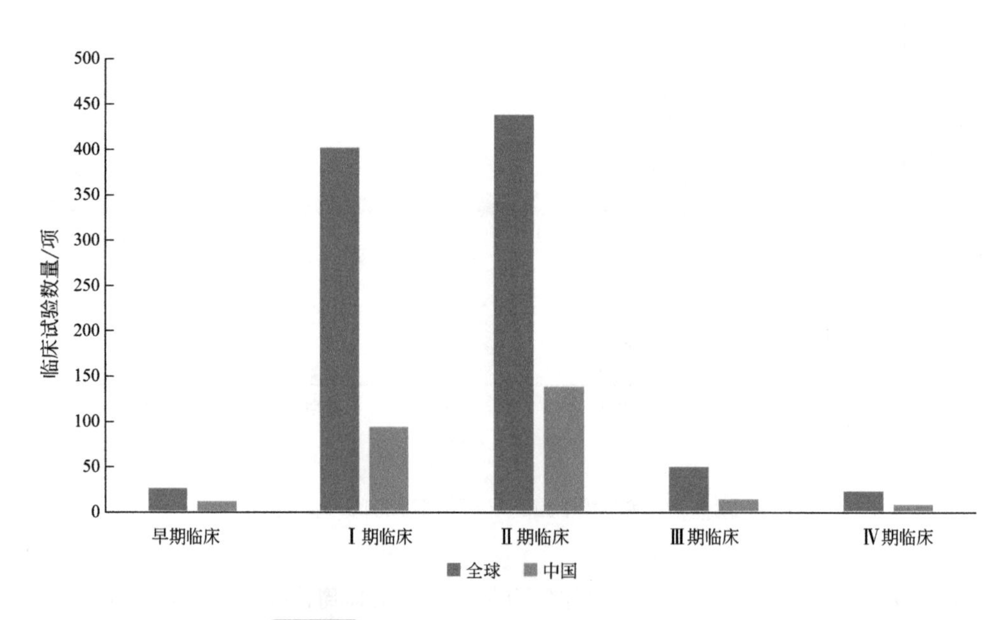

图6-13 全球和中国NK细胞治疗临床试验数量

国早期临床阶段的 NK 临床试验有 11 项，Ⅰ期临床试验有 93 项，Ⅱ期临床试验有 137 项，Ⅲ期临床试验有 13 项。NK 细胞治疗的Ⅱ期临床试验数量超过了Ⅰ期临床试验数量，表明 NK 细胞治疗发展速度较快，大量 NK 细胞治疗产品通过了Ⅰ期临床试验进入Ⅱ期临床试验阶段，未来将会有更多 NK 细胞治疗产品有望走入市场。目前开展的 NK 细胞治疗临床试验大多采用自体或异体细胞输注的方式，还包括 CAR-NK 细胞治疗，即采用与 CAR-T

细胞类似的方式修饰 NK 细胞，增强细胞靶向，提高肿瘤抑制的效率。

DC 细胞是已知功能最强的抗原呈递细胞，还被用来生产改进的治疗性疫苗，美国 FDA 批准的首个抗癌疫苗 Provenge 就是 DC 疫苗，用来治疗转移性前列腺癌。全球 DC 细胞治疗不同阶段临床试验开展数量如图 6-14 所示，其中早期临床阶段的 DC 细胞治疗临床试验有 17 项，Ⅰ期临床试验有 397 项，Ⅱ期临床试验有 362 项，Ⅲ期临床试验有 26 项。其中，中国早期临床阶段的 DC 临床试验有 1 项，Ⅰ期临床试验有 64 项，Ⅱ期临床试验有 61 项，Ⅲ期临床试验有 1 项。

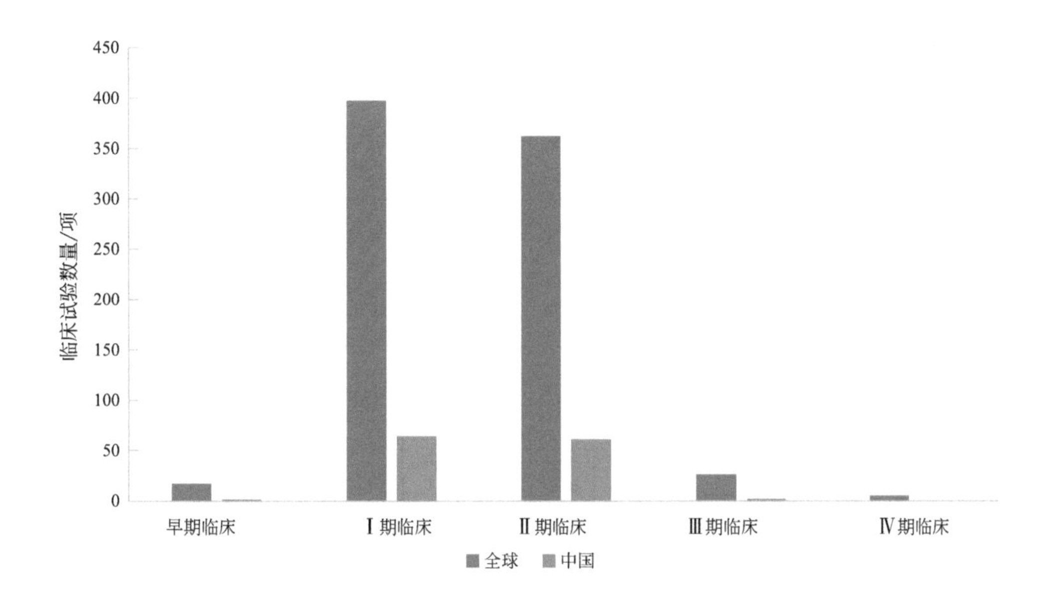

图6-14　全球和中国DC细胞治疗临床试验数量

我国近些年开展了大量的免疫细胞治疗临床试验，涉及 CAR-T、TCR-T、NK、DC 等多种治疗。为指导我国免疫细胞治疗产品研发，国家药品监督管理局药审中心还于 2021 年 2 月 9 日组织制定了《免疫细胞治疗产品临床试验技术指导原则（试行）》，旨在为免疫细胞治疗产品开展临床试验的总体规划、试验方案设计、试验实施和数据分析等方面提供必要的技术指导。表 6-20 选取了进入Ⅲ期临床试验的中国免疫细胞治疗。

表6-20　中国免疫细胞治疗临床试验信息（Ⅲ期）

NCT 编号	试验题目	临床状态	适应证	细胞治疗类型	赞助商 / 合作者	开始日期
NCT02280278	细胞因子诱导的杀伤细胞免疫治疗在手术切除的Ⅲ期结直肠癌化疗患者中的应用	未知	Ⅲ期结肠癌	CIK 细胞	中山大学	2014-10-1
NCT01749865	HCC 根治性切除术患者的 CIK 治疗	完成	肝细胞癌	CIK 细胞	中山大学	2008-10-1

续表

NCT 编号	试验题目	临床状态	适应证	细胞治疗类型	赞助商 / 合作者	开始日期
NCT00769106	CIK 治疗肝癌切除术后患者的研究	完成	肝细胞癌	CIK 细胞	中山大学	2008-6-1
NCT04287660	BiRd 方案联合 BCMA CAR-T 细胞治疗新诊断多发性骨髓瘤（MM）的研究	招募	多发性骨髓瘤	CAR-T 细胞	苏州大学附属第一医院，上海优卡迪生物医药科技有限公司等	2017-10-19
NCT05020392	自体细胞衍生的抗 CD19 CAR-T 细胞联合 BTK 抑制剂治疗 B 细胞淋巴瘤	招募	弥漫性大 B 细胞淋巴瘤等	CAR-T 细胞	武汉协和医院，武汉思安医疗科技有限公司	2021-9-14
NCT03631576	CD123/CLL1 CAR-T 细胞，用于 R/R AML（STPHI_0001）	未知	复发性 / 难治性 AML	CAR-T 细胞	福建医科大学	2018-8-10
NCT02482454	射频消融联合细胞因子诱导的杀伤细胞治疗胆管癌	未招募	胆管上皮癌	CIK 细胞	常州市第一人民医院	2012-7-1
NCT02419677	射频消融联合细胞因子诱导的杀伤细胞治疗结直肠癌肝转移	完成	结直肠癌	CIK 细胞	常州市第一人民医院	2010-1-1
NCT01481259	自体细胞因子诱导的杀伤细胞维持治疗非小细胞肺癌	未知	非小细胞肺癌	CIK 细胞	广西人民医院	2010-1-1
NCT01631357	化疗联合自体细胞因子诱导的杀伤细胞免疫治疗肺癌的研究	完成	非小细胞肺癌 / 鳞状细胞癌	CIK 细胞	天津医科大学附属肿瘤医院肿瘤研究所	2014-1-21
NCT04292769	DC-CIK 细胞治疗恶性肿瘤缓解后的临床研究	招募	恶性肿瘤	DC-CIK 细胞	中国人民解放军总医院	2020-1-21
NCT03570892	Tisagenlecleucel 用于成人侵袭性 B 细胞非霍奇金淋巴瘤患者	未招募	非霍奇金淋巴瘤	CAR-T 细胞	诺华制药	2019-5-7
NCT04011033	iNKT 细胞过继转移联合 TACE 治疗晚期 HCC 病的研究	未知	肝细胞癌	iNKT 细胞	首都医科大学附属北京佑安医院	2019-3-1

第四节　产品信息分析

利用 Cortellis 医药信息平台对免疫细胞治疗产品进行检索，获取全球免疫细胞治疗产品的相关信息，包括产品的研发阶段、国家（地区）、研发机构、适应证、作用靶点等。结果显示，目前共有 9 种免疫细胞治疗产品获批上市，处于临床研究阶段的免疫细胞产品共有 681 项。

一、研发阶段分布

随着免疫细胞治疗临床研究的不断推进，免疫细胞治疗产品已经面向疾病患者发挥其重要的治疗作用。Cortellis 数据库显示，截至 2022 年 5 月 17 日，全球免疫细胞治疗产品共有 1735 项，其中已上市免疫细胞治疗产品有 9 项，占全部免疫细胞治疗产品的 0.5%，如图 6-15 所示。处于已注册和预注册阶段的免疫细胞治疗产品分别有 3 项和 2 项，共占全部免疫细胞治疗产品的 0.3%；处于临床研究阶段的产品有 681 项，占全部免疫细胞治疗产品的 39.3%；处于临床前阶段的产品有 589 项，占全部免疫细胞治疗产品的 33.9%；处于药物发现阶段的产品有 202 项，占全部免疫细胞治疗产品的 11.6%；处于暂停 / 停产和无研发进展的干细胞治疗产品分别有 36 项和 214 项，共占全部免疫细胞治疗产品的 14.4%。目前，免疫细胞治疗产品大多处于或即将进入临床研究阶段。但进入预登记、注册或上市阶段的免疫细胞治疗产品只占全部免疫细胞治疗产品的 0.8%，不足总数的 1%，体现出目前免疫细胞治疗上市产品的比例和数量均较低。

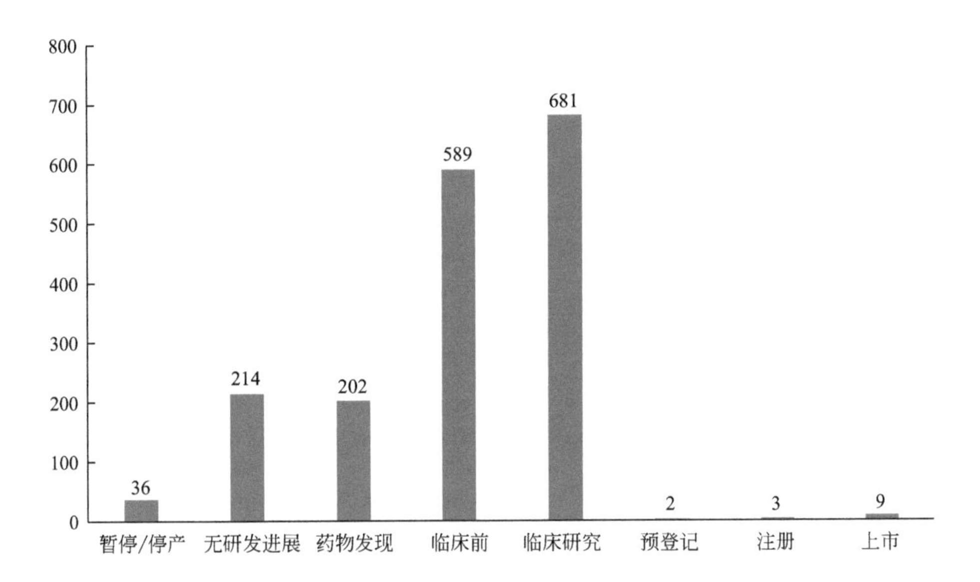

图6-15　全球免疫细胞治疗产品研发阶段分布

数据来源：Cortellis，检索时间为 2022-5-17，下同

如表 6-21 所示，从免疫细胞的类型来看，T 淋巴细胞治疗、自然杀伤细胞治疗、树突状细胞治疗和巨噬细胞治疗是主要的免疫细胞治疗产品类型，其中 T 淋巴细胞治疗在研产品数量最多，共有 1411 项。其中嵌合抗原受体 T 细胞治疗产品占据主要地位，共有 961 项。嵌合抗原受体 T 细胞治疗是最早的免疫细胞治疗产品研发类型，也是最早上市的免疫细胞治疗产品，在众多免疫细胞治疗在研产品中拥有最为成熟的研发和生产工艺。其次是自然杀伤细胞治疗中的嵌合抗原受体 NK 细胞治疗，共有 95 项在研产品。由于固有免疫系统中的自然杀伤 NK 细胞是一种天然抗肿瘤细胞，因此，一些研究人员开始尝试利用嵌合抗原受体结构修饰 NK 细胞 [14]。树突状细胞治疗和巨噬细胞治疗产品也在免疫细胞治疗中扮演

着重要角色，分别有41项和10项在研产品。

表6-21 全球不同类型免疫细胞在研产品数量

免疫细胞不同类型	在研产品数量 / 项
T淋巴细胞治疗	1411
自然杀伤细胞治疗	202
树突状细胞治疗	41
巨噬细胞治疗	10

短期内，新的免疫细胞治疗药物还将扩大应用的范围。如表6-22所示，全球获批上市的免疫细胞治疗产品共有9项，主要是针对肿瘤治疗领域。此外，在传染病治疗领域还有针对巨细胞病毒感染的免疫细胞治疗产品上市。

表6-22 全球获批上市的免疫细胞治疗产品情况

名称	原研企业	在研企业	适应证	靶点
cytomegalovirus	Kuur Therapeutics	Kuur Therapeutics; 伦敦大学学院	巨细胞病毒感染	—
Immuncell-LC	Green Cross Cell	Green Cross Cell; Green Cross	脑瘤；癌症；胶质母细胞瘤；肝细胞瘤；肺部肿瘤；神经母细胞瘤；卵巢肿瘤；胰腺肿瘤；胰腺导管腺癌；子宫颈肿瘤	—
ciltacabtagene autoleucel	南京传奇生物科技公司	杨森生物技术公司；南京传奇生物科技公司	多发性骨髓瘤	APRIL
lisocabtagene maraleucel	Juno Therapeutics	Bristol-Myers Squibb	急性淋巴细胞白血病；B细胞淋巴瘤；慢性淋巴细胞白血病；弥漫性大B细胞淋巴瘤；滤泡中心淋巴瘤；高级别B细胞淋巴瘤；套细胞淋巴瘤；边缘区B细胞淋巴瘤；非霍奇金淋巴瘤；原发性纵隔大B细胞淋巴瘤	B淋巴细胞抗原CD19
idecabtagene vicleucel	Bluebird bio	2seventy bio; Bristol-Myers Squibb	多发性骨髓瘤	APRIL
axicabtagene ciloleucel	Cabaret Biotech	Daiichi Sankyo；复星凯特公司；凯特制药公司；上海复星医药（集团）股份有限公司	B细胞淋巴瘤；弥漫性大B细胞淋巴瘤；高级别B细胞淋巴瘤；白血病；边缘区B细胞淋巴瘤；非霍奇金淋巴瘤；原发性纵隔大B细胞淋巴瘤	B淋巴细胞抗原CD19
tisagenlecleucel	宾夕法尼亚大学艾布拉姆森癌症中心	宾夕法尼亚大学艾布拉姆森癌症中心；诺华公司	急性淋巴细胞白血病；B细胞急性淋巴细胞白血病；B细胞淋巴瘤；中枢神经系统肿瘤；弥漫性大B细胞淋巴瘤；滤泡中心淋巴瘤；高级B细胞淋巴瘤；霍奇金病；淋巴瘤；多发性骨髓瘤；非霍奇金淋巴瘤	B淋巴细胞抗原CD19
brexucabtagene autoleucel	Cabaret Biotech	凯特制药公司	急性淋巴细胞白血病；套细胞淋巴瘤	B淋巴细胞抗原CD19
relmacabtagene autoleucel	上海明聚生物科技有限公司	上海药明巨诺生物科技有限公司；上海明聚生物科技有限公司	急性淋巴细胞白血病；弥漫性大B细胞淋巴瘤；滤泡淋巴瘤；慢性淋巴细胞白细胞	B淋巴细胞抗原CD19

如图 6-16 所示，中国免疫细胞治疗产品中处于临床Ⅲ期阶段的有 5 项、临床Ⅱ期阶段的有 109 项、临床Ⅰ期阶段的有 141 项，其他临床阶段的有 49 项（公开信息未标明临床所处期数）；处于临床前阶段的免疫细胞治疗产品有 167 项；处于药物发现阶段的免疫细胞治疗产品有 49 项。这些免疫细胞治疗产品以治疗血液瘤为主，主要针对的靶点包括 CD19 和 BCMA 等。我国处于临床阶段的免疫细胞治疗产品数量众多，且各个阶段的产品数量呈现阶梯分布，表明我国免疫细胞治疗产品发展动力强劲，未来会有更多产品走向市场。处于临床前的免疫细胞治疗产品数量最多，表明我国免疫细胞治疗产品仍处于高速发展期，未来还将有一大批免疫细胞治疗产品逐步走向临床阶段。

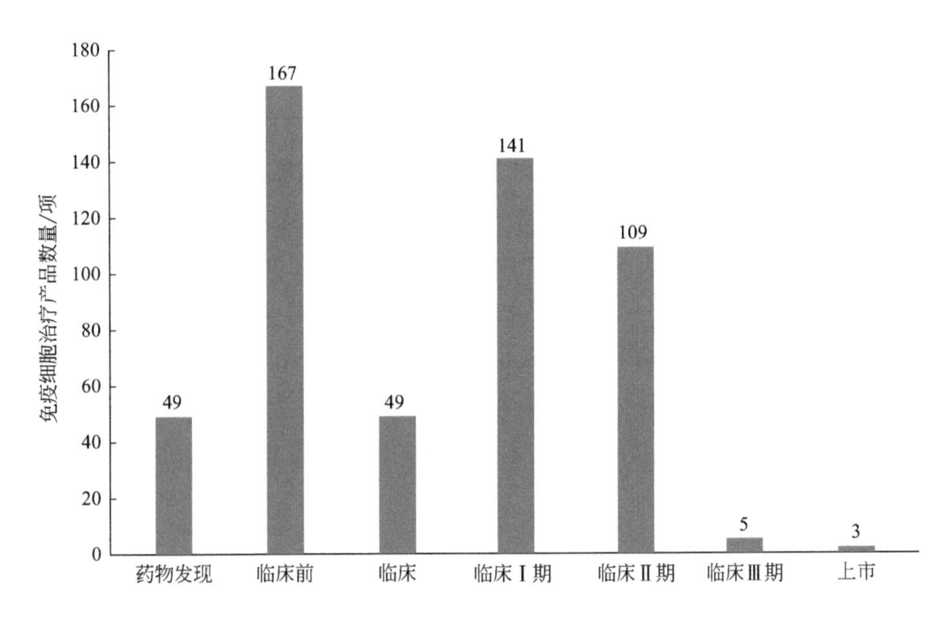

图6-16　中国免疫细胞治疗产品研发阶段分布

图中“临床”阶段是指公开信息未标明临床所处期数

二、研发国家（地区）分布

免疫细胞治疗产品研发数量前十位的国家（地区）如表 6-23 所示。其中，美国以 963 项位列第一位，在免疫细胞治疗产品市场中占据绝对的领先地位；其次是中国以 453 项位列第二位；英国和韩国分别位列第三和第四位。美国和中国在免疫细胞治疗产品方面的研发数量远超其他国家（地区），其中美国的优势最为显著，说明目前大部分免疫细胞治疗产品均由美国主导研发。

表6-23　全球免疫细胞治疗产品研发国家（地区）前十位分布

国家（地区）	研发数量/项
美国	963
中国	453
英国	94
韩国	88
日本	55
德国	51
加拿大	50
欧洲	44
法国	38
澳大利亚	31

美国免疫细胞治疗产品优势一方面得益于美国在免疫细胞治疗领域的科技创新能力，另一方面也受益于美国对于免疫细胞治疗产品的法规监管。美国将免疫细胞治疗产品纳入药品法规，接受FDA监管，美国FDA生物制品评估研究中心的细胞与基因治疗部门负责细胞免疫治疗产品的审批与准入，若进入快速审批程序，其时间可缩短至6～10个月[15]。此外，美国突破性疗法认定（Breakthrough therapy designation，BTD）也加快了免疫细胞治疗产品的上市进程。美国还制定了一系列针对免疫细胞治疗技术产品的指南规范，并在法律层面予以明确，对肿瘤免疫细胞治疗技术开发的各个阶段都有详细的指导和规定[16]。

三、研发机构分布

研发国家体现的主要是产品的地域分布，而研发机构体现的则是产品的研发主体情况。免疫细胞治疗产品的研发主体主要是研究机构和生物医药公司。全球免疫细胞治疗产品数量研发的前十位机构如表6-24所示。其中，美国国家癌症研究所以39项排在首位，其次是贝勒医学院有37项，ImmunityBio公司和纪念斯隆·凯特林癌症中心均有26项，并列排在第三位。总体上看，全球前十位的免疫细胞治疗研发机构在免疫细胞治疗产品数量上相差不大，在18～39项。从地域分布上来看，全球前十位的研发机构中有9个机构都在美国，反映出美国免疫细胞治疗产品的研发机构众多，且均实力强劲。但值得关注的是，全球免疫细胞治疗产品研发的前十位机构中仅有华夏英泰生物技术有限公司1家中国机构。

表6-24　全球免疫细胞治疗产品数量前十位研发机构分布

研发机构	国家	数量/项
美国国家癌症研究所	美国	39
贝勒医学院	美国	37

续表

研发机构	国家	数量 / 项
ImmunityBio 公司	美国	26
纪念斯隆 · 凯特林癌症中心	美国	26
MD 安德森癌症中心	美国	25
Kite Pharma 公司	美国	24
宾夕法尼亚大学	美国	24
百时美施贵宝公司	美国	22
华夏英泰生物技术有限公司	中国	21
Cogent Biosciences 公司	美国	18

表 6-25 是中国免疫细胞治疗产品数量的前十位研发机构信息，免疫细胞治疗产品数量在 10 ～ 21 项，各机构之间数量差距较小，说明其研发实力相近。此外，排名前十的机构中，仅有深圳市免疫基因治疗研究院和中国人民解放军总医院为研究机构，其余均为专注于细胞治疗的生物医药企业。我国免疫细胞治疗领域的生物医药企业起步较晚，资金、生产和研发能力与相比于美国的生物医药巨头还有一定差距，免疫细胞治疗产品数量相比之下也存在距离。但随着我国对免疫细胞治疗的不断重视，我国免疫细胞治疗产品的研发数量和质量都在不断提升。

表6-25　中国免疫细胞治疗产品数量前十位研发机构分布

研发机构	数量 / 项
华夏英泰生物技术有限公司	21
深圳市免疫基因治疗研究院	18
亘喜生物科技有限公司	16
上海斯丹赛生物技术有限公司	16
科济生物医药（上海）有限公司	15
西比曼生物科技集团	12
南京驯鹿医疗技术有限公司	11
中国人民解放军总医院	10
广州百暨基因科技有限公司	10
博生吉医药科技（苏州）有限公司	10

四、作用靶点分布

目前已上市的免疫细胞治疗产品主要作用靶点是 CD19，同时随着生物技术的不断进步和对生物免疫信号通路的认知加深，更多新的靶点被发现并应用在疫细胞治疗产品上。

根据 Cortellis 数据库统计，如表 6-26 所示，目前免疫细胞治疗产品开发数量排名前 20 位作用靶点中，B 淋巴细胞抗原 CD19 调节剂有 256 个，远超其他靶点，说明目前免疫细胞治疗产品的主要靶点依旧是 CD19，而 APRIL 受体调节剂、HLA 抗原调节剂等也拥有较多的产品数量，具有未来应用的潜力。此外，排名前二十位靶点相关的药物产品数量共计 957 个，占比达到 54.9%，说明免疫细胞治疗产品的靶点大部分集中在前二十位列表中，其他靶点的产品数量还较少。

表6–26　全球免疫细胞产品开发数量排名前二十位靶点分布

靶点	产品开发数量 / 个
B 淋巴细胞抗原 CD19 调节剂	256
APRIL 受体调节剂	89
HLA 抗原调节剂	82
HLA Ⅰ类抗原 A-2α 调节剂	61
B 淋巴细胞抗原 CD20 调节剂	48
B 淋巴细胞细胞黏附分子调节剂	48
Erbb2 酪氨酸激酶受体调节剂	47
间皮素调节剂	44
黏蛋白 1 调节剂	37
睾丸癌抗原 NY-ESO-1 调节剂	35
磷脂酰肌醇蛋白聚糖 -3 调节剂	31
白介素 -15 受体激动剂	28
CD33 调节剂	25
CDw123 调节剂	23
程序性细胞死亡配体 1 抑制剂	21
ADP 核糖环化酶 -1 调节剂	17
表皮生长因子受体调节剂	17
NKG2D 配体调节剂	17
程序性细胞死亡蛋白 1 抑制剂	16
CD276 抗原调节剂	15

中国免疫细胞产品开发数量排名前二十位靶点分布如表 6-27 所示，其总体情况与全球免疫细胞产品的靶点分布情况相接近。中国免疫细胞治疗产品排名前二十位作用靶点中，B 淋巴细胞抗原 CD19 调节剂有 112 个，远超其他靶点，说明目前中国免疫细胞治疗产品的主要靶点也是 CD19，而 APRIL 受体调节剂、HLA 抗原调节剂等产品数量也不少，与全球免疫细胞产品的靶点分布情况相近，这体现出我国免疫细胞产品研发是全球免疫细胞产品的重要组成部分。

表6-27　中国免疫细胞产品开发数量的前二十位靶点分布

靶点	产品开发数量 / 个
B 淋巴细胞抗原 CD19 调节剂	112
APRIL 受体调节剂	37
B 淋巴细胞细胞黏附分子调节剂	25
HLA 抗原调节剂	22
B 淋巴细胞抗原 CD20 调节剂	19
间皮素调节剂	19
磷脂酰肌醇蛋白聚糖 -3 调节剂	14
黏蛋白 1 调节剂	14
Claudin 18 调节剂	10
表皮生长因子受体调节剂	10
T 细胞抗原 CD7 调节剂	10
睾丸癌抗原 NY-ESO-1 调节剂	9
CD33 调节剂	8
CDw123 调节剂	8
CD276 抗原调节剂	7
ADP 核糖环化酶 -1 调节剂	6
HLA Ⅰ类抗原 A-2α 调节剂	6
程序性细胞死亡蛋白 1 抑制剂	6
HLA Ⅰ类抗原 A-11α 调节剂	5
HLA Ⅰ类抗原 A-24α 调节剂	5

参考文献

[1] Rosenberg S A. IL-2: The first effective immunotherapy for human cancer[J]. Journal of Immunology, 2014, 192(12):5451-5458.

[2] NIH Director's Blog. FDA approves first CAR-T cell therapy for pediatric acute Lymphoblastic Leukemia [EB/OL].（2017-08-30）[2022-05-31]. https://directorsblog.nih.gov/2017/08/30/fda-approves-first-car-t-cell-therapy-for-pediatric-acute-lymphoblastic-leukemia/

[3] NIH. Immunotherapy clinical trials: Sue Scott's story of survival [EB/OL]. (2018-01-04)[2022-05-31]. https://www.nih.gov/health-information/nih-clinical-research-trials-you/immunotherapy-clinical-trials-sue-scotts-story-survival.

[4] League of European Research Universities. Our members [EB/OL]. [2022-05-31]. ttps://www.leru.org/members.

[5] Institut national de la santé et de la recherche médicale. Missions [EB/OL]. (2021-01-10) [2022-05-31]. https://www.inserm.fr/en/about-us/missions/.

[6] Kochenderfer J N，Wilson W H，Janik J E，et al. Eradication of Blineage cells and regression of lymphoma in a patient treated with autologous T cells genetically engineered to recognize CD19 [J]. Blood, 2010, 116(20): 4099-4102.

[7] 刘倩，赵芳坤，孔珺. 眼部干细胞研究热点的文献计量学分析 [J]. 中国医科大学学报，2021，50(3)：235-240.

[8] Weber E W, Maus M V, Mackall C L. The emerging landscape of immune cell therapies [J]. Cell, 2020, 181(1): 46-62.

[9] 国家发展和改革委员会. 国家发展改革委印发《"十四五"生物经济发展规划》[EB/OL]. (2022-05-10) [2022-05-31]. https://www.ndrc.gov.cn/xxgk/jd/jd/202205/t20220509_1324417.html.

[10] Harrington Discovery Insitute. Carl June, MD University of Pennsylvania [EB/OL]. [2022-05-31]. http://www.harringtondiscovery.org/discoveries/carl-h-june.

[11] Perelman School of Medicine at the University of Pennsylvania. Clinical Cell and Vaccine Production Facility (CVPF) [EB/OL]. [2022-05-31]. https://www.med.upenn.edu/cvpf/.

[12] 恒润达生. 恒润达生 CAR-T 细胞治疗迈向产业化，欧盟标准生产 [EB/OL]. (2021-03-28) [2022-05-31]. http://www.dashengpharma.com/index.php?m=home&c=View&a=index&aid=54.

[13] 苏燕，许丽，王力为，等. 免疫细胞治疗产业发展态势和发展建议 [J]. 中国生物工程杂志，2018，38(5)：104-111.

[14] 刘沙，梁皓，肖向茜，等. CAR-NK 的构建及其在抗肿瘤联合治疗中的研究进展 [J]. 癌症进展，2018，16（10）: 1199-1203.

[15] 赵蕴华，袁芳. 世界主要国家（地区）细胞免疫政策分析 [J]. 全球科技经济瞭望，2018，33(2)：69-76.

[16] 何露洋，陈英耀，魏艳，等. 美国肿瘤免疫治疗技术管理经验对中国的启示 [J]. 医学与社会，2017，30(12)：46-49.

第七章

干细胞治疗研究态势

为进一步分析干细胞治疗的研究态势，以有关干细胞治疗的论文、专利、临床试验与产品研发数据为研究对象，采用统计学、科学知识图谱、专利地图等工具，重点分析了干细胞治疗领域的科技产出数量及趋势、国家（地区）分布、研究机构分析、研究热点分布以及重点药物。

第一节　文献计量分析

通过对 2002—2021 年发表的干细胞文献进行计量学分析，结果表明，近 20 年来全球干细胞治疗研究处于快速增长期，发文主要集中在美国和中国两个国家，但是中国的高水平论文量还有待提升。

一、年度趋势

近 20 年来干细胞治疗的研究也经历了快速的发展，发文量逐年增加。从全球干细胞治疗发文量的数据分析发现：2002—2021 年，全球干细胞治疗发文量几乎呈现线性增加趋势，从 2002 年的 2638 篇增加到 2021 年的 18321 篇，年均增长率 10.7%，其中 2010 年增长率最快达到 23%。中国干细胞治疗发文量总体也呈逐年上升趋势，从 2002 年的 27 篇增加到 2021 年的 4965 篇，年均增长率达到 31.6%，且在全球发文量占比从 2002 年的 1% 增加到 2021 年的 27%，反映出近 20 年来我国干细胞治疗发展迅猛（图 7-1）。纵观全球和中国干细胞治疗年度发文趋势，目前干细胞治疗研究在全球和中国范围内均处于快速增长期，未来发展前景可期。

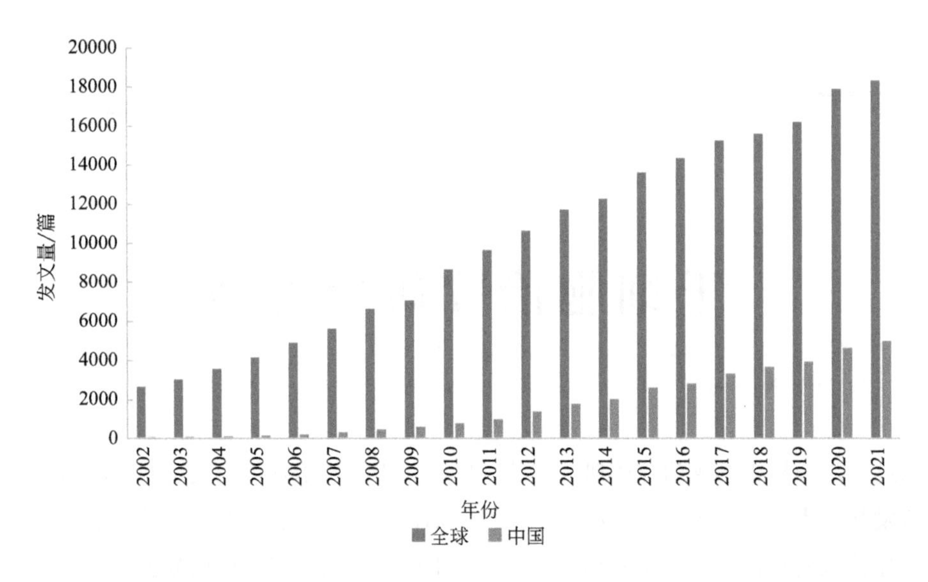

图7-1　2002—2021年全球和中国干细胞治疗发文量年度发表趋势

二、国家（地区）分布

通过发文量的国家（地区）分布来分析干细胞治疗的全球技术聚集情况。表 7-1 是 2002—2021 年全球干细胞治疗论文发表量前十位的国家（地区），可以看出，美国依旧是干细胞治疗研究发文量最多的国家，达到 69299 篇，占比超过三分之一，其次是中国、德国、意大利和日本。其中，中国在干细胞治疗领域的发文量约为美国发文量的一半，达到 34445 篇；德国在干细胞治疗领域的发文量约为中国发文量的一半，为 17343 篇。可以看出，美国、中国和德国在干细胞治疗领域的发文量呈现出明显的阶梯分布，美国牢牢占据第一梯队，中国则占据第二梯队，德国等其他国家为第三梯队。

从 ESI 高水平论文量来看，美国发表的干细胞治疗 ESI 高水平论文量排在首位，为 1246 篇，占美国干细胞治疗总发文量的 1.8%。其次是中国，发表了 333 篇干细胞治疗 ESI 高水平论文，但是 ESI 高水平论文占比排在第八位，为 1.0%。干细胞治疗 ESI 高水平论文量排在第三位的是英国，共发表了 327 篇干细胞治疗 ESI 高水平论文，占比为 2.6%。英国、法国、加拿大和西班牙干细胞治疗 ESI 高水平论文占比在 2.0% 及以上，说明这些国家的干细胞治疗论文质量较高。

表7-1　2002—2021年干细胞治疗发文量前十位国家（地区）

国家（地区）	发文量 / 篇	占比	ESI 高水平论文量 / 篇	ESI 高水平论文占比
美国	69299	34.4%	1246	1.8 %
中国	34445	17.1%	333	1.0 %
德国	17343	8.6%	308	1.8 %

续表

国家（地区）	发文量/篇	占比	ESI 高水平论文量/篇	ESI 高水平论文占比
意大利	13815	6.9%	222	1.6 %
日本	13769	6.8%	109	0.8 %
英国	12709	6.3%	327	2.6 %
法国	9531	4.7%	214	2.2 %
韩国	8540	4.2%	66	0.8 %
加拿大	7741	3.8%	166	2.1 %
西班牙	6770	3.4%	137	2.0 %

三、研究机构分布

表 7-2 是 2002—2021 年干细胞论文发文量全球排名前十位的研究机构分布，其中欧洲研究型大学联盟是干细胞治疗发文量最多的机构，发文量达到 14298 篇，其次是哈佛大学和加州大学，均超过了 6500 篇。干细胞治疗研究发文量排名前十的研究机构中有 6 所均来自欧洲。以欧洲研究型大学联盟中的德国海德堡大学为例，海德堡大学是德国第一所大学，海德堡大学医院是欧洲最先进的医疗中心之一。世界上第一例成功地使用患者自身造血干细胞的干细胞移植就是于 1985 年在海德堡大学医院实施，目前海德堡大学医院已成为德国乃至欧洲最大的造血干细胞移植中心之一。

在 ESI 高水平论文方面，作为干细胞论文发表最多的机构，欧洲研究型大学联盟发表的干细胞 ESI 高水平论文量也最多，为 405 篇，占欧洲研究型大学联盟发表的干细胞论文总数的 2.8%。哈佛大学发表的干细胞 ESI 高水平论文占比最高，为 4.2%，共发表了干细胞 ESI 高水平论文 277 篇。顶尖研究机构的整体发文质量也较高。

表7-2　2002—2021年全球干细胞论文发文量排名前十位研究机构分布

研究机构	发文量/篇	ESI 高水平论文量/篇	ESI 高水平论文占比
欧洲研究型大学联盟	14298	405	2.8%
哈佛大学	6612	277	4.2%
加州大学	6514	199	3.1%
法国研究型大学联盟协会	5137	150	2.9%
得克萨斯大学	4920	160	3.3%
法国国家健康与医学研究院	4760	96	2.0%
伦敦大学	4391	118	2.7%
巴黎公共援助医院	3737	101	2.7%
美国国立卫生研究院	3301	94	2.8%
巴黎大学	3283	96	2.9%

表 7-3 是 2002—2021 年干细胞论文中国排名前十位的研究机构分布，上海交通大学是我国免疫细胞治疗发文量最多的机构，发文量为 2588 篇，中国科学院以 2091 篇排在第二位。上海交通大学近些年在干细胞方面的研究速度明显加快，研究涉及干细胞分裂模式、干细胞干性维持、组织干细胞的异质性分析、组织干细胞作为癌起源细胞的能力验证、肿瘤干细胞和上皮间质转化、免疫与肿瘤、细胞代谢与肿瘤转移等。中国科学院也成立了多个干细胞研究平台，如 2006 年中国科学院动物研究所、中国科学院遗传与发育生物学研究所和天津市中心妇产医院共同成立了干细胞与再生医学研究中心，之后又成立了中国科学院干细胞与再生医学创新研究院。中国科学院建设了多个干细胞研究重点实验室，如干细胞与生殖生物学国家重点实验室，中国科学院肿瘤与微环境重点实验室等。排名第三位到第十位的机构发文量均在 2000 篇以下，如中山大学、浙江大学、北京大学等。

在 ESI 高水平论文方面，与国际顶尖机构相比，中国机构的 ESI 高水平论文量和占比均存在一定差距。中国科学院是中国干细胞治疗 ESI 高水平论文发文量最多的机构，占中国科学院干细胞论文发表总数的 2.0%，其 ESI 高水平论文占比已经接近国家顶尖研究机构。而中国其他研究机构的 ESI 高水平论文占比均低于 1.5%，浙江大学和北京大学的 ESI 高水平论文占比为 1.4%，上海交通大学和复旦大学的 ESI 高水平论文占比为 1.3%，都还存在提升的空间。

表7–3　2002—2021年中国干细胞论文发文量排名前十位研究机构分布

研究机构	发文量 / 篇	ESI 高水平论文量 / 篇	ESI 高水平论文占比
上海交通大学	2588	33	1.3%
中国科学院	2091	41	2.0%
中山大学	1822	20	1.1%
浙江大学	1743	25	1.4%
北京大学	1390	20	1.4%
中国医学科学院北京协和医学院	1382	11	0.8%
复旦大学	1292	17	1.3%
四川大学	1181	12	1.0%
首都医科大学	1139	9	0.8%
中南大学	1063	12	1.1%

四、研究热点分布

近几年出现频率较高的关键词能够帮助我们挖掘研究热点，反映研究前沿和趋势。表 7-4 列出了干细胞研究前 20 位的关键词。通过高频关键词可以看出，目前干细胞治疗研究的关注点集中在间充质干细胞、再生医学、组织工程、炎症、分化、外质体、血管生成、细胞凋亡、造血干细胞移植、肿瘤、细胞外小泡、再生、间充质基质细胞、多发性骨髓瘤、基因治疗、诱导性多能干细胞、急性髓系白血病等方面。

表7-4　干细胞研究领域主题频词前二十位分析

关键词	词频 / 次	关键词	词频 / 次
间充质干细胞（Mesenchymal stem cells）	4377	造血干细胞移植（Hematopoietic stem cell transplantation）	1181
干细胞（Stem cells）	3364	肿瘤（Cancer）	1117
再生医学（Regenerative medicine）	1605	细胞外小泡（Extracellular vesicles）	1082
细胞治疗（Cell therapy）	1749	移植（Transplantation）	1051
组织工程（Tissue engineering）	1726	再生（Regeneration）	981
炎症（Inflammation）	1622	间充质基质细胞（Mesenchymal stromal cells）	944
分化（Differentiation）	1440	多发性骨髓瘤（Multiple myeloma）	902
外质体（Exosomes）	1378	基因治疗（Gene therapy）	893
血管生成（Angiogenesis）	1349	诱导性多能干细胞（Induced pluripotent stem cells）	863
细胞凋亡（Apoptosis）	1295	急性髓系白血病（Acute myeloid leukemia）	852

从全球干细胞治疗的研究热点中可以看出（图 7-2），目前干细胞治疗的研究热点可以

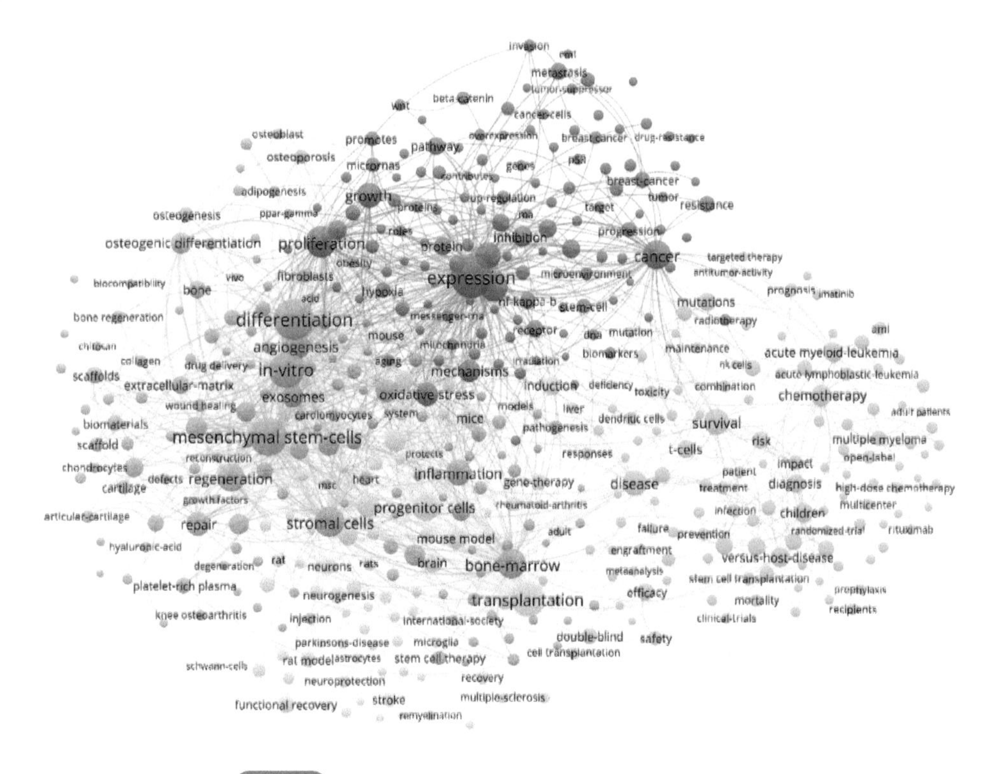

图7-2　2017—2021年全球干细胞治疗研究热点图

分为五类：第一类是关于细胞增殖和凋亡以及基因表达方面的研究，第二类是关于间充质干细胞和细胞分化方面的研究，第三类是免疫和基质细胞方面的研究，第四类是移植方面的研究，第五类是疾病的诊疗方面的研究。其中，关于基因表达、细胞分化、间充质干细胞和移植的研究是近5年全球干细胞治疗的主要研究热点，肿瘤治疗是全球干细胞治疗研究的主要应用领域。

从中国干细胞治疗的研究热点中可以看出（图7-3），近5年我国干细胞治疗的研究热点与全球干细胞治疗研究热点接近，可以分为五类：第一类是关于细胞增殖和凋亡以及基因表达方面的研究，第二类是关于间充质干细胞方面的研究，第三类是免疫和基质细胞方面的研究，第四类是移植和细胞分化方面的研究，第五类是疾病的诊疗方面的研究。其中，基因表达、细胞分化、间充质干细胞和移植方面的研究是近5年我国干细胞治疗的主要研究热点，说明我国干细胞治疗领域的基础研究方向和进展与国际前沿水平相一致。而我国干细胞治疗在疾病诊疗方面的研究与全球总体情况相比较少，说明我国干细胞治疗在临床研究方面还有待加强。

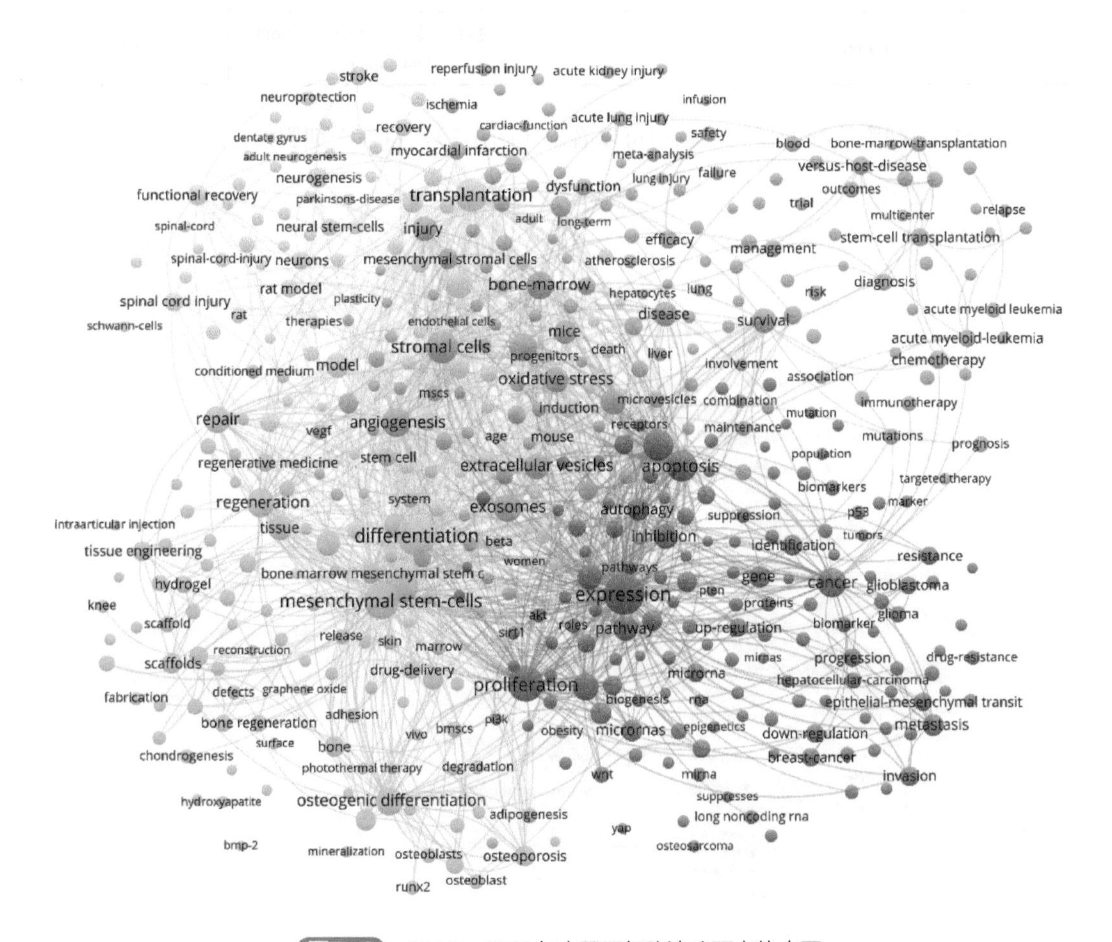

图7-3　2017—2021年中国干细胞治疗研究热点图

第二节　专利分析

以 Incopat 专利数据库为数据源对干细胞治疗相关专利进行检索，时间跨度为 2002—2021 年，获取全球干细胞治疗的专利信息，包括申请号、申请国家（地区）、优先权国家（地区）、申请年份、申请人、IPC 分类号等。结果表明，近 20 年来全球干细胞治疗的专利申请总体保持增长态势，中国干细胞治疗专利申请占比不断上升。

一、年度趋势

2002—2021 年，全球干细胞治疗领域的专利申请量为 86063 件，其中中国申请量为 12693 件，占全球干细胞治疗专利申请的 14.7%。如图 7-4 所示，近 20 年，全球干细胞治疗的专利申请总体保持增长态势，2002—2019 年的年均增长率为 4.5%，峰值出现在 2018 年，为 6101 件。近 20 年来，我国干细胞治疗专利申请量持续上升，2002—2019 年的年均增长率为 14.6%，全球占比从 2002 年的 4.6% 上升至 2019 年的 21.9%。尽管 2020 年与 2021 年（近两年）由于专利申请公开的滞后与数据录入的滞后，专利申请量仅做参考，但是我国干细胞治疗领域在 2020 年的专利申请量已经超过了 2018 和 2019 年，达到 1413 件，说明我国近两年期间干细胞治疗领域发展迅猛。

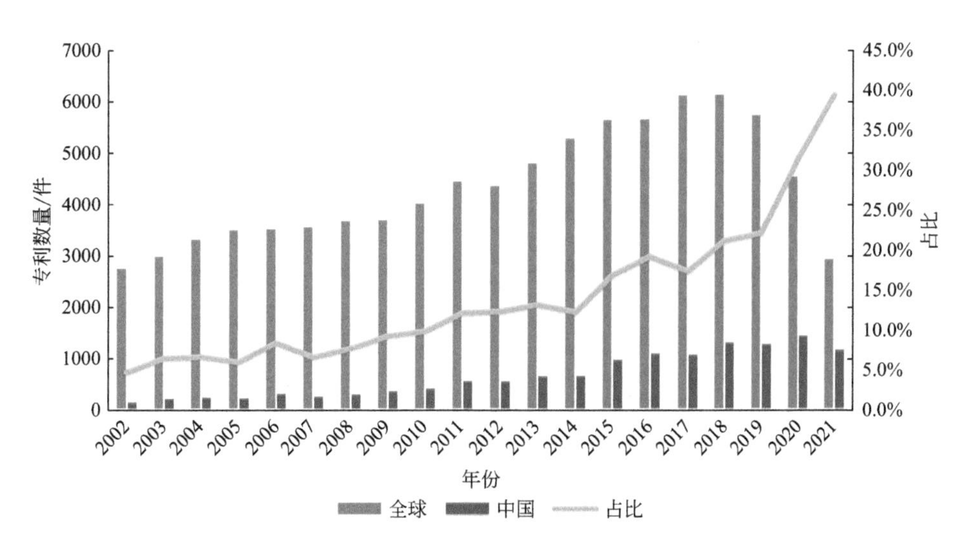

图7-4　2002—2021年全球和中国干细胞治疗领域专利年度申请趋势

二、国家（组织）分布

全球干细胞治疗专利申请前十位国家（组织）如表7-5所示。其中，在美国申请的专利数量为17187件，占全球干细胞治疗专利申请总数的20.0%，排在第一位，且远超其他国家（地区），在干细胞治疗领域具备较强的领先地位。在我国申请的专利数量为12693件，占全球干细胞治疗申请总数的14.7%，排在第二位。前五位国家（组织）的专利申请占比均超过10%，已成为干细胞治疗专利最主要的技术布局地。此外，目前干细胞治疗技术主要分布在全球少数国家，主要聚集地分布在北美、欧洲和亚洲等区域内的部分国家。

表7-5　2002—2021年干细胞专利申请前十位国家（组织）

专利申请国家/地区	专利申请量/件	占比
美国	17187	20.0%
中国	12693	14.7%
世界知识产权组织	10338	12.0%
欧洲专利局（EPO）	10123	11.8%
日本	9551	11.1%
韩国	5909	6.9%
澳大利亚	4086	4.7%
加拿大	3435	4.0%
以色列	1157	1.3%
俄罗斯	1059	1.2%

与专利申请国家（组织）不同，专利优先权国家（组织）体现的是专利研发技术的所在地。从干细胞治疗专利优先权国家（组织）排名来看（表7-6），美国作为专利优先权国家共申请专利42969件，占专利总数的49.9%，并且美国在海外对干细胞治疗也进行了大量布局。值得注意的是，尽管我国在干细胞治疗领域的专利申请量排在第二位，但是专利优先权在我国的干细胞治疗专利仅有1521件，占全球干细胞治疗专利申请总数的1.8%，与美国等国家（组织）相比仍存在显著差距。

表7-6　2002—2021年干细胞专利申请前十位优先权国家（组织）

专利优先权国家（组织）	专利申请量/件	占比
美国	42969	49.9%
日本	7592	8.8%
韩国	4470	5.2%
欧洲专利局（EPO）	3734	4.3%
英国	2044	2.4%
世界知识产权组织	1830	2.1%

续表

专利优先权国家（组织）	专利申请量 / 件	占比
中国	1521	1.8%
澳大利亚	1490	1.7%
德国	688	0.8%
法国	499	0.6%

我国干细胞治疗专利申请人省（市）分布情况如表 7-7 所示，我国在干细胞治疗领域的专利申请人主要来源于广东、北京、上海和江苏 4 个省市，专利申请占比均超过 5%。其中，广东的申请人申请的专利数量为 1847 件，占我国干细胞治疗专利申请总数的 14.6%，排在第一位。广东、北京、上海和江苏四个省（市）是我国干细胞治疗的主要技术分布地，反映出广东、北京、上海和江苏在细胞治疗领域具有优势地位。此外，我国免疫细胞治疗和干细胞治疗专利都主要分布在粤港澳大湾区、京津冀地区和长三角地区等重要城市群，中西部地区的分布略少。粤港澳大湾区、京津冀地区和长三角地区等重要城市群具有全国领先的医疗资源，在科技人才、政策扶持等方面也较为完善，在一定程度上促进了细胞治疗的科技创新和产业发展。

表7-7　2002—2021年中国干细胞治疗领域专利前十位申请省（市）

专利申请人省（市）	专利申请量 / 件	占比
广东	1847	14.6%
北京	1532	12.1%
上海	1021	8.0%
江苏	990	7.8%
浙江	532	4.2%
山东	518	4.1%
天津	351	2.8%
四川	268	2.1%
陕西	259	2.0%
河南	205	1.6%

三、申请人分布

前十位全球干细胞治疗专利申请人中主要有加州大学、京都大学、斯坦福大学、纪念斯隆 - 凯特琳癌症中心、哈佛大学等高校或医院，如表 7-8 所示。其中 Janssen Biotech、Anthrogenesis、ViaCyte 是仅有的三家生物医药企业。加州大学在干细胞治疗的专利申请中占据领先地位，2002—2021 年共在干细胞治疗领域申请专利 754 件，占全球干细胞治疗专利申请总数的 0.9%。加州大学由美国加利福尼亚州的十个校区组成，包括加利福尼亚大学伯克利分校、加利福尼亚大学洛杉矶分校等，多个分校在干细胞领域均进行了深入研究并取得了一系列重要成果。例如，加州大学圣迭戈分校在2013年建立了干细胞治疗研究中心，旨在开发新的干细胞治疗多种疾病。从前十位申请人所属的国家（地区）来看，美国是这些申请人最主要的来源国，前十位专利申请人中共有9位都来自美国，仅有1位申请人来自日本（京都大学），反映出美国在干细胞技术方面具有绝对优势。日本的京都大学在干细胞领域也具有较强的实力。2012年，日本京都大学教授山中伸弥因在诱导多功能干细胞（iPS细胞）领域的贡献获得诺贝尔生理学或医学奖，自此iPS细胞研究就受到广泛的关注。

表7-8　2002—2021年全球干细胞治疗专利申请量前十位专利申请人

申请人名称	国家（地区）	数量/件	全球占比
加州大学	美国	754	0.9%
Janssen Biotech公司	美国	524	0.6%
京都大学	日本	501	0.6%
斯坦福大学	美国	396	0.5%
Anthrogenesis公司	美国	346	0.4%
纪念斯隆-凯特琳癌症中心	美国	319	0.4%
哈佛大学	美国	318	0.4%
The General Hospital	美国	315	0.4%
儿童医疗中心	美国	314	0.4%
ViaCyte公司	美国	301	0.3%

从干细胞治疗专利申请量前五位专利申请人的专利申请趋势来看（图7-5），2006—2018年这些主要申请人在干细胞治疗领域的专利申请量较多，2005年之前大部分申请人在干细胞治疗领域的专利申请量维持在低位，2006年开始逐渐增加。2006—2008年，Anthrogenesis公司在干细胞治疗领域的专利申请量排名在首位；2009—2013年期间，Janssen Biotech公司在干细胞治疗领域的专利申请量基本排在首位；2015年之后，加州大学在干细胞治疗领域的专利量回到首位。Janssen Biotech公司作为强生公司旗下的生物制药子公司，在干细胞治疗领域布局多年并拥有多个干细胞治疗产品，2019年该公司和Genmab公司联合开发的CD38抗体Darzalex获得FDA批准，一线治疗适用于使用自体干细胞移植治疗的初治多发性骨髓瘤患者；2020年该公司和Fate Therapeutics公司合作利用其iPS平台，开发新型CAR-NK和CAR-T治疗。

中国干细胞治疗专利申请量前十位申请人主要为高校院所，如表7-9所示。广州赛莱拉干细胞科技股份有限公司和博雅干细胞科技有限公司是中国干细胞治疗专利申请量前十位申请人中仅有的生物医药企业，其中广州赛莱拉干细胞科技股份有限公司以232件专利申请量排名在第一位，专利申请量占比为1.8%。广州赛莱拉干细胞科技股份有限公司成立于2009年，建设了符合GMP标准的人类干细胞库。浙江大学以192件专利申请量排在第

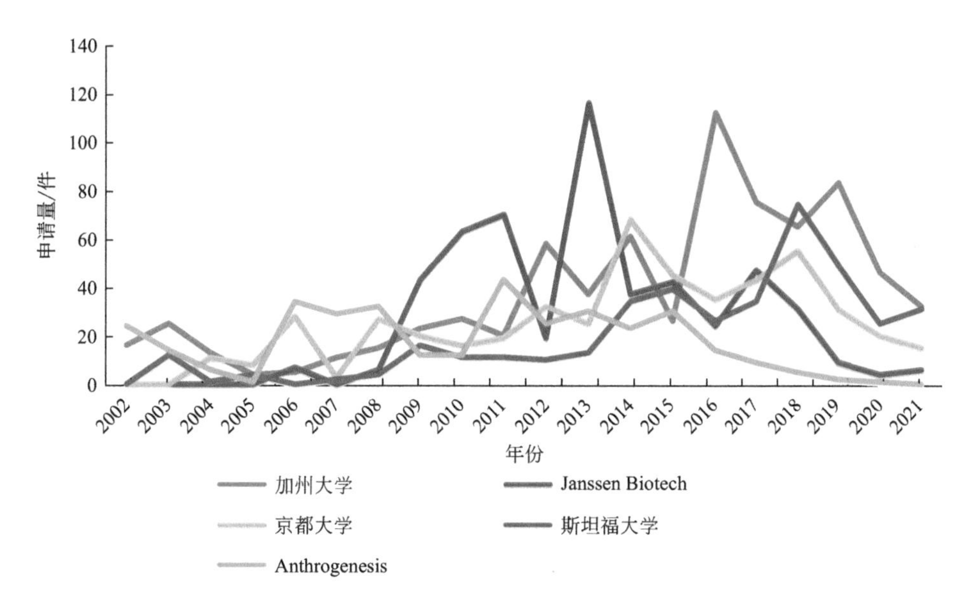

图7-5　2002—2021年全球干细胞治疗专利申请量前五位专利申请人申请趋势

二位，专利占比 1.5%。浙江大学在干细胞治疗领域也有多年的研究基础，并取得了一系列重要的研究成果。浙江大学干细胞与再生医学研究中心成立于 2012 年，该中心的组织工程和再生医学重点实验室开拓了我国第一个组织工程医疗新技术临床转化途径[1]。

表7–9　中国干细胞治疗专利申请量前十位专利申请人

申请人名称	数量 / 件	占比
广州赛莱拉干细胞科技股份有限公司	232	1.8%
浙江大学	192	1.5%
中山大学	94	0.7%
中国人民解放军第二军医大学	69	0.5%
博雅干细胞科技有限公司	69	0.5%
中国科学院上海生命科学研究院	64	0.5%
中国科学院广州生物医药与健康研究院	62	0.5%
暨南大学	62	0.5%
中国人民解放军军事医学科学院野战输血研究所	56	0.4%
中国人民解放军第四军医大学	53	0.4%

四、研究热点分布

从干细胞治疗专利的技术构成来看，IPC 分类号 C12N5 涉及的干细胞分化技术及干细胞的分类、制备、培养方法是干细胞治疗研究的重点（表 7-10）。此外，突变或遗传工程在干细胞治疗研发中也占有一席之地。从应用领域来看，抗肿瘤药、治疗神经系统疾病药物和治疗心血管系统疾病药物等是主要的应用领域。包含酶、核酸或微生物的测定或检测方法也是干细胞治疗技术的重要研究内容。

表7-10 2002—2021年干细胞治疗全球专利前十位IPC专利分类号（大组）

IPC 分类号	定义	数量 / 件
C12N5	未分化的人类、动物或植物细胞	59760
A61K35	含有其有不明结构的原材料或其反应产物的医用配制品	42220
C12N15	突变或遗传工程	13008
A61K38	含肽的医药配制品	11385
A61K31	含有机有效成分的医药配制品	9818
A61P35	抗肿瘤药	7040
A61L27	假体材料或假体被覆材料	6911
C12Q1	包含酶、核酸或微生物的测定或检验方法	6862
A61P25	治疗神经系统疾病的药物	6694
A61P9	治疗心血管系统疾病的药物	6374

从中国干细胞治疗专利的技术构成来看，整体 IPC 分类分布情况与全球相似，专利数量最多的技术领域是 C12N5，共有 9017 件专利（表 7-11）。突变或遗传工程在中国干细胞治疗研发中也占有重要地位。从应用领域来看，除了抗肿瘤药、治疗神经系统疾病药物和治疗心血管系统疾病药物外，我国干细胞治疗的应用领域还包括治疗皮肤疾病药物和治疗骨骼疾病药物等。核酸或微生物的检测相关专利在我国干细胞治疗技术中比例相对较低。

表7-11 2002—2021年干细胞治疗中国专利前十位IPC专利分类号（大组）

IPC 分类号	定义	专利数量 / 件
C12N5	未分化的人类、动物或植物细胞	9017
A61K35	含有不明结构的原材料或其反应产物的医用配制品	4549
C12N15	突变或遗传工程	1262
A61K31	含有机有效成分的医药配制品	1188
A61K38	含肽的医药配制品	1029
A61P17	治疗皮肤疾病的药物	965
A61P35	抗肿瘤药	882
A61P25	治疗神经系统疾病的药物	876
A61P9	治疗心血管系统疾病的药物	870
A61P19	治疗骨骼疾病的药物	857

选取 Incopat 数据库中最新公开的 3000 件干细胞治疗专利（去除了失效专利和外观专利）获得全球和中国干细胞治疗技术热点沙盘图（图 7-6，图 7-7），从图 7-6 中可以看出

全球干细胞治疗主要集中在完全培养基、间充质干细胞、基因修饰等领域，而从图 7-7 可以看出我国干细胞治疗主要集中在胎儿血红蛋白、间充质干细胞、脂肪干细胞、培养基等领域。

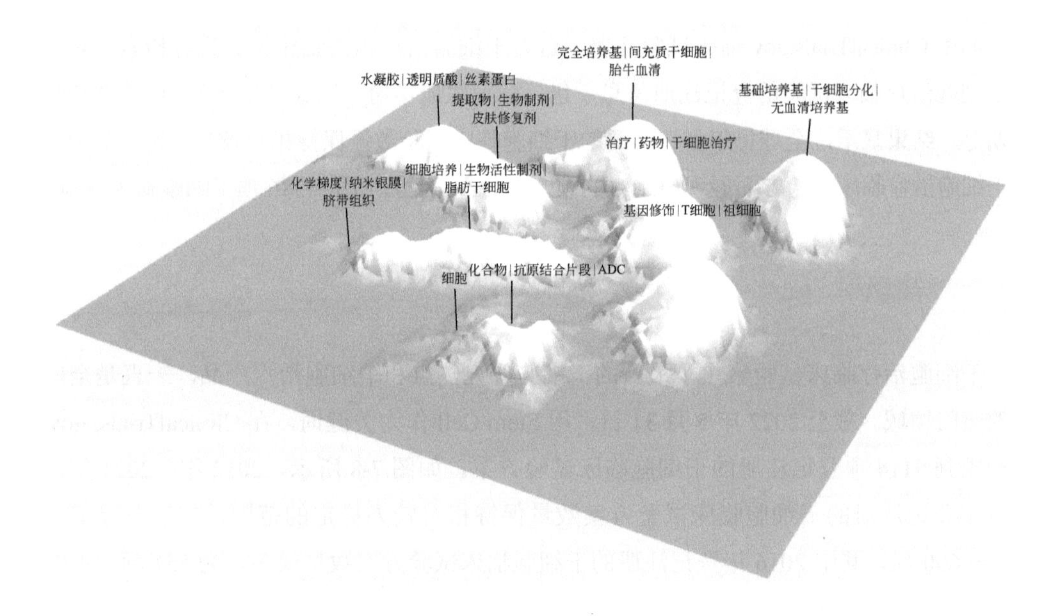

图7-6　全球干细胞治疗技术热点研究领域沙盘图

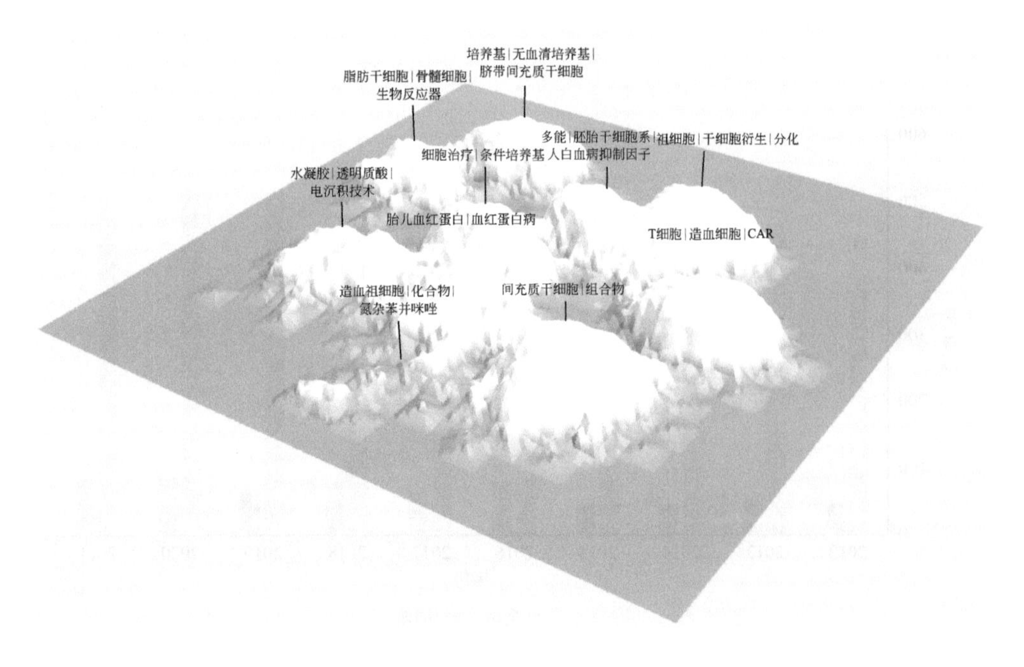

图7-7　中国干细胞治疗技术热点研究领域沙盘图

第三节 临床试验信息分析

利用 ClinicalTrials.gov 临床试验注册平台对干细胞治疗相关临床试验进行检索，获取全球干细胞治疗临床试验的登记注册信息，包括登记注册年份、国家（地区）、申请者和临床分期等。结果显示，全球每年登记注册的干细胞临床试验数量保持相对较为稳定，其中美国在干细胞治疗临床试验方面展现出绝对的领先优势，登记注册了 4386 项干细胞临床试验。

一、年度趋势

干细胞治疗临床试验聚焦了最新的干细胞研究热点和干细胞治疗产品，一直是全球关注的热门领域。截至 2022 年 5 月 31 日，用 Stem Cell 作为关键词，在 ClinicalTrials. gov 网站检索到 9114 项登记注册的干细胞临床试验方案。如图 7-8 所示，2012 年—2021 年，全球每年登记注册的干细胞临床试验方案数量保持相对较为稳定的范围，年注册登记量在 400 ～ 600 项，其中 2016 年登记注册的干细胞临床试验方案数量最多，为 551 项，近两年登记注册的干细胞临床试验方案均保持在 540 项左右。中国登记注册的干细胞临床试验方案也保持相对稳定的趋势，2012—2021 年，每年登记注册的干细胞临床试验数量总体在 40 ～ 90 项，其中 2016 年之后均保持在 60 项以上，特别是近两年期间保持在 85 项左右。

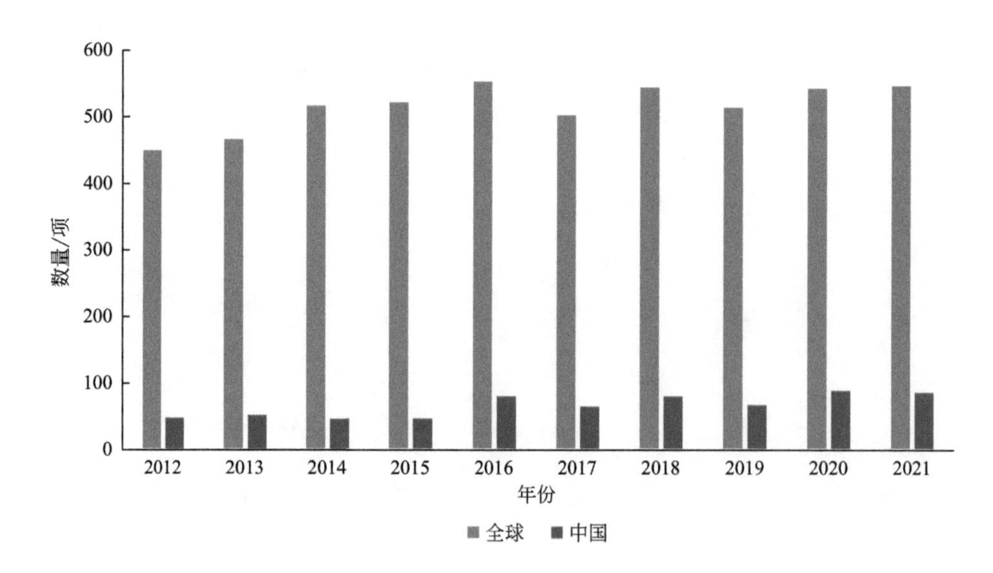

图7-8 2012—2021年干细胞治疗临床试验开展情况

近十年期间，中国登记注册的干细胞临床试验方案数量变化趋势与全球登记注册的干细胞临床试验方案数量变化趋势相一致，说明中国干细胞临床试验是全球干细胞临床试验重要的组成部分。

二、国家（地区）分布

干细胞临床试验的国家（地区）分布代表着干细胞研究的地理聚集情况，在ClinicalTrials. gov 上登记注册的 9114 项干细胞临床试验中，近一半临床试验都在美国开展。如表 7-12 所示，全球干细胞治疗临床试验数量前十位国家（地区）中，美国以 4386 项排在首位，且远超排在第二位的中国（807 项），在干细胞治疗临床试验方面展现出绝对的领先优势。

表7-12　全球干细胞治疗临床试验数量前十位国家（地区）

国家（地区）	临床试验数量 / 项
美国	4386
中国	807
法国	700
德国	545
意大利	508
西班牙	433
加拿大	407
英国	396
韩国	333
比利时	239

三、试验机构分布

干细胞治疗研究临床试验的机构主要是研究机构或企业，生物医药企业登记注册的干细胞治疗临床试验相对略少。全球干细胞治疗临床试验数量前十位研究机构如表 7-13 所示。其中，美国国家癌症研究所登记注册的干细胞治疗临床试验达到了 1169 项，占全球干细胞治疗临床试验数量的 12.8%，在干细胞治疗临床试验方面显示出垄断地位，是唯一一家登记注册干细胞治疗临床试验数量超过 1000 项的研究机构。其次是美国国立卫生研究院临床中心（NIHCC）和美国国家心肺血液研究所（NHLBI），分别登记注册了 289 项和 242 项干细胞治疗临床试验，排在第二和第三位。

表7–13　全球干细胞治疗临床试验数量前十位研究机构

机构名称	国家（地区）	临床试验数量/项	全球占比
美国国家癌症研究所（NCI）	美国	1169	12.8%
美国国立卫生研究院临床中心（NIHCC）	美国	289	3.2%
美国国家心肺血液研究所（NHLBI）	美国	242	2.7%
弗雷德哈钦森癌症中心	美国	239	2.6%
MD 安德森癌症中心	美国	231	2.5%
纪念斯隆·凯特林癌症中心	美国	137	1.5%
美国希望之城国家医疗中心	美国	118	1.3%
Assistance Publique - Hôpitaux de Paris（AP-HP）	法国	100	1.1%
梅奥医学中心	美国	99	1.1%
明尼苏达大学 Masonic 癌症研究中心	美国	98	1.1%

中国干细胞治疗研究临床试验的机构主要是医院，研究型机构和生物医药企业登记注册的干细胞治疗临床试验相对略少。中国干细胞治疗临床试验数量前十位研究机构如表7-14 所示。其中，北京大学人民医院登记注册的干细胞治疗临床试验为 72 项，占中国干细胞治疗临床试验数量的 8.9%；其次是南方医科大学南方医院，登记注册了 65 项干细胞治疗临床试验，排在第二位。北京大学人民医院和南方医科大学南方医院是中国干细胞治疗临床试验登记注册数量超过 50 项的机构。中国干细胞治疗临床试验数量前十位研究机构中有 8 所医院，此外是研究型机构，分别是中山大学和中国科学院，这一方面反映出目前中国干细胞治疗临床试验主要由医院申请，另一方面也暴露出我国研究型机构在干细胞治疗临床转化方面存在一定短板。

表7–14　中国干细胞治疗临床试验数量前十位研究机构

机构名称	临床试验数量/项	中国占比
北京大学人民医院	72	8.9%
南方医科大学南方医院	65	8.1%
中国人民解放军总医院	42	5.2%
中山大学附属第三医院	42	5.2%
中山大学	32	4.0%
中山大学孙逸仙纪念医院	31	3.8%
苏州大学第一附属医院	28	3.5%
军事医学科学院附属医院	24	3.0%
广州市第一人民医院	24	3.0%
中国科学院	23	2.9%

四、不同类型分布

用于临床治疗的干细胞种类如图 7-9 所示，目前全球已登记注册的干细胞临床试验所利用的干细胞集中在造血干细胞（4465 项）、骨髓干细胞（2781 项）、间充质干细胞（1407 项）等。

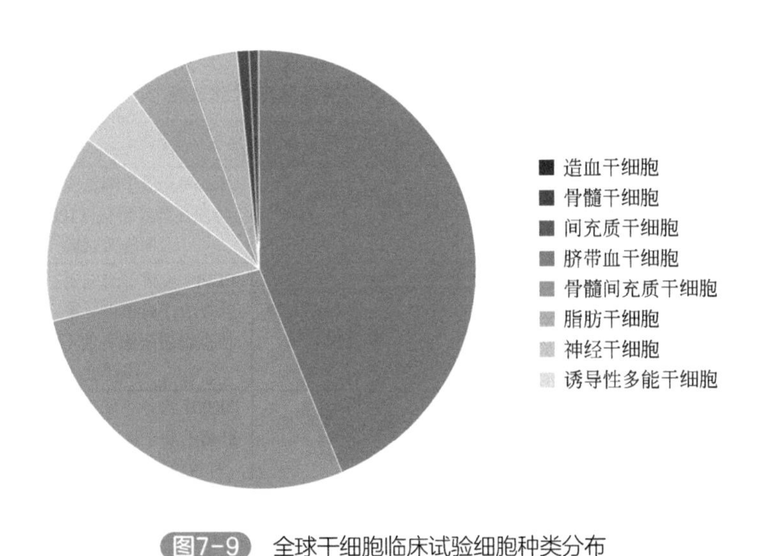

图7-9　全球干细胞临床试验细胞种类分布

如图 7-10 所示，中国已登记注册的干细胞临床试验所利用的干细胞集中在造血干细胞（418 项）、间充质干细胞（275 项）、脐带血干细胞（155 项）等。与全球干细胞临床试验细胞种类分布略有不同，中国干细胞临床试验细胞主要集中在造血干细胞和间充质干

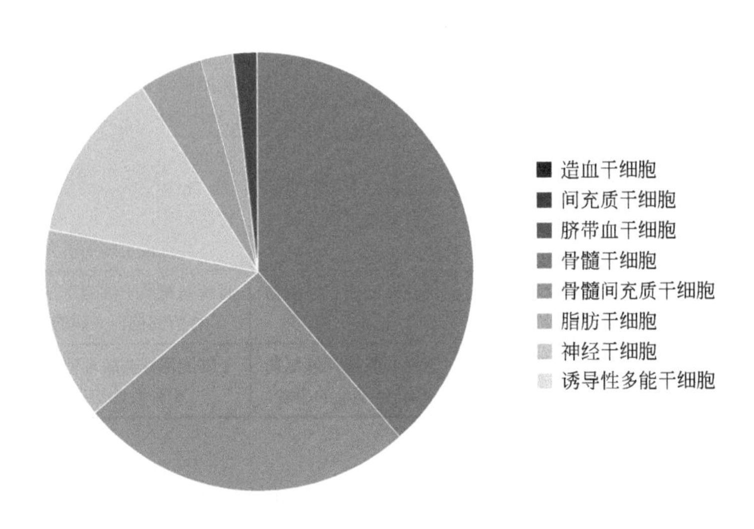

图7-10　中国干细胞临床试验细胞种类分布

细胞，而间充质干细胞排在第二位，骨髓干细胞排在第四位。中国在间充质干细胞基础研究、专利申请及临床试验方面虽起步较晚，但近年来发展迅速，论文、专利和临床试验数量快速增长；在内分泌系统疾病、自体免疫疾病等临床试验方面形成一定优势，已具备坚实的团队与技术基础[2]。

表 7-15 选取了国家药品监督管理局药品审评中心的药物临床试验登记与信息公示平台查询到的中国主要干细胞治疗临床试验信息。

表7-15 中国主要干细胞治疗临床试验信息

登记号	试验状态	药物名称	适应证	试验题目	临床阶段
CTR20220460	进行中；尚未招募	宫血间充质干细胞注射液	特发性肺纤维化（IPF）	宫血间充质干细胞注射液治疗特发性肺纤维化（IPF）的Ⅰ期临床试验	Ⅰ期
CTR20220069	进行中；尚未招募	ELPIS 人脐带间充质干细胞注射液	中、重度慢性斑块型银屑病	ELPIS 人脐带间充质干细胞注射液治疗成年中、重度慢性斑块型银屑病患者的Ⅰ / Ⅱ期临床研究	Ⅰ期
CTR20213380	进行中；招募中	异体人源脂肪间充质干细胞注射液	克罗恩病的复杂性肛瘘	DK001 治疗克罗恩病的复杂性肛瘘的安全性、耐受性和初步有效性的Ⅰ / Ⅱ期临床试验	Ⅰ / Ⅱ期
CTR20212223	进行中；尚未招募	注射用间充质干细胞（脐带）	慢加急性（亚急性）肝衰竭	注射用间充质干细胞（脐带）治疗慢加急性（亚急性）肝衰竭临床试验	Ⅰ / Ⅱ期
CTR20212107	进行中；尚未招募	人脐带间充质干细胞注射液	溃疡性结肠炎	人脐带间充质干细胞治疗溃疡性结肠炎的临床试验	Ⅰ期
CTR20211389	进行中；招募中	人牙髓间充质干细胞注射液	慢性牙周炎	牙髓干细胞治疗慢性牙周炎	Ⅰ期
CTR20210039	进行中；招募中	人脐带间充质干细胞注射液	膝骨关节炎	IxCell hUC-MSC-O 治疗膝骨关节炎Ⅱ期临床	Ⅱ期
CTR20201577	进行中；招募中	注射用间充质干细胞（脐带）	难治性急性移植物抗宿主病	人脐带来源的间充质干细胞治疗难治性急性的造血干细胞移植后产生的排异反应临床试验	Ⅰ期
CTR20201158	进行中；招募中	人胎盘间充质干细胞凝胶	糖尿病足溃疡	人胎盘间充质干细胞凝胶治疗糖尿病足溃疡Ⅰ期临床试验	Ⅰ期
CTR20200887	进行中；招募中	人脐带间充质干细胞注射液	激素治疗失败的急性移植物抗宿主病	评价人脐带间充质干细胞注射液（hUC-MSC PLEB001）治疗激素治疗失败的急性移植物抗宿主病的研究	Ⅱ期
CTR20132698	已完成	骨髓原始间充质干细胞	恶性血液病、移植物抗宿主病	骨髓间充质干细胞对预防急性移植物抗宿主病的研究	Ⅱ期
CTR20132028	已完成	间充质干细胞心肌梗死注射液	急性心肌梗死恢复期心功能不全的患者	干细胞治疗心肌梗死的安全性和有效性初步评估	Ⅰ期

数据来源：CDE。

登记号为 CTR20220460 的临床试验是由浙江生创精准医疗科技有限公司申请的Ⅰ期临床试验，题目为宫血间充质干细胞注射液治疗特发性肺纤维化（IPF）的Ⅰ期临床试验，适应证为特发性肺纤维化（IPF），药物为宫血间充质干细胞注射液。该临床试验的主要目的是评价宫血间充质干细胞（SC01009）注射液在特发性肺纤维化患者中单、多次给药的安全性；次要目的是初步评价宫血间充质干细胞（SC01009）注射液在特发性肺纤维化患者中的有效性，探索性目的是评价宫血间充质干细胞（SC01009）注射液在特发性肺纤维化患者中单、多次给药的药代动力学（PK）、药效学（PD）及免疫学特征。

登记号为CTR20220069的临床试验是由华夏源细胞工程集团股份有限公司申请的，题目为ELPIS人脐带间充质干细胞注射液治疗成年中、重度慢性斑块型银屑病患者的Ⅰ/Ⅱ期临床研究，适应证为中、重度慢性斑块型银屑病，药物为ELPIS人脐带间充质干细胞注射液。该临床试验的主要目的是评估不同剂量ELPIS人脐带间充质干细胞单、多次给药的安全性和耐受性，确定ELPIS人脐带间充质干细胞治疗的Ⅱ期临床试验推荐剂量（RP2D）。次要目的是评估ELPIS人脐带间充质干细胞治疗中、重度慢性斑块型银屑病的初步疗效，初步探索注射用间充质干细胞（脐带）治疗患者中的药代动力学特征，考察ELPIS人脐带间充质干细胞治疗前后淋巴细胞亚群及细胞因子变化情况，评估ELPIS人脐带间充质干细胞治疗的免疫原性。

登记号为CTR20213380的临床试验是由江苏得康生物科技有限公司申请的Ⅰ/Ⅱ期临床试验，题目为DK001治疗克罗恩病的复杂性肛瘘的安全性、耐受性和初步有效性的Ⅰ/Ⅱ期临床试验，适应证为克罗恩病的复杂性肛瘘，药物为异体人源脂肪间充质干细胞注射液。该临床试验的主要目的是明确DK001治疗克罗恩病的复杂性肛瘘的安全性和耐受性，为后续试验确定临床用药的安全范围和推荐剂量；次要目的是初步观察DK001治疗克罗恩病的复杂性肛瘘的有效性，为后续确证性临床试验设计提供依据。

登记号为CTR20212223的临床试验是由天津昂赛细胞基因工程有限公司申请的Ⅰ/Ⅱ期临床试验，题目为注射用间充质干细胞（脐带）治疗慢加急性（亚急性）肝衰竭临床试验，适应证为慢加急性（亚急性）肝衰竭。

登记号为CTR20212107的临床试验是由青岛奥克生物开发有限公司申请的Ⅰ期临床试验，题目为人脐带间充质干细胞治疗溃疡性结肠炎的临床试验，主要用于溃疡性结肠炎，并可预防溃疡性结肠炎的复发，药物为人脐带间充质干细胞注射液。该临床试验的主要目的是评价人脐带间充质干细胞注射液治疗中、重度溃疡性结肠炎单、多次给药的安全性、耐受性，探索其最大耐受剂量（MTD）和剂量限制毒性（DLT），为Ⅱ期临床试验设计提供根据。次要目的是初步评价人脐带间充质干细胞注射液治疗中、重度溃疡性结肠炎的有效性；探索人脐带间充质干细胞注射液的药代动力学（PK）特征和免疫原性；探索人脐带间充质干细胞注射液治疗中、重度溃疡性结肠炎的药效动力学特征。

登记号为CTR20211389的临床试验是由北京三有利和泽生物科技有限公司申请的Ⅰ期临床试验，题目为牙髓干细胞治疗慢性牙周炎，适应证为慢性牙周炎，如慢性牙周炎所致的牙周骨组织缺损，药物为人牙髓间充质干细胞注射液。该临床试验的主要目的是探索人牙髓间充质干细胞治疗慢性牙周炎的安全性和耐受性；次要目的是剂量探索，为后续临床研究的给药方案提供设计依据，探索人牙髓间充质干细胞治疗慢性牙周炎的初步有效性。

登记号为CTR20210039的临床试验是由上海爱萨尔生物科技有限公司申请的Ⅱ期临床试验，题目为IxCell hUC-MSC-O治疗膝骨关节炎Ⅱ期临床，适应证为膝骨关节炎，药物为人脐带间充质干细胞注射液。该临床试验的主要目的是探索IxCell hUC-MSC-O治疗膝骨关节炎的有效剂量，次要目的是评价IxCellhUC-MSC-O治疗膝骨关节炎的安全性。

登记号为CTR20201577的临床试验是由天津昂赛细胞基因工程有限公司申请的Ⅰ期临床试验，题目为人脐带来源的间充质干细胞治疗难治性急性的造血干细胞移植后产生的排异反应临床试验，适应证为难治性急性移植物抗宿主病（aGvHD），药物为注射用间充质干细胞（脐带）。该临床试验的主要目的是评价注射用间充质干细胞（脐带）治疗难治性aGvHD患者的耐受性和安全性，确定临床用药安全范围。次要目的是初步观察注射用间充质干细胞（脐带）治疗难治性aGvHD患者的有效性，为后续临床试验方案设计提供依据。探索目的是初步探索注射用间充质干细胞（脐带）治疗难治性aGvHD患者中的药代动力学特征。

登记号为CTR20201158的临床试验是由北京汉氏联合生物技术股份有限公司申请的Ⅰ期临床试验，题目为人胎盘间充质干细胞凝胶治疗糖尿病足溃疡Ⅰ期临床试验，适应证为糖尿病足溃疡，药物为人胎盘间充质干细胞凝胶。该临床试验的目的是明确人胎盘间充质干细胞凝胶治疗糖尿病足溃疡患者的耐受性和安全性，确定临床用药安全范围；初步观察人胎盘间充质干细胞凝胶治疗糖尿病足溃疡的有效性，为后续确证性临床试验设计提供依据；探索性观察人胎盘间充质干细胞凝胶治疗糖尿病足溃疡的药代动力学。

登记号为CTR20200887的临床试验是由铂生卓越生物科技（北京）有限公司申请的Ⅱ期临床试验，题目为评价人脐带间充质干细胞注射液（hUC-MSC PLEB001）治疗激素治疗失败的急性移植物抗宿主病的研究，适应证为治疗激素治疗失败的急性移植物抗宿主病，药物为人脐带间充质干细胞注射液。该临床试验的目的是评价人脐带间充质干细胞注射液（hUC-MSC PLEB001）在治疗激素治疗失败的Ⅱ～Ⅳ度aGvHD患者中的有效性和安全性。

登记号为CTR20132698的临床试验是由中国医学科学院基础医学研究所申请的Ⅱ期临床试验，题目为骨髓间充质干细胞对预防急性移植物抗宿主病的研究，适应证为恶性血液病、移植物抗宿主病，药物为骨髓原始间充质干细胞。该临床试验的目的是选择需要接受造血干细胞移植治疗具有高GvHD风险的血液病的患者作为受试者，对比研究单纯的造血干细胞移植与骨髓原始间充质干细胞和造血干细胞共移植的临床及实验室指标，主要观察联合骨髓原始间充质干细胞移植能否降低GvHD发生率、严重程度，观察对造血重建的影响，是否能提高移植成功率，对安全性进一步进行评价。

登记号为CTR20132028的临床试验是由北京源和发生物技术有限公司和泰达国际心血管病医院申请的Ⅰ期临床试验，题目为干细胞治疗心肌梗死的安全性和有效性初步评估，适应证为急性心肌梗死恢复期心功能不全的患者，药物为间充质干细胞心肌梗死注射液。该临床试验的目的是通过体外培养扩增骨髓原始间充质干细胞，制备可供临床使用的间充质干细胞制剂，用于治疗急性心肌梗死，因其技术和理论的创新性，为众多的心血管疾病寻找到一种全新的治疗策略。治疗范围还可以进一步扩大到其他需要组织修复或移植治疗的多种心血管疾病，特别适用于老年人以及主要脏器功能异常的人群。

第四节　产品信息分析

利用 Cortellis 医药信息平台对干细胞治疗产品进行检索，获取全球干细胞治疗产品的相关信息，包括产品的研发阶段、国家（地区）、研发机构、适应证、作用靶点等。结果显示，目前处于临床研究阶段的干细胞产品共有 312 项，上市的干细胞产品共有 16 项。

一、研发阶段分布

随着干细胞治疗临床研究的不断推进，干细胞治疗产品已经逐步走向市场，面向疾病患者。Cortellis 数据库的检索分析显示，截至 2022 年 5 月 17 日，全球干细胞治疗产品共有 1097 项，其中已上市干细胞治疗产品有 16 项，占全部干细胞治疗产品的 1.5%，如图 7-11 所示。处于已注册和预注册阶段的干细胞治疗产品分别有 6 项和 2 项，共占全部干细胞治疗产品的 0.7%；处于临床研究阶段的产品有 312 项，占全部干细胞治疗产品的 28.4%；处于临床前阶段的产品有 247 项，占全部干细胞治疗产品的 22.5%；处于药物发现阶段的产品有 100 项，占全部干细胞治疗产品的 9.1%；处于暂停 / 停产和无研发进展的干细胞治疗产品分别有 42 项和 372 项，共占全部干细胞治疗产品的 37.8%。从图 7-11 中

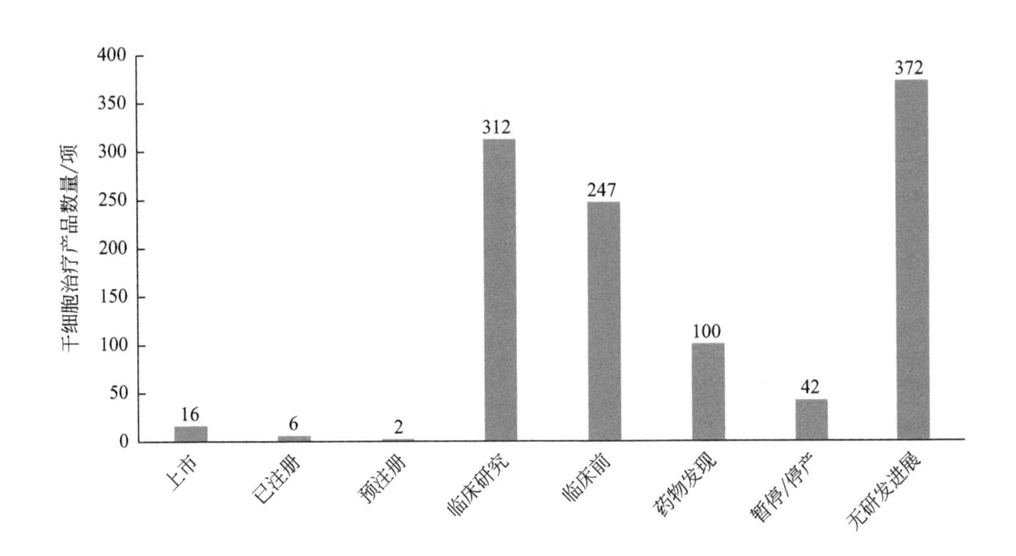

图7-11　全球干细胞治疗产品最高研发阶段

可以看到，目前已有近三分之一的干细胞治疗产品处于临床研究以上阶段，近三分之一处于临床前或药物发现阶段，其余处于暂停或无研发进展阶段。无研发阶段干细胞治疗产品占比较高说明目前尚有大量有潜力的干细胞治疗产品等待进一步研发，未来干细胞治疗产品发展潜力巨大。处于暂停的干细胞治疗产品仅占3.8%，说明干细胞治疗产品研发的成功率较高，但是目前已上市的干细胞治疗产品种类仍较少。

目前全球有16项干细胞治疗产品获批上市，表7-16是获批上市的干细胞治疗产品的药物名称及适应证等信息。已上市的干细胞治疗产品涉及的适应证包括骨髓衰竭、骨髓损伤、疤痕修复、心肌梗死、复杂皮肤及皮肤结构感染、肛瘘、肌萎缩侧索硬化症、角膜损伤、腺苷脱氨酶缺乏症、心血管疾病、软骨疾病、类风湿性关节炎、异染性脑白质营养不良、移植物抗宿主病等。从上市国家（地区）来看，韩国、欧盟、日本和澳大利亚等国家（地区）是干细胞药物的主要批准国家，分别批准6项、4项、2项和2项干细胞产品。

表7–16　全球已上市干细胞产品信息

药物名称	原研企业	在研企业	适应证	上市国家 / 地区
ancestim	Amgen	Orphan Biovitrum 公司	骨髓衰竭	澳大利亚；加拿大；新西兰
Cureskin	S.Biomedics	S.Biomedics	疤痕修复	韩国
t2c-001	法兰克福大学	tzcure 公司与法兰克福大学	心肌梗死	德国
OsteoCel	Osiris	NuVasive	损伤	美国
Hearticellgram-AMI	FCB-Pharmicell	FCB-Pharmicell，JW Pharmaceutical	心肌梗死	韩国
Queencell	Anterogen	Anterogen	复杂皮肤及皮肤结构感染	韩国
Cuepistem	Anterogen	Anterogen	肛瘘	韩国
Stemirac	Sapporo Medical University	Nipro，札幌医科大学	脊髓损伤	日本
Neuronata-R	Corestem	Corestem	肌萎缩侧索硬化症	韩国
Holoclar	Holostem Terapie Avanzate S. R. L.	Holostem Terapie Avanzate S. R. L.	角膜损伤	欧盟
Strimvelis	San Raffaele Telethon Institute for Gene Therapy	Orchard	腺苷脱氨酶缺乏症	欧盟；英国
Celution 系统	Plus Therapeutics	Cytori Therapeutics，Lorem Vascular	心血管疾病	澳大利亚；中国香港；新加坡
Cartistem	Medipost	Dong-A ST，Evastem，Medipos，SK Bioland 等	软骨疾病；类风湿性关节炎	韩国
Darvadstrocel	Cellerix SA	武田制药	肛周瘘	欧盟
Atidarsagene autotemcel	San Raffaele Telethon Institute for Gene Therapy	GlaxoSmithKline，Orchard Therapeutics	异染性脑白质营养不良	欧盟；法国；德国
Remestemcel-L	Osiris T	JCR Pharmaceuticals，Mesoblast	移植物抗宿主病	日本

近年来，中国干细胞治疗产业市场规模不断扩大，干细胞治疗产品活跃度不断增加。

Cortellis 数据库的检索分析显示，截至 2022 年 5 月 17 日，中国干细胞治疗产品共有 85 项，如图 7-12 所示。其中，已上市干细胞治疗产品有 1 项，为 Cytori Therapeutics 公司研发的 Celution 系统，于 2015 年获得国家食品药品监督管理局一类医疗器械备案，可以用于人体脂肪组织再生细胞的分离。Celution 系统是 Cytori Therapeutics 公司研发的基于 Cytori 细胞治疗的再生医学旗舰平台，是第一个获得多个国际监管机构批准和验证的床旁实时分离自体脂肪再生细胞的医疗器械。中国目前干细胞治疗产品大多处于临床前阶段，共有 45 项处于临床前；处于临床阶段的共有 31 项，其中临床Ⅱ期 18 项、临床Ⅰ期 10 项，其他临床阶段（公开信息未披露所处临床阶段）3 项；处于药物发现阶段的干细胞治疗产品有 8 项。处于临床前的干细胞产品比例超过干细胞治疗产品总数的一半，说明我们干细胞治疗产品未来潜力巨大。我国已申请的干细胞项目针对适应证范围较广，涉及神经系统疾病、消化系统疾病、女性生殖系统疾病、自身免疫性疾病，还包括糖尿病、心肌梗死、心衰、膝关节炎、糖尿病肾病、黄斑变性、牙周炎等适应证。

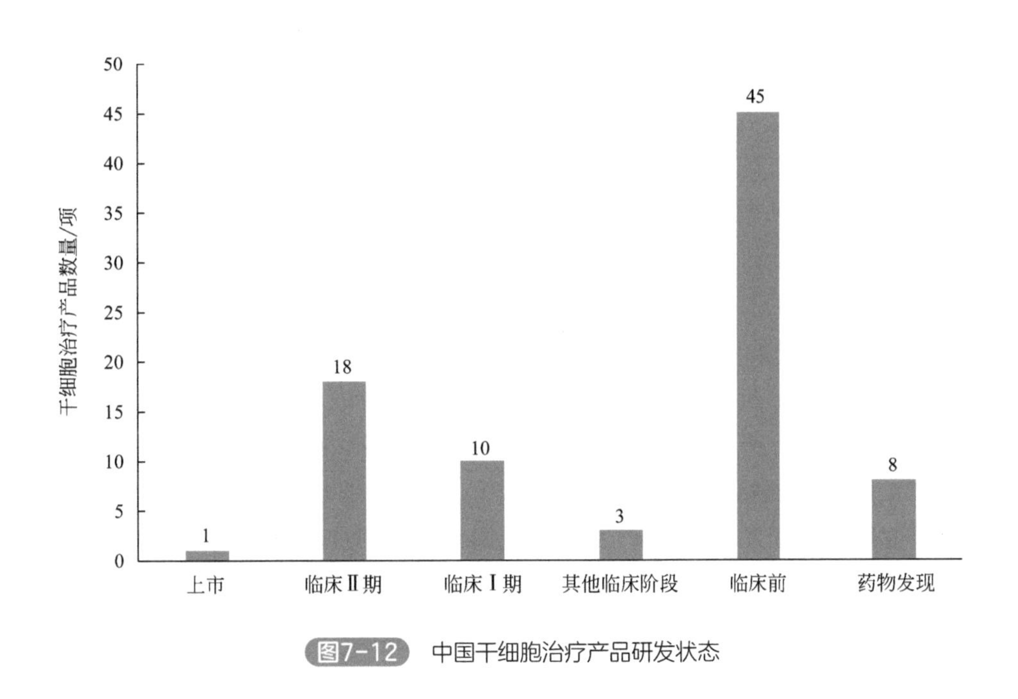

图7-12 中国干细胞治疗产品研发状态

二、研发国家分布

干细胞治疗产品的上市批准地大多集中在韩国、欧盟、日本和澳大利亚等国家（地区），而研发国家分布则与干细胞治疗产品上市分布情况略有不同。干细胞治疗产品研发项目前十的国家（地区）分别如表 7-17 所示。其中，美国以 606 项位列第一位，在干细胞治疗产品市场中占据绝对的领先地位；其次是韩国以 119 项位列第二位。美国和韩国在干细胞治疗产品方面的研发数量是全球仅有的超过 100 项的国家，说明目前大部分干细胞治疗产品由美国和韩国主导研发。

表7–17　全球干细胞治疗产品研发数量前十位国家（地区）分布

国家（地区）	研发数量 / 项
美国	606
韩国	119
中国	94
日本	76
英国	63
欧洲	59
加拿大	43
德国	38
西班牙	33
澳大利亚	28

美国在干细胞研究领域保持着全球领先地位，但是美国批准上市的干细胞治疗产品却相对较少。美国权威人士认为干细胞产品或药物存在一定风险，因此美国干细胞应用监管体制对于干细胞治疗产品的上市批准较为严格。干细胞临床试验、干细胞治疗、干细胞产品生产和销售等均由 FDA 下属的生物制品评估与研究中心负责监管。美国的干细胞产品审批过程和时间与其他生物制品药品一致 [3]。作为生物制品或者药物进入医疗市场，审批过程较为严格。相关的干细胞治疗产品在通过严格的Ⅰ、Ⅱ及Ⅲ期临床试验，并且结果可靠的前提下还必须向 FDA 提交生物制品许可证申请或新药申请，获得审批后才可进入市场 [4]。中国在干细胞治疗产品方面的研发数量为 94 项，次于美国和韩国，与日本的 76 项相接近。中国医疗机构开展的干细胞临床研究由国家卫生健康委员会和国家药品监督管理局共管，实行干细胞临床研究机构和项目的双备案。如后续申请药品注册临床试验，可将已获得的临床研究结果作为技术性申报资料提交并用于药品评价，但不能直接进行临床应用 [5]。

三、研发机构分布

由于干细胞治疗的研发需要几年至数十年的历程，对于资金的投入要求也较高，干细胞治疗产品的研发机构以实力雄厚的生物医药企业为主。全球干细胞治疗产品研发数量前十位机构如表 7-18 所示。总体上看，全球前十的干细胞治疗研发机构在干细胞治疗产品数量上相差不大，尚未有绝对优势机构出现，实力较为均衡。

表7-18　全球干细胞治疗产品研发数量前十位机构

研发机构名称	研发数量 / 项
FCB-Pharmicell	16
Stemedica Cell Technologies	15
Medipost	13
Orchard Therapeutics	13
APCETH	10
Caladrius Biosciences	10
Cytopeutics Sdn Bhd	10
Mesoblast	10
San Raffaele Telethon Institute for Gene Therapy	10
明尼苏达大学	10

中国干细胞治疗研发机构也主要为生物医药企业如表 7-19 所示。我国干细胞治疗产品研发机构的研发数量均小于或等于 5 项，与全球前十位机构相比还有一定差距。大多数干细胞治疗研发机构在研数量较少，整体实力有待提升。

表7-19　中国干细胞治疗产品研发数量前十位机构

研究机构	研发数量 / 项
西比曼生物科技集团	5
霍德生物工程有限公司	4
上海安集协康生物技术股份有限公司	4
深圳市免疫基因治疗研究院	4
复旦大学	3
北京汉氏联合干细胞研究院有限公司	2
北京泽辉辰星生物科技有限公司	2
北科生物科技有限公司	2
中国科学院动物研究所	2
Ocumension Therapeutics	2

四、细胞类型分布

根据 Cortellis 数据库统计，截至 2022 年 5 月 17 日，按干细胞来源分类，主要有成体干细胞（591 项）、脐带干细胞（400 项）、自体干细胞（296 项）、异基因干细胞（271 项）和胚胎干细胞（50 项）类型产品。

参考文献

[1] 浙江大学干细胞与再生医学研究中心．干细胞与再生医学研究中心 [EB/OL]. [2022-05-31]. http://www.zjustemcell.com/about.asp?id=1.

[2] 苑亚坤，刘广洋，刘拥军，等．间充质干细胞基础研究与临床转化的中美比较 [J]．中国生物工程杂志，2020，40（4）：97-107.

[3] 姜天娇，孙金海．国外干细胞产品监管现状及对我国的启示 [J]. 中国社会医学杂志，2016，33（2）：117-120.

[4] 陈云，邹宜谊，邵蓉，等．美国干细胞产业发展政策与监管及对我国的启示 [J]．中国医药工业杂志，2018，49（12）：1733-1741.

[5] 程洪艳，昌晓红，刘彩霞，等．干细胞临床研究及管理的现状与未来 [J]．药物评价研究，2021，44（2）：243-249.

第三篇

细胞治疗研究进展

第八章

免疫细胞治疗研究进展

免疫细胞治疗在肿瘤治疗中展现出巨大的应用前景，本章将依据主要免疫细胞治疗技术类型梳理近年研究进展。

第一节　CAR-T 细胞治疗

一、概述

CAR-T 细胞治疗（Chimeric antigen receptor T-cell immunotherapy，CAR-T）的关键是 CAR 分子的设计，其融合了可以特异性识别抗原的单克隆抗体的单链可变片段（single-chain variable fragments，scFvs），包含可变重链区（Variable heavy，VH）、可变轻链区（Variable light，VL）及 T 细胞受体（T cell receptor，TCR）的胞内信号传导域，且表达 CAR 的 T 细胞不受 MHC 限制。这种被称为嵌合抗原受体的人工改造受体分子可以赋予免疫细胞被某个特定靶点激活的特异性，通过 CAR 靶向捕捉癌细胞体表的抗原，结合后增强细胞识别抗原信号与活化的功能并诱导 T 细胞释放细胞因子，通过穿孔素等对癌细胞进行靶向摧毁。

总体而言，CAR-T 免疫治疗应用前景十分广阔，目前尚有许多改进空间。在临床治疗上存在许多问题，如对肿瘤识别特异性不强、安全性不高、CAR-T 在体内的持久性较差等。进一步增强 CAR-T 技术的特异性、安全性及持久性也成了近年来的主要研究热点。

二、重要进展

（一）CAR 结构设计不断迭代发展

CAR 结构自提出至今，经历了四代 CAR 结构的演变与优化。第一代 CAR 是以 TCR 结构和抗体结构为基础进行模拟改造，仅包含负责识别肿瘤细胞的胞外抗原识别区、跨膜区和CD3ζ信号传递区。第一代CAR设计是将三硝基苯基（Tri-nitrophenyl，TNP）抗体的可变区同TCR恒定区相融合表达，转导T细胞后此种结构可稳定表达于T细胞表面，以MHC非限制性识别杀伤靶细胞并分泌IL-2[1]。虽然第一代CAR-T细胞在体外具有肿瘤杀伤优势，但是在临床试验中CAR-T细胞扩增能力及体内持续时间有限，无法完全清除肿瘤细胞，导致肿瘤复发[2]。第二代CAR借鉴了T细胞活化经典信号，在第一代CAR结构的基础上增加1个共刺激分子，如4-1BB（又称CD137）或CD28，可使CAR-T细胞活化水平、增殖能力得到显著提升，临床数据表明接受第二代CAR-T细胞治疗的患者肿瘤负荷得到长期有效控制[3]。目前，新发现的共刺激分子包括可诱导共刺激分子（Inducible costimulatory molecule，ICOS）、OX40（又称CD134）和CD40等，第二代CAR结构也是临床上应用最为成熟的结构[4]。第三代CAR是在第二代CAR结构的基础上增加1个共刺激分子，即同一CAR结构中共表达2个共刺激分子。第三代CAR-T细胞与第二代CAR-T细胞相比，其细胞毒性进一步提升，Cappell等[5]的研究结果表明4-1BB与CD28共表达的CAR-T细胞增殖及细胞因子释放水平，均优于仅含单个共刺激分子的CAR-T细胞；同时，Guedan等[6]构建的ICOS-BBz CAR-T细胞表现出更长的体内持续时间。第四代CAR又称通用细胞因子介导杀伤的T细胞（T cells redirected for universal cytokine killing，TRUCK-T），是在第二代或第三代CAR基础上共表达一些其他分子，这些分子包括促进T细胞增殖的IL-7、IL-15和IL-21[7, 8]，提升T细胞效应能力的IL-12和IL-18等[9, 10]，或趋化其他免疫细胞/CAR-T细胞至肿瘤细胞周围的C—C基序趋化因子19（C—C motif chemokine ligand 19，CCL-19）和CCL-21等[11]。

CAR-T细胞经历了相当长时间的技术迭代更新，其中第一代技术的抗肿瘤作用弱，第三、四代虽然T细胞对肿瘤杀伤能力增强但给机体带来的毒副作用也随之增加。相较第三、四代而言，第二代CAR相对温和，在肿瘤治疗中应用更广泛。

（二）CAR-T细胞治疗性能的优化

1. 增强CAR靶向特异性

针对阴性抗原癌细胞的逃逸，对scFv进行优化，通常将其设计为靶向两种抗原，其结合任一抗原都会触发CAR-T的激活。一类是将编码不同CAR的两个载体共转导至单个T细胞[12]，或是构建一个双顺反子载体转导进入细胞中，使每个细胞上表达两个单独的嵌合受体[13]；另一类是使用串联双特异性CAR，胞外部分的两个结合结构域识别任一抗原即可触发效应子功能。使用双特异性CD20/CD19 CAR-T可治疗复发B细胞恶性肿瘤患者，Ⅰ期临床结果显示在治疗28d后总缓解率达到82%，同时发现输注非低温保存的双特异性CD20/CD19 CAR-T效果更优，接受最高剂量且非低温保存的患者28d总缓解率可高达100%，这又为CAR-T治疗提出了一种可能性[14]。另有研究通过分泌由两个融合的scFv组成的双特异性T细胞接合剂（Bispecific T-cell engager，BiTE）来促进内源性非工程T细胞与肿瘤细胞的结合。Choi 等 [15] 设计了一种可分泌 EGFR/CD3 BiTE 的、靶向 EGFR-Ⅷ 的 CAR-T 细胞来清除胶质母细胞瘤，已在小鼠模型中得到证实，在治疗 3 周后 80% 的小鼠表现出完全缓解，体内无肿瘤存在，很好地解决了胶质母细胞瘤由于异质性而难以被完全靶向清除的问题。

除优化 scFv，对胞外区也进行了改良。与传统 CAR-T 直接作用于靶细胞不同，研究人员提出了一个新的概念：模块化的 CAR-T（Modular CAR-T，mod CAR-T），这类 CAR-T 通常与其衔接子共同作用，衔接子一端与 CAR-T 结合，另一端用于识别并结合肿瘤表面抗原。如此，既可以增加对抗原识别的特异性以减少肿瘤逃逸可能，又可以通过操纵衔接子来控制 T 细胞的激活状态，取得双重效果。CAR 衔接子可以是单克隆抗体、抗体片段、小分子或任何能够靶向至少一种所需抗原并可以被 CAR-T 细胞同时识别的结构 [16]。

布尔逻辑门原理也已被 CAR-T 用于多种抗原的组合检测，在有效靶向肿瘤的同时减少脱靶毒性，提高抗肿瘤功效。AND 逻辑门需要两种不同抗原同时存在来激活 CAR-T 细胞，从而降低脱靶识别或发生脱靶毒性的风险，能够防止表达与肿瘤细胞相同抗原的健康组织遭受攻击。人工合成的 Notch（Synthetic Notch，synNotch）受体识别细胞表面配体后能触发诱导的靶基因表达。它可识别肿瘤相关因子（Tumor-associated antigen，TAA）并诱导 CAR 的表达，随后 CAR 可识别第 2 个 TAA 使 T 细胞活化 [17]。2018 年报道了一种 SUPRA CAR 系统，该系统通过表达多种受体来对工程化 T 细胞中的各种激活模式进行编程，每种受体具有通过亮氨酸拉链二聚化重建的多个潜在的衔接蛋白伴侣。这样的系统支持通过使用 AND 或 AND-NOT 门来提高特异性，同时通过不同的衔接蛋白靶向多种抗原以克服肿瘤异质性，还可通过调节衔接子来调控 CAR-T 活性以保障安全性。这种策略一旦被临床证明可行，必将会减少 CAR-T 的治疗成本。最近的一项研究设计了执行 AND、NOT、OR 布尔逻辑门的共定位依赖蛋白开关（Co-LOCKR），当满足所有条件时，这些开关才会通过构象变化激活。该策略通过 AND 门来重定向 T 细胞对表达两种表面抗原的肿瘤细胞的特异性识别，以避免识别单抗原细胞发生脱靶，又通过添加 NOT 或 OR 逻辑门元件以避开或纳入表达第 3 种抗原的细胞。该方法的优势在于可以通过 Co-LOCKR 开关使多个抗原信号最终整合为同一个输出信号来达到通用的目的 [18]，不过目前仅在体外证明了该方法的精准靶向潜力，应用于临床仍面临各种挑战。

2. 增强 CAR-T 细胞治疗的安全性

目前可以通过降低 CAR-T 剂量、使用类固醇治疗或阻断 IL-6R 的抗体来治疗 CRS。Tocilizumab 于 2017 年 8 月被 FDA 批准用于治疗 CAR-T 免疫治疗后发生的 CRS，效果显著。Staedtke 等 [19] 的研究表明儿茶酚胺阻断剂可抑制巨噬细胞释放炎症因子。根据对 CAR-T 引发 CRS 的最新机制研究，推测同时阻断儿茶酚胺和 GSDME 或许有更好的效果 [20]。常规的 CAR-T 细胞组成型表达 CAR，能够在抗原刺激后发出信号，这种持续激活的状态容易引发细胞因子风暴。当前方法主要集中在条件性调节 CAR-T 的激活状态或在 CAR-T 发挥作用后对其及时清除，避免 CAR-T 长时间驻留体内引发细胞因子风暴。

首先是利用基于四环素的基因表达控制系统来条件性诱导 CAR 基因表达。一项研究通过引入 Tet-ON 3G 系统，诱导针对肝细胞癌肿瘤相关抗原 CD147 的 CAR 表达。小分子多西环素充当“ON 开关”，在 Dox 存在的情况下，逆四环素反式激活蛋白诱导 CD147-CAR 表达，CD147-CAR 的表达和活性在体外和体内都受到 Dox 的控制，且体内研究表明通过多次肿瘤内给药，（Dox+）Tet-CD147 CAR-T 显著抑制裸鼠的肿瘤生长[21]。相反，在 Tet-OFF 系统中，Dox 通过取消四环素反式激活剂激活 CAR 转录的能力而充当“OFF 开关”。该系统被用于可逆地抑制 CD5 CAR-T 中有害的 CAR 信号和 T 细胞杀伤剂[22]。最近提出了一种新的方法，其不依赖转基因介导的控制机制，而是使用基因组编辑通过破坏新陈代谢的关键基因来创造营养缺陷型，该研究敲除了 T 细胞和干细胞中的尿苷单磷酸合成酶基因，使细胞增殖依赖于外部尿苷，在体外和体内的异种移植模型中都能通过调节尿苷供应来控制细胞生长[23]。复旦大学徐建青团队针对肿瘤微环境低氧的特征，设计了一种缺氧诱导型 CAR（HiCAR），该 CAR-T 受缺氧反应元件驱动，包含氧依赖性降解域，其在常氧下发生降解，缺氧状态下稳定，这一特性不仅增强了缺氧条件下其对肿瘤细胞的毒性，同时保障了安全性[24]。

3. 增强 CAR-T 细胞的持久性

一名 78 岁的慢性淋巴细胞白血病患者病情在输注 CAR-T 后得到深度缓解，这是由单个 CAR 诱导的 T 细胞克隆大量扩增所致，该 CAR-T 单克隆特别之处在于其双等位基因 *TET2* 功能异常。由此获得启发，发现实验性敲除 *TET2* 可使 CAR-T 细胞效力、扩增能力、持久性和记忆样表型均增强[25]，这一偶然发现为 CAR-T 之后的改进提供了思路。还有学者将 CAR 通过转基因工具插入 T 细胞受体 α 恒定区（T-cell receptor α constant，TRAC）位点，并内源性控制 CAR 表达，可防止临床前白血病模型中的 T 细胞耗竭[26]。一种可循环的 CAR 通过突变CAR胞质域中所有的赖氨酸来阻止泛素化的发生，从而使CAR蛋白不会被溶酶体降解，抑制 CAR 下调、增强 CAR 返回细胞表面的循环，最终增强 CAR 的持久性及持续抗肿瘤效力[27]。将 CD3ε 胞质域掺入第二代 CAR 中可改善 CAR-T 细胞的抗肿瘤活性。CD3ε 的免疫受体酪氨酸激活基序（Immunoreceptor tyrosine-based activation motif，ITAM）单磷酸化会招募抑制性 Csk 激酶，减弱 TCR 信号，减少 CAR-T 细胞因子的产生，而 CD3ε 的基本残基富集序列（Basic residue rich sequence，BRS）则通过募集 p85 增强 CAR-T 的持久性[28]。目前这些方法尚停留在初期基础研究阶段，有待进一步的临床试验证实。

（三）CAR-T 的临床研究在全球迅速铺开

自 2017 年 FDA 批准诺华与吉利德的 CAR-T 细胞治疗产品上市起，目前全球已有 Kymirah、Yescarta、Tecartus、Breyanzi、Abecma、Relma-cel 和 Carvykti 共 7 款产品获批，应用于恶性血液肿瘤的治疗，如 B 细胞急性淋巴细胞白血病（B cell acute lymphoblastic leukemia，B-ALL）、复发或难治性大 B 细胞淋巴瘤（large B-cell lymphoma，LBCL）、复发或难治性滤泡性淋巴瘤（follicular lymphoma，FL）、复发或难治性套细胞淋巴瘤（mantle cell lymphoma，MCL）、复发或难治性多发性骨髓瘤（multiple myeloma，MM）[29] 等。Kymirah 是一种靶向 CD19 的 CAR-T 细胞免疫治疗，该 CAR 结构包含识别 CD19 的单链抗体、4-1BB 及 CD3ζ 的细胞内信号结构域，其治疗滤泡性淋巴瘤完全缓解率为 69.1%（95%CI，58.8% ～ 78.3%），总缓解率为 86.2%（95%CI，77.5% ～ 92.4%）[30]。Yescarta 也是一款靶向 CD19 的 CAR-T 细胞免疫治疗产品，在治疗大 B 细胞淋巴瘤时，83% 的患者出现缓解，而标准治疗组（接受 2 ～ 3 轮化学免疫治疗，然后对化学免疫治疗有反应的患者进行大剂量化疗和自体干细胞移植）仅 50% 缓解率；Yescarta 组和标准治疗组的完全缓解率分别为 65% 和 32%；2 年总生存率分别为 61% 和 52%；Yescarta 组 3 级及以上细胞因子释放综合征发生率为 6%，3 级及以上不良事件发生率为 21%[31]。Carvykti，即西达基奥仑赛注射液，是我国首款获 FDA 批准上市的 CAR-T 细胞产品，是一款靶向 B 细胞成熟抗原（B-cell maturation antigen，BCMA）的 CAR-T 细胞免疫治疗，主要用于多发性骨髓瘤治疗，临床总缓解率高达 98%（95%CI，92.7% ～ 99.7%），完全缓解率为 78%（95%CI，68.8% ～ 86.1%）；在 18 个月的中位随访时间中，中位缓解持续时间为 21.8 个月 [32]。此外，有研究团队对全球首批接受 CAR-T 细胞治疗的患者进行追踪调查发现，CAR-T 细胞在这些患者体内可存留长达 10 年之久，其中，CD8+CAR-T 细胞在效应阶段占主导群体，当肿瘤负荷缓解后则由 CD4+CAR-T 细胞维持机体持久的肿瘤清除 [33]。

目前，CAR-T 细胞治疗研发管线主要分布于美国与中国，约占全球 75% 以上。临床治疗靶点以 CD19、CD22、CD20、BCMA 为主，一些诸如 CD38、唾液酸结合性免疫球蛋白样凝集素、白细胞免疫球蛋白样受体 B4（Leukocyte immunoglobulin-like receptor B4，LILRB4）、CD133[34] 等新靶点也逐渐备受关注，旨在减少 B 细胞发育不全的不良反应并规避脱靶毒性 [35]。CAR-T 细胞治疗主要集中于血液肿瘤，如急性白血病、多发性骨髓瘤、淋巴瘤等，但针对实体瘤领域，虽然存在如癌胚抗原（Carcino-embryonic antigen，CEA）、人类表皮生长因子受体 2（Human epithelial factor receptor 2，HER2）、神经节苷脂 2（Gangliosides 2，GD2）、前列腺特异性膜抗原（Prostate specific membrane antigen，PSMA）、磷脂酰肌醇蛋白聚糖 3（Glypican 3，GPC3）、黏蛋白 1（Mucoprotein 1，MUC1）等在研靶点，目前尚无 CAR-T 产品获批，其原因较为复杂 [36]。

（四）同种异体 CAR-T 技术的创新性探索研究有序推进

自体 CAR-T 细胞治疗需要为每个患者定制生产过程，生产成本因无法规模化而居高不下；生产周期较长，某些高度增殖性疾病（例如急性白血病）患者可能会错过最佳治疗窗口；有些患者自身的 T 细胞存在数量缺陷或细胞功能障碍，导致 CAR-T 细胞的质量得不到保证。在这种治疗背景下，同种异体 CAR-T 细胞治疗应运而生。同种异体 CAR-T（Allogeneic CAR-T），又称通用型 CAR-T（Universal CAR-T）和即用型 CAR-T（Off-the-shelf

CAR-T），是将来源于外周血和脐带血，或者衍生自可再生干细胞的 T 细胞，进行基因改造后使其既能规避移植物抗宿主病和宿主排斥，又能发挥既定的抗癌作用。

通用型 CAR-T 细胞移植的最大障碍在于移植物抗宿主病和宿主排斥异源 T细胞，目前主要依赖于基因编辑平台来解决该问题。即使用基因编辑工具在基因组中特异性地造成双链缺口，然后采用非同源末端连接或同源模板重组修复，从而实现 TCR 的靶向敲除并减少或消除 GvHD。

TCR 蛋白复合物的结构是由 α 链和 β 链（在 αβT 细胞中）或 γ 链和 δ 链（在 γδT 细胞中）组成，并与诸如 CD3 蛋白的辅助分子相关。由于 TCRαβ 受体需要形成异二聚体才能表达功能性细胞表面分子，敲除 TCR 恒定 α 链（TCR α constant，TRAC）或 β 链（TCR β constant，TRBC）足以消除 TCR αβ 的表达。但是考虑到 β 链基因包含 2 个恒定区，而编码 α 链的基因只有 1 个，因此最直接破坏 TCRαβ 的方式就是靶向编码 TRAC 的基因。2011 年发表的一项研究支持了这一观点，TCR α 亚基恒定基因发生突变会导致人类免疫缺陷病，其特征是 TCRαβ 阳性 T 细胞的缺失 [37]。另一项开创性研究表明，通过 ZFNs 可以编辑基因消除内源性 TCRαβ 的表达，这些重新编程的 T 细胞不仅表现出对 CD19 的定向特异性，不响应 TCR 刺激，而且保持了应有的抗肿瘤功能 [38]。

另外，发表在 *Nature* 上的一篇报道则凸显了 CRISPR/Cas9 基因组编辑增强免疫治疗的潜力 [26]。研究发现，将针对 CD19 特异性的 CAR 导入 *TRAC* 基因座，不仅可以使 T 细胞产生均匀的 CAR 表达，而且可以增强 T 细胞的抗肿瘤疗效。此外，megaTAL 核酸酶 [39] 和 I-CreI 归巢核酸内切酶 [40] 也被开发用于靶向清除内源性 TCR 的表达。以上发现不仅揭示了破坏 CAR-T 细胞内源性 TRAC 表达的可行性，也凸显了基因组编辑 TCR 缺陷 T 细胞以规避 GvHD 的潜力。然而，需要指出的是，异体 CAR-T 细胞在被敲除 TCR 基因后，仍然需要经历 TCR 负性筛选 [41]。目前的筛选效率较高，但依然无法保证极少量的 TCR 阳性细胞不产生 GvHD。这也就意味着，当前临床上应用同种异体 CAR-T 细胞，仍然伴随着治疗细胞的数量与功效之间的权衡问题。总之，基因编辑技术正在彻底增加细胞免疫治疗的可能性，当然同时也带来了新的位点异位、重组等未知风险。如何进一步提高同种异体 CAR-T 细胞技术的安全性仍是目前全球研究者关注的焦点问题之一。

三、前景与展望

CAR-T 细胞治疗目前已在肿瘤免疫治疗中扮演着不可替代的角色，在血液系统肿瘤中已经取得了良好的疗效，在实体瘤中的应用也在不断完善和发展。尽管如此，T 细胞耗竭（T exhausion）、肿瘤微环境、细胞因子释放综合征（Cytokine release syndrome，CRS）、神经毒性、GvHD 等问题使得 CAR-T 细胞抗肿瘤效应受到影响。

因此，目前研究者们正全力以赴致力于优化 CAR-T 细胞治疗，例如通过构建表达特异性趋化因子受体等增强 T 细胞的定向运输和浸润，通过体内重编程 CAR-T 细胞以及表达自分泌细胞因子提高T记忆干细胞（T memory stem cell，TSCM）和中央记忆型T细胞（Central memory T cell，TCM）比例来减缓或消除效应T细胞的衰竭，通过拮抗肿瘤的免疫抑制微环境以提高CAR-T细胞治疗的有效性等，通过优化CAR分子结构和激活模式增强CAR-T识别并杀伤肿瘤细胞的特异性，通过内源性TCR信号转导通路介导可控的肿瘤细胞裂解，以及通过更有效地控制、调节T细胞活性的启动和关闭提高CAR-T细胞治疗安全性等。目前在临床前和临床试验中探究并采纳了部分针对CAR-T细胞副作用的安全措施。虽然这些方案尚有诸多不足需要进一步改进，但有理由相信未来CAR-T细胞治疗会在有效性、安全性和持久性等方面有更好的表现，为人类攻克肿瘤难题作出更大的贡献。

第二节　TCR-T细胞治疗

一、概述

近年来，癌症的免疫治疗取得了巨大进展，T细胞受体工程化T细胞（TCR-T）的过继细胞移植（Adoptive cell transfer，ACT）获得了显著的临床效果。

TCR-CD3复合体是人体最复杂的受体之一，由六种不同的受体亚单位组成：结合到肽-MHC配体的α链和β链、CD3复合体的信号亚单位（ε、γ和δ）以及CD3ζ同源二聚体。除CD3ζ外，所有亚单位均具有细胞外免疫球蛋白（Ig）结构域。基于这些结构，利用工程化TCR的新技术有ImmTAC、TRuCs和TAC等[42]。①免疫动员单克隆T细胞受体（Immune mobilizing monoclonal T-cell receptors，ImmTACs）[43]是使用工程化、可溶性和亲和性增强的单克隆TCRs（monoclonal TCRs，mTCRs）设计的。ImmTACs是融合蛋白，由将α链和β链组成的靶向系统与抗CD3的单链抗体片段（scFv）融合而成。总的来说，ImmTACs已被证明能增强TCR-T细胞的抗肿瘤反应，但其安全性有待进一步研究。②T细胞受体融合构建体（T cell receptor fusion constructs，TRuCs）[44]由特异性抗体与TCR亚单位（TCRα、TCRβ、CD3ε、CD3γ和CD3δ）的胞外N端融合而成，慢病毒转导后，TRuCs将整合到T细胞表面的天然TCR复合物中，为工程化T细胞提供了HLA非依赖性靶细胞清除能力。这种方法显示出比二代CAR-T更好的抗肿瘤效果。此外，TRuCs支配TCR复合物的完整信号机制，而CARs仅利用分离的CD3ζ胞质尾的有限信号。③T细胞抗原偶联体（T cell antigen coupler，TAC）[45]的设计模仿CD8/CD4：TCR-CD3共受体复合物。TAC受体由anti-HER2或CD19 scFv：CD3 scFv：供受体结构域（即CD4铰链、TM区和胞质尾部）融合而成。其中anti-HER2或CD19 scFv与靶点抗原相互作用，识别结合抗原。CD3 scFv用于招募TCR-CD3复合物，将TCR-CD3复合物重新导向至所选的靶点抗原，使得最终以MHC非依赖性方式，通过内源性TCR诱导更有效的抗肿瘤反应并降低毒性，实现更多的 T 细胞反应。与二代 CAR 相比，TAC 工程化 T 细胞不仅有利于过继注射后实体瘤的更大浸润，而且减少了 T 细胞在肿瘤外毒性，降低了在表达抗原的健康组织中的 T 细胞扩增。

TCR-T 可以从肿瘤反应性 T 细胞中分离出来，并进一步修饰以增强表达和功能。肿瘤浸润淋巴细胞（Tumor infiltrating lymphocyte，TIL）的 TCR 的改变显著影响肿瘤特异性 T 细胞。对 TIL 的 TCR 工程化是最佳的肿瘤治疗方法之一。TCR-T 免疫治疗的主要分为三个模块：肿瘤抗原识别、TCR 发现和验证以及 TCR-T 细胞治疗临床试验[45]。

总体而言，TCR-T 在治疗人类癌症方面具有巨大的前景，具有 CAR-T 无法比拟的优势，例如可识别细胞内蛋白质的表位、可检测范围更广的靶点（包括 TAA、癌胚抗原、病毒癌蛋白和 neoAg）、更低的相互作用亲和力即可激活 T 细胞以及对实体瘤更有效地抑制等[46]。然而，TCR-T 细胞治疗的缺点是 TCR 受 MHC 分子的限制，因此任何给定的 TCR 只能用于治疗具有相应 MHC 遗传背景的患者。此外，提高 TCR-T 免疫治疗的抗肿瘤疗效仍然有几个关键挑战，包括如何减少 TCR 错配、提高持久性和抗肿瘤功能、增强向实体瘤的归巢和渗透、克服免疫抑制微环境、靶向新抗原等方面。目前，多种方法被开发出来以解决以上问题，相关的研究仍在进行。

二、重要进展

（一）通过减少 TCR 错误配对增强 TCR 的表达和功能

TCR-T 治疗依赖于具有肿瘤反应性 TCR 基因的 mRNA 或病毒转导将 T细胞特异性地重定向至肿瘤细胞。然而内源性 TCR 基因仍保持完整，这可能会导致引入的 TCR 链和内源性 TCR 链之间出现某种程度的错误配对[47]。错配会带来一定的安全风险例如移植物抗宿主病（GvHD），因为表达错配 TCR 的 T 细胞可能会对患者的 MHC 分子产生作用。并且错配的 α/β 链 TCR 将竞争 CD3 复合物，从而降低治疗性 TCR 的表面表达和信号转导。

目前已经探索了几种防止 TCR 错配的策略。

第一种在 TCR Cα/Cβ 界面内引入额外的链间二硫键[48]以增强修饰链的配对。TCRα 和 TCRβ 链之间的相互作用在很大程度上受不变的 Cα/Cβ 接口界面控制，使得对该区域进行修饰能够防止与内源性 TCR 配对。TCR 中 C 结构域中心的“旋钮孔”半胱氨酸修饰的 TCR 链的优先配对，不利于与天然 TCR 链的组合，而有利于 TCR 基因表达的改善和转导 T 细胞抗肿瘤活性的增强。

第二种策略用全部或部分小鼠序列替换人类 TCR 恒定结构域，可减少不必要的错配并提高引入的 TCR 基因的表达水平[49]。

第三种策略操纵 TCR 恒定结构域，例如互换人类 TCR 恒定结构域 Cα 和 Cβ（结构域交换），或用相应的 γδ TCR 恒定结构域替换 Cα 和 Cβ 而生成功能性 TCR，减少错配，提高安全性[50]。该方法只能部分降低错配的发生频率，而不能完全消除风险。

第四种策略通过将 Vα 和 Vβ 结构域与 PLK 共价连接来生成单链 TCR（Single-chain TCR，scTCR）来阻抑错配[51]。使用这种方法，Sebestyen 等[52]将 CD3ζ 融合到 scTCR 的 Cβ 链上，结果显示 CD3ζ 修饰的 TCRα 和 β 链之间的优先配对，同时减少了与未修饰的 TCR 链之间的错误配对。而 Voss 等[53]开发的 Sc-TCR 结构为 Vα-PLK-Vβ-Cβ+Cα，并依赖与天然 CD3 复合物的组装来获得更多的生理性 T 细胞信号传导。使用该技术的潜在缺点之一是并非所有 TCR 都能形成稳定的 Sc-TCR，在 Vα 和 PLK 之间引入了一个额外的新二硫键，加强了 Vα 和 Vβ 域之间的相互作用，使之更稳定。

第五种策略是通过基因工程敲除内源性 TCR，或通过使用 CRISPR/Cas9 用肿瘤反应性 TCR 原位替换 TCRαβ 链，以减少了内源性 TCR 对 CD3 结合的竞争[54]。并可一并敲除 MHC-I、β-2 微球蛋白以消除抗原识别，降低 GvHD 和供体 T 细胞排斥的风险，产生可输注于任何受体的“通用”T 细胞，而不是只能重新输注于供体患者的自体 T 细胞。而一并敲除 LAG-3、PD-1 和 TGFβ 受体可增强 T 细胞活性及对抑制性肿瘤微环境的抵抗力[55]。然而该方法在临床应用中必须考虑 CRISPR/Cas9 技术的潜在非靶向毒性并制定提高 CRISPR/Cas9 技术安全性的策略。

（二）增强工程化 T 细胞的持久性和抗肿瘤功能

T 细胞的持久性是持久性免疫监测的基本要求，许多临床试验表明大多数无反应的患者体内输注的肿瘤特异性 T 细胞缺乏持久性。相反，对于获得完全缓解或无复发和肿瘤控制的患者，其体内的工程化 T 细胞显示出强大的增殖能力和长期持久性。

① 为了维持转移的 T 细胞的持久性，包括 IL-2[56]、IL-7、IL-12[57]、IL-15、IL-18、IL-21[58]和IL-23在内的一系列细胞因子正在被研究[59]、联合使用以支持T细胞的存活和扩增[60]，其中部分已进入早期临床试验阶段。

② 内源性免疫细胞可消耗大量细胞因子，因此，在过继细胞移植之前使用淋巴细胞去除的预处理方案有助于为转移的 T 细胞节省有限的细胞因子。此外，还可以消除免疫抑制性的 Treg 和髓系抑制性细胞（Myeloid-derived suppressor cells，MDSC）[61]，进一步支持工程化 T 细胞的植入和扩增，提高治疗的持久性和疗效。

③ 有目的地选择 T 细胞亚群是增强过继转移 T 细胞的持久性和功能性的另一种方法。低分化的 T 细胞，如 Tscm 和 Tcm 细胞在转移到荷瘤小鼠体内时比效应 T 细胞更有效[62]，而对幼稚 T 细胞的 CAR 修饰可以产生抗原特异性 Tscm 和 Tcm 细胞，其在体内具有长时间的持久性，可介导强烈、持久的抗肿瘤反应。

（三）增强工程化 T 细胞向实体瘤的归巢和渗透

为了根除肿瘤，肿瘤特异性细胞毒性 T 淋巴细胞需要迁移并渗透到实体瘤中，这是由肿瘤分泌的趋化因子和 Tc 细胞上表达的趋化因子受体之间的相互作用驱动的。当 Tc 细胞以低密度表达趋化因子受体或与肿瘤分泌的特定趋化因子不匹配时，这一过程的发生率有限。因此设计肿瘤特异性 T 细胞的趋化因子受体非常有必要。

在 Tc 细胞上表达 CCR2 受体是策略之一。CCR2 受体的配体，例如趋化因子 CCL2、CCL7 和 CCL8 被发现在支持肿瘤生长和转移的癌症相关成纤维细胞（Cancer-associated fibroblast，CAF）、肿瘤相关巨噬细胞（Tumor-associated macrophage，TAM）、MDSC 和间充质干细胞中表达。当 CCR2 与 WT1 特异性 TCR 一起转导到 CD3+ 人类 T 细胞中时，双基因修饰的 CD3+T 细胞在体外和体内均表现出 CCL2 驱动的肿瘤转移倾向和增强的抗肿瘤活性[63]。类似地，将 CCR2 转导到 SV40 大 T 抗原特异的 TCR-T 细胞中，增强了向表达 CCL2 的前列腺癌的转移并改善体内抗肿瘤效果[64]。

在 Tc 细胞上表达 CXCR2 受体是另一种策略，可增强其对肿瘤的归巢和定位，并改善抗肿瘤免疫反应。CXCR2 受体的多种趋化因子配体在许多肿瘤中表达，并促进肿瘤的发生、增殖、迁移、转移和免疫侵袭。当 CXCR2 进入到 pmel-1 TCR 转基因 T 细胞[65]或 MAGE-A3 特异性 TCR 工程 T 细胞[66]后，CXCR2-TCR-T 细胞在小鼠体内的归巢增加，肿瘤浸润增强，肿瘤部位优先聚集，存活率和肿瘤消退率提高。Hu 等[67]的研究证实了化疗可诱导肿瘤细胞分泌趋化因子，引起过继转移 T 细胞的归巢和浸润增加。Jin 等[68]的研究证实了肿瘤经放疗诱导分泌的趋化因子 IL-8/CXCL8 对表达 IL-8 受体（CXCR1 或 CXCR2）的 CAR 工程 T 细胞显示出增强的迁移能力和持久性，并导致恶性肿瘤（包括胶质母细胞瘤、卵巢癌和胰腺癌）模型中的肿瘤完全消退和产生免疫记忆。这些研究表明，带有趋化因子受体的肿瘤特异性基因工程 T 细胞可与常规放疗和化疗相结合，以增强抗肿瘤疗效。

在 Tc 细胞上表达 CCR4 受体和 CXCR4 受体也是策略之一。CXCR4 是将 T 细胞招募到骨髓中的一种手段，骨髓的微环境被认为可以改善记忆 T 细胞的形成和自我更新。Khan 等[69]在 CD8+T 细胞中过表达 CXCR4，观察到这些 T 细胞向骨髓中表达 CXCL12 的细胞迁移，并且过继转移 T 细胞的记忆分化、扩增、持久性和抗肿瘤功能增强。

此外通过基因工程同时表达趋化因子和细胞因子的策略也已被研究，以促进过继性 T 细胞靶向肿瘤并提高 T 细胞在肿瘤中的存活率和浸润率[70]。

除了用趋化因子受体改造 T 细胞外，趋化因子还可以被直接引入到肿瘤中，以增强 T 细胞的募集效果。例如，瘤内注射具有灭活仙台病毒包膜的 CXCL2 质粒可抑制小鼠乳腺癌的生长，并通过招募 Tc 细胞和中性粒细胞抑制肺转移，进一步增强了抗 PD-1 抗体抑制 T 细胞衰竭的功效[72]。

总体而言，多种趋化因子 / 趋化因子受体策略已用于免疫治疗性 T 细胞临床前研究，以促进过继性 T 细胞靶向肿瘤，包括利用 CCR2、CXCR2、CCR4、CXCR4、CXCR3、CCR5 等。目前还没有获得批准的癌症趋化因子免疫治疗策略，但多个研究显示其具有良好的临床潜力。

（四）克服免疫抑制肿瘤微环境

将基因工程 T 细胞渗透到肿瘤中只是抗癌的第一步。肿瘤细胞居住在由浸润和驻留的宿主细胞、分泌因子和细胞外基质组成的异质微环境中。浸润细胞包括免疫细胞，如 T 细胞（TIL 和 Tregs）、巨噬细胞（M1 和 M2）和骨髓间充质干细胞，分泌因子包括免疫抑制细胞因子 IL-10 和 TGF-β。肿瘤微环境还包括基质细胞，如肿瘤相关成纤维细胞（Cancer associated fibroblast，CAF）和肿瘤相关巨噬细胞。这些成分可以相互作用，诱导恶性细胞生长、迁移和转移的支持环境，从而避开免疫系统和肿瘤特异性 Tc 细胞。

① 直接使用免疫检查点抑制剂，例如抗PD-1[71]、抗PD-L1抗体[72]、抗CTLA4抗体等，可改善免疫抑制的肿瘤微环境。仅使用检查点抑制剂就可诱导约 20% 的患者产生应答[73]，然而由于免疫治疗后肿瘤细胞 PD-L1 表达上调，可导致耐药性的产生、T 细胞衰竭和复发。此外，免疫检查点阻断也与严重的、有时甚至危及生命的毒性有关[74]。

② 在肿瘤特异性 Tc 细胞上引入嵌合开关受体（Chimeric switch receptor，CSR）将免疫抑制信号转化为免疫刺激信号，有效克服免疫抑制肿瘤微环境。第一种使用 CRISPR/Cas9 技术从 TCR-T 细胞[75]中敲除 PD-1，并引入由 PD-1 胞外结构域和 CD28 胞内结构域组成的嵌合开关受体。当这种 PD-1：CD28 嵌合开关受体与 CAR 或 TCR 一起转导到 T 细胞中时，工程化的 Tc 细胞仍然与肿瘤细胞上的 PD-L1 相互作用，但通过 CD28 传递共刺激信号而不是抑制信号。这种策略在体内和体外增加了 TCR-T 细胞的细胞因子产生和体内外的细胞增殖[76]，并阻止了肿瘤微环境中 PD-L1 的上调和向 Th2 的极化。此外，该方法还可与抗 PD-L1 抗体协同并分泌更多 IFNγ[77]，最近这种策略已开始在临床使用。第二种将 TIGIT：CD28 嵌合开关受体与或 CAR 共转导入 Tc 细胞，在人类黑色素瘤异种移植模型中，促进了细胞因子的产生并具有优越的抗肿瘤功能[78]。第三种将 CTLA-4：CD28 嵌合开关受体转导到肿瘤特异性 Tc 细胞中，引起 IFN-γ 和 IL-2 生成增加，增强了抗肿瘤作用，同时无系统性自身免疫[79]。第四种融合 Fas 胞外区和 4-1BB 胞内区产生 Fas：4-1BB 嵌合开关受体[80]，产生具有增强促生存信号、增殖、抗肿瘤功能的工程化 T 细胞，增强了对白血病和胰腺癌小鼠模型的体内疗效。

这些研究清楚地表明，在工程化抗肿瘤 T 细胞中，利用嵌合开关受体将肿瘤微环境中的免疫抑制信号转化为免疫刺激信号的潜力。

③ 另一种策略是阻断肿瘤微环境中的 TGF-β 信号，并同时提高检查点抑制剂效率，增强抗肿瘤反应。TGF-β 是肿瘤微环境中分泌的多种免疫抑制因子之一，在驱动肿瘤信号传导、重塑和代谢中起着核心作用，临床数据表明患者对检查点阻断剂无反应与 TGF-β 信号有关[81]。方法一是设计一种靶向 CTLA-4 或 PD-L1 的抗体与 TGF-β 受体Ⅱ外结构域（TGF-β receptor Ⅱ ectodomain，TGF-β RⅡecd）融合的双功能抗体配体陷阱[82]，TGF-β RⅡecd 隔离肿瘤微环境中分泌的 TGF-β，而检查点抑制剂抗体消耗 Treg 并促进 Tc 细胞共刺激。这种双重策略对单用免疫检查点抑制剂产生耐药的癌症治疗更有效。方法二是转导一种结构域阴性的 TGF-β 受体Ⅱ（Dominant-negative TGF-β receptor-Ⅱ，dnTGF-β RⅡ），产生 TGF-β 耐受的肿瘤反应性 T 细胞[83]。在最近的一项临床研究中，复发性霍奇金淋巴瘤患者接受了表达 dnTGF-β RⅡ的 EBV 特异性 T 细胞工程细胞治疗，8 例患者中有 4 例显示出客观

临床反应[84]。方法三是将TGF-β受体Ⅱ（TGF-β RⅡ）胞外区融合到4-1BB胞内区，形成TGFβRⅡ：4-1BB嵌合开关受体，将TGF-β的免疫抑制作用转化为免疫刺激信号[85]，该方法利用肿瘤微环境中高浓度的TGF-β，同时促进了大量效应细胞因子的产生，显著增强了体内实体瘤模型中的肿瘤清除率。

（五）靶向新抗原增强肿瘤特异性杀伤

目前，用于TCR-T细胞治疗的有效和安全的特异性抗原靶点非常有限。目前使用的大多数靶点是肿瘤相关抗原，在肿瘤组织中上调，但在正常组织中仍保持低水平的表达，因此可能导致自身免疫毒性。真正的肿瘤特异性抗原，例如HPV、EBV和HBV，可以消灭病毒诱导的癌细胞[86]，此外肿瘤细胞广泛共享的免疫原性新抗原（neoAg）包括突变的KRAS和TP53等。靶向新抗原是TCR-T癌症治疗最安全的靶点。在TCR-T临床开发新抗原的主要挑战包括：①新抗原形成突变在很大程度上是个体化的突变，并且在癌症患者之间存在差异，因此难以开发出广泛应用的免疫治疗产品；②新抗原在肿瘤组织中的表达常常是异质性的。随着下一代测序技术特别是单细胞DNA测序、转录组测序和成熟的体外验证方法的发展，以个性化新抗原为靶点的TCR-T免疫治疗可能在未来几年成为一种流行的癌症治疗方法。

含有TIL较多的肿瘤（所谓的“热”肿瘤）通常产生更多的neoAg，并具有较高的突变负荷，如黑色素瘤和肺癌，更容易受到检查点阻断治疗的影响。这些TIL通常在肿瘤微环境中被CTLA-4和PD-1/PD-L1等免疫检查点分子抑制，但在检查点阻断后重新激活并且neoAg特异性TIL的数量增加，从而能够诱导肿瘤消退。因此，在TCR-T细胞免疫治疗前使用免疫检查点抑制剂可能收获更多可用于进一步修饰的肿瘤反应性T细胞。

此外新出现的肿瘤相关抗原，如癌胚抗原，也可能作为未来TCR-T的可行靶标。

（六）TCR-T临床研究现状

2022年1月25日，Kimmtrak（Tebentafusp-tebn）是由Immunocore公司研发的TCR-T免疫治疗，近日获得美国FDA批准上市，且为第一个获得FDA批准的TCR-T治疗，该治疗用于治疗实体瘤：HLA-A*02：01阳性的无法切除或转移性葡萄膜黑色素瘤（metastatic uveal melanoma，mUM）成人患者，成为具有里程碑意义的重大突破。

目前TCR-T的临床研究仍处于早期阶段。截至2022年6月7日，检索ClinicalTrials.gov数据库（使用TCR-T关键词进行检索），全球一共有58项TCR-T临床研究正在进行。从进行状态看，仍处于招募阶段的有23项，占40%，已完成的临床项目占7项，占12%。从临床研究所处的阶段看，目前处于临床Ⅰ期的项目共有34项，处于临床Ⅰ/Ⅱ期的项目共14项，处于临床Ⅱ期的项目共5项。目前没有项目进入到临床Ⅲ期。79%的临床研究开始于近5年内，共计46项。从研究所在的地区来看，目前TCR-T细胞治疗研发管线主要分布于中国和美国，分别占41%和47%。从TCR-T的临床研究的适应证看，目前的

TCR-T 的临床研究项目主要应用于实体瘤的治疗，共 43 项占 74%，这些实体瘤大多与病毒感染相关，例如妇科癌症、鼻咽癌、肝癌、头颈鳞癌等。TCR-T 的临床研究应用于血液肿瘤共 5 项。有 4 项临床研究用于同种异体造血干细胞移植后病毒感染的治疗，有 2 项研究用于治疗 HIV 感染。

从靶点抗原看，主要集中于 MART-1、HPV16-E6、NYESO、HPV16-E7 等。其中 NYESO 靶点抗原相关的临床研究（例如 NCT01967823、NCT01352286）和 MART-1 靶点抗原相关的临床研究（例如 NCT00509288、NCT00923195）已进入到临床Ⅱ期。其他癌胚抗原（如 PRAME、MAGE）、黑色素瘤分化抗原（MART-1 和 gp100）以及癌症驱动蛋白（如 WT1、KRAS 和 TP53），也是流行的 TCR-T 靶点[47]。

三、前景与展望

TCR-T 细胞治疗是一种非常有前途的癌症免疫治疗方法。然而提高 TCR-T 免疫治疗的抗肿瘤疗效仍然有几个关键挑战，包括如何减少 TCR 错配、提高持久性和抗肿瘤功能、增强向实体瘤的归巢和渗透、克服免疫抑制微环境、靶向新抗原等方面。这些问题的解决将有助于充分发挥 TCR-T 细胞治疗的潜力，给肿瘤患者解除病痛带来希望。

相信随着基因工程技术的快速发展和创新，TCR-T 细胞可以成为真正的肿瘤特异性细胞，具有迁移和穿透实体瘤的能力，并能抵抗肿瘤微环境。未来，TCR-T 有可能成为对抗癌症的有力工具，尤其是实体瘤，最终显著改善针对癌症的免疫治疗效果。

第三节　CAR-NK 细胞治疗

一、概述

CAR-NK 细胞治疗通过向 NK 细胞中导入一种人工设计的 CAR 分子，赋予 NK 细胞全新的靶向活化功能，并将这种改造后的 CAR-NK 细胞回输到患者体内，从而杀伤肿瘤细胞。CAR-NK 细胞治疗与 CAR-T 细胞治疗中使用的 CAR 结构非常类似。事实上，目前很多研究直接是把 CAR-T 中成熟的 CAR 结构在 NK 细胞系中表达来制备 CAR-NK。

总体而言，CAR-NK 免疫治疗应用前景十分广阔，最大的优势在于不会引起移植物抗宿主病（GvHD）。此外，可以从一个供体中制备多个剂量的 CAR-NK 细胞来治疗多个患者，具有成品化优势，从诊断到癌症治疗的时间将大大缩短。并且引起更少的免疫相关不良事件，因而更安全，同时 CAR-NK 细胞免疫治疗仍面临很多挑战，例如遗传操作难度高、扩增效率低、细胞来源困难、细胞活力受冻融影响较大等。进一步拓宽 CAR-NK 细胞的来源渠道、改良 CAR-NK 技术的遗传操作策略、提高 CAR-NK 技术的扩增效率、提高 CAR-NK 细胞的冷冻保存活力等成为近年来的主要研究热点。

二、重要进展

（一）CAR 结构设计不断迭代发展

到目前为止，大多数 CAR-NK 细胞研究使用为 CAR-T 细胞设计的 CAR 构建体。最近，研究者专门为 NK 细胞设计了新的 CAR 结构。然而，这些不同的 CAR 构建体对 NK 细胞的细胞毒性和细胞因子产生表现出不同的影响。Imai 等 [87] 报道了含有 4-1BB 共刺激结构域（scFv-CD8TM-4-1BB-CD3ζ）的第二代抗 CD19 CAR 可以在原代 NK 细胞中表达，从而克服抑制信号并诱导 NK 细胞特异性杀伤 CD19+ 急性淋巴细胞白血病（Acute lymphoblastic leukaemia，ALL）细胞。含有 CD28 共刺激结构域的 CAR 结构也已被开发 [88]。虽然这些最初用于 T 细胞的含有 4-1BB/CD28 的 CAR 在用于 NK 细胞时可以发挥抗肿瘤活性，但是据报道，含有 CAR 的具有 2B4/CD244（NK 特异性共刺激结构域）的 NK 细胞与带有常规 4-1BB CAR 的 NK 细胞相比，获得显著增强的对肿瘤细胞的细胞毒活性、可诱导快速增殖、可增加细胞因子产生和可减少细胞凋亡，表明 NK 细胞特异性激活信号会影响 CAR 性能。此外，具有不同信号域（包括 CD3ζ、DAP10 和 DAP12）的 CAR 构建体在原代 NK 细胞或 NK92 细胞系中诱导了不同的抗肿瘤活性：具有 CD3ζ 信号域的 CAR 显著优于含有 DAP10 信号域的 CAR，而基于 DAP12 的 CAR 又优于包含 CD3ζ 信号域的 CAR。

（二）增强 CAR-NK 细胞的扩增效率

在培养系统中使用人工抗原呈递饲养细胞（artificial antigen-presenting cells，aAPC），有助于提高 NK 细胞的扩增效率，可获得较高纯度的 CAR-NK 细胞。例如 RPMI8866、EBV-LCL 和 K562 是用于 NK 细胞扩增的最常见的饲养细胞系。不使用饲养细胞的扩增系统，通过使用抗 CD3 抗体（OKT3）来进行 NK 细胞扩增，这也是一种常用的方法。

由于 NK 细胞扩增受增殖性细胞因子刺激。在培养基中补充细胞因子是一种有效的方法，例如在培养基中添加 IL-2 细胞因子可获得大量 NK 细胞。此外，多种细胞因子 IL-15、IL-12、IL-21 和 IL-18，也被报道用于体外扩增原代 NK 细胞。用 IL-12、IL-15 和 IL-18 的细胞因子组合进行短暂的预激活（12 ～ 16h）可以诱导出细胞因子反应增强或激活受体初次激活后持续激活数周至数月的记忆样 NK 细胞 [89]。来自 I 期临床试验的数据表明，细胞因子诱导的记忆样 NK 细胞在 AML 患者过继转移后表现出更高的扩增效率和强大的抗白血病反应 [90]。

通过基因工程的方法改造饲养细胞系，在饲养细胞系上表达这些增殖性细胞因子是另一种提高 NK 细胞扩增效率的具有潜力的方法。Ojo 等 [91] 最近通过过表达膜结合型 IL-21 开发了一种名为“NKF”的 NK 细胞饲养细胞系。该细胞系可诱导高度细胞毒性 NK 细胞强劲和持续的增殖（5 周时扩增超过 10000 倍）。Lim 等[92]通过在 K562 细胞上表达膜结合型 IL-15 和 4-1BB，协同增强了 K562 特异性 NK 细胞的激活和扩增能力。然而，由这些饲养细胞激活的原代 NK 细胞最终会变得对刺激无反应，并在连续增殖 8 ～ 15 周后衰老。

在 NK 细胞上表达增殖性细胞因子也是一种有效的方法。与使用基因工程的方法改造过的饲养细胞激活的 NK 细胞相比，表达 mIL-15 的 NK 细胞在体外和体内表现出优异的增殖能力和高存活率，并且对肿瘤细胞具有更强的细胞毒性。由 mIL-15 提供的顺式刺激甚至略优于在 K562 饲养细胞上表达的相同 mIL-15 的反式刺激。由于自分泌信号，NK 细胞表达 mIL-15 可能使 NK 细胞治疗不会产生由外源性细胞因子给药介导的潜在副作用[93]。这与 Romee Rizwan 等[94]的研究一致，共表达 mIL-15 的 CAR-NK 细胞在没有饲养细胞的情况下比没有表达 mIL-15 的 CAR-NK 细胞具有 4 倍以上更高的扩增能力。

利用质膜（PM）囊泡是一种创新型的有效扩增 NK 细胞的独特方法。Copik 等[95]报道了用该方法高效扩增了 NK 细胞。简而言之，他们培养了 K562-mb15-41BBL 细胞，并使用氮空化法优化了 41BBL 水平较高的 PM 囊泡的形成。优化的 PM 囊泡（PM 15）在 12 ～ 13d 后使 NK 细胞扩增 293 倍，而使用活饲养细胞扩增 173 倍。在用 PM-mb15-41BBL 囊泡刺激后，NK 细胞不仅扩增得更好，而且与用活饲养细胞扩增的 NK 细胞相比，还表现出表型、表面受体和优越的细胞毒性。此外，使用 K562-mb21-41BBL 细胞制备 PM21 颗粒，并将 PBMC 与 PM21 颗粒一起培养 28d，到第 14 天，NK 细胞扩增率超过 90%，到第 28 天，NK 细胞指数扩增率达到 100000 倍[96]。该方法也用于扩增记忆 NK 细胞。简言之，NK 细胞使用刺激性细胞因子预激活，然后使用具有 NK 细胞效应剂的囊泡（例如 PM21 颗粒、EX21 外泌体或 FC21 饲养细胞）扩增这些预激活的 NK 细胞[97]。

（三）拓宽 CAR-NK 细胞的来源渠道

目前大多数使用 CAR-NK 细胞的临床试验都使用 NK92 细胞系，因为它具有无限的体外增殖能力，并且具有较低的对重复冻融循环的敏感性。这些特性为制造临床使用的“现货型”CAR-NK 产品带来了明显的优势，制造时间更短，成本更低。然而，作为肿瘤细胞系的 NK92 细胞具有固有的缺点，包括潜在的致瘤风险、缺乏 CD16 和 NKp44 表达以及由于输注前所需的致命照射而导致体内扩增潜力的丧失使其不太可能成为理想的 CAR-NK 细胞治疗方法的细胞来源。

人 PBMC 是原代 NK 细胞的重要来源，已用于许多临床试验。使用 NK 细胞分离试剂盒，可以直接从健康供体的 PBMC 中轻松地分离出足够数量的 NK 细胞，然后在 NK 细胞特异性扩增培养基中用细胞因子刺激和扩增，进行临床前或 GMP 级临床应用。PBMC 衍生的 NK（PB NK）细胞中高达 90% 是 CD56dimCD16+NK 细胞，通常表现出成熟的表型，具有增加的细胞毒性和降低的增殖能力。由于没有 GvHD，PB NK 细胞可以从 HLA 匹配或不匹配的供体中分离出来，这为供体提供了更多可能的选择，从而提高了最终的产品质量。类似地，NK 细胞也可以以同样的方式从 UCB 中分离出来。UCB 库提供了具有某些 HLA 类型和特定 NK 受体谱的供体。然而，由于单个 UCB 的容量有限，UCB NK 细胞数量较少，这成为获得足够数量的 NK 细胞用于临床的主要障碍。此外，与 PB NK 细胞相比，UCB NK 细胞表现出较不成熟的表型和对肿瘤细胞的较低细胞毒性，某些黏附分子、CD16、KIR、穿孔素和颗粒酶 B 的表达较低，而抑制分子如 NKG2A 的表达较高。然而，PBMC 和 UCB 衍生的 CAR-NK 细胞并非来自同质来源，因此难以实现产品标准化。

从 CD34+ 造血祖细胞（Hematopoietic progenitor cell，HPC）分化得到 NK 细胞是另一种获得大量成熟 NK 细胞并用于临床应用的方法。CD34+HPCs 可以从骨髓、胚胎干细胞、动员的 PB 或 UCB 中分离出来，然后在培养系统中使用细胞因子混合物扩增并分化成成熟的 NK 细胞。产生的 CD56+CD3-NK 细胞与 PB NK 细胞相似，表达活化的 NK 细胞受体，在体外和体内具有有效的对白血病细胞的细胞毒性 [98]。

iPSC 因具有无限的增殖能力，已成为 CAR-NK 细胞的有效来源。与分化的 NK 细胞相比，iPSC 可以被更有效地设计以稳定表达 CAR。CAR-engineered iPSCs 可以在含有干细胞因子、血管内皮生长因子和骨形态发生蛋白 4 的培养基中培养以分化成造血祖细胞，然后在含有 IL3、IL-15、IL-7、SCF 和 FLT3L 的培养基中分化成 CAR-NK 细胞。可以在经过辐照后表达 mIL-21 的人工抗原呈递细胞存在的情况下收获和扩增 CAR-NK 细胞 [99]。在这个过程中，只需一个 CAR-engineered iPS 细胞就足以分化成大量高度同质化的 CAR-NK 细胞产品供临床使用。然而，与 UCB NK 细胞相似，iPSC 衍生的 NK 细胞通常以不成熟的表型为特征，与 PB NK 细胞相比，KIR 和 CD16 表达较低，NKG2A 表达较高 [100]。然而，iPSC NK 细胞表达 NK 定制的 CAR 而不是为 T 细胞设计的常规 CAR，其在体外和体内都表现出有效的抗肿瘤活性，因此为“现货型”CAR-NK 细胞产品。

（四）改良 CAR-NK 技术的遗传操作策略

基于 NK 细胞的免疫治疗方法的主要障碍之一是在原代 NK 细胞中缺乏有效的基因转移方法。最近的研究用逆转录病毒载体成功转染扩增的 NK 细胞，单轮转染效率从 27% 到 52% 不等 [101，102]。使用编码分泌型 IL-15 或膜结合型 IL-15（mIL-15）基因的逆转录病毒转染体外扩增的 NK 细胞具有 70% 有效率的高转染效率 [103]。由于逆转录病毒在 NK92 细胞和活化的原代 NK 细胞中基因转移具有较高的有效性，在最近的临床前和临床研究中已被广泛用于生成 CAR-NK 细胞。然而，插入诱变和对与逆转录病毒转染相关的原代 NK 细胞活力的有害影响是这种方法在临床应用中的主要限制之一。

与逆转录病毒载体相比，基于慢病毒的转染是一种更安全的选择，因为它具有较低的基因毒性和插入诱变率。但原代 NK 细胞中慢病毒转染的效率很低，通常需要多轮转染。

最近，Bari 等[103]用修饰后的狒狒包膜糖蛋白（Baboon envelop glycoprotein，BaEV-gp）假型化的慢病毒载体表现出比 VSV-G 假型化的慢病毒载体高 20 倍以上转导效率。使用这种转染方法，CD19-CAR 在约 70% 的来自不同供体的原代人类 NK 细胞中成功表达。编码肿瘤特异性 CAR 的 BaEV-gp 假型化的慢病毒在 NK92 细胞中表现出近 100% 的转染效率，在活化的原代 NK 细胞或 iPSC 衍生的 NK 细胞中表现出 50% ～ 80% 的转染效率。因此，BaEV-gp 慢病毒可作为有前景的 NK 细胞中 CAR 基因转移的载体。同样，用长臂猿白血病病毒的包膜蛋白（Envelop protein of Gibbon ape leukaemia virus）假型化的慢病毒也能有效地转导原代 NK 细胞[104]。

鉴于原代 NK 细胞中外源基因转染较为困难，电穿孔和脂质体转染等方法也被用于将外源基因递送到 NK 细胞中。与病毒转染相比，转染 NK 细胞与转基因表达更快、细胞凋亡水平更低、个体间差异更小、基因转移效率更高[105]。然而，外源 DNA 通常不会整合到靶细胞的基因组中，因此转基因的表达是短暂的，并且在转染后约 3 ～ 5d 下降。目前已经开发了一些转染方法并与 DNA 整合技术相结合以产生稳定的转基因表达细胞。DNA 转座子是可移动的 DNA 元件，可以通过“剪切和粘贴”机制在载体和染色体之间有效转座。PB（PiggyBac）和 SB（Sleeping beauty）是迄今为止最常用的两种转座子系统，与其他转座子系统相比，哺乳动物细胞中的转座活性最高。通过将含有 CAR 的质粒与转座酶 DNA 组合转染到 iPSC 中，以产生稳定表达 CAR 分子的 CAR-iPSC-NK 细胞。与病毒载体相比，这些转座子系统具有以下几个优点：低免疫原性、较高的生物安全性、生产成本低[106]以及具有转染长度大于 100kb 的大基因片段的能力，这使其成为一种有吸引力的选择 CAR 插入 NK 细胞基因组并具有持久表达的方法。尽管如此，转座子系统在转染原代 NK 细胞中的适用性仍需要进一步修改以克服诸如质粒 DNA 电穿孔对 NK 细胞转导效率低和致细胞病变效应等影响。

（五）提高 CAR-NK 细胞的冷冻保存活力

NK 细胞的冷冻保存是一个重要的技术问题。为了在临床上向患者输注细胞，要根据良好生产规范（GMP）大规模扩增 CAR-NK 细胞。考虑到细胞的状态以及为患者做好准备的时间，很难在适当的时间点向患者使用新扩增的 CAR-NK 细胞产品。因此，CAR-NK 细胞的冷冻保存是必要的。许多研究小组正试图优化冷冻介质的成分和扩增 CAR-NK 细胞的程序，并取得了令人鼓舞的成果。最近的一种方法是使用纳米颗粒介导的 NK 细胞内保护，可以避免冷冻损伤并保持 NK-92 细胞的杀伤潜力，可以完全取代二甲基亚砜作为冷冻保护剂[107]，但这项技术仍需针对原代 NK 细胞进行试验和优化。

（六）CAR-NK 的临床研究在全球迅速发展

目前，CAR-NK 的研究仍处于早期阶段。截至 2021 年 3 月，全球一共有 23 项临床研究正在进行。而截至 2022 年 5 月，全球一共有 33 项临床研究正在进行，可见 CAR-NK

的临床研究在全球迅速发展。其中16项仍处在招募阶段，占48%。目前，CAR-NK细胞治疗研发管线主要分布于中国和美国，约占全球80%以上。其中20项临床研究在中国进行，7项临床研究在美国进行。目前主要应用于血液系统肿瘤的治疗，如难治性B细胞淋巴瘤、B细胞急性淋巴细胞白血病、复发或难治性大B细胞淋巴瘤、复发或难治性急性髓系白血病、急性或慢性淋巴细胞白血病、非霍奇金淋巴瘤等。CAR-NK细胞治疗在实体瘤领域也开始受到关注，例如多发性骨髓瘤、晚期头颈鳞癌、去势抵抗性前列腺癌（Castration-resistant prostate cancer，CRPC）、胰腺癌、上皮性卵巢癌。临床治疗靶点以CD19、CD22、BCMA为主，CD33、CD7等血液系统肿瘤靶点也开始受到关注。PSMA、HER2、ROBO1、MUC1为CAR-NK细胞治疗研发管线中的实体瘤靶点。30%的CAR-NK临床研究项目的NK细胞来源是NK-92细胞系。

三、前景与展望

免疫细胞治疗目前已在肿瘤治疗中扮演着越来越重要的角色。NK细胞免疫生物学领域的进展和进步为更好和更新颖的免疫治疗奠定了基础。NK细胞优异的抗肿瘤血系使其成为基于细胞的免疫治疗的焦点。与T细胞不同，NK细胞降低了GvHD的风险，因此打开了生产“现货型”同种异体细胞治疗产品的可能，这些产品可以提前制备并随时可供多名患者按需使用。从诊断到癌症治疗的时间将大大缩短，并且引发更少的免疫相关不良事件，在安全性方面有着很好的表现。尽管如此，遗传操作困难、细胞增殖困难、肿瘤微环境均使得CAR-NK技术的发展受到限制。

因此，目前研究者们正致力于突破CAR-NK细胞治疗技术瓶颈。例如与饲养细胞系共培养、使用抗CD3抗体、在培养基中补充增殖性细胞因子、通过基因工程的方法改造饲养细胞系、在NK细胞上表达增殖性细胞因子等方法增强CAR-NK技术的扩增效率。同时，多种来源的NK细胞正被应用于临床试验，例如NK92细胞系、PBMC、脐血、CD34+HPC和iPSC，这些不同来源的NK细胞各有优缺点，并在不断完善和发展。同时，CAR-NK技术的遗传操作策略也在不断发展，逆转录病毒被用于NK细胞的遗传操作、假型化慢病毒载体的转染效率得到了显著提升、电穿孔和脂质体转染等方法也用于将外源基因递送到NK细胞中。在提高CAR-NK细胞冷冻保存活力方面，一种使用纳米颗粒的方法取代二甲基亚砜作为冷冻保护剂有效避免冷冻损伤。此外，双特异性CAR分子设计以及拮抗肿瘤的免疫抑制微环境等方法可提高CAR-T细胞治疗的有效性等。有理由相信未来CAR-NK细胞治疗会在扩增效率、细胞毒性和遗传操作等方面有更好的改进，为人类癌症治疗技术水平的进步作出更大的贡献。

第四节　TIL 细胞治疗

一、概述

肿瘤组织不仅由肿瘤细胞组成，其成分还包括肿瘤微环境（Tumor microenvironment，TME）中的其他细胞，如成纤维细胞、血管内皮细胞、基质细胞、免疫细胞等[108，109]。在这些细胞中，肿瘤浸润免疫细胞（Tumor infiltrating immune cell，TIIC）在肿瘤发生、发展和治疗过程中发挥了重要的作用。其既包括有抗肿瘤作用的细胞毒性 T 淋巴细胞（Cytotoxicity T lymphocyte，CTL）、1 型巨噬细胞（Macrophage 1，M1）等[110，111]，也包括有促进肿瘤作用的调节性 T 淋巴细胞（Treg）和 M2 细胞等[112]。

TIL 是上述肿瘤组织中亚群繁多、功能各异的一群免疫细胞。根据 TIL 表面 CD8 与 CD4 分子表达情况进行粗略分类，其主要亚群为 CD8+TIL 和 CD4+TIL。用于 TIL 分群的生物标志物繁多，如 CD3、CD103 和 CD39 等。TIL 在体内的抑瘤作用受 CD4+CD25+Treg 的限制，在体外经 IL-2 的刺激作用后可恢复肿瘤杀伤活性，扩增后可应用于临床肿瘤过继细胞治疗。TIL 的体外扩增需要高剂量的 IL-2，但 IL-2 用量过高可导致培养的 TIL 中 Treg 数量的增加，从而产生免疫抑制。目前 TIL 体外扩增的培养体系在减少 IL-2 剂量或使用 IL-2 替代物上有很大改进，如 IL-7、IL-15 的使用，饲养细胞与 TIL 混合培养刺激有杀伤活性的 TIL 扩增等方法。这些“年轻型”TIL（Young TIL）在抗瘤作用中特异性更高。

二、重要进展

（一）TIL 的培养体系及功能改进不断完善

TIL 主要通过组织块培养、酶消化、机械解离、细针抽吸等 4 种方法获得。初次从肿瘤组织分离得到的 TIL 其免疫功能处于抑制状态，加入 IL-2 后其免疫功能得到显著提高，但此时的 TIL 并不能满足临床有效治疗所需的免疫细胞数量。近年来，围绕 TIL 的培养体系及功能改进不断完善。

1. TIL 体外扩增培养体系优化

TIL 体外扩增培养体系在 IL-2 的使用方面有很大改进。研究发现，与 200IU/mL IL-2 相比，向体系中加入 IL-15、IL-7 各 5ng/mL 就可得到相同扩增倍数和体外功能的 TIL[113]。IL-15 与 IL-7 既能够刺激 T 淋巴细胞的体外增殖，又能够维持中枢记忆性 CD8+T 细胞的干性，使其表型维持CD45RA-CD62L+，并减少CD4+CD25+Treg的数量。Isakov等[114]研究发现，IL-15与IL-7可促进CD8+T细胞产生IFN-γ，对肿瘤细胞起到直接杀伤作用。因此，IL-15与IL-7联合使用可代替高剂量IL-2应用于TIL的体外扩增。

研究发现[115]，黑色素瘤TIL扩增培养体系中加入抗CD3抗体（OKT3）和饲养细胞后可显著提高TIL扩增倍数。OKT3可刺激T细胞的增殖信号，而饲养细胞对T细胞起到外源刺激的作用。研究尝试用树突状细胞作为饲养细胞，与TIL共培养扩增TIL，树突状细胞数量、生存时间有限，故TIL的扩增倍数受到限制[116]。

2. TIL的功能改造不断完善

肿瘤细胞通常缺失或下调HLA或Fas的表达，从而逃脱免疫系统的攻击。研究发现，肿瘤组织中TGF-β和IL-10等的含量通常比正常组织中高，同时，IL-10通过上调TGF-β的表达限制TIL的免疫功能[117]。

提高TIL杀伤功能的方法有两种，一为转基因，二为遗传修饰TCR。研究发现[118]，克隆抗原特异性TCR基因，通过病毒转染使其在TIL表面高表达，可有效提高其识别和杀伤肿瘤细胞的能力。如将IFN-α基因转入TIL治疗黑色素瘤或者通过遗传修饰TCR将T细胞表面TCR改造成CAR。CAR上包括肿瘤抗原识别信号、抗原呈递细胞介导的共刺激信号以及T细胞增殖信号，这种CAR不仅能够高效靶向肿瘤细胞，还可以使其自身不断增殖。另外，在体外使用细胞因子等筛选出具有记忆性特性的TIL并在体外进行扩增或使用药物筛除TIL中无用的细胞，也可使TIL更有效地杀伤肿瘤。

（二）基于测序数据的免疫细胞量化分析方法同步展开

如何量化检测和评估肿瘤微环境中包括TIL在内的各类免疫细胞水平是目前临床上评估疗效的重要方式。NGS的发展及测序成本的降低使人们可以更轻松地获得TME的测序数据。利用不同的算法对这些高通量测序数据分析后，计算出TME中免疫细胞及其他非肿瘤细胞的组分和比例。目前常用的基于测序数据的免疫细胞量化分析方法梳理如下。

1. 基于标记基因的分析方法

目前，基于测序数据分析TIC的方法主要以标记基因和反卷积算法为主[119]，基于标记基因方法分析主要使用单样本基因集富集分析（single sample Gene Set Enrichment Analysis，ssGSEA）进行标记基因的筛选，得到不同类型免疫细胞的标记基因后，对样本的表达谱进行统计分析，最终得到样本中免疫细胞的组成和浸润水平。ARAN等[120]基于ssGSEA开发了细胞定量分析工具xCell，能够计算64种类型免疫细胞的富集分数。来自中国的科研团队[121]基于ssGSEA算法开发了另一种分析T细胞浸润丰度工具ImmuCellAI，与xCell相比，ImmuCellAI只能预测24种免疫细胞的丰度，但通过引入一个补偿矩阵对标记基因表达进行加权和重估，从而降低了噪声干扰并提高了预测结果的准确性。

2. 反卷积量化分析方法

与基于标记基因的分析方法不同，反卷积算法直接对样本中细胞类型进行量化并计算比例。目前常用的TIC量化分析工具都以反卷积算法为基础，如CIBERSORT、TIMER2.0[122]、EPIC[123]、ABIS-seq[124]等，但在执行反卷积运算时存在差异。CIBERSORT以微阵列方式构建了特征表达矩阵（LM22）来定义免疫细胞，然后用Nu-支持向量回归方法（Nu-SVR）对$\vec{f}$进行反卷积运算，最后将计算得到的细胞类型向量转化为丰度分数。TIMER2.0使用线性最小二乘回归法进行反卷积求解，研发人员从IRIS数据库和HPCA数据库中获取免疫基因作为特征矩阵，计算了32种恶性肿瘤中6种免疫细胞的浸润情况[125]。

3. 反卷积细胞组分和表达基因的同时分析方法

与CIBERSORT、TIMER2.0等只针对细胞组分进行反卷积运算的方法不同，Zhong等[126]开发了一种“完全”反卷积算法——数字排序算法（Digital sorting algorithm，DSA），这种算法能够对样本中的细胞组分和标记基因同时进行反卷积求解。为了验证算法的有效性，研究者使用来自小鼠肝、脑和肺3个部位细胞定量混合样本进行了测试，结果如实地体现了细胞组分和基因表达的情况。

除了上述量化分析方法外，还有几种使用其他方法对TIC进行评估的工具，已经被广泛应用于多种癌症中免疫相关预后标志物的筛选和研究。由于个体化差异，特别是肿瘤浸润程度、分布等因素的差异性巨大，如何统一制定量化分析免疫状态的标准，评估个体免疫细胞功能已成为目前重要的细胞治疗疗效评估手段。这些量化分析方法还可用于鉴定肿瘤预后标志物、构建肿瘤风险评估模型、筛选肿瘤免疫治疗靶点，研究和临床价值潜力巨大。

（三）TIL细胞治疗应用于各类实体瘤治疗研究广泛开展

1. TIL在肺癌中的临床治疗

TIL的临床应用开始于20世纪80年代中后期，是继LAK治疗之后又一新的杀伤自体瘤细胞的免疫治疗方法。Benjamin等[127]开展了一项主要终点为安全性的单臂开放标签Ⅰ期临床试验（NCT03215810），针对NSCLC患者使用TILs的过继细胞疗法治疗并进行评估。Ratto等[128]利用AIT并结合放射性治疗113例NSCLC，TILs在术后6～8周静脉回输给患者，数量为4×10^9～7×10^{10}个，前两周剂量逐渐上升，后两周逐渐下降，持续回输2～3个月。结果表明，对Ⅱ期NSCLC，TIL治疗与对照组（无辅助治疗）平均生存期分别为22.3个月和31个月。对Ⅲa期NSCLC，AIT组OS显著高于常规治疗组（化疗加放疗）（p=0.06），平均生存期分别为22个月和9.9个月。对Ⅲb期患者，AIT组OS显著高于常规治疗组（p<0.01），平均生存期分别为23.9个月和7.3个月。治疗期间，TIL组生存率无明显变化，而对照组中不少患者死于复发[128]。超过80%的患者未出现严重的毒副作用，因此AIT在未来可以作为NSCLC辅助治疗方案。

2. TIL 在肾癌中的临床治疗

免疫治疗较早应用于晚期或转移性肾癌术后辅助治疗，以 IFN、IL-2 辅助治疗最为常见，但文献报道其有效率不足 15%[129]。伊匹单抗是抗细胞毒性 T 淋巴细胞抗原 4(CTLA-4）的阻断抗体，2018 年欧盟及 FDA 首次批准其联合用于中、高危晚期肾细胞癌（RCC）患者的一线治疗，其用法主要基于 CheckMate-214 Ⅲ期临床研究的循环依据[130]。Lin 等[131]通过酪氨酸激酶抑制剂（TKIs）舒尼替尼治疗 108 例转移性肾细胞癌（mRCC），通过 IHC 法观察肿瘤浸润性 B 淋巴细胞（TIBs），并评估其临床病理学特征，结果显示 TIBs 阳性浸润患者对舒尼替尼治疗反应更好（p=0.006），OS 更长（p<0.001），无进展生存期更久（p=0.028），且 TIB 与 CD8+TIL 正相关（p<0.001），2 种细胞高浸润患者显示出更好的 OS（p=0.015），因此 TIB 密度不仅是 mRCC 患者的独立预后因素，也是 TKI 治疗的预测标志，其可在 mRCC 募集和激活 CD8+TILs 以增强抗肿瘤能力。

3. TIL 在胃癌中的临床治疗

在 TIL 与胃癌关系的研究中，不同淋巴细胞亚群的数量、功能与预后之间的关系是目前最主要的关注点。TIL 可以渗入基质和肿瘤细胞，因此可分为肿瘤内 TIL 和基质 TIL。肿瘤内 TIL 在癌巢上皮组织内直接与肿瘤细胞接触，且细胞之间无间质组织；基质 TIL 分布于肿瘤细胞间的间质内，不与肿瘤细胞接触。肿瘤内 TIL 的绝对数量较少、存在的区域范围小、分布的异质性明显，且不易通过苏木精 - 伊红染色观察；而基质 TIL 数量相对较多，易于观察评价，且癌巢密度、形态等变化对基质 TIL 影响较小[132]。基于使用苏木精 - 伊红染色的载玻片对 TIL 的组织病理学分析，Kang 等[133]提出，基质 TIL 可定义为包含浸润性单核炎症细胞的肿瘤基质区域，而肿瘤内 TIL 可定义为肿瘤细胞内的上皮内淋巴细胞或单核细胞。这表明，基质 TIL 可用于预测无复发生存期和无进展生存期。另一项研究发现，增加肿瘤内 TIL 与改善癌症特异性生存显著相关[134]。尽管如此，目前对于 TIL 分布与胃癌预后的关系尚无共识，且研究胃癌患者 TIL 分布的方法还需要标准化。

总之，TIL 免疫治疗作为一种新的治疗方法与靶向治疗联合应用，在恶性黑色素瘤治疗中具有良好的应用前景，但目前相关研究仍处于临床前期或小样本低质量临床试验阶段，未来有待更大样本的前瞻性研究证实其疗效。

三、前景与展望

TIL 作为过继性免疫治疗的方法之一，对恶性肿瘤的治疗有着广泛的应用前景。由于来自自体瘤内，抗肿瘤的特异性强，不存在排斥反应，体外可以大量培养。但是 TIL 的临床过继细胞治疗中仍然存在一些问题如：①回输的 TIL 经血液循环后数量较少；②回输的 TIL 还无法完全去除 Treg；③ TIL 过继治疗联合化疗与单独化疗等相比，医疗费用高昂等问题，制约了其在肿瘤治疗中的普及。

目前在肿瘤免疫中，阻断免疫检查点抑制剂PD-1、PD-L1、CTLA-4的临床免疫治疗只在少数癌症患者中有疗效，说明肿瘤微环境中存在着异质性和复杂性，因此，TIL值得研究者去分析研究。TIL目前仍然以实验阶段为主，缺乏长期的临床观察，对其作用机制、表型、MHC影响等需要进一步研究和解决。虽然TIL离临床应用及产业化仍存在一定距离，但是无论如何，TIL的特点使得其成为未来非常有疗效潜力的研发方向。

第五节　CAR-M细胞治疗

一、概述

工程过继细胞治疗通过引入新的抗肿瘤能力和靶向能力，增强和重定向白细胞固有的免疫反应能力。继T细胞、NK细胞之后，巨噬细胞也在近两年来正式加入CAR细胞的行列。CAR修饰的巨噬细胞（CAR-Macrophage，CAR-M）最近成为治疗实体瘤的突出候选细胞。比起T细胞和NK细胞等免疫细胞，巨噬细胞在免疫抑制性微环境中更容易浸润肿瘤，为肿瘤免疫治疗提供了新的机会。与CAR-T和CAR-NK细胞相似，CAR-M细胞由识别特定肿瘤抗原的细胞外信号传导域、跨膜域和细胞内激活信号域组成。目前，对细胞外信号域的研究主要是常见的肿瘤靶点，如CD19和HER2。CAR-M以巨噬细胞（Macrophages）为中心，需要从患者自身提取巨噬细胞，通过基因工程方法将CAR引入巨噬细胞，最终实现肿瘤杀伤。CAR-M治疗的最新发展有望成为免疫细胞治疗中的关键武器。

理想的CAR免疫细胞将定位于肿瘤微环境并在肿瘤微环境内持续存在，同时协调广泛而强大的免疫反应。血液系统恶性肿瘤允许外周血、骨髓、淋巴结或脾脏进入病灶，而实体瘤则需要主动转运、渗透到通常免疫性排斥且致密的纤维化肿块中。这种免疫抑制的肿瘤微环境对T细胞来说是一个主要障碍，但对巨噬细胞来说则不是这样。巨噬细胞容易定位于肿瘤微环境并在肿瘤微环境内持续存在，是固有的免疫细胞，也是天然免疫系统和适应性免疫系统之间的桥梁，具有广泛的治疗效应功能，包括主动转运至肿瘤部位、直接吞噬肿瘤、激活肿瘤微环境和专业抗原呈递，在癌症治疗中可产生卓越的抗肿瘤反应。鉴于CAR仅在一部分免疫细胞中进行了测试，对实体瘤的最佳细胞类型进行继续探索是必要的，目前CAR-M的研究还处于临床前阶段。到目前为止，只有一项针对CAR巨噬细胞的Ⅰ期临床试验（识别号NCT04660929）。

巨噬细胞可以通过促炎和抗炎两种方式影响周围的免疫细胞，大致分为两大类，即典型激活的促炎性巨噬细胞M1和交替激活的抗炎性巨噬细胞M2。肿瘤相关巨噬细胞（TAM）是最丰富的天然免疫细胞，占大多数实体瘤肿瘤微环境中细胞质量的50%，影响肿瘤进展的各个方面，包括肿瘤细胞增殖、血管生成、转移、免疫抑制、免疫逃逸和耐药性。尤其是M2型肿瘤相关巨噬细胞，被广泛认为是肿瘤微环境的中心免疫抑制细胞群之一。虽然M2型巨噬细胞具有抑制其他免疫细胞的功能，但是它们具有吞噬能力，事实上M2型巨噬细胞的吞噬能力高于M1型巨噬细胞。此外，巨噬细胞具有更高的表型可塑性，使其能够对环境刺激作出反应并改变表型，擅长重塑细胞外基质。巨噬细胞是具有强大吞噬能力和细胞毒性的天然免疫细胞，可通过T细胞招募、抗原呈递、共刺激和细胞因子分泌启动和适应性免疫反应增强。这些效应器功能能够实现表位扩散，并缓解靶抗原异质性带来的挑战。

整体而言，CAR-M治疗仍处于婴儿期。由于肿瘤相关巨噬细胞在抗癌治疗中发挥着不可或缺的作用，CAR-M治疗在改善免疫抑制微环境、促进对肿瘤细胞的杀伤方面取得了重要进展。尽管如此，CAR-M细胞治疗在CAR结构设计、细胞扩增、基因传递方面仍面临着很多困难，需要不断完善和克服。

二、重要进展

（一）CAR结构设计逐渐完善

CAR-M具有与CAR-T细胞相同的结构，但它们胞内信号结构域不同。根据胞内信号域的不同，CAR-M可分为三代。

第一代CAR-M胞内含有一个传递特定下游信号的细胞内结构域，主要起增强吞噬作用。CAR-M可以直接使用CAR-T细胞中含有免疫受体酪氨酸基激活基序（Immunoreceptor tyrosine-based activation motif，ITAM）的CD3ζ胞内结构域[135-137]。在CAR-T细胞中，ITAM在CAR结合时被Src家族激酶磷酸化，与激酶ZAP70中的串联SH2（tSH2）结构域结合，并激活CAR-T细胞发挥细胞杀伤作用。巨噬细胞不表达ZAP70。它们表达另一种含有tSH2结构域的激酶Syk，可与CD3ζ结合，并在巨噬细胞中传递吞噬信号。Klichinsky等[140]构建了抗HER2的CAR-M（CT-0508）针对复发或转移性HER-2过表达实体瘤患者，其胞内结构域为CD3ζ，并在Ⅰ期临床试验中进行了评估（NCT04660929）。其他含有ITAM的细胞内结构域，如Fc受体的γ亚单位（γ subunit of Fc receptor，FcRγ）和人多表皮生长因子样结构域蛋白10（Multiple epidermal growth factor-like domains protein 10，Megf10），也可诱导与CD3ζ类似的吞噬作用。FcRγ转导巨噬细胞中抗体依赖性细胞吞噬（Antibody-dependent cellular phagocytosis，ADCP）的典型信号。Megf10在巨噬细胞吞噬凋亡细胞中起着关键作用。Morrissey等[141]构建了以Megf10为信号结构域的CAR-Ps，增强了吞噬作用。此外，Zhang等[138]构建了HER2 scFv-CD147串联的CAR-M，激活了基质金属蛋白酶（MMP）的表达，基质金属蛋白酶受CD147刺激，可降解肿瘤细胞外基质以克服物理屏障，而巨噬细胞是MMP的重要来源。

第二代CAR-M胞内增加了一个共刺激结构域。之前的研究表明磷脂酰肌醇3激酶

（PI3K）信号对大颗粒的吞噬作用很重要[139]。CD19-PI3K 招募结构域（CD86/B7-2）-FcRγ 串联使靶细胞的吞噬作用增加了三倍[141]。

第三代 CAR-M 在胞内结构域中增加了细胞因子受体结构域，进一步提高 CAR-M 产品的免疫调节和杀瘤能力。Kang 等[140]将编码 CAR 和干扰素 γ（IFN-γ）的基因导入巨噬细胞。IFN-γ 基因通过将 CAR-M 从 M2 表型重新极化为 M1 表型，进一步增强抗肿瘤效力。

（二）克服 CAR-M 细胞的扩增障碍

巨噬细胞可以通过多个生产方式获得。对于自体细胞治疗，CAR-M细胞可通过两种方法获得。第一种方法通过白细胞去除术获得外周血单核细胞，并用非格司亭（Filgrastrim）或沙格司亭（Sargramostim）进一步将增加单核细胞数量。Klichinsky 等[140]的 CAR-M 治疗是通过 filgrastrim 用 CD14+ 单核细胞在一周内制造的。单核细胞在促炎症分化表型相关的粒细胞 - 巨噬细胞集落刺激因子（Granulocyte-macrophage colony-stimulating factor，GM-CSF）存在下培养和分化，然后用编码 Ad5f35 的 CAR 转导细胞，进一步巩固促炎症表型。第二种方法采用封闭系统加快了制造时间，该工艺当天可产生具有分化为 M1 CAR-M 或 CAR 表达树突状细胞（CAR-DC）能力的 CAR+CD14+ 单核细胞[141]。由于没有移植物抗宿主病的风险，巨噬细胞作为异基因细胞治疗可能很有吸引力。

最近，iPSC 衍生的工程化免疫细胞（如 CAR-M）的特性为生产满足临床需求的克隆化的、同质的和丰富的产品铺平了道路。Zhang 等[142]从健康供体提取外周血单核细胞，利用编码重编程因子的非整合载体诱导性多能干细胞（iPSCs），通过慢病毒转导将含有 CD86 和 FcRγ 胞内结构域的 CAR 导入 iPSC，并建立了骨髓 / 巨噬细胞分化方案，以诱导 CAR-iPSC 向骨髓细胞系分化，生成足够数量的 CAR-iMacs 细胞（iPSC-derived CAR-Macrophages）。这些 CAR-iMAC 细胞具有 M2 表型。然而，当遇到靶细胞时这些 CAR-iMAC 会吞噬靶癌细胞，并向促炎性 M1 状态转变。但是这些 CAR-iMacs 在小鼠模型中进行试验时疗效有限。值得注意的是 iPSC 衍生的 CAR-M 应用于肿瘤治疗的一个重要考虑因素是 MHC 匹配性；肿瘤相关抗原的交叉递呈是 CAR-M 活性的一个重要组成部分，因此需要仔细研究以确定来源于 MHC 的 CAR-iMacs 是否能够增强足够的抗肿瘤 T 细胞反应。总体而言，这种方法采用复杂的生产工艺，需要精确的细胞产品制造和质量控制，以支持更广泛的临床应用。继续优化 iPSC 到巨噬细胞的分化方案、转导方法、表型控制方法和 GMP 放大对于将这些早期研究临床转化是非常必要的。并且将这种方法推广至 CAR-M 生产仍需将 CAR-iMacs 表型与真正的巨噬细胞进行对标。

（三）克服 CAR-M 技术的基因传递障碍

髓样细胞擅长检测和应答外源核酸，使巨噬细胞和单核细胞抵抗基因操纵。将 CARs 和其他转基因传递给巨噬细胞对研究人员来说是一个挑战，但最近一些病毒和非病毒策略在基因传递方面取得了进展。

Bobadilla 等[143]创造了新的 HIV-1 衍生慢病毒颗粒，能够通过病毒辅助蛋白（Viral protein X，Vpx）感染骨髓细胞。含有 Vpx 的修饰慢病毒粒子可以有效地将转基因传递给骨髓细胞。该 Vpx 平台可容纳任何基于 HIV 的慢病毒载体，提供了一种可用于修饰髓样细胞的策略。

Klichinsky 团队使用一种复制能力缺陷的嵌合腺病毒载体 Ad5F35 可高效和重复地将 CAR 传递给巨噬细胞[144]。通过嵌合腺病毒载体 Ad5F35 进行转染的巨噬细胞具有较高的细胞活性，并且 CAR-M 体外至少维持 CAR 表达 1 个月，在体内至少维持 62d。值得注意的是，Ad5F35 激活巨噬细胞并提供有益的促炎启动信号，与 CAR 起协同作用，使 CAR-M 锁定为 M1 表型[144]。这些结果凸显了基因工程巨噬细胞的应用前景。

一些非病毒策略也被开发用于工程单核细胞和巨噬细胞。由于非甲基化 CpG 基序（细菌 DNA 的标记）可被哺乳动物 Toll 样受体 9（TLR9）识别，细菌起源的质粒 DNA 可导致炎症和基因沉默。Ohtani 等[145]和 Moradian 等[146]的工作优化了 mRNA 向单核细胞和巨噬细胞的瞬时传递，仔细选择 mRNA 修饰和转染试剂，尽可能避免转染诱导的巨噬细胞毒性或激活。转座系统可以非病毒方式将目的基因整合到宿主基因组中。Wang 等[147]在猪主动脉巨噬细胞中用转座系统进行基因传递的探索。

（四）过继转移巨噬细胞治疗的安全性和可行性验证

自体过继性巨噬细胞治疗首次对人类进行了剂量递增研究[148]，该研究从患者中分离出外周血单核细胞，7d 内培养并分化为巨噬细胞，并在输注前用 IFN-γ 预处理 18h，通过逆流淘洗纯化细胞毒性单核细胞衍生的 MAC。结果表明 IFN-γ 刺激的巨噬细胞的临床疗效很低，并且未能诱导显著的杀瘤活性。然而患者对过继转移 M1 活化的巨噬细胞耐受性良好，临床副作用主要限于发热和流感样症状。输注后 7d 以上，在转移部位检测到放射性标记的巨噬细胞。总的来说，试验证明了通过静脉注射输送数十亿自体巨噬细胞的可行性和安全性，为过继性巨噬细胞治疗提供了重要基础。

鉴于 CAR-M 的扩张潜力有限，并且在外周血中不会持续存在，预计不会出现严重的细胞因子释放综合征，而且在 M1 极化的非工程化巨噬细胞的早期研究中确实没有发现细胞因子综合征的释放迹象[149]。工程化巨噬细胞在临床前胶质母细胞瘤模型中持续存在，且没有相关毒性，这表明 CAR-M 可以安全地与中枢神经系统相互作用[150]。

在安全性方面，CAR-M 更需关注的是，肿瘤微环境可将肿瘤局部 CAR-M 破坏为肿瘤支持表型。临床前模型表明了相反的结果，即 CAR-M 对肿瘤微环境进行了重新编程，需要对患者进行相关研究。

（五）利用 CAR-M 靶向杀伤肿瘤细胞

第一种策略是通过 CAR-M 细胞直接吞噬肿瘤细胞介导对肿瘤细胞的杀伤活性。Niu 等[151]使用 CCR7 靶向的 CAR-M 实现了对肿瘤细胞的杀伤。该研究表明，过继巨噬细胞治疗在肿瘤部位招募CD3+T细胞并减少PD-L1+细胞，且增加了血清中促炎细胞因子IL1-β、IL-6和TNF-α的水平，促进了全身免疫反应。由于CCR7也在毛囊和肠绒毛中表达，在施用大剂量CAR-M时观察到靶向非肿瘤毒性。

第二种策略是利用基因工程巨噬细胞局部输送细胞毒性物质，将细胞毒性物质限制在抗原特异性环境中，提高肿瘤治疗的有效性与安全性。Gardell等[152]利用分泌双特异性T细胞接合器（Bispecific T cell engager，BiTE）的GEM设计抗原特异性杀伤，该接合器在T细胞受体和胶质母细胞瘤细胞上的突变表皮生长因子受体变异体Ⅲ（Epidermal growth factor receptor variant Ⅲ，EGFRv Ⅲ）之间建立功能桥梁。BiTE分泌型GEM促进了T细胞的抗原特异性杀伤，而这一效应又被IL-12 GEMs成组性放大[160]。此外，研究人员[153]通过编码靶向EGFR的分泌型scFv-Fc融合蛋白诱导巨噬细胞的抗体依赖性细胞吞噬（Antibody-dependent cellular phagocytosis，ADCP）。值得注意的是，基因工程巨噬细胞可以传递除基因编码蛋白质以外的“其他货物”，例如，Huang和同事使用纳米颗粒来制造携带光敏细胞毒性剂的巨噬细胞，这些药物在暴露于近红外光时释放并诱导免疫原性细胞死亡[154]。

第三种策略通过联合应用药物免疫治疗或化疗进一步提高CAR-M疗效。例如基于抗体的免疫治疗依赖于巨噬细胞的吞噬作用，曲妥珠单抗和利妥昔单抗等抗体可引导巨噬细胞吞噬调理后的靶细胞[155]。联合应用可评估其对CAR-M疗效的增强作用。此外，阻断吞噬抑制信号的抗体，如CD47/SIRPα或抑制性Fc受体FcγRⅡB，增强了巨噬细胞介导的免疫治疗[156]。阻断PD1信号的T细胞检查点抑制剂也被证明可以改善体内巨噬细胞的吞噬能力[157-159]。Pierini等[160]证明CAR-M与PD1阻断剂的联合应用协同增加了总生存率。化疗或放疗也可以通过诱导免疫原性细胞死亡与CAR-M协同作用[161]。Bian等[162]使用SIRPα-KO巨噬细胞证明了放射治疗与基因工程巨噬细胞相结合的疗效。

（六）CAR-M改善免疫抑制微环境

1. CD147 CAR-M提高免疫细胞向肿瘤的浸润能力

细胞外基质为T细胞浸润到肿瘤部位并发挥其抗癌免疫作用创造了物理屏障。降解致密的肿瘤细胞外基质可以改善免疫细胞浸润，从而触发抗肿瘤活性。Zhang等[145]利用CAR修饰的巨噬细胞解决细胞外基质导致的免疫细胞向肿瘤浸润不足的问题。该CAR-M细胞由靶向HER2的单链抗体、铰链区与包含跨膜和胞内结构域的CD147进行串联。CD147不传递吞噬信号，但可通过激活基质金属蛋白酶重塑细胞外基质。体外研究表明，CAR-147巨噬细胞以抗原特异性方式上调MMP表达，降低了肿瘤中的胶原含量，诱导CD3+T细胞浸润并抑制肿瘤生长。

2. 利用CAR-M局部输送治疗药物改善肿瘤免疫微环境

利用巨噬细胞的肿瘤归巢倾向，通过基因工程来设计表达促炎转基因的巨噬细胞，可在肿瘤生态位内实现治疗药物的局部输送并诱导细胞毒性活性。例如，IL-12 是一种激活 T 细胞和 NK 细胞的促炎细胞因子，但其临床应用受到狭窄的治疗窗口的阻碍，从而妨碍了安全的全身给药。在基因工程巨噬细胞（Genetically engineered macrophages，GEM）内表达重组细胞因子克服了 IL-12 细胞因子治疗的局限性[160]。类似地，相关研究使用 GEM 局部传递干扰素 α（IFN-α）或 IL-21，促进免疫细胞活化，或传递可溶性转化生长因子受体Ⅱ（TGF-βR2），阻止 TGF-β 介导的免疫抑制[154，163]。这些方法以组成性的方式刺激免疫系统，改善肿瘤免疫微环境。

（七）CAR 巨噬细胞的临床研究现状

到目前为止，只有一项针对 CAR 巨噬细胞的Ⅰ期临床试验（NCT04660929）。该临床试验基于 Klichinsky 等[140]开发的 CAR 巨噬细胞，由 CD8αleader-HER2 的单链抗体 -CD8 hinge-CD8TM-CD3ζ 等结构串联而成，并使用一种复制能力缺陷的嵌合腺病毒载体 Ad5F35 进行基因传递。腺病毒感染诱导 CAR 巨噬细胞分化为促炎性 M1 样表型。该临床试验于 2021 年 2 月开始。到目前为止，尚未报告任何结果。临床前研究的结果显示该治疗能在体外和体内清除肿瘤细胞。CAR-M 在体外表现出抗原特异性吞噬、细胞因子 / 趋化因子分泌和靶抗原呈递介导的对靶细胞的杀伤，并显著延长了携带肿瘤植入物的小鼠的生存期和减少了肺转移。

目前关于 CAR 巨噬细胞的研究（NCT05007379）不是临床试验而是一项观察性研究，旨在测定 100 例患者类器官来源的 CAR 巨噬细胞的抗肿瘤活性。

三、前景与展望

虽然 CAR-M 治疗可能成为一种有前途的抗癌治疗，但尚未实现临床应用。①肿瘤相关巨噬细胞具有极强的可塑性，能够适应其表型和功能，以应对环境刺激。目前仍需在临床研究阶段验证肿瘤微环境是否会将肿瘤局部 CAR-M 破坏为肿瘤支持表型。②目前技术对 CAR-M 在体内的有限扩展可能会影响治疗效果。③在开发 CAR-M 时，还应考虑安全性。大多数靶向肿瘤抗原在健康细胞亚群中也有表达，导致对健康组织具有潜在毒性。④巨噬细胞分布在全身，在肝脏富集程度最高，可能导致意外毒性和有限疗效。⑤由于 CAR-M 治疗的潜在免疫原性，进入临床阶段仍需解决由 CAR 构建体的非自身成分或源自基因转移载体的片段等的免疫原性导致的特异性抗 CAR 免疫反应。因此亟须优化 CAR-M 产品，并采用成熟的技术平台来克服上述困难。

此外基于巨噬细胞在维持组织内环境平衡方面广泛的作用，除肿瘤方面的应用外，CAR-M 新治疗还可以利用巨噬细胞的组织重塑和抗炎能力。总之，巨噬细胞表型可塑性与合成生物学相结合，对促进细胞工程的发展和有效免疫治疗是一个令人兴奋的新方法。

第六节 Treg 细胞治疗

一、概述

初始 CD4+T 细胞在抗原的刺激下，能够分化成不同的效应 T 细胞，包括 Th1、Th2、Th17 和调节性 T 细胞（Treg）等。Treg 细胞是体内存在的一类功能独特的 T 淋巴细胞亚群，最初称为抑制性 T 细胞。TGF-β 能够诱导初始 T 细胞分化为 Treg 细胞，是 Treg 细胞分化以及功能维持的关键因子。Treg 细胞能够分泌细胞因子 TGF-β 和 IL-10，并表达特异性转录因子 Foxp3。Treg 细胞能够使效应性 T 细胞保持抑制、介导免疫耐受并阻止组织损伤，因此，Treg 细胞在调控机体免疫系统内稳态以及在人体自身免疫耐受中具有重要作用。根据 Treg 细胞的成熟地点可以将其分为两类：天然 Treg 细胞（nTreg）和诱导 Treg 细胞（iTreg）。nTreg 细胞是由胸腺中正常的 T 细胞成熟分化而来，然后从胸腺释放到外周组织，其表达标志性的 Foxp3，具有抑制 T 细胞活化、维护自身稳定的作用。iTreg 又可以分为两类：一类是由 IL-10 以及树突状细胞诱导的可高表达 IL-10 的调节性 T 细胞（Tr1），但该类细胞不表达 Foxp3；另一类是由 TGF-β 诱导的能够表达特异性 Foxp3 的调节性 T 细胞，其功能类似于天然调节性 T 细胞。

近年来，Th17 细胞和 Treg 细胞及其之间的平衡性机制已成为近年来国内外研究的热点，二者的平衡对于免疫内稳态至关重要。Th17 细胞是促炎症细胞，能够清理病原体，保护黏膜免受细菌、真菌感染；Treg 细胞能够抑制效应 T 细胞，维持免疫耐受。Th17 或 Treg 细胞的数量和功能发生变化都能引起机体免疫反应异常，导致炎症反应和自身免疫性疾病的发生。

二、重要进展

（一）Notch 信号通路对 Treg/Th17 细胞的调控机制研究不断深入

间充质干细胞（MSCs）介导的免疫调节参与 Treg 细胞的增殖，而此过程依赖 Jagged1[164]。Yao 等[165] 在体外培育 Treg 细胞时，发现蜕膜血管内皮细胞（Decidua vascular endothelial cell，DVEC）表面表达 Notch 配体如 Jagged1、Dll1、Dll4，可维持 Foxp3 的表达，进而促进 Treg 细胞的增殖和分化，同时在 Treg 细胞表面可检测到高表达的 Notch1 受体，使用慢病毒 shRNA 转导下调 Treg 表面 Notch1 受体可使 Foxp3 表达下降，而 Foxp3 是 Notch 信号通路下游的靶基因。另外，Notch 信号通路和 TGF-β 信号通路之间存在对话，TGF-β 通路活化后可上调 Hes1 的表达[166]，Notch 也可与 TGF-β 通路内的细胞传感器

Smad3 协同合作，或者 NICD 与 Smad3 直接作用，在 CSL 和 NICD 存在的情况下，Smad3 被招募到 CSL 结合位点，从而对调控 Treg 的分化产生影响。随着对 Notch 信号通路调控机制的不断深入了解，科学家们发现其调控机制在不同疾病发生过程中也扮演着重要角色。

1. Notch 信号通路调控机制与造血系统疾病

以再生障碍性贫血（Aplastic anemia，AA）为例，Li 等[167]研究发现 Notch/RBP-J/Foxp3/RORγt 途径可以调控 Th17/Treg 细胞的平衡，AA 患者输注 MSCs 后外周血中 Th17 比例下降、Treg 比例增加，而且 Dll1、Jagged1、Notch1-2 也有所增加；该团队进一步检测了 AA 患者 Notch 相关转录因子的表达情况，发现 RBP-J、Foxp3 增多，而 RORγt 降低；与转录因子表达相一致，细胞因子 TGF-β 升高，而 TNF-α 降低。这表明 MSCs 调节 Treg/Th17 平衡依赖 Notch 信号途径，RBP-J 作为 Notch 信号通路的效应蛋白，与 Foxp3、RORγt 之间存在密切关系。

2. Notch 信号通路调控机制与自身免疫系统疾病

Li 等[182]研究发现过敏性哮喘患者较正常对照组 Notch1 mRNA 水平显著增高，Th17/Treg 细胞比例上调。这表明 Th17/Treg 平衡失调在过敏性哮喘中可能由 Notch1 过表达引起的，Notch1 与 Th17 发育分化密切相关。另一项研究则发现给予 DAPT 的哮喘小鼠组较模型组 IL-17 水平降低，而 IL-10、TGF-β 水平升高[168]。Zhang 等[169]认为 IL-17 水平下调与阻断 Notch 信号后 NICD 表达降低有关。Huang 等[170]进一步探索发现，Dll4 同时可诱导 Treg 及 Th17 细胞的分化，但对 Foxp3 的调控存在优势；阻断 Dll4 后过敏性哮喘反应加重，而阻断 Jagged1 作用则相反。

3. Notch 信号通路调控机制与其他类型疾病

Qin 等[171]研究发现慢性丙肝患者较正常对照组 PBMC 中 Notch1、Notch2 mRNA 显著增多，应用 DAPT 后，Th17 相关因子 RORγt、IL-17、IL-22 等水平下降，而 Treg 相关因子 Foxp3、IL-10 水平没有显著变化，但 Treg 细胞的抑制功能降低。这表明 Notch 信号通路调控 Treg 与 Th17 细胞数量的同时，还可以对两者的功能产生影响。以上诸多研究证明，Notch 信号通过调控 Treg/Th17 广泛参与免疫系统疾病的发生、发展，Notch 信号通路的激活可能是调节两者关系的关键，进而可激活其他通路共同参与 Treg/Th17 的调控。

除了 Notch 通路外，Treg 细胞还参与 IL-33/ST2 通路、PI3K 通路、Hippo 通路、wnt/β-catenin 通路等。通过调控上述信号通路中的各个相关靶点，促进 Treg/Th17 的调控平衡，有利于疾病的治疗恢复。

（二）肠道菌群对 Th17/Treg 平衡的影响研究逐步展开

1. 肠道菌群对 Th17/Treg 平衡的直接作用

肠道菌群可通过基因直接影响分化方向、其能量代谢与相关物理功能。肠道菌群 DNA 在 TLR9 存在的前提下，可直接诱导并促进向 Th17 细胞方向的分化，同时减少 Treg 细胞的数量，加重肠道炎症反应[172]。此外，肠道菌群可直接作用于相应受体而调控初始 CD4+T 细胞向 Th17 或 Treg 细胞分化。如分泌胸腺基质淋巴细胞生成素（Thymic stromal lymphopoietin，TSLP）可促进 Foxp3+Treg 细胞表达增多，加强机体的免疫耐受及肠道黏膜屏障的保护作用[173]。普拉梭菌可直接刺激并激活 Foxp3+ 受体表达进而促进初始 T 细胞向 nTreg 细胞方向分化[174]，还可通过调节过氧化物酶体增殖剂激活受体（Peroxisome proliferators-activated receptors，PPARs）在核胞内的穿梭影响向 Treg 细胞方向的分化[175]。

2. 肠道菌群通过细胞因子对 Th17/Treg 免疫平衡发挥作用

肠道菌群可通过多种细胞因子调节初始 CD4+T 细胞向 Th17 细胞分化。Treg 细胞与肠道菌群中研究最多的是 SCFAs 及其作用机制。SCFAs 可以通过 TGF-β1 作用于肠上皮黏膜细胞进而促进向 nTreg 细胞的分化；还可通过抑制组蛋白去乙酰化酶的活性使组蛋白高乙酰化，调控相关基因表达，产生抑炎因子或导致相关细胞的生长抑制及凋亡，以此来使机体产生免疫耐受[176]。此外，丁酸盐可通过游离脂肪酸受体 3（Free fatty acid receptor 3，FFAR3）增加 cAMP，进而参与脑肠循环，通过中枢调控的方式抑制肠道炎症；还可在 IL-18 的介导下，激活烟酸耐受，抑制炎症[177]。

3. 肠道菌群通过能量代谢途径影响 Th17/Treg 平衡

1 型调节性 T 细胞（Type 1 regulatory T cell，Tr1）在免疫耐受的诱导和维持中发挥着重要的作用。缺氧诱导因子 1α（H1F-1α），可在糖酵解途径下，增强其表达以激活 RORγt 受体上调，从而增加 Th17 细胞的比例，同时抑制 Foxp3 受体，减少初始 CD4+T 细胞向 Treg 细胞的分化。在代谢的初期，Tr1 是由 H1F1α 介导的糖酵解途径支持；而在后期则是由可抑制 H1F1 活性的 AhR 介导。研究提示，在缺氧状态下或胞外 ATP 的参与下可触发 AhR 失活，抑制 Tr1 的生成，此时机体的免疫耐受被破坏，而 Th17 细胞数量增多，参与机体的免疫炎症应答。

（三）Treg/Th17 平衡轴在各类疾病的临床研究中广泛开展

1. Treg/Th17 在肺癌中的临床研究

Treg 细胞在肺癌发展中可影响肿瘤微环境，在小鼠肺腺癌模型中发现 Treg 细胞可抑制 CD8+T 细胞介导的抗肿瘤免疫反应，而缺失 Treg 细胞可在肿瘤发生的早期阶段导致肿瘤细胞死亡，从而引起颗粒酶 A、颗粒酶 B、穿孔素水平升高和 CD8+T 细胞浸润干扰素 -γ

产生[178]；还有研究表明小细胞肺癌可通过产生 IL-15 诱导生成 Treg 细胞[179]。此外，Treg 细胞也能促进转移性肿瘤发展，一项非小细胞肺癌的临床研究发现转移性肿瘤患者外周血中 Treg 细胞水平增高，同时，也有报道称淋巴结转移肺腺癌患者比非淋巴结转移肺腺癌患者 Treg 细胞水平高[180]。此外，IL-17 可以在体内和体外直接促进非小细胞肺癌细胞侵袭，并且，IL-17 在外周血中表达升高与肿瘤 TMN 期相关[181]。

2. Treg/Th17 在肝癌中的临床研究

较多学者认为，肝细胞癌的发生发展与炎性反应及肿瘤免疫抑制等密切相关。研究表明，Treg 细胞的抗肿瘤免疫调节机制为通过对抗肿瘤免疫应答反应产生抑制，促使肿瘤免疫发生逃逸，最终导致恶性肿瘤的发生[182]。因此，在肝细胞癌的发生发展中，免疫应答和炎性反应均具有重要的作用。史安臣等[183]的研究中指出，荷瘤小鼠体内的 Treg 细胞借助树突状细胞的功能，下调 CD80/CD86 共刺激分子表达，对 TNF-α、IL-12 的分泌产生抑制，进而对机体的免疫应答反应产生抑制。因此，临床认为 Treg 细胞与肝细胞癌的发生发展密切相关，消除 Treg 细胞或使其功能失活均能够促使抗肿瘤免疫反应发生，并提高免疫治疗的有效性，有可能成为肝细胞癌肿瘤靶向治疗的新靶点。

3. Treg/Th17 在神经系统自身免疫性疾病中的临床研究

MG 是由乙酰胆碱受体抗体（Acetylcholine receptor-antibody，AchR-Ab）介导细胞免疫参与的神经系统 AID。临床研究发现，全身型 MG 患者外周血单核细胞（Peripheral blood mononuclear cell，PBMC）中 Th17 细胞明显增加，并与血清 AchR-Ab 水平相关[184]。伴胸腺瘤的 MG 患者 PBMC 中 Th17 细胞、IL-17mRNA 和血清 IL-17 水平均明显升高，RORγt、IL-23 和 IL-1-βmRNA 表达上调，且 Th17 细胞与血清 AchR-Ab 水平呈正相关，而非胸腺瘤 MG 患者 Th17 细胞数量与对照者比较差异无统计学意义[185]，提示胸腺瘤引起的免疫功能紊乱可能与 Th17 细胞的改变密切相关，IL-23 和 IL-1-β 可能是参与诱导 Th17 细胞分化和自身稳定的主要因子。因此，Th17 细胞数量增加可能引起免疫耐受失衡，引发 MG 等 AID 的发生。但也有 MG 患者 Th17 细胞数量与对照者比较差异无统计学意义的报道，可能与 MG 病情的严重程度、是否伴有胸腺异常及胸腺瘤的类型等有关。因此，进一步研究 Th17 细胞在 MG 发病中的作用，有助于 MG 的早期诊断和疗效观察。

三、前景与展望

目前研究表明，Th17 细胞和 Treg 细胞与肿瘤免疫有着密切关系，在肿瘤的发生发展中它们的数量、功能会产生波动，同时存在着相互之间的发育可塑性。但是目前对于 Th17 细胞和 Treg 细胞的研究还存在许多疑问，Th17 细胞和 Treg 细胞与肿瘤相互作用的许多机制尚不清楚。不同组织中，其具体机制存在诸多差异，不能一概而论，还需进一步摸索不同肿瘤组织中的免疫调节机制及 Th17 和 Treg 细胞在其中的作用。由于 Th17 细胞和 Treg 细胞在肿瘤免疫中的调控作用与发育可塑性受到越来越多的关注，将有望成为今后免疫治疗的新靶点。Treg 靶向治疗包括 Treg 耗竭、免疫检查点抑制、肿瘤微环境中 Treg 相关因子调控等。Treg 靶向联合其他治疗将是一个好的选择。对肿瘤微环境动力学进行深入研究，发挥 Treg 免疫治疗的潜力，为肿瘤免疫治疗提供新策略。

第七节　CIK 细胞治疗

一、概述

细胞因子诱导的杀伤细胞（Cytokine induced killer，CIK）是指在体外由多种细胞因子（IFN-γ、IL-1、IL-2 等）、抗 CD3 抗体联合诱导患者自体外周血单个核细胞（Peripheral blood mononuclear cell，PBMC）而生成的以 CD3+ 和 CD56+T 细胞为主的异质细胞群。与 PBMC 相比，CIK 细胞中 CD3+、CD8+、CD56+ 细胞比例明显升高，CIK 细胞对肿瘤细胞有很强的杀伤力，而且，CIK 细胞越多，杀瘤效果越好。CIK 细胞已成为过继细胞免疫治疗主要方法[186]。

在围绕 CIK 细胞的研究过程中，学者发现肿瘤细胞对机体免疫监视有逃逸，其机制尚不明确，可能与肿瘤细胞 MHC- Ⅰ类分子表达低下、肿瘤细胞抗原缺失有关系。而树突状细胞（Dendritic cells，DC）是目前已知的功能最强的抗原呈递细胞，可以在体内外向 T 淋巴细胞呈递抗原，增强 T 细胞的免疫功能，激活机体抗肿瘤免疫系统，诱发细胞毒 T 淋巴细胞反应。CIK 细胞与 DC 联合培养可以提高 CIK 的细胞杀伤力，也能弥补 DC 细胞的 MHC 限制性的缺点。因此，将 DC 和 CIK 细胞共培养协同治疗恶性肿瘤，已成为当今肿瘤治疗领域的热点方向。近年来上述两种细胞治疗特别是 DC-CIK 细胞治疗的基础和临床研究均处于迅速发展的阶段。

二、重要进展

（一）CIK/DC–CIK 细胞的肿瘤杀伤作用机理研究不断深化

CIK 细胞对肿瘤细胞的杀伤是非 MHC 限制性的，有杀瘤谱广、杀瘤活性强、无明显毒副作用等特点，主要通过以下三种特殊作用机制来杀伤肿瘤细胞。一是 CIK 通过黏附分子 LFA-1/cam-1 与肿瘤细胞上的抗原结合，促进 MHC- Ⅰ或Ⅱ类分子的表达，以增强肿瘤抗原的递呈、活化、识别和对肿瘤细胞的直接杀伤作用。二是在体外培养过程中，CIK 细胞分泌多种细胞因子，激活巨噬细胞、NK 细胞和 CD8+T 细胞的细胞毒活性，以此起到对肿瘤细胞的直接抑制作用，也可促进间接杀伤作用。三是CIK细胞通过诱导凋亡抑制蛋白和凋亡基因，促进抗肿瘤基因的表达，诱导细胞毒活性，促进肿瘤细胞凋亡。具体的杀伤机制研究进展如下：

1. CIK细胞对肿瘤细胞的直接杀伤作用

CIK细胞对肿瘤细胞的直接杀伤作用可能是通过黏附因子LFA-1/ICAM-1途径与肿瘤细胞结合后，分泌含大量BLT酯酶的颗粒。这些颗粒能穿透靶细胞膜，导致肿瘤细胞的裂解[187]。当CIK细胞被激活时通过FcR使LFA-1和ICAM-1的结合由低亲和力转为高亲和力，同时向细胞间排出BLT的胞质毒性颗粒，而这些颗粒能够直接穿透封闭的靶细胞进行胞吐，从而导致肿瘤细胞的裂解。进一步研究表明[188]，*GATA-3*和*T-bet*基因参与了LFA-1/ICAM-1介导的CIK杀瘤途径。

2. CIK细胞可通过释放多种细胞因子杀伤肿瘤细胞

进入体内活化的CIK细胞可分泌多种细胞因子，不仅对肿瘤细胞有直接抑制作用，而且可通过调节免疫系统间接杀伤瘤细胞。CIK细胞可以分泌大量的IFN-γ。IFN-γ是由CD4+或CD8+细胞产生的同源二聚体糖蛋白，可通过多种途径直接或间接发挥抗肿瘤作用，增强自然杀伤细胞（NK）、巨噬细胞以及细胞毒性T细胞（CTL）的活性。IFN-γ还可以促进肿瘤细胞表达MHC-I类分子，有助于肿瘤抗原的递呈和激活CTL。Kornacker等[189]在用CIK治疗慢性淋巴细胞白血病（CLL）的研究中发现CIK分泌的IFN-γ能促使CLL细胞上ICAM-1的表达，从而能提高细胞毒效应细胞所诱导的凋亡。此外，CIK细胞还能分泌IL-2、IL-6、TNF-α及GM-CSF等一些细胞因子，增强细胞毒作用。

3. CIK细胞诱导肿瘤细胞凋亡及坏死

CIK细胞能活化肿瘤细胞凋亡基因，使得*Bc-l2*、*Bcl-xL*、*DADl*和*survivin*等基因表达上调。另外，CIK细胞在培养过程中表达FasL（Ⅱ型跨膜糖蛋白），与肿瘤细胞膜上表达的Fas（Ⅰ型跨膜糖蛋白）结合，诱导肿瘤细胞凋亡[190]。Verneris等[191]认为，某些肿瘤细胞（如黑色素瘤、卵巢癌）通过FasL介导淋巴细胞凋亡而逃脱免疫清除，但对CIK细胞敏感，这是因为在CIK细胞诱导的过程中，由于IFN-γ等细胞因子的作用或活化诱导的细胞死亡机制等的作用，导致对Fas敏感的或已被活化的T细胞逐渐被选择性清除，最后诱导获得的CIK细胞便对Fas耐受。此外，由于细胞型Fas相关死亡区域蛋白样IL-1β转换酶抑制蛋白（cFLIP）的存在及Fas死亡区结合蛋白（FADD）水平很低，影响了死亡信号的转导，再加上CIK细胞高水平表达抗凋亡基因，这些原因共同导致了CIK细胞可以耐受表达FasL的肿瘤细胞诱导的凋亡，从而对其进行有效的杀伤。

4. DC 细胞分泌因子增强 CIK 的肿瘤杀伤效果

虽然 CIK 细胞具有广谱的肿瘤杀伤作用，但是不具有特异性识别功能[192]，故其杀瘤效果差强人意。Marten 等[193]发现将 DC 细胞与 CIK 共培养可以相互促进彼此的成熟，主要机理是 DC 细胞分泌的 IL-2、IL-12、IFN-7 等可以促进 CIK 细胞成熟，使 CIK 细胞中的 CD3+、CD8+、CD56+ 亚群不同程度增高。另外，DC-CIK 共培养还可以降低具有较强免疫抑制作用的调节性 T 细胞 CD4+CD25+Treg 细胞及 IL-10 分泌量，弱化其抗肿瘤抑制作用，从而增强 CIK 的杀瘤效果。DC-CIK 共同培养还可以抑制 hTERT 蛋白表达，降低端粒酶活性，从而抑制肿瘤细胞的增殖。同时，CIK 细胞也能增强 DC 细胞和共刺激分子递呈抗原的特异性，因此 DC-CIK 实际上起到了相辅相成，共同增加抗肿瘤活性的作用。

（二）CIK 细胞的抗肿瘤临床研究逐步展开

目前已围绕 CIK 细胞开展体外及体内的抗肿瘤作用临床研究，部分临床试验结果已显示 CIK 细胞免疫治疗可增加肿瘤患者的生存率，改善其生存质量。下面将分为 CIK 细胞体外及体内临床研究两部分进行临床研究进展阐述。

1. CIK 体外抗肿瘤作用研究

来源于健康人或肿瘤患者外周血的 CIK 在体外均有抗肿瘤作用。2006 年，Kornacker 等[194]采用双特异性抗体（bispecific Ab，bsAb）增强 T 细胞介导的对表达 Her2/neu 的乳腺癌细胞和卵巢细胞系的抗肿瘤活性，诱导 CIK 增殖，促进肿瘤细胞凋亡。当采用泛 Caspase 信号传导抑制剂 z-VAD-fmk 后，T 细胞凋亡减少，细胞毒活性未见明显增加，提示 bsAb 可激活针对肿瘤靶抗原的 T 细胞活性，且不会改变 CD28 共刺激信号分子信号通路传导的有效性。Valgardsdottir 等[195]进一步探讨表达 CD56 的 CIK 对肿瘤细胞的直接细胞毒效应，他们以抗 CD56 单克隆抗体 GPR165 阻断 CD56 表达，可显著降低 CIK 对 3 种表达 CD56 造血系统肿瘤细胞系（AML-NS8、NB4、KCL22）的裂解效应，而对 CD56- 的造血系统肿瘤细胞系（K562、REH、MOLT-4）未见此效果。以小 RNA 干扰技术敲除 CIK 的 CD56 分子，则对表达 CD56+ 的靶细胞很少产生细胞毒效应；利用慢病毒的短发夹 RNA 敲除靶细胞的 CD56 分子，可显著改变其对 CIK 的敏感性，提示 CIK 可通过识别 CD56 分子对肿瘤细胞发挥杀伤功能。

2. CIK 体内抗肿瘤作用研究

CIK 体内抗肿瘤作用是评价其抗癌活性的重要依据。Kim 等[196]构建裸鼠移植肿瘤模型，探讨 CIK 对肝细胞肿瘤的抗肿瘤活性。他们将人 PBMC 经体外 IL-2、抗 CD3 抗体诱导的 CIK 效靶细胞比确定为 30 ∶ 1，^{51}Cr 释放法检测发现 CIK 能杀伤 43% 的 U-87 人脑胶质瘤细胞；当每只小鼠给予 1×10^6CIK 细胞时，60% 的 SNU-354 肿瘤细胞被抑制生长，提示 CIK 可用于肝细胞肿瘤的过继免疫治疗。在此基础上，Yang 等[197]又开展自体和异体

CIK 细胞抗肿瘤作用的对比分析，结果发现在同等条件下培养出的 CIK 中，异体 CIK 的扩增能力明显高于自体。异体 CIK 的治疗亦可以大大提高机体的抗肿瘤作用，并且没有自身免疫性反应和严重的毒副反应，具有较好的安全性，提示其作为一种新型过继免疫治疗具有很好的应用前景。

（三）DC-CIK 细胞的抗肿瘤临床研究迅速发展

目前对 DC-CIK 细胞治疗的应用主要围绕肺癌、胃肠道肿瘤、乳腺癌、胰腺癌、肾癌、肝癌等领域展开，近年相关的临床研究发展非常迅速，以下针对发病率较高的癌症病种相关临床研究进展进行梳理。

1. DC-CIK 对肺癌的抗肿瘤临床研究

肺癌患者手术比较困难，化疗也容易出现耐药问题，预后差。张菁超等[198]研究了患者自体外周血 CIK 治疗中晚期肺癌患者的效果，经 CIK 细胞治疗的患者血免疫球蛋白、T 细胞亚群均得到明显好转，肺癌患者的 CD3+CD4+T 细胞和 CD4+CD8+T 细胞的比例明显高于治疗对照组。CIK 免疫细胞治疗效率为 42.9%，疾病控制率为 83.3%，提示 CIK 免疫细胞治疗可通过调节机体免疫系统，提高治疗有效率，提高患者生活质量。DC-CIK 细胞联合化疗治疗晚期非小细胞肺癌（NSCLC）的临床研究表明，DC-CIK 联合治疗组患者的无进展生存期、总生存期及 Karnofsky 评分均高于单纯化疗组，提示 DC-CIK 细胞联合化疗可提高对非小细胞肺癌（NSCLC）疗效，改善 NSCLC 患者生存质量，降低化疗的毒副反应[199，200]。

2. DC-CIK 对胃肠道肿瘤的抗肿瘤临床研究

胃癌患者化疗后造成食欲下降、睡眠质量差、精神萎靡等症状。应用自体外周血 CIK/DC-CIK 免疫细胞回输治疗联合化疗对进展期胃癌术后患者进行观察，结果发现整体治疗效果明显优于单纯化疗组，其 3 年和 5 年生存率也明显提高，胃癌相关肿瘤标记物 CEA 等含量明显低于单纯化疗组。许多文献报道，CIK 治疗胃癌患者治疗效果还与 CIK 细胞的治疗次数明显正相关，提示外周血 DC-CIK/CIK 免疫细胞治疗可作为胃癌治疗的有效措施，联合化疗可明显提高肿瘤患者的治疗效果[201，202]。

3. DC-CIK 对血液瘤的抗肿瘤临床研究

石英俊等[203]在 DC-CIK 细胞治疗急性髓细胞性白血病的疗效观察中发现 DC-CIK 细胞群中，CD3+、CD56+T 细胞占（38.4±9.42）%，DC-CIK 细胞对白血病细胞株 K562 的杀伤率为（58.3±3.3）%，10 例患者经治疗后，7 例持续完全缓解，占 70%；患者回输 DC-CIK 后外周血中的 CD4+、CD8+、CD56+T 细胞的比例均有明显提高，无严重不良反应。表明 DC-CIK 能诱导机体产生特异性的免疫反应，对急性髓细胞性白血病的治疗有较好的临床疗效。

（四）不断探索 CIK/DC-CIK 的新型联合治疗改善抗肿瘤活性

CIK 细胞是外周血淋巴细胞经过 γ- 干扰素、抗 CD3 单克隆抗体、白介素 -2 的刺激诱导获得的，主要效应细胞是含 CD3+CD56+ 的 NKT 细胞，具有非主要组织相容性复合体限制的抗肿瘤活性。已有研究表明，CIK 细胞对黑色素瘤和肉瘤的肿瘤干细胞也具有明显的杀伤作用[204]，显示了 CIK 治疗的良好前景。然而，单纯 CIK 治疗总体疗效相对不足。因而，研究者尝试将 CIK/DC-CIK 细胞与其他新型治疗方式联合，这些探索为进一步提高 CIK/DC-CIK 治疗的疗效奠定了基础。

1. CIK/DC-CIK 联合溶瘤腺病毒治疗

2010 年，Helms 等[205] 报道称，IL-12 不但能提高 CIK 细胞的毒性作用，还能有效缩短 CIK 细胞的体外诱导时间。在此基础上，Yang 等[206] 联合 CIK 细胞和表达 IL-12 的溶瘤腺病毒在动物模型上对肝癌移植瘤进行治疗，并比较联合治疗与单独 CIK、单独携带 IL-12 的溶瘤腺病毒治疗的疗效。结果显示 IL-12 能有效提高 CIK 细胞的肿瘤组织浸润性和体外增殖能力，CIK 细胞联合溶瘤腺病毒比单独 CIK 细胞或溶瘤腺病毒治疗疗效有显著提高。

2. CIK/DC-CIK 联合抗血管生成的小分子药物治疗

肿瘤组织的血管形成和厌氧的微环境可能是产生药物抵抗性的主导因素，而且肿瘤组织的厌氧环境也是 CIK 细胞治疗的一大障碍。2013 年，Shi 等[207] 研究了联合应用内皮抑制素（Endostatin）和 CIK 细胞治疗非小细胞肺癌的疗效，发现内皮抑制素能有效减少肿瘤组织的血管生成和厌氧程度，并且能显著提高 CIK 细胞的增殖、杀伤能力和肿瘤组织浸润性。2014 年，Tao 等[208] 联合抗肿瘤血管生成抗体 bevacizumab 和 CIK 细胞来治疗裸鼠非小细胞肺癌移植瘤，结果发现 bevacizumab 能有效提高 CIK 细胞对肿瘤组织的浸润和杀伤。

3. CIK/DC-CIK 细胞的武装化治疗

为了提高 CIK 细胞的杀伤活性，可以尝试用各种修饰方式来武装 CIK 细胞。2012 年，Du 等[209] 用双靶向癌胚抗原和 CD3 的抗体 CEA/CD3-BsAb（CD3 抗体负责结合 CIK 细胞，CEA 抗体负责结合肿瘤细胞 CEA 抗原）结合并修饰 CIK 细胞，结果表明 CEA/CD3-BsAb 的修饰有利于 CIK 细胞在表达相关抗原的肿瘤组织的浸润；同时研究者观察了不同注射方式对 CIK 细胞的肿瘤浸润能力和杀伤效果的影响。结果发现，癌旁注射比腹腔注射和静脉注射更有利于 CIK 细胞在肿瘤组织的浸润。此外，利用基因工程的修饰方法也是目前 CIK 细胞体外修饰的一种策略，包括应用基因工程技术使 CIK 细胞特异性表达嵌合抗原受体，对此 Wieczorek 等[210] 已经在综述中提出 CAR 改造的 CIK 细胞的活性更高的观点。

三、前景与展望

当前，CIK细胞免疫治疗逐渐从实验室研究阶段走到了临床研究阶段，相比于传统的化疗，因其独特的靶抗原识别的机制、扩增的短周期、对肿瘤更强的杀伤力和靶向性、对效应细胞杀伤温和、技术成本相对低等，极大地促进了医学的发展，为众多恶性肿瘤患者带来了福音。

越来越多的临床数据证实，CIK细胞联合治疗具有重要的临床价值，其不仅能弥补传统治疗或单独CIK细胞治疗的不足，而且能在很大程度上巩固治疗效果、提高患者的术后生存时间和质量[211]。遗憾的是，目前大多数临床治疗的结果来源于非标准化的临床研究，期待设立大样本多中心随机对照试验，用更为翔实准确的数据证实CIK/DC-CIK细胞联合治疗的临床疗效。此外，国际上过继细胞免疫治疗主要以肿瘤特异性T细胞作为效应细胞，其相对于CIK细胞具有更强的抗肿瘤活性，缺点是获取与扩增的技术难度较大。随着对生物免疫作用机制的不断探索以及对规范化生物免疫治疗体系研究的逐渐深入，DC-CIK细胞有望成为未来肿瘤过继细胞免疫治疗的首选方案。

第八节　DC细胞治疗

一、概述

DC细胞，又称树突状细胞，是机体内最有效的、功能最强大的专职抗原呈递细胞（Antigen-presenting cell，APC），具有活化幼稚T细胞的能力，能合成大量的MHC-Ⅱ以及摄取和转运Ag的特殊膜受体，是体内Ag的主要摄取者和T细胞激活的主要承担者。作为专职抗原提呈细胞，DC在抗肿瘤免疫中发挥了关键作用，抗肿瘤免疫的建立依赖于DC将肿瘤抗原提呈给淋巴结内的淋巴细胞。

数十年的研究已证实DC细胞不仅能够以抗原特异性的方式启动T细胞识别和杀伤肿瘤细胞，而且可以激发免疫记忆保护，当宿主再次受到肿瘤细胞攻击时发挥保护作用。本节将主要围绕近年基于树突状细胞的肿瘤疫苗的研发进展进行信息梳理。值得注意的是，近年来DC细胞与细胞因子诱导的杀伤细胞（CIK）联合培养的细胞治疗成为了被高度关注的抗肿瘤新技术，相关内容已在第七节中提及，此处不再重复介绍。

二、重要进展

（一）DC肿瘤疫苗的多途径体外负载方法不断完善成熟

到目前为止，DC肿瘤疫苗主要分为以下六类：①肿瘤抗原肽负载DC肿瘤疫苗[212]；

②通过物理、化学和凋亡处理方法获得的肿瘤全细胞抗原负载DC肿瘤疫苗[213]；③通过融合技术将DC与肿瘤细胞融合的DC融合肿瘤疫苗[214]；④转染肿瘤细胞RNA的肿瘤RNA负载DC肿瘤疫苗[215]；⑤通过载体介导肿瘤细胞DNA进入DC，得到肿瘤DNA负载DC肿瘤疫苗[216]；⑥DC来源的外泌体负载的DC肿瘤疫苗[217]。

虽然DC是肿瘤抗原与机体免疫系统之间的桥梁，是机体内最有效的、功能最强大的APC，但是DC细胞在体内数量极少，约占外周血白细胞总数的0.5%～1%。这限制了DC产生特异性细胞免疫应答和体液免疫应答的能力。为了克服上述DC的数量及其功能方面的不足，常常通过多途径体外负载方法刺激DC，使其在肿瘤免疫治疗中发挥更重要的作用。

1. 肿瘤抗原肽致敏的DC疫苗

将肿瘤抗原肽（包括合成肽）与DC共育，DC吞噬肿瘤表位肽之后，可诱导CD8+CTL及CD4+T辅助细胞的应答及Th1和Th2细胞因子的产生，从而激发机体的抗肿瘤细胞免疫反应。目前已知的抗原肽来源于众多肿瘤相关抗原（Tumor-associated antigen，TAA），包括HPV蛋白[218]、癌胚抗原（Carcinoembryonic antigen，CEA）[219]、人端粒酶反转录酶（Human telomerase reverse transcriptase，hTERT）[220]、黑色素瘤抗原[221]、p53[222]、Her-2/Neu[223]等。

用肿瘤抗原多肽致敏DC疫苗具有很好的靶向性，不易产生自身免疫性疾病。但仅能提供有限的肿瘤抗原表位，且MHC限制性的存在，导致容易发生肿瘤细胞免疫逃逸。

2. 肿瘤全细胞抗原致敏的DC肿瘤疫苗

由于目前肿瘤特异性抗原或肿瘤相关抗原多肽获得明确鉴定的较少。细胞融合技术最大的优点就在于融合细胞能呈递肿瘤细胞所有的抗原，包括已知的和未知的抗原。Gong等[224]将人树突状细胞和人乳腺癌细胞进行融合，通过体外试验发现融合细胞能激活T细胞，产生肿瘤特异性的细胞毒T细胞，将此T细胞与乳腺癌细胞混合后，可杀死多数该肿瘤细胞。人卵巢癌细胞表达CA-125、HER2/neu和MUC1肿瘤相关抗原，Gong等[225]用卵巢癌瘤细胞与自体树突状细胞融合得到杂合瘤细胞，该细胞在表达CA-125抗原的同时，表达树突状细胞的共刺激因子和黏附因子。融合细胞可以刺激自体T细胞增殖。同时证明，融合细胞诱导的杀伤性T细胞可以MHC-Ⅰ机制杀伤自体肿瘤细胞。

该DC融合疫苗包括了所有已知的和未知的肿瘤抗原，能有效地引起免疫反应，并且制作相对简单方便。但是由于肿瘤细胞中包含了机体自身的抗原，可能会诱发自身免疫反应。

3. 肿瘤细胞来源的基因修饰的DC肿瘤疫苗

以DC为基础的基因疫苗有：转染肿瘤抗原RNA的DC疫苗、转染肿瘤抗原DNA的

DC疫苗及转染细胞因子和趋化因子基因的DC疫苗等。转染肿瘤抗原致敏DC回输后，可引起特异免疫保护作用，但并不持久。为诱导持久的抗肿瘤免疫作用，有研究[226]从有限的肿瘤组织中扩增足量的有效刺激DC的mRNA，采用差异筛选方法获特异性表达的肿瘤特异性抗原mRNA导入DC制备RNA疫苗，或将肿瘤抗原基因以裸DNA方式导入DC，或以病毒为载体转染DC使DC持续表达肿瘤抗原，可解决上述两种DC肿瘤疫苗因抗原解离、肿瘤来源有限、有诱发自身免疫性疾病危险等不足。也有报道[227]用促进抗肿瘤免疫应答的细胞因子或趋化因子（GM-CSF、IL-2、IL-12、TNF-α等）基因直接转染DC，或转染肿瘤抗原修饰的DC疫苗，均可促进DC成熟、提高DC活性以增强DC疫苗效能。

（二）DC肿瘤疫苗联合应用模式不断探索拓展

目前癌症作为一种慢性病，通常采用综合的治疗模式。患者可以接受各种模式的序贯或同步治疗，以期达到更好的疗效、更低的毒性。在DC疫苗的应用实践中，联合放化疗以及其他模式的生物免疫治疗，可以增强DC疫苗的免疫功能。需注意的是，DC肿瘤疫苗联合细胞因子诱导的杀伤细胞（CIK）的肿瘤免疫治疗已在之前阐述，这里不再重复。

1. DC瘤苗联合化疗的肿瘤免疫治疗

化疗是治疗转移性癌的主要治疗方法之一，可以有效阻止癌细胞扩散。然而，这种治疗策略的严重阻碍是多重耐药性（Multidrug resistance，MDR）的产生，MDR是大多数患者在首次化疗成功后早期复发率较高的主要因素之一。MDR的患者只有在非常高的化疗剂量下才能获得有效的治疗反应，而化疗剂量的提高会产生严重的副作用，包括骨髓抑制、胃肠道疾病以及终身心脏和肾脏损伤[226]。DC肿瘤疫苗结合化疗可减少化疗用药剂量，减轻患者耐药性和毒副作用。Chiappori等[227]将转染野生型肿瘤蛋白p53（tumor protein p53，TP53）的DC肿瘤疫苗治疗化疗后广泛期小细胞肺癌患者，参与治疗的小细胞肺癌患者按人数1∶1∶1分为观察组、疫苗组、疫苗联合全反式维甲酸组，3组患者只在疾病进展期时接受紫杉醇治疗。治疗结果显示疫苗治疗后无明显毒副作用；2组阳性免疫应答比例分别为20%、43.3%；紫杉醇治疗对观察组、疫苗组、疫苗联合全反式维甲酸组的总缓解率（Overall response rate，ORR）依次分别为15.4%、16.7%、27.8%。虽然该疫苗未能将ORR提高至二线化疗，但是其安全性和免疫治疗潜力仍然存在，与其他药物联合应用还需进一步探索。

2. DC瘤苗联合放疗的肿瘤免疫治疗

放疗是目前治疗恶性肿瘤的主要手段之一，它具有杀灭恶性肿瘤细胞和消除恶性克隆源性肿瘤细胞的巨大潜力，电离辐射能诱导肿瘤细胞释放损伤相关分子模式（Damage-associated molecular pattern，DAMP），包括：热休克蛋白70（Heat shock protein 70，

HSP70）、高迁移率族蛋白 B1（High mobility group box 1，HMGB1），支持抗原提呈细胞的招募和成熟[228]。因此，放疗能增加 DC 肿瘤疫苗对肿瘤抗原的摄取加工的机会，提高 DC 瘤苗治疗效果。Dovedi 等[229]研究表明放疗联合 CD40 单克隆抗体或系统性使用 Toll 样受体 7（Toll-like receptor 7，TLR7）激动剂后可产生长期的免疫保护作用，能增强 DC 摄取和递呈抗原的能力，改善放疗后的效果。

3. DC 肿瘤疫苗联合免疫检查点阻断药物的肿瘤免疫治疗

近十年来，免疫阻断药物在临床上取得了不错的成效。抗免疫阻断药物主要分为抗 PD-1 单克隆抗体、PD-L1 单克隆抗体和抗 CTLA4 单克隆抗体。Wilgenhof 等[230]用多种 mRNA 电穿孔 DC 疫苗联合伊匹单抗（ipilimumab）治疗晚期黑色素瘤患者，结果显示接受治疗的患者疫苗耐受性良好；疫苗具有高度持久的肿瘤缓解率，无严重不良免疫事件。Furuse 等[231]报告了 1 例难治性原发中枢神经系统淋巴瘤患者在接受多次化疗、放疗和手术后仍旧有新的肿瘤病灶复发。随后，患者接受纳武单抗（nivolumab）和 DC 肿瘤疫苗联合治疗。6 个周期的治疗后，肿瘤病灶完全消失。Shi 等[232]研究发现肿瘤外泌体冲击的 DC肿瘤疫苗联合抗 PD-1 单克隆抗体能显著增强索拉非尼对晚期肝细胞癌的疗效，为索拉非尼治疗晚期肝细胞癌的耐药物提供新的思路。

（三）DC 肿瘤疫苗的临床应用现状

目前在 ClinicalTrials.gov 注册开展的与 DC 肿瘤疫苗相关的临床试验年注册数量呈逐渐上升趋势，有多项试验现已完成。根据临床试验所针对的不同肿瘤类型对其数量进行排序，依次为黑色素瘤、前列腺癌、肾癌、脑肿瘤、乳腺癌等。其中黑色素瘤、前列腺癌和肾癌这三种肿瘤的 DC 疫苗试验数量占所有肿瘤试验数量的半数以上，这是因为这些肿瘤具有更多特征性 TAA。针对结直肠癌的 DC 肿瘤疫苗临床试验迄今尚无报道。

从近几年以 DC 为基础的抗肿瘤免疫治疗临床试验的设计中可以看出，目前最主流的治疗模式还是将自体 DC 在体外扩增后经一种或多种纯化 TAA 或多肽刺激，再单独或联合化疗或免疫治疗，最后评估其诱导肿瘤特异性免疫反应和发挥抗肿瘤作用的能力。这些 TAA 包括人表皮生长因子受体 2（HER2）、癌胚抗原（CEA）、肿瘤血管抗原或 NYESO-1 衍生多肽，而治疗对象包括黑色素瘤[233]、神经胶质瘤[234]、胶质母细胞瘤[235]、肝细胞癌[236]和乳腺癌[237]。也有少数 DC 疫苗试验在体外刺激 DC 时使用的是肿瘤细胞裂解液，试验对象有肾细胞癌[238]、胶质母细胞瘤[239]、骨肉瘤[240]和一些其他实体肿瘤患者[241]。一部分试验还同时使用共刺激分子，如 CD40 配体、CD70 和 TLR4 激动剂。另外还有 DC 疫苗联合自然杀伤 T 细胞（NKT 细胞）激活剂 α-半乳糖[242]，或同时靶向 CD4+、CD8+T 细胞[243]，或联合免疫刺激性化疗药物（如环磷酰胺、来那度胺）[244]。总结这些已发表的研究结果，可以发现以 DC 为基础的疫苗用于肿瘤患者总体上是安全的，但是仅在一小部分患者中诱发特异性抗肿瘤免疫反应。

三、前景与展望

如前所述，在过去的二十年中，研究者们进行了大量利用 DC 的免疫刺激活性对抗癌症的尝试，但最终成功通过临床试验验证并得以付诸应用的只有 Sipuleucel-T 和 T-VEC，绝大多数 DC 治疗最后止步于临床试验阶段。目前尚有一些问题可能导致这些 DC 肿瘤疫苗的最终疗效不尽如人意。①缺乏理想的肿瘤特异性抗原。② TAA 免疫原性较弱。③缺乏高效诱导免疫原性 DC 的技术。④临床应用个体化效率不高。⑤ DC 疫苗接种途径不符合 DC 分化和成熟规律。⑥对 DC 不同亚群在功能上的异质性还认识不足。⑦缺乏可靠的分子或细胞生物学标志物用于预测 DC 疫苗的疗效。⑧疗效评价标准错位。

可以预见的是，一旦上述问题被逐一解决，必将研发出安全、经济、高效、广谱和特异的 DC 肿瘤疫苗用于临床。目前，DC 瘤苗与其他治疗手段的联合应用在动物实验及部分难治性肿瘤和肿瘤预后治疗方面取得了一定的成果，但其在临床上的广泛应用仍面临着巨大的挑战。相信随着研究的进一步深入，肿瘤免疫抑制的分子机制将会更加明朗。同时，开发设计新型和改进型的 DC 肿瘤疫苗，组合更加有效的免疫联合治疗，将使 DC 肿瘤疫苗释放更大的潜力，获得比现有 DC 疫苗更好的疗效。

参考文献

[1] Gross G,Waks T,Eshhar Z,et al. Expression of immunoglobulin-T-cell receptor chimeric molecules as functional receptors with antibody-type specificity[J]. PNAS, 1990, 86(24): 10024-10028.

[2] Kershaw M H,Westwood J A,Parker L L, et al. A phase I study on adoptive immunotherapy using gene-modified T cells for ovarian cancer[J]. Clinical Cancer Research, 2006, 12(20): 6106-6115.

[3] Brentjens R J, Isabelle Rivière,Park J H, et al. Safety and persistence of adoptively transferred autologous CD19-targeted T cells in patients with relapsed or chemotherapy refractory B-cell leukemiast[J]. Blood, 2011, 118(18): 4817-4828.

[4] Guedan S, Posey Jr A D, Shaw C, et al. Enhancing CAR-T cell persistence through ICOS and 4-1BB costimulation[J]. JCI Insight, 2018, 3(1): e96976.

[5] Roselli E, Boucher J C, Li G, et al. 4-1BB and optimized CD28 co-stimulation enhances function of human mono-specific and bi-specific third-generation CAR-T cells[J]. Journal for Immunotherapy of Cancer, 2021, 9(10): e003354.

[6] Wang Y, Zhong K, Ke J, et al. Combined 4-1BB and ICOS co-stimulation improves antitumor efficacy and persistence of dual anti-CD19/CD20 chimeric antigen receptor T cells[J]. Cytotherapy, 2021, 23(8): 715-723.

[7] Alizadeh D, Wong R A, Yang X, et al. IL15 Enhances CAR-T cell antitumor activity by reducing mTORC1 activity and preserving their stem cell memory phenotype Superior antitumor activity of CAR-T cells cultured in IL15[J]. Cancer Immunology Research, 2019, 7(5): 759-772.

[8] Hurton L V, Singh H, Najjar A M, et al. Tethered IL-15 augments antitumor activity and promotes a stem-cell memory subset in tumor-specific T cells[J]. Proceedings of the National Academy of Sciences, 2016, 113(48): E7788-E7797.

[9] Agliardi G, Liuzzi A R, Hotblack A, et al. Intratumoral IL-12 delivery empowers CAR-T cell immunotherapy in a pre-clinical model of glioblastoma[J]. Nature Communications, 2021, 12(1): 1-11.

[10] Raué H P, Beadling C, Haun J, et al. Cytokine-mediated programmed proliferation of virus-specific CD8+ memory T

cells[J]. Immunity, 2013, 38(1): 131-139.

[11] Pang N, Shi J, Qin L, et al. IL-7 and CCL19-secreting CAR-T cell therapy for tumors with positive glypican-3 or mesothelin[J]. Journal of Hematology & Oncology, 2021, 14(1): 1-6.

[12] Ruella M, Barrett D M, Kenderian S S, et al. Dual CD19 and CD123 targeting prevents antigen-loss relapses after CD19-directed immunotherapies[J]. J Clin Invest, 2016, 126(10): 3814-3826.

[13] Majzner R G, Mackall C L. Tumor antigen escape from CAR-T cell therapy[J]. Cancer Discovery, 2018, 8(10): 1219-1226.

[14] Shah N N, Johnson B D, Schneider D, et al. Bispecific anti-CD20, anti-CD19 CAR-T cells for relapsed B cell malignancies: a phase 1 dose escalation and expansion trial[J]. Nature Medicine, 2020, 26(10): 1569-1575.

[15] Choi B D, Yu X, Castano A P, et al. CAR-T cells secreting BiTEs circumvent antigen escape without detectable toxicity[J]. Nature Biotechnology, 2019, 37(9): 1049-1058.

[16] Darowski D, Kobold S, Jost C, et al. Combining the best of two worlds: highly flexible chimeric antigen receptor adaptor molecules (CAR-adaptors) for the recruitment of chimeric antigen receptor T cells[M]. Oxford: Taylor & Francis, 2019, 11(4): 621-631.

[17] Roybal K T, Rupp L J, Morsut L, et al. Precision tumor recognition by T cells with combinatorial antigen-sensing circuits[J]. Cell, 2016, 164(4): 770-779.

[18] LAJOIE M J，BOYKEN S E，SALTER A I，et al. Designed protein logic to target cells with precise combinations of surface antigens[J].Science，2020，369(6511): 1637-1643.

[19] Staedtke V, Bai R Y, Kim K, et al. Disruption of a self-amplifying catecholamine loop reduces cytokine release syndrome[J]. Nature, 2018, 564(7735): 273-277.

[20] Liu Y, Fang Y, Chen X, et al. Gasdermin E-mediated target cell pyroptosis by CAR-T cells triggers cytokine release syndrome[J]. Science Immunology, 2020, 5(43): eaax7969.

[21] Zhang R Y, Wei D, Liu Z K, et al. Doxycycline inducible chimeric antigen receptor T cells targeting CD147 for hepatocellular carcinoma therapy[J]. Frontiers in Cell and Developmental Biology, 2019, 7: 233.

[22] Mamonkin M, Mukherjee M, Srinivasan M, et al. Reversible transgene expression reduces fratricide and permits 4-1BB costimulation of CAR-T cells directed to T-cell malignancies regulated CAR expression minimizes tonic signaling[J]. Cancer Immunology Research, 2018, 6(1): 47-58.

[23] Wiebking V, Patterson J O, Martin R, et al. Metabolic engineering generates a transgene-free safety switch for cell therapy[J]. Nature Biotechnology, 2020, 38(12): 1441-1450.

[24] Liao Q, He H, Mao Y, et al. Engineering T cells with hypoxia-inducible chimeric antigen receptor (HiCAR) for selective tumor killing[J]. Biomarker Research, 2020, 8(1): 1-5.

[25] Fraietta J A, Nobles C L, Sammons M A, et al. Disruption of TET2 promotes the therapeutic efficacy of CD19-targeted T cells[J]. Nature, 2018, 558(7709): 307-312.

[26] Eyquem J，Mansilla-Soto J，Giavridis T，et al. Targeting a CAR to the TRAC locus with CRISPR/Cas9 enhances tumour rejection[J]. Nature, 2017, 543(7643): 113-117.

[27] Li W, Qiu S, Chen J, et al. Chimeric antigen receptor designed to prevent ubiquitination and downregulation showed durable antitumor efficacy[J]. Immunity, 2020, 53(2): 456-470. e6.

[28] Wu W, Zhou Q, Masubuchi T, et al. Multiple signaling roles of CD3ε and its application in CAR-T cell therapy[J]. Cell, 2020, 182(4): 855-871，e23.

[29] FDA approves second CAR T-cell therapy[J]. Cancer Discov, 2018, 8(1):5-6.

[30] Fowler N H, Dickinson M, Dreyling M, et al. Tisagenlecleucel in adult relapsed or refractory follicular lymphoma: the phase 2 ELARA trial[J]. Nature Medicine, 2022, 28(2): 325-332.

[31] Locke F L, Miklos D B, Jacobson C A, et al. Axicabtagene ciloleucel as second-line therapy for large B-cell lymphoma[J]. New England Journal of Medicine, 2022, 386(7): 640-654.

[32] Berdeja J G, Madduri D, Usmani S Z, et al. Ciltacabtagene autoleucel, a B-cell maturation antigen-directed chimeric antigen receptor T-cell therapy in patients with relapsed or refractory multiple myeloma (CARTITUDE-1): a phase 1b/2 open-label study[J]. The Lancet, 2021, 398(10297): 314-324.

[33] Melenhorst J J, Chen G M, Wang M, et al. Decade-long leukaemia remissions with persistence of CD4+ CAR T cells[J]. Nature, 2022, 602(7897): 503-509.

[34] Vora P, Venugopal C, Salim S K, et al. The rational development of CD133-targeting immunotherapies for glioblastoma[J]. Cell Stem Cell, 2020, 26(6): 832-844，e6.

[35] Chen H, Yang Y, Deng Y, et al. Delivery of CD47 blocker SIRPα-Fc by CAR-T cells enhances antitumor efficacy[J]. Journal for Immunotherapy of Cancer, 2022, 10(2): e003737.

[36] Hou A, CHEN J, Chen L, et al. Navigating CAR-T cells through the solid-tumour microenvironment[J]. Nature Reviews Drug Discovery, 2021, 20(7): 531-550.

[37] Morgan N V, Goddard S, Cardno T S, et al. Mutation in the TCRα subunit constant gene (TRAC) leads to a human immunodeficiency disorder characterized by a lack of TCRαβ+ T cells[J]. The Journal of Clinical Investigation, 2011, 121(2): 695-702.

[38] Torikai H, Reik A, Liu P Q, et al. A foundation for universal T-cell based immunotherapy: T cells engineered to express a CD19-specific chimeric-antigen-receptor and eliminate expression of endogenous TCR[J]. Blood, The Journal of the American Society of Hematology, 2012, 119(24): 5697-5705.

[39] Boissel S, Jarjour J, Astrakhan A, et al. megaTALs: a rare-cleaving nuclease architecture for therapeutic genome engineering[J]. Nucleic Acids Research, 2014, 42(4):2591-2601.

[40] MacLeod D T, Antony J, Martin A J, et al. Integration of a CD19 CAR into the TCR alpha chain locus streamlines production of allogeneic gene-edited CAR-T cells[J]. Molecular Therapy, 2017, 25(4): 949-961.

[41] Depil S, Duchateau P, Grupp S A, et al. ‘Off-the-shelf’ allogeneic CAR-T cells: development and challenges[J]. Nature Reviews Drug Discovery, 2020, 19(3): 185-199.

[42] Zhao Q, Jiang Y, Xiang S, et al. Engineered TCR-T cell immunotherapy in anticancer precision medicine: pros and cons[J]. Front Immunol, 2021, 12: 658753.

[43] Baeuerle P A, Ding J, Patel E, et al. Synthetic TRUC receptors engaging the complete T cell receptor for potent anti-tumor response[J]. Nat Commun, 2019, 10(1): 2087.

[44] Helsen C W, Hammill J A, Lau V W C, et al. The chimeric TAC receptor co-opts the T cell receptor yielding robust anti-tumor activity without toxicity[J]. Nat Commun, 2018, 9(1): 3049.

[45] Sun Y, Li F, Sonnemann H, et al. Evolution of CD8(+)TCell Receptor (TCR) engineered therapies for the treatment of cancer[J]. Cells, 2021, 10(9):2379.

[46] Huang J, Brameshuber M, Zeng X, et al. A single peptide-major histocompatibility complex ligand triggers digital cytokine secretion in CD4(+)T cells[J]. Immunity, 2013, 39(5): 846-857.

[47] Schumacher T N. T-cell-receptor gene therapy[J]. Nat Rev Immunol, 2002, 2(7): 512-519.

[48] Boulter J M, Glick M, Todorov P T, et al. Stable, soluble T-cell receptor molecules for crystallization and therapeutics[J]. Protein Eng, 2003, 16(9): 707-711.

[49] Cohen C J, Zhao Y, Zheng Z, et al. Enhanced antitumor activity of murine-human hybrid T-cell receptor (TCR) in human lymphocytes is associated with improved pairing and TCR/CD3 stability[J]. Cancer Res, 2006, 66(17): 8878-8886.

[50] Bethune M T, Gee M H, Bunse M, et al. Domain-swapped T cell receptors improve the safety of TCR gene therapy[J]. elife, 2016, 5:e19095.

[51] Willemsen R A, Weijtens M E, Ronteltap C, et al. Grafting primary human T lymphocytes with cancer-specific chimeric single chain and two chain TCR[J]. Gene Ther, 2000, 7(16): 1369-1377.

[52] Sebestyen Z, Schooten E, Sals T, et al. Human TCR that incorporate CD3zeta induce highly preferred pairing between TCR alpha and beta chains following gene transfer[J]. J Immunol, 2008, 180(11): 7736-7746.

[53] Voss R H, Thomas S, Pfirschke C, et al. Coexpression of the T-cell receptor constant alpha domain triggers tumor reactivity of single-chain TCR-transduced humanTcells[J]. Blood, 2010, 115(25): 5154-5163.

[54] Schober K, Muller T R, Gokmen F, et al. Orthotopic replacement of T-cell receptor alpha- and beta-chains with preservation of near-physiological T-cell function[J]. Nat Biomed Eng, 2019, 3(12): 974-984.

[55] Zhang Y, Zhang X, Cheng C, et al. CRISPR-Cas9 mediated LAG-3 disruption in CAR-T cells[J]. Front Med, 2017,

11(4): 554-562.
[56] Sun Z, Ren Z, Yang K, et al. A next-generation tumor-targeting IL-2 preferentially promotes tumor-infiltrating CD8(+) T-cell response and effective tumor control[J]. Nat Commun, 2019, 10(1): 3874.
[57] Zhang L, Davies J S, Serna C, et al. Enhanced efficacy and limited systemic cytokine exposure with membrane-anchored interleukin-12 T-cell therapy in murine tumor models[J]. J Immunother Cancer, 2020, 8(1):e000210.
[58] Klebanoff C A, Finkelstein S E, Surman D R, et al. IL-15 enhances the *in vivo* antitumor activity of tumor-reactive CD8+T cells[J]. PNAS, 2004, 101(7): 1969-1974.
[59] Tian Y, Yuan C, Ma D, et al. IL-21 and IL-12 inhibit differentiation of Treg and Th17 cells and enhance cytotoxicity of peripheral blood mononuclear cells in patients with cervical cancer[J]. Int J Gynecol Cancer, 2011, 21(9): 1672-1678.
[60] Hinrichs C S, Spolski R, Paulos C M, et al. IL-2 and IL-21 confer opposing differentiation programs to CD8+T cells for adoptive immunotherapy[J]. Blood, 2008, 111(11): 5326-5333.
[61] Li Y, Cong Y, Jia M, et al. Targeting IL-21 to tumor-reactiveTcells enhances memory T cell responses and anti-PD-1 antibody therapy[J]. Nat Commun, 2021, 12(1): 951.
[62] Gattinoni L, Klebanoff C A, Palmer D C, et al. Acquisition of full effector function *in vitro* paradoxically impairs the *in vivo* antitumor efficacy of adoptively transferred CD8+ T cells[J]. J Clin Invest, 2005, 115(6): 1616-1626.
[63] Asai H, Fujiwara H, An J, et al. Co-introduced functional CCR2 potentiates *in vivo* anti-lung cancer functionality mediated by T cells double gene-modified to express WT1-specific T-cell receptor[J]. PloS One, 2013, 8(2): e56820.
[64] Garetto S, Sardi C, Martini E, et al. Tailored chemokine receptor modification improves homing of adoptive therapy T cells in a spontaneous tumor model[J]. Oncotarget, 2016, 7(28): 43010-43026.
[65] Peng W, Ye Y, Rabinovich B A, et al. Transduction of tumor-specific T cells with CXCR2 chemokine receptor improves migration to tumor and antitumor immune responses[J]. Clin Cancer Res, 2010, 16(22): 5458-5468.
[66] Idorn M, Skadborg S K, Kellermann L, et al. Chemokine receptor engineering of T cells with CXCR2 improves homing towards subcutaneous human melanomas in xenograft mouse model[J]. Oncoimmunology, 2018, 7(8): e1450715.
[67] Hu J, Sun C, Bernatchez C, et al. T-cell Homing therapy for reducing regulatory T cells and preserving effector T-cell function in large solid tumors[J]. Clin Cancer Res, 2018, 24(12): 2920-2934.
[68] Jin L, Tao H, Karachi A, et al. CXCR1- or CXCR2-modified CAR-T cells co-opt IL-8 for maximal antitumor efficacy in solid tumors[J]. Nat Commun, 2019, 10(1): 4016.
[69] Khan A B, Carpenter B, Santos E S P, et al. Redirection to the bone marrow improves T cell persistence and antitumor functions[J]. J Clin Invest, 2018, 128(5): 2010-2024.
[70] Adachi K, Kano Y, Nagai T, et al. IL-7 and CCL19 expression in CAR-T cells improves immune cell infiltration and CAR-T cell survival in the tumor[J]. Nat Biotechnol, 2018, 36(4): 346-351.
[71] Duraiswamy J, Kaluza K M, Freeman G J, et al. Dual blockade of PD-1 and CTLA-4 combined with tumor vaccine effectively restores T-cell rejection function in tumors[J]. Cancer Res, 2013, 73(12): 3591-3603.
[72] Pilon-Thomas S, Mackay A, Vohra N, et al. Blockade of programmed death ligand 1 enhances the therapeutic efficacy of combination immunotherapy against melanoma[J]. J Immunol, 2010, 184(7): 3442-3449.
[73] Carretero-Gonzalez A, Lora D, Ghanem I, et al. Analysis of response rate with ANTI PD1/PD-L1 monoclonal antibodies in advanced solid tumors: a meta-analysis of randomized clinical trials[J]. Oncotarget, 2018, 9(9): 8706-8715.
[74] Michot J M, Bigenwald C, Champiat S, et al. Immune-related adverse events with immune checkpoint blockade: a comprehensive review[J]. Eur J Cancer, 2016, 54: 139-148.
[75] Stadtmauer E A, Fraietta J A, Davis M M, et al. CRISPR-engineeredTcells in patients with refractory cancer[J]. Science, 2020, 367(6481).
[76] Ankri C, Shamalov K, Horovitz-Fried M, et al. Human T cells engineered to express a programmed death 1/28 costimulatory retargeting molecule display enhanced antitumor activity[J]. J Immunol, 2013, 191(8): 4121-4129.
[77] Schlenker R, Olguin-Contreras L F, Leisegang M, et al. Chimeric PD-1:28 receptor upgrades low-avidity Tcells and

restores effector function of tumor-infiltrating Lymphocytes for adoptive cell therapy[J]. Cancer Res, 2017, 77(13): 3577-3590.

[78] Hoogi S, Eisenberg V, Mayer S, et al. A TIGIT-based chimeric co-stimulatory switch receptor improves T-cell anti-tumor function[J]. J Immunother Cancer, 2019, 7(1): 243.

[79] Shin J H, Park H B, Oh Y M, et al. Positive conversion of negative signaling of CTLA4 potentiates antitumor efficacy of adoptive T-cell therapy in murine tumor models[J]. Blood, 2012, 119(24): 5678-5687.

[80] Oda S K, Anderson K G, Ravikumar P, et al. A Fas-4-1BB fusion protein converts a death to a pro-survival signal and enhancesTcell therapy[J]. J Exp Med, 2020, 217(12):e20191166.

[81] Mariathasan S, Turley S J, Nickles D, et al. TGF beta attenuates tumour response to PD-L1 blockade by contributing to exclusion of T cells[J]. Nature, 2018, 554(7693): 544-548.

[82] Ravi R, Noonan K A, Pham V, et al. Bifunctional immune checkpoint-targeted antibody-ligand traps that simultaneously disable TGFbeta enhance the efficacy of cancer immunotherapy[J]. Nat Commun, 2018, 9(1): 741.

[83] Bendle G M, Linnemann C, Bies L, et al. Blockade of TGF-beta signaling greatly enhances the efficacy of TCR gene therapy of cancer[J]. J Immunol, 2013, 191(6): 3232-3239.

[84] Bollard C M, Tripic T, Cruz C R, et al. Tumor-specific T-cells engineered to overcome tumor immune evasion induce clinical responses in patients with relapsed Hodgkin Lymphoma[J]. J Clin Oncol, 2018, 36(11): 1128-1139.

[85] Sukumaran S, Watanabe N, Bajgain P, et al. Enhancing the potency and specificity of engineered T cells for cancer treatment[J]. Cancer Discov, 2018, 8(8): 972-987.

[86] Wang X G, Revskaya E, Bryan R A, et al. Treating cancer as an infectious disease-viral antigens as novel targets for treatment and potential prevention of tumors of viral etiology[J]. PloS One, 2007, 2(10): e1114.

[87] Imai C, Iwamoto S, Campana D. Genetic modification of primary natural killer cells overcomes inhibitory signals and induces specific killing of leukemic cells[J]. Blood, 2005, 106(1): 376-383.

[88] Kruschinski A, Moosmann A, Poschke I, et al. Engineering antigen-specific primary human NK cells against HER-2 positive carcinomas[J]. PNAS, 2008, 105(45): 17481-17486.

[89] Romee R, Schneider S E, Leong J W, et al. Cytokine activation induces human memory-like NK cells[J]. Blood, 2012, 120(24): 4751-4760.

[90] Romee R, Rosario M, Berrien-Elliott M M, et al. Cytokine-induced memory-like natural killer cells exhibit enhanced responses against myeloid leukemia[J]. Sci Transl Med, 2016, 8(357): 357ra123.

[91] Ojo E O, Sharma A A, Liu R, et al. Membrane bound IL-21 based NK cell feeder cells drive robust expansion and metabolic activation of NK cells[J]. Sci Rep, 2019, 9(1): 14916.

[92] Lim D P, Jang Y Y, Kim S, et al. Effect of exposure to interleukin-21 at various time points on human natural killer cell culture[J]. Cytotherapy, 2014, 16(10): 1419-1430.

[93] Imamura M, Shook D, Kamiya T, et al. Autonomous growth and increased cytotoxicity of natural killer cells expressing membrane-bound interleukin-15[J]. Blood, 2014, 124(7): 1081-1088.

[94] Romee R, Schneider S E, Leong J W, et al. Cytokine activation induces human memory-like NK cells. Blood, 2012, 120(24): 4751-4760.

[95] Copik A J, Oyer J L, Igarashi R Y, et al. Methods and compositions for natural killer cells.us 0333479[P].2017-11-23.

[96] Copik A, Oyer J, Chakravarti N, et al. Pm21 particles to improve bone marrow homing of NK cells.us 0061115[P]. 2020-02-27.

[97] Copik A J, Igarashi R Y, Oyer J L, et al. Methods for high scale therapeutic production of memory NK cells.us 10300089[P]. 2019-05-28.

[98] Cany J, Van Der Waart A B, Spanholtz J, et al. Combined IL-15 and IL-12 drives the generation of CD34(+)-derived natural killer cells with superior maturation and alloreactivity potential following adoptive transfer[J]. Oncoimmunology, 2015, 4(7): e1017701.

[99] Li Y, Hermanson D L, Moriarity B S, et al. Human iPSC-derived natural killer cells engineered with chimeric antigen receptors enhance anti-tumor activity[J]. Cell Stem Cell, 2018, 23(2): 181-192,e185.

[100] Knorr D A, Ni Z, Hermanson D, et al. Clinical-scale derivation of natural killer cells from human pluripotent stem

cells for cancer therapy[J]. Stem Cells Transl Med, 2013, 2(4): 274-283.

[101] Guven H, Konstantinidis K V, Alici E, et al. Efficient gene transfer into primary human natural killer cells by retroviral transduction[J]. Exp Hematol, 2005, 33(11): 1320-1328.

[102] Streltsova M A, Barsov E, Erokhina S A, et al. Retroviral gene transfer into primary human NK cells activated by IL-2 and K562 feeder cells expressing membrane-bound IL-21[J]. J Immunol Methods, 2017, 450: 90-94.

[103] Bari R, Granzin M, Tsang K S, et al. A Distinct subset of highly proliferative and lentiviral vector (LV)-transducible NK cells define a readily engineered subset for adoptive cellular therapy[J]. Front Immunol, 2019, 10: 2001.

[104] Tomas H A, Mestre D A, Rodrigues A F, et al. Improved GaLV-TR glycoproteins to pseudotype lentiviral vectors: impact of viral protease activity in the production of LV pseudotypes[J]. Mol Ther Methods Clin Dev, 2019, 15: 1-8.

[105] Carlsten M, Childs R W. Genetic manipulation of NK cells for cancer immunotherapy: techniques and clinical implications[J]. Front Immunol, 2015, 6: 266.

[106] Vargas J E, Chicaybam L, Stein R T, et al. Retroviral vectors and transposons for stable gene therapy: advances, current challenges and perspectives[J]. J Transl Med, 2016, 14(1): 288.

[107] Yao X, Jovevski J J, Todd M F, et al. Nanoparticle-mediated intracellular protection of natural killer cells avoids cryoinjury and retains potent antitumor functions[J]. Adv Sci (Weinh), 2020, 7(9): 1902938.

[108] Parker T M, Gupta K, Palma A M, et al. Cell competition in intratumoral and tumor microenvironment interactions[J]. The EMBO Journal, 2021, 40(17): e107271.

[109] Gao S Y, Hsu T W, Li M O. Immunity beyond cancer cells: perspective from tumor tissue[J]. Trends in Cancer, 2021, 7(11): 1010-1019.

[110] Maimela N R, Liu S, Zhang Y. Fates of CD8+ T cells in tumor microenvironment[J]. Computational and Structural Biotechnology Journal, 2019, 17: 1-13.

[111] Liang D, Tian L, You R, et al. AIMp1 potentiates TH1 polarization and is critical for effective antitumor and antiviral immunity[J]. Frontiers in Immunology, 2018, 8: 1801.

[112] Zheng P, Luo Q, Wang W, et al. Tumor-associated macrophages-derived exosomes promote the migration of gastric cancer cells by transfer of functional Apolipoprotein E[J]. Cell Death & Disease, 2018, 9(4): 1-14.

[113] Kaneko S, Mastaglio S, Bondanza A, et al. IL-7 and IL-15 allow the generation of suicide gene–modified alloreactive self-renewing central memory human T lymphocytes[J]. Blood, The Journal of the American Society of Hematology, 2009, 113(5): 1006-1015.

[114] Isakov D, Dzutsev A, Berzofsky J A, et al. Lack of IL - 7 and IL - 15 signaling affects interferon - γ production by, more than survival of, small intestinal intraepithelial memory CD8+ T cells[J]. European Journal of Immunology, 2011, 41(12): 3513-3528.

[115] Itzhaki O, Hovav E, Ziporen Y, et al.Establishment and large-scale expansion of minimally cultured "young" tumor infiltrating lymphocytes for adoptive transfer therapy[J]. Journal of Immunotherapy, 2011, 34(2): 212-220.

[116] Li Y, Liu S, Campbell R, et al. Maintenance of CD27+ effector memory T cells during *ex vivo* expansion of melanoma TIL is critical for adoptive T-cell therapy[J]. Journal of Immunotherapy, 2006, 29(6): 630-631.

[117] Anzai A, Anzai T, Nagai S, et al. Regulatory role of dendritic cells in postinfarction healing and left ventricular remodeling[J]. Circulation, 2012, 125(10): 1234-1245.

[118] Jones S, Peng P D, Yang S, et al. Lentiviral vector design for optimal T cell receptor gene expression in the transduction of peripheral blood lymphocytes and tumor-infiltrating lymphocytes[J]. Human Gene Therapy, 2009, 20(6): 630-640.

[119] Finotello F, Trajanoski Z. Quantifying tumor-infiltrating immune cells from transcriptomics data.[J]. Cancer Immunology, Immunotherapy, 2018, 67(7): 1031-1040.

[120] Aran D, Hu Z C, Butte A J. xCell: digitally portraying the tissue cellular heterogeneity landscape.[J]. Genome Biology, 2017, 18(1): 1-14.

[121] Miao Y R, Zhang Q, Lei Q, et al. ImmuCellAI: a unique method for comprehensive T-cell subsets abundance prediction and its application in cancer immunotherapy[J]. Advanced Science, 2020, 7(7): 1902880.

[122] Li T, Fu J, Zeng Z, et al. TIMER2. 0 for analysis of tumor-infiltrating immune cells[J]. Nucleic Acids Research,

2020, 48(W1): W509-W514.

[123] Racle J, de Jonge K, Baumgaertner P, et al. Simultaneous enumeration of cancer and immune cell types from bulk tumor gene expression data[J]. eLife, 2017, 6:e26476.

[124] Monaco G, Lee B, Xu W, et al. RNA-Seq signatures normalized by mRNA abundance allow absolute deconvolution of human immune cell types[J]. Cell Reports, 2019, 26(6): 1627-1640, e7.

[125] LI T W, FU L T, Fu J X, et al. TIMER2.0 for analysis of tumor-infiltrating immune cells.[J]. Nucleic Acids Research, 2020, 48(W1): W509-W514.

[126] Zhong Y, Wan Y W, Pang K F, et al. Digital sorting of complex tissues for cell type-specific gene expression profiles[J]. BMC Bioinformatics, 2013, 14(1): 1-10.

[127] Creelan B C, Wang C, Teer J K, et al. Tumor-infiltrating lymphocyte treatment for anti-PD-1-resistant metastatic lung cancer: a phase 1 trial[J]. Nature Medicine, 2021, 27(8): 1410-1418.

[128] Ratto G B, Zino P, Mirabelli S, et al. A randomized trial of adoptive immunotherapy with tumor-infiltrating lymphocytes and interleukin-2 versus standard therapy in the postoperative treatment of resected nonsmall cell lung cancer.[J]. Cancer: Interdisciplinary International Journal of the American Cancer Society, 1996, 78(2): 244-251.

[129] McDermott D F, Cheng S C, Signoretti S, et al. The high-dose aldesleukin “select” trial: a trial to prospectively validate predictive models of response to treatment in patients with metastatic renal cell carcinoma[J]. Clinical Cancer Research, 2015, 21(3): 561-568.

[130] Cella D，Grünwald V，Escudier B，et al. Patient-reported outcomes of patients with advanced renal cell carcinoma treated with nivolumab plus ipilimumab versus sunitinib (CheckMate 214): a randomised, phase 3 trial[J]. The Lancet Oncology, 2019, 20(2): 297-310.

[131] Lin Z,Liu L, Xia Y, et al.Tumor infiltrating CD19+ B lymphocytes predict prognostic and therapeutic benefits in metastatic renal cell carcinoma patients treated with tyrosine kinase inhibitors[J]. Oncoimmunology, 2018, 7(10): 1-9.

[132] 张丽 , 刘芳芳 , 付丽 . 肿瘤间质浸润淋巴细胞在乳腺癌中的意义及评价方法 [J]. 中华病理学杂志 , 2016(4):3.

[133] Kang B W, Seo A N, Yoon S, et al. Prognostic value of tumor-infiltrating lymphocytes in Epstein-Barr virus-associated gastric cancer[J]. Annals of Oncology, 2016, 27(3): 494-501.

[134] Grogg K L, Lohse C M, Pankratz V S, et al. Lymphocyte-rich gastric cancer: associations with Epstein-Barr virus, microsatellite instability, histology, and survival[J]. Modern Pathology, 2003, 16(7): 641-651.

[135] Klichinsky M, Ruella M, Shestova O, et al. Human chimeric antigen receptor macrophages for cancer immunotherapy[J]. Nat Biotechnol, 2020, 38(8): 947-953.

[136] Morrissey M A, Williamson A P, Steinbach A M, et al.Chimeric antigen receptors that trigger phagocytosis[J]. eLife, 2018, 7.

[137] Niu Z, Chen G, Chang W, et al. Chimeric antigen receptor-modified macrophages trigger systemic anti-tumour immunity[J]. J Pathol, 2021, 253(3): 247-257.

[138] Zhang W, Liu L, Su H, et al. Chimeric antigen receptor macrophage therapy for breast tumours mediated by targeting the tumour extracellular matrix[J]. Br J Cancer, 2019, 121(10): 837-845.

[139] Schlam D, Bagshaw R D, Freeman S A, et al. Phosphoinositide 3-kinase enables phagocytosis of large particles by terminating actin assembly through Rac/Cdc42 GTPase-activating proteins[J]. Nat Commun, 2015, 6: 8623.

[140] Kang M, Lee S H, Kwon M, et al. Nanocomplex-mediated *in vivo* programming to chimeric antigen receptor-M1 macrophages for cancer therapy[J]. Adv Mater, 2021, 33(43): e2103258.

[141] Gabitova L, Menchel B, Gabbasov R, et al. Anti-HER2 CAR monocytes demonstrate targeted anti-tumor activity and enable a single day cell manufacturing process[J]. Immunology，2021，81. DOI:10.1158/1538-7445.am2021-1530.

[142] Zhang L, Tian L, Dai X, et al. Pluripotent stem cell-derived CAR-macrophage cells with antigen-dependent anti-cancer cell functions[J]. J Hematol Oncol, 2020, 13(1): 153.

[143] Bobadilla S, Sunseri N, Landau N R. Efficient transduction of myeloid cells by an HIV-1-derived lentiviral vector that packages the Vpx accessory protein[J]. Gene Ther, 2013, 20(5): 514-520.

[144] Moyes K W, Lieberman N A, Kreuser S A, et al. Genetically engineered macrophages: a potential platform for cancer immunotherapy[J]. Hum Gene Ther, 2017, 28(2): 200-215.

[145] Ohtani Y, Ross K, Dandekar A, et al. 128 development of an M1-polarized, non-viral chimeric antigen receptor macrophage (CAR-M) platform for cancer immunotherapy[J]. J Immunother Cancer, 2020. DOI:10.1136/jitc-2020-sitc2020.0128.

[146] Moradian H, Roch T, Lendlein A, et al. mRNA transfection-induced activation of primary human monocytes and macrophages: dependence on carrier system and nucleotide modification[J]. Sci Rep, 2020, 10(1): 4181.

[147] Wang X, Wang G, Wang N, et al. A simple and efficient method for the generation of a porcine alveolar macrophage cell line for high-efficiency Porcine reproductive and respiratory syndrome virus 2 infection[J]. J Virol Methods, 2019, 274: 113727.

[148] Faradji A, Bohbot A, Schmitt-Goguel M, et al. Phase I trial of intravenous infusion of ex-vivo-activated autologous blood-derived macrophages in patients with non-small-cell lung cancer: toxicity and immunomodulatory effects[J]. Cancer Immunol Immunother, 1991, 33(5): 319-326.

[149] Andreesen R, Hennemann B, Krause S W. Adoptive immunotherapy of cancer using monocyte-derived macrophages: rationale, current status, and perspectives[J]. J Leukoc Biol, 1998, 64(4): 419-426.

[150] Brempelis K J, Cowan C M, Kreuser S A, et al. Genetically engineered macrophages persist in solid tumors and locally deliver therapeutic proteins to activate immune responses[J]. J Immunother Cancer, 2020, 8(2):e001356.

[151] Niu Z, Chen G, Chang W, et al. Chimeric antigen receptor-modified macrophages trigger systemic anti-tumour immunity[J]. J Pathol, 2021, 253(3): 247-257.

[152] Gardell J L, Matsumoto L R, Chinn H, et al. Human macrophages engineered to secrete a bispecific T cell engager support antigen-dependent T cell responses to glioblastoma[J]. J Immunother Cancer, 2020, 8(2):e001202.

[153] Cha E B, Shin K K, Seo J, et al. Antibody-secreting macrophages generated using CpG-free plasmid eliminate tumor cells through antibody-dependent cellular phagocytosis[J]. BMB Rep, 2020, 53(8): 442-447.

[154] Huang Y, Guan Z, Dai X, et al. Engineered macrophages as near-infrared light activated drug vectors for chemo-photodynamic therapy of primary and bone metastatic breast cancer[J]. Nat Commun, 2021, 12(1): 4310.

[155] Upton R, Banuelos A, Feng D, et al. Combining CD47 blockade with trastuzumab eliminates HER2-positive breast cancer cells and overcomes trastuzumab tolerance[J]. PNAS, 2021, 118(29).

[156] Tseng D, Volkmer J P, Willingham S B, et al. Anti-CD47 antibody-mediated phagocytosis of cancer by macrophages primes an effective antitumor T-cell response[J]. PNAS, 2013, 110(27): 11103-11108.

[157] Gordon S R, Maute R L, Dulken B W, et al. PD-1 expression by tumour-associated macrophages inhibits phagocytosis and tumour immunity[J]. Nature, 2017, 545(7655): 495-499.

[158] Andrechak J C, Dooling L J, Discher D E. The macrophage checkpoint CD47 : SIRPalpha for recognition of 'self' cells: from clinical trials of blocking antibodies to mechanobiological fundamentals[J]. Philos Trans R Soc Lond B Biol Sci, 2019, 374(1779): 20180217.

[159] Roghanian A, Teige I, Martensson L, et al. Antagonistic human F cgamma RIIB (CD32B) antibodies have anti-tumor activity and overcome resistance to antibody therapy *in vivo* [J]. Cancer Cell, 2015, 27(4): 473-488.

[160] Pierini S, Gabbasov R, Gabitova L, et al. Chimeric antigen receptor macrophages (CAR-M) induce anti-tumor immunity and synergize with Tcell checkpoint inhibitors in pre-clinical solid tumor models[J]. Immunology, 2021, 81:63.

[161] Emens L A, Middleton G. The interplay of immunotherapy and chemotherapy: harnessing potential synergies[J]. Cancer Immunol Res, 2015, 3(5): 436-443.

[162] Bian Z, Shi L, Kidder K, et al. Intratumoral SIRPalpha-deficient macrophages activate tumor antigen-specific cytotoxic T cells under radiotherapy[J]. Nat Commun, 2021, 12(1): 3229.

[163] Escobar G, Barbarossa L,Barbiera G, et al. Interferon gene therapy reprograms the leukemia microenvironment inducing protective immunity to multiple tumor antigens[J]. Nat Commun, 2018, 9(1): 2896.

[164] Cahill E F, Tobin L M, Carty F, et al. Jagged-1 is required for the expansion of CD4+ CD25+ FoxP3+ regulatory T cells and tolerogenic dendritic cells by murine mesenchymal stromal cells[J]. Stem Cell Research & Therapy, 2015, 6(1): 1-13.

[165] Yao Y, Song J, Wang W, et al. Decidual vascular endothelial cells promote maternal-fetal immune tolerance by

inducing regulatory T cells through canonical Notch1 signaling[J]. Immunol Cell Biol,2017,95(4):416.
[166] Zhang K, Zhang Y Q, Ai W B, et al. Hes1, an important gene for activation of hepatic stellate cells, is regulated by Notch1 and TGF-β/BMP signaling[J]. World Journal of Gastroenterology:2015, 21(3): 878.
[167] Li C, Sheng A, Jia X, et al. Th17/Treg dysregulation in allergic asthmatic children is associated with elevated notch expression[J]. Journal of Asthma, 2018, 55(1): 1-7.
[168] 辛娜，李敬梅，王永锋，等. γ- 分泌酶抑制剂在哮喘小鼠模型 Th17/Treg 平衡失调中的作用 [J]. 山西医科大学学报，2017，48(9):4.
[169] Zhang W, Zhang X, Sheng A, et al. γ-Secretase inhibitor alleviates acute airway inflammation of allergic asthma in mice by downregulating Th17 cell differentiation[J]. Mediators of Inflammation, 2015, 2015:258168.
[170] Huang M T, Chen Y L, Lien C I. Notch ligand DLL4 alleviates allergic airway inflammation *via* induction of a homeostatic regulatory pathway[J]. 2017, 7: 43535.
[171] Qin L, Zhou Y C, Wu H J, et al. Notch signaling modulates the balance of regulatory T cells and T helper 17 cells in patients with chronic hepatitis C[J]. DNA and Cell Biology, 2017, 36(4): 311-320.
[172] Tanabe S. The effect of probiotics and gut microbiota on Th17 cells[J]. International Reviews of Immunology, 2013, 32(5/6): 511-525.
[173] 刘撰亮，吕愈敏，顾芳. 益生菌在炎症性肠病中的应用 [J]. 世界华人消化杂志，2010(36):5.
[174] Larmonier C B, Shehab K W, Ghishan F K, et al. T lymphocyte dynamics in inflammatory bowel diseases: role of the microbiome[J]. BioMed Research International, 2015, 2015:504638.
[175] Luo A, Leach S T, Barres R, et al. The microbiota and epigenetic regulation of T helper 17/regulatory T cells: in search of a balanced immune system[J]. Frontiers in Immunology, 2017, 8: 417.
[176] Carding S, Verbeke K, Vipond D T, et al. Dysbiosis of the gut microbiota in disease[J]. Microbial Ecology in Health and Disease, 2015, 26(1): 26191.
[177] De Vadder F, Kovatcheva-Datchary P, Goncalves D, et al. Microbiota-generated metabolites promote metabolic benefits *via* gut-brain neural circuits[J]. Cell, 2014, 156(1/2): 84-96.
[178] Ganesan A P, Johansson M, Ruffell B, et al. Tumor-infiltrating regulatory T cells inhibit endogenous cytotoxic T cell responses to lung adenocarcinoma[J]. The Journal of Immunology, 2013, 191(4): 2009-2017.
[179] Wang W, Hodkinson P, McLaren F, et al.Small cell lung Cancer tumour cells induce regulatory T lymphocytes, and patient survival correlates negatively with FOXP3+ cells in tumour infiltrate[J]. International Journal of Cancer, 2012, 131(6): E928-E937.
[180] Erfani N, Mehrabadi S M, Ghayumi M A, et al. Increase of regulatory T cells in metastatic stage and CTLA-4 over expression in lymphocytes of patients with non-small cell lung cancer (NSCLC)[J]. Lung Cancer, 2012, 77(2): 306-311.
[181] Li Q, Han Y, Fei G, et al. IL-17 promoted metastasis of non-small-cell lung cancer cells[J]. Immunology Letters, 2012, 148(2): 144-150.
[182] 马肖静，周慧婷，董熠，等. 肿瘤发生与免疫逃逸相关机制的研究进展 [J]. 肿瘤学杂志，2018，24(11):5.
[183] 史安臣，王慕蓉，杨洋，等. 肿瘤细胞外泌体介导免疫逃逸的研究进展 [J]. 中国肿瘤，2019(8):6.
[184] Roche J C, Capablo J L, Larrad L, et al. Increased serum interleukin-17 levels in patients with myasthenia gravis[J]. Muscle & Nerve, 2011, 44(2): 278-280.
[185] 王中魁，魏东宁，王卫，等. Th17 细胞与重症肌无力发病及临床严重度相关性研究 [J]. 中国神经免疫学和神经病学杂志，2013(3):20-24.
[186] 林国和. IL-6 对肝癌患者 CIK 细胞增殖能力和功能的影响 [D]. 广州：中山大学 , 2010.
[187] Märten A, Ziske C, Schöttker B, et al. Interactions between dendritic cells and cytokine-induced killer cells lead to an activation of both populations[J]. Journal of Immunotherapy, 2001, 24(6): 502-510.
[188] 刘苗，吴小艳，金润铭. 细胞因子诱导的杀伤细胞生物活性及杀瘤机制 [J]. 实用儿科临床杂志，2009，24(15):4.
[189] Kornacker M, Moldenhauer G, Herbst M, et al. Cytokine - induced killer cells against autologous CLL: direct cytotoxic effects and induction of immune accessory molecules by interferon-γ[J]. International Journal of Cancer,

2006, 119(6): 1377-1382.

[190] 赵楠，赵明峰，卢文艺，等 . 内源性表达白细胞介素 21 的 CIK 细胞的抗白血病作用及其机制 [J]. 中华医学杂志，93(4): 293-299.

[191] Verneris M R, Kornacker M, Mailänder V, et al. Resistance of *ex vivo* expanded CD3+ CD56+ T cells to fas-mediated apoptosis[J]. Cancer Immunology, Immunotherapy, 2000, 49(6): 335-345.

[192] Franceschetti M, Pievani A, Borleri G, et al. Cytokine-induced killer cells are terminallydifferentiated activated CD8 cytotoxic T-EMRA lymphocytes[J]. Experimental Hematology, 2009, 37(5): 616-628, e2.

[193] Marten A, Renoth S, VON Lilienfeld-Toal M, et al. Enhanced lytic activity of cytokine-induced killer cells against multiple myeloma cells after co-culture with idiotype-pulsed dendritic cells[J]. Haematologica, 2001, 86(10): 1029-1037.

[194] M Kornacker M, Verneris M R, Kornacker B, et al. The apoptotic and proliferative fate of cytokine-induced killer cells after redirection to tumor cells with bispecific Ab[J]. Cytotherapy, 2006, 8(1): 13-23.

[195] Valgardsdottir R, Capitanio C, Texido G, et al. Direct involvement of CD56 in cytokine-induced killer-mediated lysis of CD56+ hematopoietic target cells[J]. Experimental Hematology, 2014, 42(12): 1013-1021, e1.

[196] Kim H M, Lim J, Yoon Y D, et al. Anti-tumor activity of *ex vivo* expanded cytokine-induced killer cells against human hepatocellular carcinoma[J]. International Immunopharmacology, 2007, 7(13): 1793-1801.

[197] Yang G, Tan J, Wei G, et al. Effects of *ex vivo* activated immune cells on syngeneic and semi-allogeneic bone marrow transplantation in mice[J]. Transplant Immunology, 2006, 16(3/4): 166-171.

[198] 张菁超 , 李明鑫 . CIK 治疗肺癌的临床观察及相关因素分析 [J]. 国际检验医学杂志 , 2014, 35(2):2.

[199] Zheng Y W, Li R M, Zhang X W, et al. Current adoptive immunotherapy in non-small cell lung cancer and potential influence of therapy outcome[J]. Cancer Investigation, 2013, 31(3): 197-205.

[200] Kobayashi K, Hagiwara K. Epidermal growth factor receptor (EGFR) mutation and personalized therapy in advanced nonsmall cell lung cancer (NSCLC)[J]. Targeted Oncology, 2013, 8(1): 27-33.

[201] 石旦，沈月平，裴红蕾，等. 细胞因子诱导的杀伤细胞治疗胃癌对其无瘤生存的影响 [J]. 中华实验外科杂志，2012，29(3):3.

[202] 樊永丽，赵华，于津浦，等. 胃癌患者术后化疗联合 CIK 免疫治疗的临床疗效 [J]. 中国肿瘤生物治疗杂志，2012，19(2):7.

[203] 石英俊，陈宇光，吴德沛，等. DCIK 细胞治疗急性髓细胞性白血病的疗效观察 [J]. 中国肿瘤生物治疗杂志，2008，15(5):5.

[204] Sangiolo D, Mesiano G, Gammaitoni L, et al. Activity of cytokine-induced killer cells against bone and soft tissue sarcoma[J]. Oncoimmunology, 2014, 3(3): e28269.

[205] Helms M W, Prescher J A, Cao Y A, et al. IL-12 enhances efficacy and shortens enrichment time in cytokine-induced killer cell immunotherapy[J]. Cancer Immunology, Immunotherapy, 2010, 59(9): 1325-1334.

[206] Yang Z, Zhang Q, Xu K, et al. Combined therapy with cytokine-induced killer cells and oncolytic adenovirus expressing IL-12 induce enhanced antitumor activity in liver tumor model[J]. PloS One, 2012,7(9):e44802.

[207] Shi S, Wang R, Chen Y, et al. Combining antiangiogenic therapy with adoptive cell immunotherapy exerts better antitumor effects in non-small cell lung cancer models[J]. PloS One, 2013, 8(6): e65757.

[208] Tao L, Huang G, Shi S, et al. Bevacizumab improves the antitumor efficacy of adoptive cytokine-induced killer cells therapy in non-small cell lung cancer models[J]. Medical Oncology, 2014, 31(1): 1-8.

[209] Du X, Jin R, Ning N, et al. *In vivo* distribution and antitumor effect of infused immune cells in a gastric cancer model[J]. Oncology Reports, 2012, 28(5): 1743-1749.

[210] Wieczorek A, Uharek L. Genetically modified T cells for the treatment of malignant disease[J]. Transfusion Medicine and Hemotherapy, 2013, 40(6): 388-402.

[211] Sangiolo D. Cytokine induced killer cells as promising immunotherapy for solid tumors[J]. Journal of Cancer, 2011, 2: 363.

[212] Zheng H, Liu L, Zhang H, et al. Dendritic cells pulsed with placental gp96 promote tumor-reactive immune responses[J]. PLoS One, 2019, 14(1): e0211490.

[213] Zhang Q, Chen Z. Sensitization of cisplatin resistant bladder tumor by combination of cisplatin treatment and co-culture of dendritic cells with apoptotic bladder cancer cells[J]. Cellular and Molecular Biology, 2018, 64(10): 102-107.

[214] Liu W L, Zou M Z, Liu T, et al. Cytomembrane nanovaccines show therapeutic effects by mimicking tumor cells and antigen presenting cells[J]. Nature Communications, 2019, 10(1): 1-12.

[215] Brabants E, Heyns K, De Smet S, et al.An accelerated, clinical-grade protocol to generate high yields of type 1-polarizing messenger RNA-loaded dendritic cells for cancer vaccination[J]. Cytotherapy, 2018, 20(9): 1164-1181.

[216] Meka R R, Mukherjee S, Patra C R, et al. Shikimoyl-ligand decorated gold nanoparticles for use in *ex vivo* engineered dendritic cell based DNA vaccination[J]. Nanoscale, 2019, 11(16): 7931-7943.

[217] Xiao L, Erb U, Zhao K, et al. Efficacy of vaccination with tumor-exosome loaded dendritic cells combined with cytotoxic drug treatment in pancreatic cancer[J]. Oncoimmunology, 2017, 6(6): e1319044.

[218] Wang X H, Qin Y, Hu M H, et al. Dendritic cells pulsed with gp96-peptide complexes derived from human hepatocellular carcinoma (HCC) induce specific cytotoxic T lymphocytes[J]. Cancer Immunology, Immunotherapy, 2005, 54(10): 971-980.

[219] Wei Y, Sticca R P, Holmes L M, et al. Dendritoma vaccination combined with low dose interleukin-2 in metastatic melanoma patients induced immunological and clinical responses[J]. International Journal of Oncology, 2006, 28(3): 585-593.

[220] Ohshita A, Yamaguchi Y, Minami K, et al. Generation of tumor-reactive effector lymphocytes using tumor RNA-introduced dendritic cells in gastric cancer patients[J]. International Journal of Oncology, 2006, 28(5): 1163-1171.

[221] Oh S T, Kim C H, Park M Y, et al. Dendritic cells transduced with recombinant adenoviruses induce more efficient anti-tumor immunity than dendritic cells pulsed with peptide[J]. Vaccine, 2006, 24(15): 2860-2868.

[222] Bontkes H J, Kramer D, Ruizendaal J J, et al. Dendritic cells transfected with interleukin-12 and tumor-associated antigen messenger RNA induce high avidity cytotoxic T cells[J]. Gene therapy, 2007, 14(4): 366-375.

[223] Taieb J, Chaput N, Schartz N, et al. Chemoimmunotherapy of tumors: cyclophosphamide synergizes with exosome based vaccines[J]. The Journal of Immunology, 2006, 176(5): 2722-2729.

[224] Gong J, Avigan D, Chen D, et al. Activation of antitumor cytotoxic T lymphocytes by fusions of human dendritic cells and breast carcinoma cells[J]. Proceedings of the National Academy of Sciences, 2000, 97(6): 2715-2718.

[225] Gong J, Nikrui N, Chen D, et al. Fusions of human ovarian carcinoma cells with autologous or allogeneic dendritic cells induce antitumor immunity[J]. The Journal of Immunology, 2000, 165(3): 1705-1711.

[226] Sakhawat A, Ma L, Muhammad T, et al. A tumor targeting oncolytic adenovirus can improve therapeutic outcomes in chemotherapy resistant metastatic human breast carcinoma[J]. Scientific Reports, 2019, 9(1): 1-11.

[227] Chiappori A A, Williams C C, Gray J E, et al. Randomized-controlled phase Ⅱ trial of salvage chemotherapy after immunization with a TP53-transfected dendritic cell-based vaccine (Ad. p53-DC) in patients with recurrent small cell lung cancer[J]. Cancer Immunology, Immunotherapy, 2019, 68(3): 517-527.

[228] Krombach J, Hennel R, Brix N, et al. Priming anti-tumor immunity by radiotherapy: dying tumor cell-derived DAMPs trigger endothelial cell activation and recruitment of myeloid cells[J]. Oncoimmunology, 2019, 8(1): e1523097.

[229] Dovedi S J, Lipowska-Bhalla G, Beers S A, et al. Antitumor efficacy of radiation plus immunotherapy depends upon dendritic cell activation of effector CD8+ T cells DC-dependent efficacy of combined radiation-immunotherapy[J]. Cancer immunology Research, 2016, 4(7): 621-630.

[230] Wilgenhof S, Corthals J, Heirman C, et al. Phase Ⅱ study of autologous monocyte-derived mRNA electroporated dendritic cells (TriMixDC-MEL) plus ipilimumab in patients with pretreated advanced melanoma[J]. J Clin Oncol, 2016, 34(12): 1330-1338.

[231] Furuse M, Nonoguchi N, Omura N, et al. Immunotherapy of nivolumab with dendritic cell vaccination is effective against intractable recurrent primary central nervous system lymphoma: a case report[J]. Neurologia Medico-Chirurgica, 2017, 57(4): 191-197.

[232] Shi S, Rao Q, Zhang C, et al. Dendritic cells pulsed with exosomes in combination with PD-1 antibody increase the

efficacy of sorafenib in hepatocellular carcinoma model[J]. Translational Oncology, 2018, 11(2): 250-258.

[233] Aarntzen E H J G, De Vries I J M, Lesterhuis W J, et al. Targeting CD4+ T-helper cells improves the induction of antitumor responses in dendritic cell-based baccination targeting CD4+ T helper cells improves immune responses[J]. Cancer Research, 2013, 73(1): 19-29.

[234] Akiyama Y, Oshita C, Kume A, et al. α-type-1 polarized dendritic cell-based vaccination in recurrent high-grade glioma: a phase I clinical trial[J]. BMC Cancer, 2012, 12(1): 1-10.

[235] Phuphanich S, Wheeler C J, Rudnick J D, et al. Phase I trial of a multi-epitope-pulsed dendritic cell vaccine for patients with newly diagnosed glioblastoma[J]. Cancer Immunology, Immunotherapy, 2013, 62(1): 125-135.

[236] Tada F, Abe M, Hirooka M, et al. Phase Ⅰ/Ⅱ study of immunotherapy using tumor antigen-pulsed dendritic cells in patients with hepatocellular carcinoma[J]. International Journal of Oncology, 2012, 41(5): 1601-1609.

[237] Sharma A, Koldovsky U, Xu S, et al. HER - 2 pulsed dendritic cell vaccine can eliminate HER - 2 expression and impact ductal carcinoma in situ[J]. Cancer, 2012, 118(17): 4354-4362.

[238] Flörcken A, Kopp J, van Lessen A, et al. Allogeneic partially HLA-matched dendritic cells pulsed with autologous tumor cell lysate as a vaccine in metastatic renal cell cancer: a clinical phaseⅠ/Ⅱ study[J]. Human Vaccines & Immunotherapeutics, 2013, 9(6): 1217-1227.

[239] Cho D Y, Yang W K, Lee H C, et al. Adjuvant immunotherapy with whole-cell lysate dendritic cells vaccine for glioblastoma multiforme: a phase Ⅱ clinical trial[J]. World Neurosurgery, 2012, 77(5/6): 736-744.

[240] Himoudi N, Wallace R, Parsley K L, et al. Lack of T-cell responses following autologous tumour lysate pulsed dendritic cell vaccination, in patients with relapsed osteosarcoma[J]. Clinical and Translational Oncology, 2012, 14(4): 271-279.

[241] Kamigaki T, Kaneko T, Naitoh K, et al. . Immunotherapy of autologous tumor lysate-loaded dendritic cell vaccines by a closed-flow electroporation system for solid tumors[J]. Anticancer Research, 2013, 33(7): 2971-2976.

[242] Hunn M K, Hermans I F. Exploiting invariant NK T cells to promote T-cell responses to cancer vaccines[J]. Oncoimmunology, 2013, 2(4): e23789.

[243] Aarntzen E H J G, De Vries I J M, Lesterhuis W J, et al. Targeting CD4+ T-helper cells improves the induction of antitumor responses in dendritic cell-based vaccination targeting CD4+ T helper cells improves immune responses[J]. Cancer Research, 2013, 73(1): 19-29.

[244] Zitvogel L, Galluzzi L, Smyth M J, et al. Mechanism of action of conventional and targeted anticancer therapies: reinstating immunosurveillance[J]. Immunity, 2013, 39(1): 74-88.

第九章

干细胞治疗研究进展

干细胞治疗在组织工程和退行性疾病等方面的应用，展现巨大的应用前景，本章将围绕主要干细胞技术类型梳理近年研究进展。

第一节　间充质干细胞

一、概述

间充质干细胞（Mesenchymal stem cell，MSC）是一种源自成人的贴壁培养细胞群，被用作治疗关节退行性变化和重建骨骼、软骨的工具，被用于整形手术、美容医学、细胞移植、受损肌肉骨骼组织的修复以及治疗心血管疾病、内分泌疾病和神经系统疾病。间充质干细胞具有快速增殖能力、高分化能力和迁移到损伤部位的能力，在急性移植物抗宿主病（acute graft versus host disease，aGvHD）、肝病、糖尿病足溃疡、皮肤伤口、弥漫性神经系统疾病和骨髓移植等治疗方面具有潜力。

间充质干细胞可以从多种来源中分离，其体外培养相对容易，能够分化成几种不同的细胞类型，并具有特殊的免疫学特性，使得间充质干细胞成为一种有前景的细胞治疗和组织再生的工具。其最常见的来源是骨髓（Bone marrow，BM），另一个容易获得的来源是脂肪组织。来源于脐带的骨髓间充质干细胞由于其有限的异质性和一些独特性（例如易于分离和培养、在多种组织中的可用性、免疫调节特性、自我再生能力、分化成多种细胞系的能力以及其使用无需面临伦理道德问题），因而具有很大的临床应用前景。此外，与骨髓组织或脂肪组织相比，出生相关组织的获取和分离不需要侵入性手术，其分离过程不会给供体带来任何并发症的风险，使其优于其他间充质干细胞来源。目前，间充质干细胞的新来源包括牙髓、牙周膜、肌腱、皮肤、肌肉和其他组织。然而，这些来源在供者组织的可用性、条件和年龄相关的分离效率方面存在差异。一个非常重要的问题是细胞捐赠者的年龄。从较年轻的供体获得的细胞不太容易受到氧化损伤和变化的影响，在培养基中老化较慢，并且增殖率较高[1]。

基于间充质干细胞的治疗在学术组织和商业组织进行的多项临床试验中显示出显著的优势，但它们的大规模商业化仍然存在障碍。最近的研究试图通过增强其效力或增加其向靶组织的递送来优化基于间充质干细胞的治疗，组织特异性细胞因子途径或结合位点的递送增强策略也显示出发展前景。从最终商业化和临床实用性的角度来看，这些策略各有优缺点。符合国际机构发布的正式监管指南的间充质干细胞大规模制造工艺不断发展，进一步促进了间充质干细胞治疗正在进入商业化阶段。

二、重要进展

（一）通过增强间充质干细胞归巢增加其疗效

骨髓间充质干细胞的治疗效果取决于其到达损伤部位的能力，这可能是由其迁移、黏附和植入靶组织的能力决定。影响骨髓间充质干细胞归巢的治疗效果的因素包括培养条件、传代数、供体年龄、植入方式和宿主可接受性等。研究表明，与体外培养的细胞相比，新鲜分离的细胞具有更高的植入效率[2]。培养条件也对归巢能力有重大影响，因为它们可以修改参与这一过程的表面标记的表达。例如，趋化因子受体 CXCR4 参与骨髓间充质干细胞的迁移。研究表明，在培养期间，骨髓间充质干细胞上的 CXCR4 表达缺失，而细胞因子（例如 HGF、IL-6）、缺氧条件或使用病毒载体直接导入可恢复其表达[3]。此外，从老年供体分离的骨髓间充质干细胞显示出膜中甘油磷脂的组成和功能改变。所有这些因素都会影响骨髓间充质干细胞迁移、归巢和植入损伤部位的能力。

基于间充质干细胞的有效治疗的必要条件是细胞到达损伤部位。毫无疑问，特定受体和黏附分子以及与内皮细胞的相互作用在这种迁移和归巢中起着至关重要的作用。细胞黏附蛋白在质膜中的表达，例如整合素（Integrins）、胶原蛋白（Collagen）、纤连蛋白（Fibronectin）和层粘连蛋白（Laminin）参与细胞与细胞外基质蛋白（Extracellular matrix proteins，EMC）的黏附。体内研究表明，间充质干细胞表现出趋化特性，并且在静脉注射后，能够响应在炎症条件下上调的因子，附着在内皮细胞上并从内皮细胞之间迁移到受损组织[4]。然而，经内皮迁移（Transendothelial migration，TEM）、血细胞渗出和归巢到损伤和炎症部位的详细机制尚无详细解释。据推测，这种机制可能类似于白细胞的机制，但在不同黏附分子的参与下进行。迄今为止，已鉴定出许多趋化因子和生长因子（如 EGF、VEGF-A、FGF、PDGF-AB、HGF、TGF-b1、TNF-α、SDF-1α、IL-6、IL-8、IGF-1）、参与间充质干细胞迁移过程的受体、黏附分子和金属蛋白酶（如 CXCL-12、CCL-2、CCL-3、CCR4、CXCR4、VCAM、ICAM）。研究表明，受损组织表达了作为化学引诱剂的特定因子，以促进间充质干细胞的迁移、黏附和浸润到损伤部位，这一过程类似于白细胞运输到炎症部位的情况。虽然白细胞募集过程（即与内皮细胞结合、滚动、黏附和经内皮迁移）已广为人知，但是间充质干细胞与内皮细胞之间相互作用的机制仍需要更详细的研究。Rüster 等[5]的研究表明间充质干细胞结合和在内皮细胞上滚动的能力来源于人脐带静脉细胞。一旦间充质干细胞黏附到内皮上，它们就会变成突起状并滚动。目前，已鉴定出参与这一过程的分子，包括在间充质干细胞上表达的 P- 选择素和 VLA-4 以及在内皮细胞上表达的 VCAM-1（VLA-4/VCAM-1 相互作用）。目前还证实蛋白水解酶基质金属蛋白酶（Matrix metalloproteinases，MMP）在间充质干细胞的归巢和迁移中起重要作用。

（二）优化间充质干细胞的给药方式

细胞治疗的疗效在很大程度上取决于给药方法。最常见的骨髓间充质干细胞给药方法是静脉输注。然而，在细胞到达目标位置之前，大多数被困在各种器官的毛细血管内（尤其是在肺部）。这种细胞损失可以解释为骨髓间充质干细胞是相对较大的细胞，并表达各种黏附分子。虽然骨髓间充质干细胞可能被困在肺部，但是大量证据表明，它们能够找到受伤组织[6]。有趣的是，最近的数据还表明，虽然存在与静脉输注相关的问题，但静脉输注的疗效与间充质干细胞的其他给药方式相似[7]。在某些情况下，动脉内注射似乎是一种更有效的途径。研究表明，与经股静脉给药相比，经颈内动脉给药更有效地促进骨髓间充质干细胞迁移和归巢到受伤的大脑中。这种植入途径的相关风险包括微血管阻塞等[8]。当骨髓间充质干细胞直接输送到心脏受损区域附近时，到达梗死周围区域的细胞数量要高得多[9]。

（三）间充质干细胞治疗的安全性评估持续进行

迄今为止，许多研究基于间充质干细胞治疗的安全性。临床试验表明，体外培养的人间充质干细胞不太容易受到不利变化的影响。一个加拿大研究小组对使用 BM-MSC 的临床试验进行了分析。在对 36 项研究进行透彻分析后，他们发现间充质干细胞治疗与致瘤潜能之间没有关系，并且没有报道过该治疗的严重不良反应[10]。Karussis 等[10]研究了间充质干细胞治疗多发性硬化症和肌萎缩侧索硬化症的安全性和影响。在 34 名接受检查的患者中，持续 25 个月未观察到治疗导致的严重不良反应。此外，移植 1 年后对 20 名患者进行了检查，MRI 结果未显示任何令人不安的变化。尽管如此，仍需要对使用间充质干细胞治疗的安全性进行更长期的研究和观察。

Tatsumi 等[11]在体内模型中证明，AT-MSC 可通过凝血机制导致细胞周围形成血栓，也可能因为肺区域中细胞的积聚而导致肺栓塞。使用脐带间充质干细胞进行的其他研究也证实了这一发现，这些研究表明间充质干细胞在外周静脉注射后具有促凝特性。血栓炎症（也称为即时血液介导的炎症反应）可能在间充质干细胞移植后发生。因此，需要对使用间充质干细胞治疗的安全性进行更长期的研究和观察。

在临床环境中使用间充质干细胞还存在许多问题，为了成功应用间充质干细胞，仍有一些问题需要解决。其中之一涉及获得足够数量的细胞。不幸的是，在体外培养过程中，由于端粒酶活性降低，传代次数较多后细胞会老化。此外，在长期培养过程中，间充质干细胞失去了分化的潜力并开始表现出形态变化。更重要的是，长期培养可能会增加恶性转化的可能性。培养基的某些成分和生长因子可能使细胞易受到这些过程的影响。此外，治疗还存在病毒和朊病毒传播的风险，这些问题仍有待解决。

（四）通过转基因方法提高间充质干细胞功效

提高间充质干细胞功效的一种方法是对细胞进行转基因，使其过表达与特定疾病过程相关的蛋白质。在中枢神经系统疾病模型中，过表达睫状源性神经营养因子或神经胶质细胞系源性神经营养因子的间充质干细胞在多发性硬化症[12]和淀粉样侧索硬化症[13]的动物模型中分别表现出功能结果的逐步改善。在心血管疾病模型中，过表达一氧化氮合酶、前列环素合酶或胰岛素样生长因子 1（Insulin like growth factor 1，IGF-1）的间充质干细胞对肺动脉高压[14]、后肢缺血[15]和心肌梗死[16]取得了治疗效果。这些方法都旨在针对受损宿主组织的未修饰的间充质干细胞补充单一、明确的分泌因子。

另一种方法是过表达调节间充质干细胞细胞内代谢过程中的蛋白质。例如，抗凋亡因子 BCL-2 的过表达导致大鼠心肌梗死模型心脏功能的逐步改善。这些改善似乎是因为移植的间充质干细胞的长期存活率有所提高[17]。在 HSP70 过表达（一种在细胞应激后具有保护功能的蛋白质）[18]和 Akt（一种具有广泛保护功能的蛋白质）过表达时，也看到了类似的结果[19]。在这些情况下，通过减少注射后的细胞死亡来提高间充质干细胞的有效剂量。

虽然转基因表达策略已显示出一定程度的成功，但是它们并非没有风险。从安全的角度来看，基因转移导致的插入突变肯定会增加间充质干细胞的致瘤潜力、过量的抗凋亡蛋白表达等，理论上，从长远来看这可能会破坏清除机制。此外，从产品开发的角度来看，可能难以可靠地生产分泌相同水平转基因蛋白的多批间充质干细胞。

（五）通过增强组织特异性靶向提高间充质干细胞治疗的功效

组织特异性结合作为细胞治疗靶点的概念最近受到越来越多的关注。SDF-1/CXCR4 轴可能与心脏特异性间充质干细胞治疗最相关。而骨髓高度富集 E- 选择素（E-selectin）的表达。Sackstein 等[20]通过修饰间充质干细胞上发现的 CD44 表面受体使之进入 E- 选择素结合域的新方法，使得静脉内给药后间充质干细胞向骨髓的归巢显著增强。但这种方法受到治疗细胞表面分子库的限制，并且是复杂化学修饰的结果，可能难以执行。α4 整合素亚基的基因过表达也获得了类似的结果，例如 α4β1 整合素（α4β1 integrin，VLA-4）介导间充质干细胞与骨髓的结合[21]。在这种方法中，前面描述的基因工程的风险仍然存在。

在不使用基因操作的情况下增强对间充质干细胞的靶向性的替代方法是使用生化方法将归巢分子与细胞表面偶联，涉及将组织标志物特异性抗体与细胞表面偶联。双特异性抗体技术是一种有效的方法，一项类似的研究使用了 c-kit 和 VCAM-1 的双特异性抗体，并证明了类似的结果[22]。此外，Dennis 等[23]开发了一种偶联方法，将抗软骨基质抗体偶联到间充质干细胞表面进行组织特异性靶向。类似的细胞靶向方法也已在体外通过用 VCAM-1 抗体预涂间充质干细胞来促进对培养中活化的内皮细胞的黏附[24]。最近，另一种潜在的通用偶联方法，将生物素共价连接到间充质干细胞，并通过链霉亲和素 - 生物素化的配体进行偶联[25]。虽然这些技术很具发展前景，但是它们的相对复杂性可能证明它们难以符合监管的大规模方式实施。

组织特异性肽筛选是一种简单且高度组织特异性的细胞靶向方法，该方法适用于几乎任何细胞类型和组织目标。Ruoslahti 及其同事一直在利用体内噬菌体淘选技术分离组织脉管系统特异性肽。这些肽很小（少于 10 个氨基酸），在某些情况下非常专一。在各种动物模型中，这些肽已证明能够将小分子药物靶向特定组织[26]。通过将这些肽偶联到间充质干细胞表面来靶向所需的组织。例如，在后肢缺血和心肌梗死的啮齿动物模型中，静脉输注涂有缺血归巢肽的间充质干细胞后，在缺血组织中发现的缺血归巢肽偶联间充质干细胞明显多于对照肽偶联的间充质干细胞。在某些情况下，这种技术导致受损组织中的细胞增加了 10 倍以上。该技术具有几个明显的优势，包括其分子相对简单、易于制造以及观察到的肽仅在细胞上瞬时表达，最终通过正常的膜更新脱落。

（六）间充质干细胞的临床应用进展

在过去的十年中，在开发同种异体间充质干细胞在多种疾病的治疗方法方面取得重要进展。基于骨髓间充质干细胞的药物 Prochymal，是首个在美国 FDA 注册的用于治疗移植物抗宿主病的间充质干细胞治疗药物[27]。最近，Alofisel 已被欧洲药品管理局（EMA）注册用于治疗复杂肛周瘘，该药物基于扩增的脂肪干细胞[28]。如今，其他来源的间充质干细胞也用于临床治疗。使用从 Wharton Jelly 中分离的间充质干细胞治疗急性心肌梗死患者，显示了这种治疗的安全性和可行性[29]。目前，基于 WJ-MSCs 的产品 CardioCell 正在进行Ⅱ / Ⅲ期随机、双盲临床试验，用于三个适应证：急性心肌梗死（EudraCT 编号 2016-004662-25）、慢性缺血性心力衰竭（EudraCT 编号 2016-004683-19）和非选择性严重肢体缺血（EudraCT 编号 2016-004684-40）。然而，应该指出的是，虽然对间充质干细胞的体外特性有很多了解，但是对间充质干细胞的体内行为仍然知之甚少。

目前几种令人兴奋的间充质干细胞新方法改善了对心脏损伤的治疗反应。间充质干细胞与内源性修复途径相互作用的观察结果显示细胞混合物（即间充质干细胞加心脏干细胞）可增强心脏修复。这种方法在动物模型中得到证实[30]，目前正在 NHLB 的Ⅰ期临床试验中进行测试[31]。

三、前景与展望

间充质干细胞无疑是治疗多种疾病的巨大希望。它们存在于许多成人组织中，不会引起伦理问题，因此与胚胎干细胞相比，它们具有很大的优势。由于其独特性，例如易于分离和培养、在许多组织中可用、免疫调节特性以及使用时无伦理问题，它们可以用于自体和同种异体移植。虽然进行了大量体外和体内研究，但是骨髓间充质干细胞迁移和归巢的机制仍需进一步详细研究。毫无疑问，这些细胞可以迁移并回到受损组织中。关于骨髓间充质干细胞治疗的潜在长期风险，正在进行更多的研究。

基于间充质干细胞的治疗，增强效果的方法各有优缺点。通过增加营养因子的表达或通过预防来减少注射后间充质干细胞死亡进而增强效力的方法在临床前研究中显示出前景。同时，随着递送技术的不断进步，基于分子的方法利用自然发生的组织特异性途径显示出巨大的前景，未来几年应该会启动临床试验测试这些“第二代”基于间充质干细胞的产品增强功能。确切的增强功能不仅考虑它们在临床前模型中的成功，而且要考虑商业问题，例如易用性、潜在毒性和成本。有理由相信未来间充质干细胞治疗会在这些方面有更好的改进，为人类再生领域的治疗技术水平的提高做出更大的贡献。

第二节　诱导性多能干细胞

一、概述

胚胎干细胞来源于早期发育的胚胎，提取胚囊细胞可以培育出人体组织和器官，具有全能性及分化为任何类型细胞的可能，随着机体发育，该细胞也会慢慢消失。2006 年，日本 Takahashi 等 [32] 首次利用特定的转录因子将小鼠成纤维细胞重编程为诱导性多能干细胞（Induced pluripotent stem cells，iPSCs），这一研究掀起了一场医学变革。不同于胚胎干细胞，这类细胞是由日本科学家利用病毒载体将四个转录因子 Oct4、Sox2、Klf4、c-Myc 转入分化的体细胞中使其重编程，人为操作得到与胚胎干细胞类似的一种细胞类型。利用体细胞重编程技术将已分化的体细胞转化为诱导性多能干细胞是生命科学领域的一个里程碑事件，它的发现证明了干细胞分化为体细胞是可逆的过程 [33]。

在近十多年的研究中发现，不只成纤维细胞，几乎所有的体细胞都可重编程产生 iPSCs[34]。由于 iPSCs 的获得不需要胚胎干细胞（Embryonic stem cells，ESCs），也避免了核移植、细胞融合等技术带来的伦理问题。iPSCs 来源于自身的成体细胞，无免疫排斥反应，其获取不需要使用卵细胞或者胚胎细胞，因此可避免伦理上的限制，在未来有望成为细胞治疗的理想细胞来源。虽然生物技术研究水平在不断提高，但是仍存在诸如重编程的效率、肿瘤的形成、iPSCs 定向分化、目标细胞的纯化与富集等相关问题亟待解决，运用何种方法改进这些问题，成为目前相关研究的热点。

二、重要进展

（一）小分子化合物诱导提高重编程效率

重编程是指在不改变基因序列的情况下，通过表观遗传修饰来改变细胞命运的过程，是获得 iPSCs 的重要途径。众多研究证实体细胞核移植、细胞融合、卵细胞提取物共培养以及利用多能性特异的转录因子可以完成这一过程[35]。iPSCs 通过 4 个转录因子的表达被重新编程到多能状态，细胞重编程是一个复杂的过程，除受细胞内因子调控外，还受细胞外信号通路的调控[36]。在此过程中，体细胞来源的 iPSCs 重编程是通过转录因子 Oct4、Klf4、Sox2 和 c-Myc 的强制表达来实现，这些因素与环境因素相结合，能够创造一个让 iPSCs 具有无限自我更新能力的稳定的内在潜能网络[37]。

最早被发现对 iPSCs 的诱导起促进作用的化合物为一种组蛋白去乙酰化酶（Histone deacetylase，HDAC）抑制剂丙戊酸（Valproicacid，VPA），组蛋白乙酰化可使细胞染色体松散，提高细胞转录活性，易于与外源性转录因子结合，最终提高细胞重编程效率。目前已发现的同属 HDAC 抑制剂的小分子化合物还包括苯丁酸钠（Sodium phenylbutyrate，SPB）、曲古抑菌素 A（Trichostatin，TSA）和丁酸盐（Butyrate）[38, 39]。成纤维细胞在重编程过程中会发生间质 - 上皮转化（Mesenchymal-to-epithelial transition，MET），与常见的上皮 - 间质转化（Epithelial-to-mesenchymal transition，EMT）过程刚好相反。MET 过程由外源性重编程转录因子引发，其中 TGF-β（Transforming growth factor-β）信号通路是 MET 所必需的信号通路。目前研究发现，一些 TGF-β 信号通路的抑制剂可促进 EMT 进程，使重编程的效率提高，已经发现的可促进细胞重编程的 TGF-β 信号通路的抑制剂包括 E-616452、A-83-01、SB431542 和 LY-364947[40]。有研究者在使人成纤维细胞转分化为多巴胺能神经元细胞的试验中发现，培养基中添加 ROCK 激酶抑制剂（Y27632、Thiazovivin）及维生素 C，可显著提高细胞的重编程效率及存活率[41]。cAMP（cyclic adenosine monophosphate）激活剂弗斯可林（forskolin）、IBMX、洛利普兰（Rolipram）和 8- 溴 - 环磷酸腺苷（8-Br-cAMP）也可在细胞新陈代谢上发挥作用，与 VPA 结合使用，可促进新生儿成纤维细胞重编程，并提高重编程效率 6.5 倍[42]。此外，人们熟知的 Wnt 信号通路在维持 ESCs 多能性上也发挥关键作用[43]。GSK-Wnt 信号通路抑制剂 CHIR99021、BIO 和帕罗酮（Kenpaullone）通过抑制糖原合成激酶（GSK-β），促进多能干细胞的自我更新，从而达到提高 iPSCs 重编程效率的目的，CHIR99021 也能在仅有 Oct4 和 Klf4 两个转录因子的情况下，成功将小鼠胚胎成纤维细胞（Mouse embryonic fibroblasts，MEFs）进行重编程[44]。

在因子诱导的基础上，添加小分子化合物可提高重编程效率，但由于 *Klf4* 和 *c-Myc* 两个原癌基因的存在，同时以逆转录病毒为载体导入基因可能引起插入突变，因此获取 iPSCs 这一过程的安全性仍需观察。因此，完全使用小分子化合物替代转录因子从而更加安全地获取 iPSCs 具有较大的研究价值。通过使用不同化合物的组合，发现 VPA、CHIR99021、Repsox、Tranylcypromine 与 Oct4 因子组合可实现重编程，诱导 iPSCs 的转录因子由最早的四因子变为 Oct4 因子诱导[45]。又有研究者使用 MEFs 细胞、成纤维细胞和脂肪来源干细胞在含 10% 胎牛血清的 DMEM/ 高糖环境中培养。经历了 3 个试验阶段并且使用了 VPA、CHIR-99021、E-616452、Tranylcypromine、Forskolin、TTNPB 和 DZNep（VC6TFDT）七种小分子化合物，最终获得了化学诱导的多能干细胞（Chemical induced pluripotent stem cells，CiPSCs）。目标细胞形态特征、基因表达谱、分化能力和嵌合体形成能力均与ESCs相似，重编程的效率达0.2%。通过小分子化合物组合筛选及优化，仅用其中的4种小分子[45-48]也能完成体细胞重编程，其中DZNep能激活Oct4的表达[49]。在全化合物诱导细胞重编程方面，对于重编程进程或多种化合物组合使用的研究，已经越来越深入和具体，更有利于iPSCs未来的临床应用。

（二）诱导性多能干细胞的多能性维持技术不断完善

除了上述的可溶性小分子外，不溶性微环境，包括培养基理化性质和邻近细胞的相互影响，对诱导性多能干细胞的多能性维持、细胞的功能和命运调控也起着决定性的作用。培养基的表面形貌直接影响细胞黏着斑的形成和细胞骨架的结构和收缩性，进而触发胞内信号级联事件，影响下游基因表达、细胞形态、贴壁、增殖、迁移和分化等一系列表型。Ko等[50]发现在培养皿上涂布规则纳米颗粒有助于维持iPSCs的多能性，并在无饲养层细胞共培养的条件下促进iPSCs的增殖。Worthington等[51]采用双光子聚合技术打印不同特征尺寸的拓扑图形，研究培养皿表面形态对iPSCs分化的影响。他们发现与表面平滑的培养皿相比，小拓扑特征尺寸（1.6μm）的培养表面促进iPSCs向外胚层分化，而大拓扑特征尺寸（8μm）的培养表面抑制细胞自我更新。这些结果表明，微形态学介导的表观基因组重构可能有助于解决体细胞重编程目前的难题。

小鼠和人类干细胞的多能性受基质硬度的调节。稳定诱导多能性干细胞在无外源条件下的培养对产生临床级治疗细胞至关重要。Chen等[52]的研究结果表明，水凝胶的设计和细胞结合域的表面密度对于促进人类胚胎干细胞和iPSCs的增殖以及在长期无外源培养条件下维持这些细胞的多能性具有重要意义。细胞间相互黏附对于多能性干细胞生存和多能性维持有着举足轻重的作用。在iPSCs传代过程中，通常利用温和的蛋白质水解酶或者是机械力将细胞分散成小团以保护细胞间黏附。不同的细胞间相互作用驱动多种干细胞反应，包括促进增殖和自我更新以及诱导分化等[53]。然而针对iPSCs多能性维持的研究仍有赖于多学科领域的专家进行通力合作，有望在不久的将来得到解决。

（三）iPSCs向多类型细胞分化的策略研究全面展开

在近十多年的研究发现，不只成纤维细胞，几乎所有的体细胞都可重编程产生iPSCs。然而，随着生物技术、研究水平的提高，仍然有诸如重编程的效率、肿瘤的形成、iPSCs定向分化、目标细胞的纯化与富集等相关问题亟待解决，运用何种方法解决这些问题成为目前相关研究的热点。下面梳理了iPSCs向部分典型细胞类型分化的研究进展。

1. iPSCs向心肌细胞分化

iPSCs通过一系列的分化过程，产生具有收缩功能的心肌细胞。这个复杂的分化过程是通过转录因子调控网络和信号通路来调节的，前期的相关研究也证实*Tbx5*、*Hey2*、

Irx4、*MLC2v*、*MLC2a*、*MLC1a* 等基因调控心肌细胞的分化；同时，Nodal、骨形态发生蛋白、Wnts、成纤维生长因子等信号亦调控着 iPSCs 向心肌细胞分化；大量的研究也发现维甲酸可控制心肌细胞的识别。iPSCs 向心肌细胞分化和胚胎心脏分化的机制类似，对 iPSCs 向心肌细胞分化机制的研究有利于控制 iPSCs 向心肌细胞定向分化。iPSCs 的辉煌研究历程，无疑证明其在治疗心血管疾病方面有着巨大的潜力，将 iPSCs 诱导分化为心肌细胞，这对心肌病的基础研究和临床治疗都起到至关重要的作用，极大地促进了心肌病的研究发展[54]。

Mummery 等[55]报道了小鼠的 VE 细胞共同培养可以有效诱导其分化为心肌细胞。Passier 等[56]在研究中发现，在 20% 胎牛血清（FCS）存在的情况下，通过与 VE 细胞、END-2 共培养，可以诱导 iPSCs 向心肌细胞分化。在这项研究中，细胞的分化程度和血清浓度呈负相关，同时，在无胎牛血清的情况下，与只有 20% 的胎牛血清相比，分化后的细胞搏动次数增加了 24 倍。当抗坏血酸被添加到无血清的共培养体中，观察到细胞的搏动次数增加了 40%。虽然 END-2 的心肌诱导机制尚不清楚，但是实验研究证明了 END-2 的诱导活性，即在 HepG2 诱导下表达的蛋白质图谱与 END-2 相同。发现在两个介质中都存在 6 种蛋白质，包括可能在上皮 - 间质转变（EMT）上发挥作用的蛋白质。

2. iPSCs 向巨噬细胞分化

拟胚体（Embryoid bodies，EBs）生成法是目前最常用的使 iPSCs 诱导分化为巨噬细胞的方法。将由 iPSCs 产生的 EBs 在无血清状态下添加特定的细胞因子如 GM-CSF、M-CSF、IL-3、IL-4 等，将 EBs 诱导分化为巨噬细胞[57]。Choi 等[58]将 EBs 诱导为髓样前体细胞，再加入巨噬细胞集落刺激因子（M-CSF）和 IL-1 诱导分化为巨噬细胞。Mukherjee 等[59]则利用由 iPSCs 衍生出的 EBs，加入 M-CSF、IL-3 产生髓样前体细胞，最后用高浓度的 M-CSF 将髓样前体细胞发育成熟为功能性巨噬细胞，可使用 IFN-γ 和 IL-4 刺激后分别极化为 M1 或 M2 型巨噬细胞，且在功能上，这些巨噬细胞能对微生物或病原体刺激作出吞噬反应。Gao 等[60]使用 M-CSF、IL-3 和 IL-6 使 EBs 向中胚层分化产生单核细胞（通过诱导得到的 CD14+ 单核细胞起初只占细胞总量的 10%~25%，在诱导 25~40d 后可达 90%~95%），经过流式细胞荧光分选技术（Fluorescence activated cell sorting，FACS）分选，再使用 M-CSF 诱导至 M0 型巨噬细胞，在有 M-CSF 的条件下可使用 LPS、GM-CSF 或 IFN-γ 诱导 M0 型巨噬细胞向 M1 型巨噬细胞转变，使用 IL-4 诱导向 M2 巨噬细胞转变。

3. iPSCs 向生殖细胞分化

与 ESCs 类似，iPSCs 也有向原始生殖细胞方向自发分化趋势[61]，但其分化效率仅为 5% 左右，添加骨形态形成蛋白家族因子、添加卵泡液或与颗粒细胞等共培养的方法可以提高分化效率。2012 年 Medrano 等[62]报道了过表达 VASA、DAZL 可以使小鼠 iPSCs 分化为小鼠原始生殖干细胞类细胞（Primordial germ cell like cells，PGCLCs）并检测到部分生殖细胞特异基因如 *VASA*、*SCP3*，表明这一方法可能产生了类似配子的细胞，之后许多研究探索了由 iPSCs 诱导产生 PGCLCs 的方法。Hayashi 等 [63] 最早利用 PGCLCs 与性腺体细胞共培养构建了“重组卵巢”得到次级卵母细胞，之后研究人员尝试用小鼠 PGCLCs 通过“重组卵巢”的方法得到卵原细胞样细胞或卵母细胞样细胞，并进行受精产生了健康的后代 [64]。

（四）iPSCs 作为干细胞治疗在多领域开展临床研究

在干细胞治疗应用中，分离的 iPSCs 中的遗传缺陷可首先通过基因靶向治疗，然后诱导细胞分化为目标祖细胞或功能细胞，这些自体细胞可以通过不同的方法传递到患者的损伤部位，以加速组织修复。目前已在多类疾病中广泛进行临床研究。

1. 神经系统疾病

基于干细胞神经元分化的方法为疾病建模和再生医学领域提供了一个独特的平台 [65]。神经组织再生是现代外科治疗神经系统损伤治疗最大的挑战之一，如散发性肌萎缩侧索硬化症（Amyotrophic lateral sclerosis，ALS）的治疗 [66]。最新研究表明，可采取重编程 ALS 患者的成纤维细胞到 iPSCs，从而自发分化为神经元进行治疗，iPSCs 衍生的运动神经元是分析运动神经元疾病发病机制的有效工具，而且 iPSCs 在药物的筛选上具有一定的潜能 [67]。利用 iPSCs 来源的神经干细胞或祖细胞进行治疗能够成为脊髓损伤研究有效可行的方法 [68]。另有研究证实 iPSCs 已经成功地分化为多巴胺神经元 [69]。因此，iPSCs 在神经损伤治疗中的研究将会是未来生命科学发展的焦点。

2. 心血管疾病

Wang 等 [70] 研究表明转染 Yamanaka 因子（即 Oct4、Sox2、Klf4 和 c-Myc）到小鼠胚胎成纤维细胞中，体细胞可以被重编程为多能干细胞，从而自发分化为成熟的具有电生理功能、表达心肌标志物的心肌细胞，而这些细胞在未来可以被用来修复心肌梗死。iPSCs 可以定向分化为心肌细胞，对于有丝分裂后的成体心脏组织中心肌细胞增殖的诱导有显著意义，为心肌损伤后再生治疗提供了新的策略 [71]。

3. 视网膜病变

2009 年已提出通过诱导 iPSCs 细胞来治疗视网膜变性疾病 [72]；此后，利用 iPSCs 细胞可成功诱导出视网膜前驱细胞，将其移植入视网膜变性小鼠体内，可诱导出具有正常视网膜生理特点的视网膜类型的细胞。2013 年，Maeda 等 [73] 利用 2 例老年黄斑变性患者的表皮细胞诱导成 iPSCs 细胞，随后将 iPSCs 细胞成功转化成 RPE。此后不久，日本的研究人员开始研发其他的诱导方法，即刺激激发获得多能状态（Stimulus-triggered acquisition of pluripotency，STAP），这一方法对 Takahashi 等 [32] 提出的理论造成了一定的冲击。

4. 感染性疾病

iPSCs 细胞可以模拟人类胚胎发育过程，所以可被用于诊断孕妇是否感染 Zika 病毒以及研究该病毒是如何导致婴儿小头畸形的。Qian 等 [74] 利用 iPSCs 细胞塑造出类脑器官，当发生 Zika 病毒感染时，发现 Zika 病毒首先侵袭神经干细胞而不是新生的神经元，继而导致大量神经干细胞的死亡以及大脑皮质神经元细胞的减少，最终导致小头畸形。

（五）iPSCs 在再生医学科研中的应用价值不断凸显

1. 提供全新细胞来源

因供血者的血小板往往不足以满足输血需求，iPSCs 的血小板衍生策略可以解决这个难题。首先需要建立来源于 iPSCs 的造血祖细胞永生化巨核祖细胞系（imMKCLs），通过细胞内特定因子的表达，能够产生在一定功能范围内与正常血小板类似的 CD42b+ 血小板。稳定的组合扩容能力和高效的血小板生产能力意味着选择合适的 imMKCLs 克隆可以成为临床衍生血小板取之不尽的源泉 [75]。年龄相关性黄斑变性是造成严重视力损害的原因之一，是由于损害了视网膜色素上皮细胞（RPE），人诱导性多能干细胞（Human induced pluripotent stem cells，HiPSCs）衍生的 RPE 细胞片，可以作为一个表达典型上皮细胞标志物的单层细胞，并表现出类似于天然 RPE 的吞噬能力。而且 hiPSCs-RPE 细胞片无免疫排斥或肿瘤生成，所以自体细胞 RPE 细胞片可作为一个有效用于 AMD 组织替代治疗的移植模式 [76]。

2. 构建疾病或药物监测的类器官模型

组织或器官再生应用探索了 iPSCs 的多谱系分化潜能，通过在合适的细胞外微环境中加入特定生物物理和生物化学诱导因子，使细胞诱导分化为有功能的三维组织或器官。与二维单层细胞模型不同，三维类组织器官经历了多谱系分化，形成异质细胞群，自我组织形成复杂的组织样结构，从而建立一个与二维培养相比在生理学上更接近疾病原型的微环境 [77]。此外，由于从 iPSCs 获得的三维类器官可在体外培养，并且可以操纵其小环境成分，如信号通路、转录和翻译调控因子等，因此比动物模型在模拟人类疾病方面更具优势。目前这些模型已被用于建立疾病或药物监测模型以供学者研究。

丙型肝炎病毒（Hepatitis C virus，HCV）感染是导致肝癌的主要原因之一，目前它的感染机制还未完全研究清楚 [78]。研究表明，来自人类 iPSCs 的肝细胞比较容易感染 HCV，可能成为 HCV 感染的重要模型。另外，可以诱导 iPSCs 分化为肝细胞 [79]，也可将人原代肝细胞重编程为肝细胞来源的 iPSCs，由此可定向诱导分化为内胚层细胞、肝祖细胞和成熟的肝细胞 [80]。

另外，iPSCs 细胞已被成功应用于药物监测，利用 iPSCs 细胞能够鉴定出适用于疾病的药物。2016 年，研究人员从有遗传性痛觉障碍的患者体内获取 iPSCs 细胞，进而诱导出感觉神经元。结果发现，钠通道阻滞剂可以降低感觉神经元的兴奋性，从而减轻疼痛 [81]。

由此可见，iPSCs 细胞可用于测试患者对药物的敏感性，但尚需得到更多证据的支持。

当然，因为目前几乎无法人为控制细胞自组织成类器官，所以这些研究产生的类器官不能保证外形尺寸、细胞组成、表型和分子特征的精确复制，难以进行治疗质量和安全性控制。虽然近年在更好地控制类器官来源和标准化方面取得了进展[82]，但要实现严格的规范制造还需要更多的努力。

三、前景与展望

自 2006 年 iPSCs 首次被报道后，化合物诱导细胞重编程已经取得了重大进展。但细胞通过化合物重编程的分子机制目前尚不完全明确，其诱导效率也仍需提高，还需寻找更多小分子组合诱导其他类型细胞重编程。iPSCs 不仅具有类似于胚胎干细胞的无限增殖和分化多能性特征，而且突破了胚胎干细胞的免疫排斥和伦理问题等应用限制，为人类医疗手段突破现有的瓶颈提供了解决方案。目前，虽然 iPSCs 技术发展迅猛，但是该领域的临床研究才起步不久，iPSCs 的临床应用仍受到以下几个方面的限制：①如何高效获得安全的、高纯度的 iPSCs；②如何定向诱导性多能干细胞向某一特定类型的细胞分化并能在新的组织环境中承担成熟细胞的功能；③ iPSCs 在临床治疗上的有效性和安全性还需继续观察；④如何进一步制定临床应用上的标准和规范以及临床毒理和药理的分析方法和指标等。

iPSCs 在破译病因和多种疾病的病理生理机制方面极大提高了我们的认识。用 iPSCs 衍生的表型细胞治疗一些严重的退化性疾病和器官损伤已进入临床试验，然而以 iPSCs 为基础的治疗仍处于起步阶段。到目前为止，大多数使用 iPSCs 细胞的疾病模型都集中在单基因引起的疾病。相信在不远的未来，随着上述问题得到解决，诱导性多能干细胞技术定会在临床实际应用上取得重大突破，为治疗人类疾病带来新希望。

第三节 胚胎干细胞

一、概述

胚胎干细胞（Embryonic stem cells，ESCs）是一类从早期胚胎内细胞团（Inner cell mass，ICM）或原始生殖细胞（Primordial germ cell，PGC）分离培养的全能性细胞，可以向外、中、内 3 种胚层定向分化，能分化成机体几乎所有类型的功能细胞。

由于胚胎干细胞在体内的安全性问题一直无法解决，目前 ESC 细胞更多被应用于诱导成体细胞并商业化应用。目前，胚胎干细胞体外诱导已成功获得了生殖细胞，心肌细胞、造血细胞、脂肪细胞和成骨细胞等。体外诱导分化胚胎干细胞成体细胞的过程可用来模拟胚胎发育，进行发育生物学研究；也可以批量化定向诱导胚胎干细胞分化为特定的功能性细胞以用于移植替代治疗，参与组织器官的修复。总之，胚胎干细胞由于具有多分化潜能性被寄予厚望，在研究发育生物学机制、构建动物模型、促进畜牧业生产以及治疗退行性疾病等领域均有广泛的应用前景。

二、重要进展

（一）胚胎干细胞的功能性分化研究全面铺开

为了在治疗中发挥作用，胚胎干细胞必须在体内或体外定向诱导分化为所需的细胞类型。因此，胚胎干细胞分化的相关研究是至关重要的，未分化成熟的胚胎干细胞会在体内形成畸胎瘤，在患者体内产生严重的安全隐患。在再生医学领域，深入理解信号通路路径，并利用路径控制胚胎干细胞分化是最主要的定向诱导干预途径。胚胎干细胞在发育分化过程中，倾向于接受细胞所处微环境中接收到的信号以决定其分化命运，因此目前细胞外微环境在控制细胞行为中的调控机制是主要研究攻关方向。在体外培养时，通过改变胚胎干细胞所处微环境的培养条件，可以限制这些胚胎干细胞的分化途径，从而使得体外培养皿中富集所需的特异性前体细胞。然而，在体内达到类似的定向诱导效果难度很大，如何使细胞在体内所处的微环境可促进胚胎干细胞的同源性发育，并使其加速向目标功能性组织细胞分化是目前主要攻关的科学领域。

大多数定向诱导分化流程标准是基于模拟体内细胞团发育的过程而制定的。在诱导发育的整个过程中，多能干细胞先分化为外胚层干细胞、中胚层干细胞和内胚层干细胞。通过辅以小分子或生长因子诱导可将干细胞转化为合适的祖细胞，随后诱导生成所需的细胞类型。这些小分子或生长因子包括成纤维细胞生长因子[83]、Wnt 家族[84]转化生长因子 -β 超家族（TGF-β）、骨形态发生蛋白（Bone morphogenetic protein，BMP）[85]等。

由于胚胎细胞发育过程中的分化状态不同，每个诱导因子必须根据胚胎细胞状态监测情况改变其使用浓度和持续时间。比如内源性 BMP 和 Wnt 信号通路的分子拮抗剂可诱导胚胎干细胞形成外胚层细胞[86]，但 Wnt 信号通路的低浓度 TGF-β 家族小分子瞬态影响则可诱导胚胎干细胞向中胚层细胞差异性分化[87]，而更高浓度的激活素 A 则可促进内胚层细胞的分化成熟[88，89]。

关于内胚层衍生物的分化研究进展，该类细胞主要包括在肺、肝、胰腺、膀胱、甲状腺及消化系统中的各类细胞。Kroon 等[90]成功获得了 hESC 诱导分化的胰岛祖细胞，他们把 hESC 依次暴露于激活素 A 和 Wnt3a 中，然后添加角质细胞生长因子或 FGF7 以诱导原肠管形成；随后，向培养基中加入视黄酸和 Noggin 以抑制 Shh 和 TGF-β 信号通路，进而诱导分化为胰岛细胞祖细胞的前体前肠后端细胞；最后将这些细胞进一步培养以产生胰腺内胚层细胞。Wang 等[91]则使用表面活性蛋白 C 启动子控制的转基因新霉素使用非病毒方法转染 hESC，并成功获得了几乎纯净的肺泡上皮细胞，在 hESC 诱导分化为肺泡上皮细胞群方面取得了显著成功。

关于中胚层衍生物的分化研究进展，目前研究发现 hESC 直接诱导分化为中胚层需要激活 TGF-β 信号传导通路，而这需要通过逐步添加激活素 A、BMP4 和生长因子（如血管内皮生长因子、bFGF 等）得以实现[92]。还有研究发现可以使 hESC 首先自发分化为 EBs 进而获得各种中胚层衍生物：随着 EBs 的形成，研究人员在无血清条件下实现了 hESC 向造血谱系细胞的有效分化，其可产生几乎所有类型的血细胞和免疫细胞[93]。

关于外胚层衍生物的分化研究进展，最主要的分化途径是形成外胚层进而分化为各种神经元、神经胶质细胞以及视网膜色素上皮细胞等。研究发现，hESC 可以被诱导分化为感觉神经元[94]、多巴胺能神经元[95]、GABA 能神经元[96]、胆碱能神经元[97]、运动神经元[98]以及少突胶质细胞[99]等众多神经系统组分并参与各种神经退行性疾病的治疗。

除上述各类胚层衍生物细胞外，胚胎干细胞向生殖细胞的定向分化诱导也属于目前的重要研究方向，是解决由于生殖细胞数量的缺乏或质量缺陷导致不孕不育问题、重建生殖能力的根本性解决方法。

目前，上述各类 hESC 来源的分化成熟功能细胞已经有用于患者体内直接移植的尝试，也可先与细胞外基质等生物材料混合制备生物墨水，通过生物 3D 打印制备具有一定外形和生物学功能的器官或组织，然后用于患者体内移植。生物 3D 打印技术可在体外构建心脏瓣膜、人耳、骨骼、肌肉、肝脏、肾脏以及视网膜等[100]。

同时，近年来科学家通过定向诱导分化培养 hESC 产生类器官。类器官拥有与对应器官类似的空间结构和生理功能，可广泛用于体外疾病模型构建、靶向药物筛选甚至直接用于人体内器官移植。然而，再生器官领域的研究目前尚停留在实验室阶段，应用于临床尚存在一定距离。

（二）胚胎干细胞及再生治疗的临床应用探索

2008 年，国际干细胞研究学会（International Society for Stem Cell Research，ISSCR）制定《干细胞临床转化指南》，提出干细胞临床转化研究应遵守的最基本准则[101]。2009 年，国际干细胞组织（International Stem Cell Forum，ISCF）制定《人胚胎干细胞建库和供应指南》，明确基础研究用人胚胎干细胞的质量控制原则[102]。我国于 2015 年 7 月 20 日颁布《干细胞临床研究管理办法（试行）》，规范干细胞临床治疗，明确我国干细胞治疗产品按照药物管理，干细胞临床研究实行备案制。基于这些指导原则，国内外纷纷围绕胚胎干细胞及再生治疗展开临床应用探索，涉及的疾病适应证广泛，如神经系统疾病、心血管疾病、眼科疾病等。

在干细胞治疗神经系统疾病领域，目前中国、美国、澳大利亚等国家已开展了 hESCs 分化来源的多巴胺神经前体细胞治疗帕金森病（PD）的临床研究。因为帕金森病是特定区域中特定类型细胞缺失造成的，所以向该区域补充缺失的细胞有可能恢复或重建原有的功能。hESCs 可以定向分化为多巴胺能神经细胞[103]，可为 PD 患者提供充足的细胞。这些细胞移植到大脑后，可以存活并分泌多巴胺递质，有望缓解患者的症状。2016 年 3 月，Cyto

Therapeutics 公司在澳大利亚率先开展了孤雌 hESCs 分化细胞治疗 PD 的Ⅰ期临床研究，移植细胞采用的是孤雌 hESCs 分化的神经干细胞（ISC-hpNSC）。中国科学院动物研究所也于2017年和郑州大学第一附属医院联合开展了hESCs分化细胞治疗PD的Ⅰ/Ⅱa期临床研究，研究中使用的是多巴胺神经前体细胞，细胞是由受精卵来源的人胚胎干细胞经历中脑腹侧底板分化获得[104]。

在干细胞治疗心血管疾病领域，Frausin[105] 首次发现 hESCs 可以分化成不同心脏部位的心肌细胞，如心房、心室、窦房结心肌细胞和浦肯野细胞，这些心肌细胞不仅细胞形态与成人心脏细胞相似，而且具有相似的生理学特性。Pazhanisamy 等[106] 发现人胚胎期特异性抗原 SSEA-1、SSEA-4、组织限制性抗原（TRA）-1-60 和 TRA-1-81 抗原、Frizzed 蛋白（Fzd1-10）、人畸胎瘤衍生生长因子 1（TDGF-1）蛋白在 hESCs 中均有表达，Hodgkinson 等[107] 发现可溶性因子的分泌是干细胞介导心脏再生的主要机制。

在干细胞治疗眼科疾病领域，由于视网膜色素上皮细胞（Retinal pigmen epithelium，RPE）属于外胚层细胞，在维持视网膜和光感受器功能方面具有非常重要的作用，围绕该层结构的退行性疾病就成为了干细胞治疗的集中应用场景。2012 年首次证明 hESCs 来源 RPE 治疗 AMD 安全且部分有效，研究者将纯度 99% 以上的 RPE 细胞注射入 AMD 患者视网膜下腔，在移植后随访 4 个月中，未观察到移植细胞异常增殖和移植相关免疫排斥反应。接受 RPE 移植的患者视力有一定程度的改善，从 21 个字母提升到了 28 个字母[108]。2015 年研究者后续临床研究论文对其中 9 例接受视网膜下移植 hESCs 来源 RPE 且年龄大于 55 岁的 AMD 患者进行临床Ⅰ/Ⅱ期安全性和耐受性前瞻性研究，经过 1 年随访，没有观察到严重不良事件[109]。另外，胚胎干细胞诱导的 RPE 对于老年性黄斑变性（一类常见的遗传性视网膜病变）也有良好的疗效。

除了直接应用于人体移植的源于胚胎干细胞诱导分化的功能细胞外，类器官也是目前再生医学的重要临床探索方向，其中肠道、视网膜和肝脏领域的研究进展发展最为迅速。肠道类器官是类器官模型中较为成熟的体系，其最先应用于再生医学领域。研究人员通过将不同来源的肠道类器官以原位或异位的方式移植到受体中，以求寻找肠炎、短肠综合征等肠道疾病的新的治疗方法。Yui 等[110] 将结肠类器官以碎片的形式灌肠注入葡聚糖硫酸钠诱导的小鼠结肠炎模型中，移植细胞黏附于受损伤的肠道部位。在移植后 4 周，组织学检测发现移植物在受体小鼠结肠中形成了隐窝样的结构并包含了结肠隐窝内所有终末分化类型的细胞。功能学检测结果表明，移植物可以维持肠道上皮屏障功能。

视网膜相关疾病及肝脏疾病也有相关研究进展。Zhu 等[111] 将人诱导性多能干细胞来源的视网膜细胞移植入小鼠视网膜下，8 周后观察到 0.15% 人视网膜细胞整合进入受体小鼠的视网膜外核层，这些整合的移植细胞在受体体内表现出了典型的光感受器细胞形态，展示出恰当的内外节方向，且能够形成位于外网状层的突触后脚，证明了人诱导性多能干细胞来源的视网膜细胞有着可以整合进入受体视网膜的能力。另外，基于干细胞的类器官技术在再生医学领域的应用探索还有很多，如胰腺、肾脏、皮肤组织等，但总体而言类器官离广泛应用于临床还存在一定距离。

（三）胚胎干细胞的移植应用及重要进展

1. 功能细胞的临床前评价研究

目前胚胎干细胞投入真正意义上的临床应用仍存在诸多科学难题，其中很重要的环节是进行可靠的临床前动物实验建模，这直接影响临床试验的安全性评估。然而，目前的胚胎干细胞产品仍未完全实现体内移植治疗，主要待解决的科学问题有：①哪种分化阶段的细胞更适合于移植仍存在争议；②胚胎干细胞的最佳递送方式；③局部微环境改善问题。

2. 细胞制备的质控及标准研究

由于我国干细胞治疗缺乏相关的技术规范、质控标准、伦理等问题，临床研究实际上相对滞后，主要问题体现于以下几个方面：hESCs分化功能细胞各批次稳定性较差，造成移植物质量参差不齐；缺乏专门从事干细胞质控和标准研究的队伍和学术机构；缺乏标准化、规模化制备的细胞产品，细胞的工程化制备、鉴定、保存、分装、存储、运输、应用等存在标准化问题等。这要求在顶层设计及政策层面进行积极应对，才可突破当前干细胞研究存在的瓶颈问题。

3. 临床研究方案设计研究

干细胞的临床方案设计是确保hESCs临床治疗的有效性和安全性的重要环节。如何进行合理的临床试验设计，对受试者的选择、对照药物的选择、剂量选择、注射方法与效率、样本量、评价的疗效指标、安全性指标等进行标准化，确保其试验结果的可信性，是目前干细胞临床研究亟待突破的关键点。

4. 临床研究评价指标研究

如何进行干细胞移植后的疗效评估是目前另一个重要的研究课题。hESCs分化来源的功能细胞治疗属于异体移植，体内移植后可能会出现免疫排斥的现象。另外，如何对移植到人体后的干细胞进行体内分布、致瘤性/促瘤性等临床安全性和有效性评价也是一个难以解决的科学问题。

三、前景与展望

hESCs诱导分化的各种细胞在癌症、帕金森病、阿尔茨海默病及糖尿病等各种疾病的治疗中已表现出巨大的应用潜力，并且相关研究成果能够应用于多种体外研究中，为不同领域提供新的思路和工具。但总体来说，胚胎干细胞治疗研究仍需要攻克无数的难关，不仅需要在关键科学研究问题上形成成熟的理论体系，还需要在机械设备自动化规模生产、建立规范和标准的操作等方面提供支撑服务，最终实现制备产品稳定性、临床前评价、规模生产能力均达标的干细胞产品生产体系，推动产业化进程。

展望未来，与生物工具平行的工程方法也应被纳入包括人类在内的哺乳动物的研究当中，用于设计、分析和操纵生物过程。未来的细胞生产将引入工程生物学概念，有效功能单元将趋向于模块化生产，由目的细胞与营养细胞或生物材料组成的移植物设计，进一步提高细胞质量。另外，移植途径将可能产生新的革新，例如微创、介入等新技术将应用于患者。总之，胚胎干细胞将在发育生物学研究、动物模型构建等有着广泛的研发应用价值，具有巨大的临床应用潜力。

第四节　造血干细胞

一、概述

造血干细胞（Hemopoietic stem cell，HSC）是存在于造血组织中的一群具有自我复制和多向分化潜能的原始细胞，它不是组织固定细胞，可存在于造血组织及血液中，是所有造血细胞和免疫细胞的起源。造血干细胞在人胚胎生长 2 周时出现于卵黄囊，妊娠 5 个月后，骨髓开始造血，出生后骨髓成为造血干细胞的主要来源。在造血组织中，造血干细胞所占比例甚少，其来源主要包括骨髓、外周血和脐带血。如今，“骨髓移植”已渐渐被“外周血造血干细胞移植”代替。也就是说，现在捐赠骨髓已不再抽取骨髓，而只是“献血”了。脐带血富含造血干细胞，可用于治疗急、慢性白血病和某些恶性肿瘤等多种重大疾病。

总体而言，造血干细胞的应用前景十分广阔。然而造血干细胞的生态位非常复杂，分子和细胞解剖技术的进展与系统方法之间的协同整合加速了对造血干细胞生态位的理解。多种造血干细胞动员剂进入临床研究阶段，进一步为造血干细胞的来源铺平道路。一些小分子药物在促进体外培养脐带血来源造血干细胞的扩增方面取得了进展。有理由相信未来造血干细胞治疗会在细胞来源、扩增效率、细胞功能等方面有更好的改进。

二、重要进展

（一）新技术助力造血干细胞生态位的研究

所有血细胞均来源于造血干细胞，主要位于骨髓（Bone marrow，BM），能够自我更新并分化为多种多潜能或单潜能祖细胞，祖细胞在骨髓中进一步增殖并分化成多种功能齐全的成熟细胞，或迁移到其他造血器官或淋巴器官，该系统的稳态和适应性是高度动态的，并受到内部程序的编排和来自微环境的外部信号的严格调控，这通常称为“生态位”。原始的造血干细胞位于专门的骨髓生态位中，在那里它们保持未分化状态和很低的代谢活动[112]。很明显，协调造血的过程非常复杂，并且来源于异质细胞成分，更好地了解其分子成分可能会为未来的治疗提供益处。随着研究技术的发展，人们对造血生态位的主要组成部分有了更多的了解。

1. Visium 技术完整精确捕获造血干细胞生态位转录组

将 HSC 在其原生环境中可视化对于造血干细胞动力学和体内行为的研究至关重要。然而使用免疫染色、原位杂交和荧光报告基因等技术只允许同时显示少数基因。人们希望对生态位中的造血干细胞进行详细成像，理想情况下是通过延时成像跟踪它们，直到它们显示出所需的行为，捕获整个转录组并将其映射回成像数据。这将允许精确识别不同亚类型的细胞及其转录组状态。这种方法对于阐明小型和大型主动脉内造血簇（IAHCs）的确切组成、各种内皮细胞的异质性（血源性和非血源性）以及造血干细胞与其相关的胚胎、胎儿和成人生态位的直接相互作用尤其有效。通过 Visium 技术，可以从组织切片中捕获整个转录组。在未来的技术迭代中，这种捕获网格无疑将变得更小，以减少每个点捕获的单元数。虽然这种方法肯定会增加我们对造血干细胞的生态位及其与微环境相互作用的理解，但是在其原生环境中系统研究造血干细胞的财务负担将非常高。

2. CyTOF-flight 技术高通量多层次检测造血干细胞蛋白质组

造血干细胞生态位研究离不开基于蛋白质的技术。通过基于荧光的流式细胞术检测细胞内或细胞上的蛋白质已被证明是分离、分型包括造血干细胞在内的免疫系统细胞的一种快速而有力的工具。通过将经典荧光和量子点标记的抗体进行复合，将这项技术的测量极限扩展到 17 个参数。由于光谱重叠的限制，基于荧光的细胞术似乎不太可能进一步扩展。用同位素（螯合抗体标签）替代荧光蛋白或量子点，显著减少了通道之间的干扰，并能够同时测量多达 40 个参数，这被称为飞行时间流式细胞术（Cyclometry by time-of-flight，CyTOF）[113]。不同的同位素可用于标记不同的抗体面板，包括表面标记、转录因子以及信号分子（磷酸化蛋白）。通过使用约 31 种不同同位素的飞行时间流式细胞术，可绘制免疫 / 造血系统的功能和层次图，表明了造血是一个连续系统，而不是一个定义的子集集合。飞行时间流式细胞术也有助于确定参与造血干细胞发展的促炎性巨噬细胞亚群。此外，将 CyTOF 与 scRNA-seq 技术整合，可以为造血干细胞和祖细胞等不同细胞亚群之间的进一步分型或功能分析提供额外的鉴别能力[114]。该技术除了对悬浮细胞进行精确的免疫分型外，还可以对组织切片或培养在玻片上的细胞进行 CyTOF 分析。通过激光消融蒸发细胞的气溶胶并通过惰性气体输送至 CyTOF 质谱仪进行检测[115]，然后根据激光消融坐标绘制每个细胞的数据，以重新组装原始组织结构。所用抗体的选择和可用性对该技术的成功至关重要，飞行时间流式细胞术提供了一种新的强有力的方法来研究胚胎主动脉切片等，并阐明造血干细胞在主动脉、胎肝和骨髓生态位的组成。

3. 微阵列技术和生物信息学加速对造血干细胞种群的理解

虽然骨髓中造血干细胞的极低丰度使得获得大量纯造血干细胞十分困难，但是微阵列技术的最新进展显示已经能够通过少量纯化的造血干细胞系统地分析基因表达。微阵列分析通过将来自细胞群的 mRNA 制备物与微阵列基质杂交来检测由细胞群表达的基因和靶 mRNA 的浓度。微阵列分析在比较超过 2 个样本后提供差异表达的基因。Forsberg 等 [116] 使用由斯坦福微阵列设备生产的阵列分析了长期造血干细胞、短期造血干细胞和多能祖细胞，涵盖 42000 个基因。从差异调节基因列表中，提出了几种候选细胞表面标志物。Miranda-Saavedra 等 [117] 提供了一个名为“BloodExpress”的综合数据库来浏览这些基因的表达。该数据库将成为整合对基因表达动力学的新兴理解的工具之一，将这些动力学映射在造血层次结构中，将展示造血干细胞的整体生态位。

（二）造血干细胞动员剂快速发展

动员外周血（Peripheral blood，PB）是自体和同种异体移植的主要造血干细胞来源。粒细胞集落刺激因子（Granulocyte colony stimulating factor，G-CSF）是最常用的动员剂，每天给药，长达 6d，单独或与化疗联合使用 [118]。尽管广泛使用，仍有相当多的患者无法动员。或者使用具有更长半衰期的聚乙二醇化 G-CSF 变体（Pegfilgrastim）动员外周血，以消除每日给药。

最近，随着对在骨髓微环境中调节造血干细胞稳态的相互作用更深入的了解，通过特异性抑制、调节或干扰这些相互作用来动员造血干细胞的新分子逐渐被开发。造血干细胞表达趋化因子受体 CXCR4，并通过与基质衍生因子 -1α（Stromal-derived factor-1α，SDF-1α）相互作用而部分保留在骨髓中。CXCR4/SDF-1α 轴是研究最充分的造血干细胞动员靶标，干扰这种相互作用的抑制剂 / 调节剂可在动物模型和人类中动员造血干细胞。基于对骨髓干细胞生态位内相互作用的理解，AMD3100（普乐沙福）是一种选择性抑制趋化因子受体 CXCR4 的小分子双环霉素药物，目前与 G-CSF 联合用于非霍奇金淋巴瘤（Non-Hodgkin’s lymphoma，NHL）和多发性骨髓瘤（Multiple myeloma，MM）患者的临床造血干细胞动员，这些患者之前使用 G-CSF 未能成功动员造血干细胞 [119]。AMD3100 最初是作为一种抗 HIV 药物开发的 [120]，目前它仍然是 FDA 批准的唯一的 CXCR4 拮抗剂。

自首创 1 类新药 AMD3100 用于临床造血干细胞动员以来，其他几种不同类别的 CXCR4 拮抗剂研究已经处于临床和临床前开发的不同阶段。目前，有几种有前途的 CXCR4 拮抗剂包括 POL6326、TG-0054、BKT-140、LY2510924 和 ALT-1188。POL6326 是一种大环肽，已被证明在用作单一治疗时对小鼠和人类有效，并在进行多项临床试验 [121]。POL6326 在 2h 内静脉输注时具有良好的耐受性，在大约 6~8h 后观察到最大动员。只需一剂 POL6326，单次单采就可以达到 CD34+ 细胞的最低阈值，并且可能对有 G-CSF

失败的患者有益。研究进行了小分子 CXCR4 抑制剂 TG-0054（Burixafor）和环肽 BKT-140[122] 与 G-CSF 协同测试，显示在 G-CSF 标准治疗后单剂量给药可协同增强造血干细胞的动员，其结果在人类志愿者和血液系统恶性肿瘤患者中得到证实。其他有希望的正处于开发中的 CXCR4 拮抗剂包括环肽 LY2510924[123] 和小分子 ALT-1188。值得注意的是，ALT-1188 已被证明在单剂量给药时能有效地动员小鼠造血干细胞和祖细胞（Hematopoietic stem and progenitor cell，HSPC），并且在与 G-CSF 联合使用时具有协同作用，然而对人类造血干细胞动员的功效仍有待确定。总之，这些研究为 G-CSF 的替代选择提供了可能，并可用于改进当前基于 G-CSF 的动员策略，这将特别有益于 G-CSF 动员效果不佳的人。

核酸适配体（Aptamer）和镜像核苷酸（Spiegelmers）技术被用于开发新型 SDF-1 抑制剂 [124]。Spiegelmers 是一类人工镜像 RNA 寡核苷酸药物。NOX-A12（Olaptesed pegol）是一种针对 SDF-1 的聚乙二醇修饰的镜像核苷酸，已被证明可单独或与 G-CSF 协同诱导鼠造血干细胞和祖细胞的快速动员。在人体试验中，NOX-A12 诱导的动员使得大量人类 CD34+ 细胞在测试的最高剂量下在血液中持续存在长达 4d，这归因于其较长的血浆半衰期（约 38h）[125]。CD34+ 细胞的持续动员，有利于留出时间通过血液分离术进行收集，也引起了人们对其在血液系统癌症化学增敏的潜在应用的关注。

源自人血清白蛋白的天然存在的十六聚体氨基酸肽片段“EPI-X4”是一种有效的天然来源的 CXCR4 拮抗剂和鼠造血干细胞和祖细胞的快速动员剂 [126]。此外，EPI-X4 的血浆半衰期非常短，约为 17min，这可能会限制其作为治疗剂的应用。然而几种合成衍生物，特别是命名为“WSC02”的二聚体衍生物，已显示出比 EPI-X4 肽优异的血浆稳定性，并表现出对造血干细胞的动员有效 [127]。EPI-X4 及其更稳定的合成衍生物的治疗潜力值得进一步研究。

确定动员策略不仅可以增加造血干细胞数量，而且可以快速生成优化的“动员产品”以改善移植结果，这是一个具有临床意义的领域。最近，基于重组蛋白、肽和小分子的新药物在治疗性造血干细胞动员剂方面的最新进展对于获得造血干细胞具有重要意义。

（三）抵御造血干细胞衰老的方法不断优化

作为血细胞的前体细胞，造血干细胞一直是被认为难以在培养皿中生长。在一项新的研究中 [128]，来自美国加州大学圣地亚哥分校和拉霍亚免疫学研究所的研究人员发现了问题的原因，并开发出一种方法来让体外培养的造血干细胞保持健康。该研究发现 Hsp90 抑制剂坦螺旋霉素（Tanespimycin，17-AAG）和 HSF1 激活剂（HSF1 activator，HSF1A）都能高度激活 HSF1 基因。在体外培养的造血干细胞中添加这两种小分子中的一种，可增强 HSF1 的活性，有助于重新平衡造血干细胞的平衡状态或者稳态。

在抑制炎症相关的造血干细胞老化方面，Kovtonyuk 等 [129] 的研究揭示了来自髓系骨髓细胞的 IL-1/IL-1R 轴在造血干细胞炎症及老化中的驱动作用，结果显示造血干细胞老化小鼠血液中含有更高水平的微生物相关分子模式。该研究揭示了慢性低度炎症与造血干细胞群体适应度下降和髓系分化偏强的关系。

Novella Guidi 教授团队[130]的研究结果表明，衰老生态位抑制了体外再生造血干细胞的功能，这至少在一定程度上与衰老生态位中发现的低水平细胞因子骨桥蛋白（Osteopontin，OPN）有关，老年骨髓生态位中分泌的细胞因子骨桥蛋白水平的下降，是年轻造血干细胞衰老的标志。在体外使用特异性 Cdc42 活性抑制剂 Casin 降低老年造血干细胞中 Cdc42 活性，可以引导老年造血干细胞功能的恢复，将其移植到年轻的受者体内后仍能保持活力。这为解决衰老生态位对衰老造血干细胞在体内持续恢复功能的影响提供了思路。

（四）用于扩增造血干细胞的小分子化合物持续发展

脐带血单位（Cord blood unit，UCB）为需要异基因干细胞移植但缺乏匹配供体的患者提供了一种极好的造血干细胞和造血祖细胞（Hematopoietic progenitor cells，HPC）替代来源。然而脐带血单位中存在的造血干细胞和造血祖细胞数量有限，使得它们用作成年受者移植物受限。基于对小分子和化合物库的高通量无偏筛选建立了一些扩大功能性人类造血细胞数量的离体策略。目前已鉴定出几种小分子，并通过临床评估这些小分子，以促进体外培养脐带血来源 CD34+ 细胞的扩增。

目前鉴定出一种芳烃受体（Aryl hydrocarbon receptor，AhR）拮抗剂 StemReginin 1（SR1）。SR1 与无血清扩增培养基和细胞因子混合物相结合，使 UCB-CD34+ 细胞的数量增加了 50 倍，并使得在免疫缺陷小鼠中移植的造血干细胞数量增加 17 倍[131]。目前 SR1 抑制 AhR 通路的潜在离体扩增机制尚未确定。一项Ⅰ/Ⅱ期临床研究使用了一个未经处理的脐带血单位和来自另一个脐带血单位的进行了 15d 离体 SR1 处理的 CD34+ 细胞，结果显示中性粒细胞和血小板迅速恢复。重要的是，这种恢复比仅接受未经处理的脐带血单位的患者要快得多[132]。只有三分之一接受扩增移植物的患者表现出混合骨髓嵌合体的表型，这与来自这两部分的中性粒细胞快速恢复相关。虽然很有希望，但是仍有待确定 SR1 生成的 UCB-CD34+ 细胞移植物是否可在没有额外存在第二个未操作的脐带血单位的情况下进行移植。

UM171 是一种嘧啶吲哚衍生物，是可触发人类造血干细胞强大离体扩增的另一种有效的小分子，具有显著的骨髓再生能力。虽然引起这种扩展的机制尚不清楚，但是 UM171 独立于 AhR 通路，增强了原始造血干细胞库。目前正在进行使用 UM171 的单个脐带血单位扩增移植物的临床试验，初步结果显示使用 UM171 扩增 7d 的 UCB-CD34+ 细胞可快速植入和建立完全供体嵌合。

表观遗传修饰剂可用于扩大原始和临床相关造血干细胞库。这些修饰剂包括各种组蛋白去乙酰化酶（HDAC）抑制剂，改变了表观遗传景观（Epigenetic landscape），引起小鼠和人类造血干细胞的数量大幅增加[133]。研究表明，去乙酰化酶抑制剂丙戊酸（Valproic acid，VPA）触发 UCB-CD34+ 细胞的细胞重编程，介导功能性原始造血干细胞数量的离体扩增。扩增的造血干细胞能够在初级和次级 NSG 小鼠中建立多向造血功能[134]。与初级造血干细胞类似，VPA 扩增细胞表现出较低的代谢水平，其特点是糖酵解增强，线粒体氧化磷酸化活性减少。VPA 处理的 UCB-CD34+ 细胞重塑原始线粒体网络。这种重塑伴随着线粒体质量和活性氧水平的减少。

（五）通过造血干细胞稳定获得 CAR-HSC 细胞

iPS 细胞向效应免疫细胞分化的主要中间阶段之一是造血干细胞阶段。成人或脐带造血干细胞扩增方案容易衰竭和分化，因此保持多能特性同时提供高扩增产量的方案对于造血干细胞在免疫治疗中的应用至关重要[135]。获得大量造血干细胞的替代或补充方法包括使用 iPS 细胞，由于 iPS 细胞培养条件的稳健性，其具有很高的可扩展性[136]。

目前正在评估从脐带血或骨髓中提取的造血干细胞制造 CAR-HSC，然后将其分化为效应细胞，包括 CAR-T 和 CAR-NK 细胞等。然而，使用的造血干细胞来源面临的主要挑战是有限的初级池的扩展能力与干性特性的保留。最近的研究致力于在确定的培养条件下扩展造血干细胞。随着明确的细胞外基质（如 Vitronectin、Laminin 521 和 Laminin 511）的出现，人类 iPS 细胞的扩增产量大大提高[137]。这些基质使原本复杂的培养系统能够过渡到标准细胞系培养系统。此外，涂层微载体[138]或中空纤维[139]反应器的使用允许在封闭自动培养系统中扩增高达 20 倍。这种扩展能力有助于启动造血干细胞和 NK 分化方案。据报道，造血干细胞从 iPS 细胞分化的效率高达 19%[140]。NK 分化在特定培养条件下的效率高达 72%[141]。与此同时，原代造血干细胞的常规扩增方法可增加高达 899 倍[142]，而脐血造血干细胞衍生的 NK 细胞的分化达到 90% 的纯度[143]。

三、前景与展望

造血干细胞治疗在血液系统肿瘤治疗中扮演着不可替代的角色，取得了良好的疗效，在自身免疫病等非肿瘤领域的应用也在不断完善和发展。尽管如此，有限的造血干细胞动员能力、体外造血干细胞扩能困难、易于老化等问题均使得造血干细胞治疗的应用和效应受到影响。

目前研究者们正全力以赴致力于加强对造血干细胞生态位的理解，并在体外模拟造血干细胞生态位。体外模拟 HSC 扩增的干细胞生态位是一项艰巨的任务，但 SR1、UM171、VPA 等小分子药物在促进体外培养脐带血来源造血干细胞的扩增方面取得了进展，扩增造血干细胞的同时能够富集与造血干细胞相关的表型标记，有望在未来实现大量造血干细胞的获得。目前造血干细胞动员剂的研究快速发展，有理由相信未来造血干细胞在细胞来源、扩增效率、细胞功能等方面有更好的表现，为人类进一步将造血干细胞应用于肿瘤和非肿瘤领域作出更大的贡献。

第五节　神经干细胞

一、概述

神经系统疾病是一种难治性疾病，可导致感觉丧失、运动功能丧失和记忆力减退，并直接威胁患者的生命。目前，这些疾病的致病因素及其发病机制尚不清楚。传统药物治疗用于延缓疾病进展，不能恢复功能或再生组织。最近的研究表明，神经干细胞（Neural stem cell，NSC）的移植是治疗与神经系统相关的疾病、用于神经细胞再生和损伤部位微环境恢复的一种很有前景的治疗方式。

神经干细胞是神经系统的干细胞。在发育过程中，它们会产生整个神经系统。在成人中，少数神经干细胞仍然存在，并且大部分处于静止状态，然而，大量证据表明它们在神经系统的可塑性、衰老、疾病和再生中具有重要作用。神经干细胞受到内在遗传和表观遗传以及干细胞生态位的外在刺激的调节，因此由遗传或环境影响导致的神经干细胞失调可能引起疾病。因此，过去几十年的研究致力于了解神经干细胞是如何受到监管的。自发现以来，神经干细胞一直是大脑和脊髓中基于细胞的治疗策略的焦点。存在于组织中的神经干细胞数量有限一直是其临床应用的限制因素。胚胎和诱导性多能干细胞的最新进展为神经干细胞提供了新的来源，但仍然存在一些挑战。

基于神经干细胞移植的细胞治疗是治疗神经系统疾病的一种有前途的工具。然而，这些细胞的衍生和治疗应用仍然存在许多问题和争议。随着神经干细胞来源和衍生方法的不断完善，相信在不久的将来基于神经干细胞的治疗的临床转化会取得成功。

二、重要进展

（一）调节成人神经发生的机制研究持续深化

关于成人神经发生的调节机制研究持续深入。在啮齿动物中，神经干细胞和神经发生过程已被广泛记录在侧脑室的脑室下区（Subventricular zone，SVZ）和海马齿状回（Dentate gyrus，DG）的颗粒下区（Subgranular zone，SGZ）[144]。小鼠遗传学研究显示内在遗传机制对神经干细胞进行转录调控具有重要作用。此外，通过 DNA 甲基化途径（如 Mbd1、Mecp2、Dnmt、Tet）进行的表观遗传调控、染色质重塑（如 BAF、BRG1）、非编码 RNA 等发挥了重要作用。多种生长因子、信号分子和神经递质已被证明可以调节神经发生。Catavero 等[145]回顾了 GABA 通路、信号传导和受体在调节成年细胞发育中的作用。Palmer 等[146]在没有活跃神经发生的大脑区域中发现了具有多能分化潜能的祖细胞。

关于衰老抑制神经发生的研究不断推进。衰老是成人神经发生的最强负调节因子之一。内在和外在成分都调节神经干细胞增殖和功能的局限性，研究人员研究了诸如分泌信号、细胞接触依赖性信号和细胞外基质等控制年龄依赖性神经发生的方式，并通过将这些信号呈现给神经干细胞的外部机制来定义这些信号。Smith 等 [147] 讨论了在哺乳动物的大脑中、血液中与年龄相关的变化，如血源性因子和外周免疫细胞等如何导致成人神经发生与年龄相关的下降。

关于新神经元功能控制的谜题逐渐解开。研究表明，成年神经干细胞分化的新生神经元表现出对外部刺激敏感的关键期，并且对癫痫发作的敏感性更高 [148]。目前尚不清楚新神经元如何选择它们的连接。Jahn 等 [149] 进一步讨论了成人新生神经元发育过程中的关键期及其调节因子。

（二）从原代组织中分离和培养神经干细胞的技术不断完善

神经干细胞分离和细胞培养技术的建立和发展，为神经干细胞研究提供了有效的细胞来源。Reynolds 和 Weiss[150] 从成年小鼠大脑的纹状体中分离出神经干细胞，并报道了使用表皮生长因子（Epidermal growth factor，EGF）在体外诱导神经干细胞增殖。基于之前的结果，Weiss 等 [151] 进一步报道了 EGF 和碱性成纤维细胞生长因子（Basic fibroblast growth factor，bFGF）协同诱导成年小鼠胸脊髓分离的神经干细胞的增殖、自我更新和扩增。神经干细胞可以在通过酶消化获得的单细胞悬液中生长并形成称为神经球的球形簇，它们是非贴壁的，可以重新铺板在选择性培养基中以获得神经细胞。神经球也可以传代培养以扩大用于实验或治疗目的的神经干细胞池。成年哺乳动物大脑的脑室周围区域和嗅球是神经干细胞的丰富来源。除了这些通过多种培养策略分离神经干细胞的方法外，还可以根据神经干细胞表面标志物的表达模式，通过细胞分选直接分离神经干细胞 [152]。研究人员 [153] 开发了一种优化的方案，用于从哺乳动物中分离、培养和扩增神经干细胞。虽然尚未建立获得人体组织来源神经干细胞的规范方案，但是技术方法通常类似于那些应用于动物的方案，此外组织必须按照伦理准则获得。

（三）从多能干细胞衍生得到神经干细胞的策略迅速发展

多能干细胞包括胚胎干细胞和诱导性多能干细胞，可以通过分化产生所需的细胞。通常多能干细胞的神经分化方案可分为两种：胚状体形成和单层培养。

在胚状体形成过程中，胚胎干细胞和 iPSC 群落分离并悬浮生长形成胚状体。随后，将胚状体镀在无血清培养基的黏性基质上，促进神经管样玫瑰花结的产生和神经祖细胞（Neural progenitor cell，NPC）的选择。Zhang 等 [154] 建立了胚状体的分化、富集、移植和来自体外人类胚胎干细胞衍生胚状体的神经前体细胞的方法。Kozhich 等 [155] 开发了一种新方案，适用于从人类多能干细胞标准化生成和分化神经前体细胞，使 iPSC 衍生的神经干细胞成为基于细胞治疗的有力来源。多能干细胞也可以直接分化为通过神经玫瑰花结阶段进行单层培养的神经干细胞。使用无血清和营养贫乏的培养基来启动分化，并且根据细胞系的不同，可以添加额外的生长因子或抑制剂以促进神经分化[156]。Banda 等[157]一直专注于单层培养人类胚胎干细胞直接分化为神经祖细胞。Wen 等[158]开发了一种直接且有用的策略，用于从人类胚胎干细胞和 iPSC 细胞生成神经干细胞。神经干细胞标记表达和形态的比较表明，通过胚状体形成和单层培养方法衍生的神经干细胞之间没有显著差异。

（四）体细胞转分化为神经干细胞的技术不断发展

体细胞转分化技术的建立拓宽了神经干细胞的来源。转分化也称为谱系重编程，在这个过程中，一种成熟的体细胞在不经历中间多能状态的情况下转化为另一种成熟的体细胞。这个过程是主要通过谱系特异性转录因子（Transcription factors，TF）的外源表达、化合物和生长因子诱导。

① 谱系特异性转录因子诱导的转分化　研究人员[159]首先证明，多能性因子的瞬时表达与适当的神经信号输入相结合，可以成功诱导小鼠成纤维细胞形成可扩增的神经干细胞，这些神经干细胞被称为诱导神经干细胞（induced NSC，iNSC）。这一发现为通过病毒介导的外源基因表达后的细胞直接转分化产生神经干细胞提供了新的策略。除了多能性因子外，神经干细胞特异性的转录因子还可以诱导具有自我更新和三能分化潜能的神经干细胞样细胞的产生。此外，使用单个转录因子、Sox2 或 ZFP521 就能从小鼠和人类成纤维细胞中诱导产生 iNSC[160]。两个中国团队分别将特定的谱系特异性转录因子与化学混合物相结合，从而从灵长类动物和人类成纤维细胞中生成可扩增的 iNSC[161]，这表明小分子化学物质可以提高 iNSC 生成的效率。除成纤维细胞外，多种其他体细胞类型被认为是神经干细胞生成的理想起始细胞，包括支持细胞、成体干细胞、B 淋巴细胞、尿上皮样细胞、星形胶质细胞、脐带血来源的细胞样本等。

② 化合物诱导的转分化　近年来，研究人员探索了化学重编程作为一种操纵细胞命运的新方法。与导入外源病毒基因诱导细胞转分化的常规做法相比，使用小分子化学物质诱导细胞转分化在安全性和可控性方面具有诸多明显优势。使用含有丙戊酸（Valproic acid，VPA）、CHIR99021 和 Repsox 的化学混合物，分别抑制组蛋白脱乙酰酶（Histone deacetylases，HDAC）、糖原合酶激酶 3（Glycogen synthase kinase-3，GSK-3）和转化生长因子 β（Transforming growth factor β，TGF-β），在缺氧条件下从小鼠胚胎成纤维细胞中产生化学诱导的神经祖细胞（Chemically induced neural progenitor cell，ciNPC）[162]。小鼠尾尖成纤维细胞和人尿细胞也可以通过用相同的化学混合物处理诱导成 ciNPC。这些工作表明可以在不引入外源基因的情况下实现谱系特异性转化为神经祖细胞，并且生理缺氧对于初始过渡过程至关重要。在缺氧条件下，Zhang 等[163]开发了一种由 8 种小分子组成的混合物，即 CHIR99021、LDN193189（BMP I 型受体 ALK2/3 的抑制剂）、A83-01（TGF-β I 型受体 ALK4/5/7）、Hh-Ag1.5（一种有效的平滑激动剂）、RA、SMER28（一种自噬调节剂）、RG108（一种 DNA 甲基转移酶抑制剂）和 Parnate（一种组蛋白去甲基化酶抑制剂），

可以有效且特异性地将小鼠成纤维细胞转分化为神经干细胞样细胞。这些细胞在长期自我更新和三能分化能力方面类似于原代神经干细胞。Takayama 等[164]还开发了一种由 VPA、Forskolin（一种腺苷酸环化酶激活剂）、Parnate、CHIR99021、Repsox、Dorsomorphin（一种 BMP 信号传导的选择性抑制剂）和 SB431542（一种 TGF-β 受体的选择性抑制剂）组成的小分子混合物 I，从小鼠胚胎成纤维细胞中诱导神经嵴样前体。Zheng 等[165]的研究表明，A83-01、Purmorphamine（一种平滑的受体激动剂）、VPA 和 Thiazovivin（一种选择性 Rho 相关蛋白激酶抑制剂）的组合可以直接诱导 ciNPC 的产生。虽然取得了这些成就，但是化学诱导转分化的机制在很大程度上仍然未知。微阵列分析确定的全景基因表达谱表明，基于小分子的培养方法强烈影响细胞特性并特异性诱导神经分化和发育相关的基因。针对 HDAC、GSK-3 和 TGF-β 的小分子可能构成核心化学物质。

③ 生长因子或三维培养诱导的转分化　无论用于神经干细胞诱导的方法如何，都必须使用生长因子，这表明了这些因子的重要性。在不引入任何外源基因和化学物质的情况下，Feng 等[166]成功建立了一个三步诱导方案，通过条件培养，EGF 和 bFGF 激活 Sox1，从人脂肪来源的间充质干细胞中产生高度纯化的神经干细胞样细胞。此外，从骨髓来源的间充质干细胞和脐带血来源的间充质干细胞中产生神经样祖细胞的方法得以开发。Ge 等[167]发现含有生长因子的脑脊液可能是一个更好的微环境，可以让间充质干细胞更快地转变为神经干细胞。最近，Gao 等[168]报道了一种利用物理应激和多种协同调节 Sox2 上下游信号通路的生长因子（包括 EGF、bFGF、白血病抑制因子和肝素）从小鼠成纤维细胞生成神经前体细胞的方法。在这种直接诱导过程中，细胞首先经历短暂的部分重编程状态，然后通过安全、非整合和高效的方法实现细胞转分化。鉴于干细胞存在于体内特定的生态位中，与传统的二维培养条件相比，三维体外培养系统模拟复杂的物理环境并增强神经干细胞的自我更新和多能性。小鼠成纤维细胞可以在非贴壁基质上转化为三维球体，随后在细胞形态、特异性标志物表达和自我更新能力方面表现出神经祖细胞样细胞的特征[169]。免疫细胞化学实验表明三维培养的小鼠成纤维细胞中 Sox2 的表达显著上调。这些研究表明可以使用物理工具更安全、更方便地进行细胞转分化。研究表明在 iNSC 生成过程中也可使用其他三维支架。例如，石墨烯泡沫是一种具有生物相容性并有利于神经干细胞增殖的三维多孔支架，在神经干细胞研究、神经组织工程和神经假体方面显示出巨大的潜力[170]。

（五）基于间充质干细胞的神经干细胞治疗技术持续发展

间充质干细胞在再生医学中具有很大的价值，因自体间充质干细胞很容易获得并且可以有效地诱导成包括神经细胞在内的多种特化细胞。间充质干细胞衍生的神经干细胞样细胞表现出显著的神经保护作用。此外，间充质干细胞释放旁分泌信号，可增强神经元细胞增殖和体外共培养系统中人神经干细胞的分化。此外，间充质干细胞有较强的免疫调节功能，可用于减少免疫排斥反应、延长移植物的存活时间和治疗免疫失调。许多临床试验中单独使用间充质干细胞来治疗神经发育障碍[171]。在帕金森病转基因大鼠模型中共同移植骨髓间充质干细胞和成人神经干细胞已被发现可以带来长期的行为益处并提高移植的神经干细胞的存活率[172]。因此可以预期，基于间充质干细胞的神经干细胞治疗将是未来治疗神经疾病的主要方向。

（六）神经干细胞移植治疗的临床研究进展

神经退行性疾病是由大脑或脊髓中的神经或神经胶质细胞缺陷引起的，导致记忆力衰退、认知障碍、痴呆或肢体运动障碍，主要包括肌萎缩侧索硬化症（Amyotrophic lateral sclerosis，ALS）、帕金森病（Parkinsons disease，PD）、阿尔茨海默病（Alzheimer's disease，AD）和亨廷顿病（Huntingtons disease，HD）。

神经干细胞治疗肌萎缩侧索硬化症多年来一直处于临床试验阶段。临床结果显示了脊髓注射治疗方法的安全性[173]。研究证实人类孤雌生殖干细胞衍生的神经干细胞（Human parthenogenetic stem cell-derived NSCs，hpNSCs）可以成功地移植、长期存活并增加啮齿动物和非人类灵长类帕金森病模型大脑中的多巴胺水平。此外，hpNSCs的致瘤潜力可忽略不计，临床应用较为安全。一项用于治疗帕金森病的hpNSCs的临床研究正处于Ⅰ期[174]。随着组织工程技术的快速发展，生物材料例如可生物降解支架[175]和明胶海绵支架等[176]逐渐应用于脊髓损伤的治疗，这为神经干细胞移植提供了新的前景。在一项将胎儿脑神经干细胞移植到19名外伤性颈椎脊髓损伤患者中的Ⅰ/Ⅱa期临床试验中，17名患者在1年后恢复了感觉运动功能，2名患者表现出完全运动但不完全的感觉恢复，且未出现神经功能恶化和加剧的神经性疼痛或痉挛[177]。目前，英国启动了用CTX0E03（一种永生化的人类神经干细胞系）进行Ⅰ/Ⅱ期临床试验治疗缺血性中风的开创性工作[178]，招募了13名男性参加Ⅰ期试验，其中通过立体定向同侧壳核注射单剂量多达2000万个细胞，结果显示神经功能得到改善且未观察到不良事件。根据Ⅰ期试验的结果，Ⅱ期试验已启动并仍在进行中。在一项临床研究中，用超顺磁性氧化铁纳米颗粒标记自体培养的神经干细胞，然后将它们立体定向植入到创伤性脑损伤患者的脑外伤区域，磁共振成像跟踪图像显示病灶周围细胞的聚集和增殖，甚至从原发注射部位迁移到受损组织的边缘[179]。脑瘫患儿侧脑室注射流产胎儿组织来源的神经祖细胞后，认知能力显著提高[180]。此外，脑瘫患者接受骨髓间充质干细胞来源的神经干细胞样细胞移植后，长期随访观察到运动功能有所改善，但语言能力没有改善，源自体间充质干细胞的神经干细胞样细胞可能是脑瘫治疗的更好细胞类型。一项Ⅰ/Ⅱ期临床研究正在调查人类神经干细胞单侧视网膜下移植对继发年龄相关性黄斑变性的影像学萎缩受试者的安全性和初步疗效。

此外，密集的研发使一系列神经干细胞产品和转基因神经干细胞产品进入临床前研究阶段和临床试验阶段，用于治疗恶性和非恶性疾病，如复发性高级别胶质瘤、转移性脑瘤和下肢缺血等。

三、前景与展望

神经干细胞是一种很有前途的治疗与神经系统相关疾病的方法。目前基于神经干细胞移植的细胞治疗用于治疗动物模型和临床试验中的各种神经缺陷和损伤已被广泛研究。

神经干细胞治疗在各种动物疾病模型中取得了一些成功，但是由于人类和动物之间存在巨大的生理差异，过渡到临床应用之前仍有许多问题需要解决。首先，临床治疗必须遵守标准化方案。因此，必须为治疗程序建立详细而有效的标准，包括干细胞类型、移植时间和细胞剂量等。神经干细胞的纯度是重中之重，其他细胞的污染可能会导致意想不到的副作用。应针对每种类型的急性或慢性疾病评估神经干细胞的最佳移植时间。此外，即使是原发性组织衍生的神经干细胞或神经祖细胞，如果高密度移植也可能在体内形成凝块。因此，必须精确控制移植的神经干细胞的密度，以避免对注射组织造成二次损伤。神经干细胞给药的治疗程序，包括通过颅内或脊柱内途径的局部注射以及通过静脉内或鞘内途径的全身注射，高度依赖于病变部位。其次，用作种子的干细胞必须在体外和体内都经过验证是安全的。为此，需对每批制造的神经干细胞产品在小鼠体内进行深度测序和检查肿瘤形成效力。最后，神经干细胞在体内的低存活率和疗效低仍是有待解决的主要问题。此外，干细胞治疗的潜在机制仍不清楚，因此需进行进一步的研究。相关领域进一步的基础研究可能有助于解决上述问题。最后，需要先进的成像技术来监测体内移植的神经干细胞的生理状态，以排除致瘤性和其他缺陷。

第六节　皮肤干细胞

一、概述

皮肤干细胞属于成体干细胞，皮肤干细胞是各种皮肤细胞的祖细胞，在胚胎发育过程中，具有双向分化的能力，一方面可向下迁移分化为表皮基底层细胞，进而生成毛囊，另一方面则可向上迁移，并最终分化为各种表皮细胞。由于皮肤细胞的异质性，在过去的几十年中，人们发现了各类亚型的皮肤干细胞，包括表皮干细胞（Epidermal stem cells）、毛囊干细胞（Follicular stem cells）、黑色素干细胞（Melanocyte stem cells）、皮脂腺干细胞（Sebaceous gland stem cells）、间充质样干细胞（Mesenchymal stem-cell-like cells）等。

表皮干细胞多数位于表皮基底层，可分化为瞬时扩增细胞和终末分化的表皮细胞。目前已发现的皮肤干细胞特异性细胞标志物包括 p63[181]、$\beta1^{high}$/MCSP+[182]，$\alpha6^{high}$/$CD71^{dim}$[183]等。毛囊干细胞位于毛囊膨出区，可衍生成毛囊上皮，包括外根鞘、内根鞘和头发轴。目前已发现的特异性标志物有 K15、CD34、Lgr5[184]、Sox9、Lhx2[185]、NFATC1、NFIB、

PHLDA1[186]、CD200、K19[187] 等。黑色素干细胞一般位于毛囊和毛芽膨大区。目前已发现的特异性标志物是 Dct[188]、Sox[189] 和 Pax3[190]。皮脂腺干细胞一般分布在皮脂腺和漏斗部，其特征性细胞标志物是 Blimp1[191]。间充质样干细胞一般分布在真皮层，可分为中胚层衍生物和一些神经类型细胞，其特征性标志物是 CD70、CD90 和 CD105，而 CD34 表达阴性 [192]。在所有这些不同类型的皮肤干细胞亚群中，表皮干细胞与组织的修复和皮肤再生关系最为密切，也是目前以产品研发导向研究的主要领域。

二、重要进展

（一）基于 iPSC 诱导的皮肤干细胞研究不断深入

诱导性多能干细胞是最新的一类多能干细胞，其结合了 MSC 和 ESC 的优点，开创了再生医学的新时代 [193]。这种革命性的技术允许通过自体细胞诱导生成多能干细胞，从而避开了主要的伦理限制和潜在的免疫排斥反应。由于诱导性多能干细胞的特点，目前诱导性多能干细胞分化为皮肤细胞已取得了显著进展，包括滤泡性人类上皮干细胞、成纤维细胞和角质细胞等皮肤可替代物 [194]。Bilousova 等 [195] 在体外诱导 iPS 细胞分化并形成高分化的类皮肤细胞系表皮、毛囊和皮脂腺。虽然有实验证据支持诱导性多能干细胞分化的皮肤干细胞治疗效果，但是目前还存在很多问题，比如通过使用逆转录病毒载体是否会增加相关的癌症发生风险、亲本细胞的表观遗传信息保留不稳定、遗传不稳定、细胞重编程技术低效带来的高成本问题、潜在的免疫原性问题等等 [196]。因此，基于 iPS 细胞的皮肤干细胞用于伤口愈合需要在细胞重编程技术验证其安全性和可靠性后再进一步研究推广。

（二）基于 MSCs 诱导的皮肤干细胞研究快速发展

间充质干细胞的来源众多，包括骨髓、脂肪组织、羊水和真皮等。由于它们多向分化潜力高、分化频率高、易于分离鉴定以及 MSCs 迁移到体内的损伤部位能力好 [197] 等特点，基于 MSCs 的皮肤干细胞治疗被认为是一种可靠的治疗途径。

这些类干细胞产品已被证实可促进伤口愈合、参与免疫调节、产生生长因子、促进新生血管生长和上皮再生，从而加速伤口愈合 [198]。Smith 等 [199] 指出间充质干细胞诱导的皮肤干细胞可分泌相关细胞因子，促进真皮纤维母细胞增殖、迁移和趋化。Li 等 [200] 的研究也表明激活的间充质干细胞能促进创面急性切口愈合，恢复组织的抗拉强度。Kasper 等 [201] 的研究结果显示基于 MSC 的皮肤干细胞似乎诱导了旁分泌刺激通路，可能通过调节几个血管生成网络通路中的分支显著刺激了血管生长。其实验数据证实了基于 MSC 细胞的皮肤干细胞可以协调组织损伤的炎症反应。研究结果显示人脐带间充质干细胞移植大鼠皮肤创面有明显加速创面愈合效果，显著减少了浸润炎性细胞 IL-1、IL-6、TNF-α 的数量和降低了表达水平，同时显著提升 IL-10 和 TSG-6 的表达水平。还有研究表明在严重烧伤创面中，hUC-MSCs 可显著增加 VEGF 水平，促进伤口血管生成 [202]。总之，近年来科学家们发现基于 MSC 诱导的皮肤干细胞在促进组织修复和伤口愈合方面表现出了良好的效果，该领域的相关产品也随之快速发展。

（三）多类型皮肤干细胞治疗产品的临床研究全面开展

大面积烧伤感染造成的严重皮肤损伤或者创伤一直对临床医生来说都是巨大的挑战，但临床上一直没有特别有效的医疗干预措施。对于全身严重烧伤患者，往往无法获取足够的皮肤移植替代物。从 20 世纪 80 年代起，科学家们就已经开发了体外培养人角质细胞分化为成纤维细胞祖细胞的方法[203]。如今，人培养角质细胞已成为世界上使用最广泛的细胞产品，可被用于移植到严重烧伤的病人身上。

无论自体或异体来源，皮肤干细胞主要被分化为皮肤角质细胞进行产品的市场销售，目前已有针对皮肤修复相关的各种类型细胞制品上市。例如一种名为 EpiDex 的自体细胞薄片产品，也就是由角质细胞外根鞘组成的细胞产品已被用于慢性下肢皮肤溃疡治疗[204，205]，Cryoskin 则是另一个异体角质细胞产品[206]。这些表皮替代品不仅可以应用于治疗严重烧伤，也可用于治疗糖尿病溃疡。

另外一类目前临床研究发展较快的产品即基于 MSC 的皮肤干细胞产品。在过去的十年中，有几项临床试验已明确报道使用基于 MSC 的皮肤干细胞治疗慢性伤口获得良好疗效。其临床应用可加速伤口愈合，增加肉芽组织形成，增加愈合组织的张力强度，并促进细胞因子的产生和血管生成[207，208]。2003 年，Evangelos 和 Vincent 是首次报道局部静脉注射自体 BM-MSCs 治疗 3 例难愈性静脉溃疡合并动脉供血不足患者。他们观察到这些患者接受治疗后临床症状改善，伤口缩小，血管密度增加[209]。2007 年，Falanga 等[210]将纤维蛋白喷雾剂型的 BM-MSCs 应用于 13 例外伤或手术患者（5 例急性皮肤癌术后伤口和 8 例下肢慢性难愈合伤口）。他们的发现基于 MSC 的皮肤干细胞产品可促进双侧骨急性和慢性伤口愈合。此外，他们还引入了一种纤维蛋白喷雾剂系统，可安全有效地将细胞产品输送到不同创伤部位。Yoshikawa 等[211]将基于 MSC 的自体皮肤干细胞浸渍在胶体海绵载体植入 20 例慢性难愈合的皮肤病患者，发现其中 18 例的创面显著愈合。

三、前景与展望

近年来，干细胞特有的生物学特性使其逐渐成为临床治疗多种疾病的新策略。特别是干细胞具有可塑性强的特点，即一种组织的细胞可分化为另一种无关组织的细胞，甚至不同胚层的细胞在一定条件下也可相互转化，为干细胞的利用开辟了更广泛的空间。皮肤干细胞也同样有着广泛的潜在应用价值。

首先，皮肤干细胞直接可作为细胞治疗产品用于皮肤组织的移植修复，可实现细胞的长期增殖，快速持久地覆盖大面积损伤，并且费用低廉，具有重要的潜在医疗及美容应用价值。其次，皮肤干细胞可被分化为成型的组织皮肤用于移植。最后，皮肤干细胞除应用于外伤性皮肤缺损以及皮肤溃疡等导致的严重皮肤缺损的移植治疗外，还可以用来研究基因的作用以及某些疾病发病的基因机制。由于表皮的不断更新，必须对干细胞进行基因转染以确保外源基因在表皮细胞的长期表达。总之，皮肤干细胞不仅在皮肤再生修复治疗上具有重要价值，在再生医学的科学研究领域也有着广泛的研究价值和潜力。

参考文献

[1] Wagner W, Bork S, Horn P, et al. Aging and replicative senescence have related effects on human stem and progenitor cells[J]. PLoS One, 2009, 4(6): e5846.

[2] Ries C, Egea V, Karow M, et al. MMP-2, MT1-MMP, and TIMP-2 are essential for the invasive capacity of human mesenchymal stem cells: differential regulation by inflammatory cytokines[J]. Blood, 2007, 109(9): 4055-4063.

[3] Poli E, Macaluso G, Pozzoli C. Actions of two novel prostaglandin analogs, SC-29169 and SC-31391, on guinea pig and human isolated urinary bladder[J]. Gen Pharmacol, 1992, 23(5): 805-809.

[4] Sohni A, Verfaillie C M. Mesenchymal stem cells migration homing and tracking[J]. Stem Cells Int, 2013, 2013: 130763.

[5] Ruster B, Gottig S, Ludwig R J, et al. Mesenchymal stem cells display coordinated rolling and adhesion behavior on endothelial cells[J]. Blood, 2006, 108(12): 3938-3944.

[6] Schrepfer S, Deuse T, Reichenspurner H, et al. Stem cell transplantation: the lung barrier[J]. Transplant Proc, 2007, 39(2): 573-576.

[7] Wysoczynski M, Khan A, Bolli R. New paradigms in cell therapy: repeated dosing, intravenous delivery, immunomodulatory actions, and new cell types[J]. Circ Res, 2018, 123(2): 138-158.

[8] Walczak P, Zhang J, Gilad A A, et al. Dual-modality monitoring of targeted intraarterial delivery of mesenchymal stem cells after transient ischemia[J]. Stroke, 2008, 39(5): 1569-1574.

[9] Zhang D, Fan G C, Zhou X, et al. Over-expression of CXCR4 on mesenchymal stem cells augments myoangiogenesis in the infarcted myocardium[J]. J Mol Cell Cardiol, 2008, 44(2): 281-292.

[10] Lalu M M, Mcintyre L, Pugliese C, et al. Safety of cell therapy with mesenchymal stromal cells (SafeCell): a systematic review and meta-analysis of clinical trials[J]. PLoS One, 2012, 7(10): e47559.

[11] Wu Z, Zhang S, Zhou L, et al. Thromboembolism induced by umbilical cord mesenchymal stem cell infusion: a report of two cases and literature review[J]. Transplant Proc, 2017, 49(7): 1656-1658.

[12] Lu Z, Hu X, Zhu C, et al. Overexpression of CNTF in mesenchymal stem cells reduces demyelination and induces clinical recovery in experimental autoimmune encephalomyelitis mice[J]. J Neuroimmunol, 2009, 206(1/2): 58-69.

[13] Suzuki M, Mchugh J, Tork C, et al. Direct muscle delivery of GDNF with human mesenchymal stem cells improves motor neuron survival and function in a rat model of familial ALS[J]. Mol Ther, 2008, 16(12): 2002-2010.

[14] Kanki-Horimoto S, Horimoto H, Mieno S, et al. Implantation of mesenchymal stem cells overexpressing endothelial nitric oxide synthase improves right ventricular impairments caused by pulmonary hypertension[J]. Circulation, 2006, 114(S1): 181-185.

[15] Ishii M, Numaguchi Y, Okumura K, et al. Mesenchymal stem cell-based gene therapy with prostacyclin synthase enhanced neovascularization in hindlimb ischemia[J]. Atherosclerosis, 2009, 206(1): 109-118.

[16] Haider H, Jiang S, Idris N M, et al. IGF-1-overexpressing mesenchymal stem cells accelerate bone marrow stem cell mobilization *via* paracrine activation of SDF-1alpha/CXCR4 signaling to promote myocardial repair[J]. Circ Res, 2008, 103(11): 1300-1308.

[17] Li W, Ma N, Ong L L, et al. Bcl-2 engineered MSCs inhibited apoptosis and improved heart function[J]. Stem Cells, 2007, 25(8): 2118-2127.

[18] Chang W, Song B W, Lim S, et al. Mesenchymal stem cells pretreated with delivered Hph-1-Hsp70 protein are protected from hypoxia-mediated cell death and rescue heart functions from myocardial injury[J]. Stem Cells, 2009, 27(9): 2283-2292.

[19] Gnecchi M, He H, Melo L G, et al. Early beneficial effects of bone marrow-derived mesenchymal stem cells overexpressing Akt on cardiac metabolism after myocardial infarction[J]. Stem Cells, 2009, 27(4): 971-979.

[20] Sackstein R, Merzaban J S, Cain D W, et al. *Ex vivo* glycan engineering of CD44 programs human multipotent mesenchymal stromal cell trafficking to bone[J]. Nat Med, 2008, 14(2): 181-187.

[21] Kumar S, Ponnazhagan S. Bone homing of mesenchymal stem cells by ectopic alpha 4 integrin expression[J]. FASEB J, 2007, 21(14): 3917-3927.

[22] Lum L G, Fok H, Sievers R, et al. Targeting of Lin-Sca+ hematopoietic stem cells with bispecific antibodies to injured myocardium[J]. Blood Cells Mol Dis, 2004, 32(1): 82-87.

[23] Dennis J E, Cohen N, Goldberg V M, et al. Targeted delivery of progenitor cells for cartilage repair[J]. J Orthop Res, 2004, 22(4): 735-741.

[24] Ko I K, Kean T J, Dennis J E. Targeting mesenchymal stem cells to activated endothelial cells[J]. Biomaterials, 2009, 30(22): 3702-3710.

[25] Sarkar D, Vemula P K, Teo G S, et al. Chemical engineering of mesenchymal stem cells to induce a cell rolling response[J]. Bioconjug Chem, 2008, 19(11): 2105-2109.

[26] Ruoslahti E, Rajotte D. An address system in the vasculature of normal tissues and tumors[J]. Annu Rev Immunol, 2000, 18: 813-827.

[27] Prasad V K, Lucas K G, Kleiner G I, et al. Efficacy and safety of *ex vivo* cultured adult human mesenchymal stem cells (Prochymal) in pediatric patients with severe refractory acute graft-versus-host disease in a compassionate use study[J]. Biol Blood Marrow Transplant, 2011, 17(4): 534-541.

[28] Panes J, Garcia-Olmo D, van Assche G, et al. Long-term efficacy and safety of stem cell therapy (Cx601) for complex perianal fistulas in patients with Crohn' s disease[J]. Gastroenterology, 2018, 154(5): 1334-1342,e1334.

[29] Musialek P, Mazurek A, Jarocha D, et al. Myocardial regeneration strategy using Wharton' s jelly mesenchymal stem cells as an off-the-shelf 'unlimited' therapeutic agent: results from the Acute Myocardial Infarction first-in-man study[J]. Postepy Kardiol Interwencyjnej, 2015, 11(2): 100-107.

[30] Wehman B, Sharma S, Pietris N, et al. Mesenchymal stem cells preserve neonatal right ventricular function in a porcine model of pressure overload[J]. Am J Physiol Heart Circ Physiol, 2016, 310(11): 1816-1826.

[31] Bolli R, Hare J M, March K L, et al. Rationale and design of the CONCERT-HF trial (combination of mesenchymal and c-kit$^+$ cardiac stem cells as regenerative therapy for heart failure)[J]. Circ Res, 2018, 122(12): 1703-1715.

[32] Takahashi K, Yamanaka S. Induction of pluripotent stem cells from mouse embryonic and adult fibroblast cultures by defined factors[J]. Cell, 2006, 126(4): 663-676.

[33] Tapia N, Schöler H R. p53 connects tumorigenesis and reprogramming to pluripotency[J]. The Journal of Experimental Medicine, 2010, 207(10): 2045.

[34] Abou-Saleh H, Zouein F A, El-Yazbi A, et al. The march of pluripotent stem cells in cardiovascular regenerative medicine[J]. Stem Cell Research & Therapy, 2018, 9(1): 1-31.

[35] 李兰玉，朱露露，朱秀生，等. 小分子化合物促进体细胞重编程为多能干细胞的研究进展 [J]. 黑龙江畜牧兽医，2017(1):61-64.

[36] Amabile G, Welner R S, Nombela-Arrieta C, et al. *In vivo* generation of transplantable human hematopoietic cells from induced pluripotent stem cells.[J]. Blood, The Journal of the American Society of Hematology, 2013, 121(8): 1255-1264.

[37] Schwarz B A, Bar-Nur O, Silva J C, et al. Nanog is dispensable for the generation of induced pluripotent stem cells.[J]. Current Biology, 2014, 24(3): 347-350.

[38] Zhu S, Li W, Zhou H, et al. Reprogramming of human primary somatic cells by OCT4 and chemical compounds[J]. Cell Stem Cell, 2010, 7(6):661-665.

[39] Trokovic R, Weltner J, Manninen T, et al. Small molecule inhibitors promote efficient generation of induced

pluripotent stem cells from human skeletal myoblasts[J]. Stem Cells and Development, 2013, 22(1): 114-123.

[40] Ichida J K, Blanchard J, Lam K, et al. A small-molecule inhibitor of Tgf-β signaling replaces Sox2 in reprogramming by inducing Nanog[J]. Cell Stem Cell, 2009, 5(5): 491-503.

[41] Jiang H, Xu Z, Zhong P, et al. Cell cycle and p53 gate the direct conversion of human fibroblasts to dopaminergic neurons[J]. Nature Communications, 2015, 6(1): 1-14.

[42] Wang Y, Adjaye J. A cyclic AMP analog, 8-Br-cAMP, enhances the induction of pluripotency in human fibroblast cells[J]. Stem Cell Reviews and Reports, 2011, 7(2): 331-341.

[43] Fan Q, Yang L, Zhang X, et al. Autophagy promotes metastasis and glycolysis by upregulating MCT1 expression and Wnt/β-catenin signaling pathway activation in hepatocellular carcinoma cells[J]. Journal of Experimental & Clinical Cancer Research, 2018, 37(1): 1-11.

[44] Li W, Zhou H Y, Abujarour R, et al. Generation of human-induced pluripotent stem cells in the absence of exogenous Sox2[J]. Stem Cells, 2009, 27(12): 2992-3000.

[45] Li Y, Zhang Q, Yin X, et al. Generation of iPSCs from mouse fibroblasts with a single gene, Oct4, and small molecules [J]. Cell Research, 2011, 21(1): 196-204.

[46] Li X, Liu D, MAMa Y, et al. Direct reprogramming of fibroblasts *via* a chemically induced XEN-like state [J]. Cell Stem Cell, 2017, 21(2): 264-273, e7.

[47] Cheng L, Hu W, Qiu B, et al. Generation of neural progenitor cells by chemical cocktails and hypoxia[J]. Cell Research, 2014, 24(6): 665-679.

[48] Hu W, Qiu B, Guan W, et al. Direct conversion of normal and Alzheimer's disease human fibroblasts into neuronal cells by small molecules[J]. Cell Stem Cell, 2015, 17(2): 204-212.

[49] Zheng S J, Xiao L R, Liu Y, et al. DZNep inhibits H3K27me3 deposition and delays retinal degeneration in the rd1 mice[J]. Cell Death & Disease, 2018, 9(3): 1-14.

[50] Ko J Y, Oh H J, Lee J, et al. Nanotopographic influence on the *in vitro* behavior of induced pluripotent stem cells[J]. Tissue Engineering Part A, 2018, 24(7/8): 595-606.

[51] Worthington K S, Do A V, Smith R, et al. Two - photon polymerization as a tool for studying 3D printed topography - induced stem cell fate[J]. Macromolecular Bioscience, 2019, 19(2): 1800370.

[52] Chen Y M, Chen L H, Li M P, et al. Xeno-free culture of human pluripotent stem cells on oligopeptide-grafted hydrogels with various molecular designs[J]. Scientific Reports, 2017, 7(1): 1-16.

[53] Kim M H, Kino-Oka M. Bioprocessing strategies for pluripotent stem cells based on Waddington's epigenetic landscape[J]. Trends in Biotechnology, 2018, 36(1): 89-104.

[54] Sadahiro T, Yamanaka S, Ieda M. Direct cardiac reprogramming: progress and challenges in basic biology and clinical applications[J]. Circulation Research, 2015, 116(8): 1378-1391.

[55] Mummery C, Ward D, van Den Brink C E, et al. Cardiomyocyte differentiation of mouse and human embryonic stem cells[J]. Journal of anatomy, 2002, 200(3): 233-242.

[56] Passier R, Oostwaard D W, Snapper J, et al. Increased cardiomyocyte differentiation from human embryonic stem cells in serum - free cultures[J]. Stem Cells, 2005, 23(6): 772-780.

[57] Lee C Z W, Kozaki T, Ginhoux F. Studying tissue macrophages *in vitro*: are iPSC-derived cells the answer?[J]. Nature Reviews Immunology, 2018, 18(11): 716-725.

[58] Choi K D, Vodyanik M, Slukvin I I. Hematopoietic differentiation and production of mature myeloid cells from human pluripotent stem cells[J]. Nature Protocols, 2011, 6(3): 296-313.

[59] Mukherjee C, Hale C, Mukhopadhyay S. A simple multistep protocol for differentiating human induced pluripotent stem cells into functional macrophages[M]. New York: Humana Press, 2018: 13-28.

[60] Gao W X, Sun Y Q, Shi J, et al. Effects of mesenchymal stem cells from human induced pluripotent stem cells on differentiation, maturation, and function of dendritic cells[J]. Stem Cell research & Therapy, 2017, 8(1): 1-16.

[61] Park T S, Galic Z, Conway A E, et al. Derivation of primordial germ cells from human embryonic and induced pluripotent stem Cells is significantly improved by coculture with human fetal gonadal cells[J]. Stem Cells, 2009, 27(4): 783-795.

[62] Medrano J V, Ramathal C, Nguyen H N, et al. Divergent RNA - binding proteins, DAZL and VASA, induce meiotic progression in human germ cells derived *in vitro*[J]. Stem Cells, 2012, 30(3): 441-451.

[63] Hayashi K, Ogushi S, Kurimoto K, et al. Offspring from oocytes derived from *in vitro* primordial germ cell like cells in mice[J]. Science, 2012, 338(6109): 971-975.

[64] Hayashi K, Saitou M. Generation of eggs from mouse embryonic stem cells and induced pluripotent stem cells[J]. Nature Protocols, 2013, 8(8): 1513-1524.

[65] Begum A N, Guoynes C, Cho J, et al. Rapid generation of sub-type, region-specific neurons and neural networks from human pluripotent stem cell-derived neurospheres[J]. Stem Cell Research, 2015, 15(3): 731-741.

[66] Ichiyanagi N, Fujimori K, Yano M, et al. Establishment of *in vitro* FUS-associated familial amyotrophic lateral sclerosis model using human induced pluripotent stem cells[J]. Stem Cell Reports, 2016, 6(4): 496-510.

[67] Burkhardt M F, Martinez F J, Wright S, et al. A cellular model for sporadic ALS using patient-derived induced pluripotent stem cells[J]. Molecular and Cellular Neuroscience, 2013, 56: 355-364.

[68] Nakamura M, Okano H. Cell transplantation therapies for spinal cord injury focusing on induced pluripotent stem cells[J]. Cell Research, 2013, 23(1): 70-80.

[69] Konagaya S, Iwata H. Microencapsulation of dopamine neurons derived from human induced pluripotent stem cells[J]. Biochimica et Biophysica Acta, 2015, 1850(1): 22-32.

[70] Wang H, Xi Y, Zheng Y, et al. Generation of electrophysiologically functional cardiomyocytes from mouse induced pluripotent stem cells[J]. Stem Cell Research, 2016, 16(2): 522-530.

[71] Titmarsh D M, Glass N R, Mills R J, et al. Induction of human iPSC-derived cardiomyocyte proliferation revealed by combinatorial screening in high density microbioreactor arrays[J]. Scientific Reports, 2016, 6(1): 1-15.

[72] T ucker B A, Park I H, Qi S D, et al. Transplantation of adult mouseiPS cell-derived photoreceptor precursors restores retinal structure and function in degenerative mice[J]. PLoS One, 2011, 6(4): e18992.

[73] Maeda T, Lee M J, Palczewska G, et al. Retinal pigmented epithelial cells obtained from human induced pluripotent stem cells possess functional visual cycle enzymes *in vitro* and *in vivo*[J]. Journal of Biological Chemistry, 2013, 288(48): 34484-34493.

[74] Qian X, Nguyen H N, Song M M, et al. Brain-region-specific organoids using mini-bioreactors for modeling ZIKV exposure[J]. Cell, 2016, 165(5): 1238-1254.

[75] Nakamura S, Takayama N, Hirata S, et al. Expandable megakaryocyte cell lines enable clinically applicable generation of platelets from human induced pluripotent stem cells[J]. Cell Stem Cell, 2014, 14(4): 535-548.

[76] Kamao H, Mandai M, Okamoto S, et al. Characterization of human induced pluripotent stem cell-derived retinal pigment epithelium cell sheets aiming for clinical application[J]. Stem Cell Reports, 2014, 2(2): 205-218.

[77] Hale L J, Howden S E, Phipson B, et al. 3D organoid-derived human glomeruli for personalised podocyte disease modelling and drug screening[J]. Nature Communications, 2018, 9(1): 1-17.

[78] Cheng L, Zhang Y, Nan Y, et al. Induced pluripotent stem cells (iPSCs) in the modeling of hepatitis C virus infection[J]. Current Stem Cell Research & Therapy, 2015, 10(3): 216-219.

[79] Sullivan G J, Hay D C, Park I H, et al. Generation of functional human hepatic endoderm from human induced pluripotent stem cells[J]. Hepatology, 2010, 51(1): 329-335.

[80] Liu H, Ye Z, Kim Y, et al. Generation of endoderm - derived human induced pluripotent stem cells from primary hepatocytes[J]. Hepatology, 2010, 51(5): 1810-1819.

[81] Cao L, McDonnell A, Nitzsche A, et al. Pharmacological reversal of a pain phenotype iniPSC-derived sensory neurons and patients with inherited erythromelalgia[J]. Science Translational Medicine, 2016, 8(335): 335ra56.

[82] Krefft O, Jabali A, Iefremova V, et al. Generation of standardized and reproducible forebrain-type cerebral organoids from human induced pluripotent stem cells[J]. Journal of Visualized Experiments, 2018 (131): e56768.

[83] Turner N, Grose R. Fibroblast growth factor signalling: from development to cancer[J]. Nature Reviews Cancer, 2010, 10(2): 116-129.

[84] Rao T P, Kühl M. An updated overview on Wnt signaling pathways: a prelude for more[J]. Circulation Research, 2010, 106(12): 1798-1806.

[85] Moustakas A, Heldin C H. The regulation of TGF beta signal transduction[J]. Development, 2009, 136(22): 3699-3714.

[86] Efthymiou A G, Chen G, Rao M, et al. Self-renewal and cell lineage differentiation strategies in human embryonic stem cells and induced pluripotent stem cells[J]. Expert Opinion on Biological Therapy, 2014, 14(9): 1333-1344.

[87] Yang L, Soonpaa M H, Adler E D, et al. Human cardiovascular progenitor cells develop from a KDR+ embryonic-stem-cell-derived population[J]. Nature, 2008, 453(7194): 524-528.

[88] Andreasson L, Evenbratt H, Mobini R, et al. Differentiation of induced pluripotent stem cells into definitive endoderm on Activin A-functionalized gradient surfaces[J]. Journal of Biotechnology, 2021, 325: 173-178.

[89] Vallier L, Reynolds D, Pedersen R A. Nodal inhibits differentiation of human embryonic stem cells along the neuroectodermal default pathway[J]. Developmental Biology, 2004, 275(2): 403-421.

[90] Kroon E, Martinson L A, Kadoya K, et al. Pancreatic endoderm derived from human embryonic stem cells generates glucose-responsive insulin-secreting cells *in vivo*[J]. Nature Biotechnology, 2008, 26(4): 443-452.

[91] Wang D, Haviland D L, Burns A R, et al. A pure population of lung alveolar epithelial type II cells derived from human embryonic stem cells[J]. PNAS, 2007, 104(11): 4449-4454.

[92] Evseenko D, Zhu Y, Schenke-Layland K, et al. Mapping the first stages of mesoderm commitment during differentiation of human embryonic stem cells[J]. PNAS, 2010, 107(31): 13742-13747.

[93] Ng E S, Davis R P, Azzola L, et al. Forced aggregation of defined numbers of human embryonic stem cells into embryoid bodies fosters robust, reproducible hematopoietic differentiation[J]. Blood, 2005, 106(5): 1601-1603.

[94] Young G T, Gutteridge A, Fox H D E, et al. Characterizing human stem cell derived sensory neurons at the single-cell level reveals their ion channel expression and utility in pain research[J]. Molecular Therapy, 2014, 22(8): 1530-1543.

[95] Hoban D B, Shrigeley S,Mattsson B, et al. Impact of α-synuclein pathology on transplanted hESC-derived dopaminergic neurons in a humanized α-synuclein rat model of PD[J]. PNAS, 2020, 117(26): 15209-15220.

[96] Fitzgerald M, Sotuyo N, Tischfield D J, et al. Generation of cerebral cortical GABAergic interneurons from pluripotent stem cells[J]. Stem Cells, 2020, 38(11): 1375-1386.

[97] Hu Y,Qu Z, Cao S Y, et al. Directed differentiation of basal forebrain cholinergic neurons from human pluripotent stem cells[J]. Journal of Neuroscience Methods, 2016, 266: 42-49.

[98] Li X J,Du Z W, Zarnowska E D, et al. Specification of motoneurons from human embryonic stem cells[J]. Nature Biotechnology, 2005, 23(2): 215-221.

[99] Biswas S, Chung S H, Jiang P, et al. Development of glial restricted human neural stem cells for oligodendrocyte differentiation *in vitro* and *in vivo*[J]. Scientific Reports, 2019, 9(1): 1-14.

[100] Duan B, Kapetanovic E, Hockaday L A, et al. Three-dimensional printed trileaflet valve conduits using biological hydrogels and human valve interstitial cells[J]. Acta Biomaterialia, 2014, 10(5): 1836-1846.

[101] Daley G Q, Hyun I, Apperley J F, et al. Setting global standards for stem cell research and clinical translation: the 2016 ISSCR guidelines[J]. Stem Cell Reports, 2016, 6(6): 787-797.

[102] International Stem Cell Banking I. Initiative Consensus guidance for banking and supply of human embryonic stem cell lines for research purposes[J]. Stem Cell Reviews and Reports, 2009, 5(4): 301-314.

[103] Kriks S, Shim J W, Piao J, et al. Dopamine neurons derived from human ES cells efficiently engraft in animal models of Parkinson' s disease[J]. Nature, 2011, 480(7378): 547-551.

[104] Wang Y K, Zhu W W, Wu M H, et al. Human clinical-grade parthenogenetic ESC-derived dopaminergic neurons recover locomotive defects of nonhuman primate models of Parkinson' s disease[J]. Stem Cell Reports, 2018, 11(1): 171-182.

[105] Frausin S. Advanced technologies for neural transplantation: new approaches for neural repair and modelling diseases[D]. Melbourne:Health Science University, 2019.

[106] Pazhanisamy S. Adult stem cell and embryonic stem cell Markers[J]. Mater Methods, 2013, 3: 200.

[107] Hodgkinson C P, Bareja A, Gomez J A, et al. Emerging concepts in paracrine mechanisms in regenerative cardiovascular medicine and biology[J]. Circulation Research, 2016, 118(1): 95-107.

[108] Schwartz S D, Hubschman J P, Heilwell G, et al. Embryonic stem cell trials for macular degeneration: a preliminary

report[J]. The Lancet, 2012, 379(9817): 713-720.

[109] Song W K, Park K M, Kim H J, et al. Treatment of macular degeneration using embryonic stem cell-derived retinal pigment epithelium: preliminary results in Asian patients[J]. Stem Cell Reports, 2015, 4(5): 860-872.

[110] Yui S, Nakamura T, Sato T, et al. Functional engraftment of colon epithelium expanded in vitro from a single adult Lgr5+ stem cell [J]. Nature Medicine, 2012, 18(4): 618-623.

[111] Zhu J, Reynolds J, Garcia T, et al. Generation of transplantable retinal photoreceptors from a current good manufacturing practice-manufactured human induced pluripotent stem cell line[J]. Stem Cells Translational Medicine, 2018, 7(2): 210-219.

[112] Cheung T H, Rando T A. Molecular regulation of stem cell quiescence[J]. Nat Rev Mol Cell Biol, 2013, 14(6): 329-340.

[113] Bandura D R, Baranov V I, Ornatsky O I, et al. Mass cytometry: technique for real time single cell multitarget immunoassay based on inductively coupled plasma time-of-flight mass spectrometry[J]. Anal Chem, 2009, 81(16): 6813-6822.

[114] Ha M K, Kwon S J, Choi J S, et al. Mass cytometry and single-cell RNA-seq profiling of the heterogeneity in human peripheral blood mononuclear cells interacting with silver nanoparticles[J]. Small, 2020, 16(21): e1907674.

[115] Giesen C, Wang H A, Schapiro D, et al. Highly multiplexed imaging of tumor tissues with subcellular resolution by mass cytometry[J]. Nat Methods, 2014, 11(4): 417-422.

[116] Forsberg E C, Prohaska S S, Katzman S, et al. Differential expression of novel potential regulators in hematopoietic stem cells[J]. PLoS Genet, 2005, 1(3): e28.

[117] Miranda-Saavedra D, De S, Trotter M W, et al. BloodExpress: a database of gene expression in mouse haematopoiesis[J]. Nucleic Acids Res, 2009, 37: 873-879.

[118] Bendall L J, Bradstock K F. G-CSF: from granulopoietic stimulant to bone marrow stem cell mobilizing agent[J]. Cytokine Growth Factor Rev, 2014, 25(4): 355-367.

[119] de Clercq E. Potential clinical applications of the CXCR4 antagonist bicyclam AMD3100[J]. Mini Rev Med Chem, 2005, 5(9): 805-824.

[120] de Clercq E. The bicyclam AMD3100 story[J]. Nat Rev Drug Discov, 2003, 2(7): 581-587.

[121] Demarco S J, Henze H, Lederer A, et al. Discovery of novel, highly potent and selective beta-hairpin mimetic CXCR4 inhibitors with excellent anti-HIV activity and pharmacokinetic profiles[J]. Bioorg Med Chem, 2006, 14(24): 8396-8404.

[122] Abraham M, Biyder K, Begin M, et al. Enhanced unique pattern of hematopoietic cell mobilization induced by the CXCR4 antagonist 4F-benzoyl-TN14003[J]. Stem Cells, 2007, 25(9): 2158-2166.

[123] Peng S B, Zhang X, Paul D, et al. Identification of LY2510924, a novel cyclic peptide CXCR4 antagonist that exhibits antitumor activities in solid tumor and breast cancer metastatic models[J]. Mol Cancer Ther, 2015, 14(2): 480-490.

[124] Keefe A D, Pai S, Ellington A. Aptamers as therapeutics[J]. Nat Rev Drug Discov, 2010, 9(7): 537-550.

[125] Vater A, Sahlmann J, Kroger N, et al. Hematopoietic stem and progenitor cell mobilization in mice and humans by a first-in-class mirror-image oligonucleotide inhibitor of CXCL12[J]. Clin Pharmacol Ther, 2013, 94(1): 150-157.

[126] Zirafi O, Hermann P C, Munch J. Proteolytic processing of human serum albumin generates EPI-X4, an endogenous antagonist of CXCR4[J]. J Leukoc Biol, 2016, 99(6): 863-868.

[127] Zirafi O, Kim K A, Standker L, et al. Discovery and characterization of an endogenous CXCR4 antagonist[J]. Cell Rep, 2015, 11(5): 737-747.

[128] Kruta M, Sunshine M J, Chua B A, et al. Hsf1 promotes hematopoietic stem cell fitness and proteostasis in response to *ex vivo* culture stress and aging[J]. Cell Stem Cell, 2021, 28(11): 1950-1965, e1956.

[129] Kovtonyuk L V, Caiado F, Garcia-Martin S, et al. IL-1mediates microbiome-induced inflammaging of hematopoietic stem cells in mice[J]. Blood, 2022, 139(1): 44-58.

[130] Guidi N, Marka G, Sakk V, et al. An aged bone marrow niche restrains rejuvenated hematopoietic stem cells[J]. Stem Cells, 2021, 39(8): 1101-1106.

[131] Boitano A E, Wang J, Romeo R, et al. Aryl hydrocarbon receptor antagonists promote the expansion of human hematopoietic stem cells[J]. Science, 2010, 329(5997): 1345-1348.

[132] Wagner J E, J Brunstein C G, Boitano A E, et al. Phase I/II trial of stem regenin-1 expanded umbilical cord blood hematopoietic stem cells supports testing as a stand-alone graft[J]. Cell Stem Cell, 2016, 18(1): 144-155.

[133] Fares I, Chagraoui J, Gareau Y, et al. Cord blood expansion. Pyrimidoindole derivatives are agonists of human hematopoietic stem cell self-renewal[J]. Science, 2014, 345(6203): 1509-1512.

[134] Chaurasia P, Gajzer D C, Schaniel C, et al. Epigenetic reprogramming induces the expansion of cord blood stem cells[J]. J Clin Invest, 2014, 124(6): 2378-2395.

[135] Wilkinson A C, Ishida R, Kikuchi M, et al. Long-term *ex vivo* haematopoietic-stem-cell expansion allows nonconditioned transplantation[J]. Nature, 2019, 571(7763): 117-121.

[136] Chen G, Gulbranson D R, Hou Z, et al. Chemically defined conditions for human iPSC derivation and culture[J]. Nat Methods, 2011, 8(5): 424-429.

[137] Nakagawa M, Taniguchi Y, Senda S, et al. A novel efficient feeder-free culture system for the derivation of human induced pluripotent stem cells[J]. Sci Rep, 2014, 4: 3594.

[138] Fan Y, Hsiung M, Cheng C, et al. Facile engineering of xeno-free microcarriers for the scalable cultivation of human pluripotent stem cells in stirred suspension[J]. Tissue Eng Part A, 2014, 20(3/4): 588-599.

[139] Paccola Mesquita F C, Hochman-Mendez C, Morrissey J, et al. Laminin as a potent substrate for large-scale expansion of human induced pluripotent stem cells in a closed cell expansion system[J]. Stem Cells Int, 2019, 2019: 9704945.

[140] Woods N B, Parker A S, Moraghebi R, et al. Brief report: efficient generation of hematopoietic precursors and progenitors from human pluripotent stem cell lines[J]. Stem Cells, 2011, 29(7): 1158-1164.

[141] Matsubara H, Niwa A, Nakahata T, et al. Induction of human pluripotent stem cell-derived natural killer cells for immunotherapy under chemically defined conditions[J]. Biochem Biophys Res Commun, 2019, 515(1): 1-8.

[142] Wilkinson A C, Ishida R, Kikuchi M, et al. Long-term *ex vivo* haematopoietic-stem-cell expansion allows nonconditioned transplantation[J]. Nature, 2019, 571(7763): 117-121.

[143] Spanholtz J, Preijers F, Tordoir M, et al. Clinical-grade generation of active NK cells from cord blood hematopoietic progenitor cells for immunotherapy using a closed-system culture process[J]. PLoS One, 2011, 6(6): e20740.

[144] Kempermann G, Song H, Gage F H. Neurogenesis in the adult hippocampus[J]. Cold Spring Harb Perspect Biol, 2015, 7(9): a018812.

[145] Catavero C, Bao H, Song J. Neural mechanisms underlying GABAergic regulation of adult hippocampal neurogenesis[J]. Cell Tissue Res, 2018, 371(1): 33-46.

[146] PalmerTD, Takahashi J, Gage F H. The adult rat hippocampus contains primordial neural stem cells[J]. Mol Cell Neurosci, 1997, 8(6): 389-404.

[147] Smith L K, White C W, 3rd, Villeda S A. The systemic environment: at the interface of aging and adult neurogenesis[J]. Cell Tissue Res, 2018, 371(1): 105-113.

[148] Kron M M, Zhang H, Parent J M. The developmental stage of dentate granule cells dictates their contribution to seizure-induced plasticity[J]. J Neurosci, 2010, 30(6): 2051-2059.

[149] Jahn H M, Bergami M. Critical periods regulating the circuit integration of adult-born hippocampal neurons[J]. Cell Tissue Res, 2018, 371(1): 23-32.

[150] Morshead C M, Reynolds B A, Craig C G, et al. Neural stem cells in the adult mammalian forebrain: a relatively quiescent subpopulation of subependymal cells[J]. Neuron, 1994, 13(5): 1071-1082.

[151] Weiss S, Dunne C, Hewson J, et al. Multipotent CNS stem cells are present in the adult mammalian spinal cord and ventricular neuroaxis[J]. J Neurosci, 1996, 16(23): 7599-7609.

[152] Lee A, Kessler J D, Read T A, et al. Isolation of neural stem cells from the postnatal cerebellum[J]. Nat Neurosci, 2005, 8(6): 723-729.

[153] Guo W, Patzlaff N E, Jobe E M, et al. Isolation of multipotent neural stem or progenitor cells from both the dentate gyrus and subventricular zone of a single adult mouse[J]. Nat Protoc, 2012, 7(11): 2005-2012.

[154] Zhang S C, Wernig M, Duncan I D, et al. *In vitro* differentiation of transplantable neural precursors from human embryonic stem cells[J]. Nat Biotechnol, 2001, 19(12): 1129-1133.
[155] Kozhich O A, Hamilton R S, Mallon B S. Standardized generation and differentiation of neural precursor cells from human pluripotent stem cells[J]. Stem Cell Rev Rep, 2013, 9(4): 531-536.
[156] Daadi M M, Maag A L, Steinberg G K. Adherent self-renewable human embryonic stem cell-derived neural stem cell line: functional engraftment in experimental stroke model[J]. PLoS One, 2008, 3(2): e1644.
[157] Banda E, Grabel L. Directed differentiation of human embryonic stem cells into neural progenitors[J]. Methods Mol Biol, 2016, 1307: 289-298.
[158] Wen Y, Jin S. Production of neural stem cells from human pluripotent stem cells[J]. J Biotechnol, 2014, 188: 122-129.
[159] Kim J, Efe J A, Zhu S, et al. Direct reprogramming of mouse fibroblasts to neural progenitors[J]. PNAS, 2011, 108(19): 7838-7843.
[160] Ring K L, Tong L M, Balestra M E, et al. Direct reprogramming of mouse and human fibroblasts into multipotent neural stem cells with a single factor[J]. Cell Stem Cell, 2012, 11(1): 100-109
[161] Lu J, Liu H, Huang C T, et al. Generation of integration-free and region-specific neural progenitors from primate fibroblasts[J]. Cell Rep, 2013, 3(5): 1580-1591.
[162] Cheng L, Hu W, Qiu B, et al. Generation of neural progenitor cells by chemical cocktails and hypoxia[J]. Cell Res, 2014, 24(6): 665-679.
[163] Zhang M, Lin Y H, Sun Y J, et al. Pharmacological reprogramming of fibroblasts into neural stem cells by signaling-directed transcriptional activation[J]. Cell Stem Cell, 2016, 18(5): 653-667.
[164] Takayama Y, Wakabayashi T, Kushige H, et al. Brief exposure to small molecules allows induction of mouse embryonic fibroblasts into neural crest-like precursors[J]. FEBS Lett, 2017, 591(4): 590-602.
[165] Zheng J, Choi K A, Kang P J, et al. A combination of small molecules directly reprograms mouse fibroblasts into neural stem cells[J]. Biochem Biophys Res Commun, 2016, 476(1): 42-48.
[166] Feng N, Han Q, Li J, et al. Generation of highly purified neural stem cells from human adipose-derived mesenchymal stem cells by Sox1 activation[J]. Stem Cells Dev, 2014, 23(5): 515-529.
[167] Ge W, Ren C, Duan X, et al. Differentiation of mesenchymal stem cells into neural stem cells using cerebrospinal fluid[J]. Cell Biochem Biophys, 2015, 71(1): 449-455.
[168] Gao R, Xiu W, Zhang L, et al. Direct induction of neural progenitor cells transiently passes through a partially reprogrammed state[J]. Biomaterials, 2017, 119: 53-67.
[169] Su G, Zhao Y, Wei J, et al. Direct conversion of fibroblasts into neural progenitor-like cells by forced growth into 3D spheres on low attachment surfaces[J]. Biomaterials, 2013, 34(24): 5897-5906.
[170] Li N, Zhang Q, Gao S, et al. Three-dimensional graphene foam as a biocompatible and conductive scaffold for neural stem cells[J]. Sci Rep, 2013, 3: 1604.
[171] Mazzini L, Ferrero I, Luparello V, et al. Mesenchymal stem cell transplantation in amyotrophic lateral sclerosis: a Phase I clinical trial[J]. Exp Neurol, 2010, 223(1): 229-237.
[172] Rossignol J, Fink K, Davis K, et al. Transplants of adult mesenchymal and neural stem cells provide neuroprotection and behavioral sparing in a transgenic rat model of Huntington's disease[J]. Stem Cells, 2014, 32(2): 500-509.
[173] Riley J, Glass J, Feldman E L, et al. Intraspinal stem cell transplantation in amyotrophic lateral sclerosis: a phase I trial, cervical microinjection, and final surgical safety outcomes[J]. Neurosurgery, 2014, 74(1): 77-87.
[174] Garitaonandia I, Gonzalez R, Christiansen-Weber T, et al. Neural stem cell tumorigenicity and biodistribution assessment for phase I clinical trial in Parkinson's disease[J]. Sci Rep, 2016, 6: 34478.
[175] Olson H E, Rooney G E, Gross L, et al. Neural stem cell- and Schwann cell-loaded biodegradable polymer scaffolds support axonal regeneration in the transected spinal cord[J]. Tissue Eng Part A, 2009, 15(7): 1797-1805.
[176] Du B L, Zeng X, Ma Y H, et al. Graft of the gelatin sponge scaffold containing genetically-modified neural stem cells promotes cell differentiation, axon regeneration, and functional recovery in rat with spinal cord transection[J]. J Biomed Mater Res A, 2015, 103(4): 1533-1545.

[177] Shin J C, Kim K N, Yoo J, et al. Clinical trial of human fetal brain-derived neural stem/progenitor cell transplantation in patients with traumatic cervical spinal cord injury[J]. Neural Plast, 2015, 2015: 630932.

[178] Kalladka D, Sinden J, Pollock K, et al. Human neural stem cells in patients with chronic ischaemic stroke (PISCES): a phase 1, first-in-man study[J]. Lancet, 2016, 388(10046): 787-796.

[179] Zhu J, Zhou L, Xing W F. Tracking neural stem cells in patients with brain trauma[J]. N Engl J Med, 2006, 355(22): 2376-2378.

[180] Luan Z, Liu W, Qu S, et al. Effects of neural progenitor cell transplantation in children with severe cerebral palsy[J]. Cell Transplant, 2012, 21(S1):91-98.

[181] Suzuki D, Senoo M. Increased p63 phosphorylation marks early transition of epidermal stem cells to progenitors.[J]. The Journal of Investigative Dermatology, 2012, 132(10): 2461.

[182] Senoo M, Pinto F, Crum C P, et al. p63 is essential for the proliferative potential of stem cells in stratified epithelia[J]. Cell, 2007, 129(3): 523-536.

[183] Pellegrini G, Dellambra E, Golisano O, et al. p63 identifies keratinocyte stem cells[J]. PNAS, 2001, 98(6): 3156-3161.

[184] Liu Y, Lyle S, Yang Z, et al. Keratin 15 promoter targets putative epithelial stem cells in the hair follicle bulge.[J]. Journal of Investigative Dermatology, 2003, 121(5): 963-968.

[185]Trempus C S, Morris R J, Bortner C D, et al. Enrichment for living murine keratinocytes from the hair follicle bulge with the cell surface marker CD34[J]. Journal of Investigative Dermatology, 2003, 120(4): 501-511.

[186] Jaks V, Barker N, Kasper M, et al. Lgr5 marks cycling, yet long-lived, hair follicle stem cells[J]. Nature Genetics, 2008, 40(11): 1291-1299.

[187] Ohyama M, Terunuma A, Tock C L, et al. Characterization and isolation of stem cell–enriched human hair follicle bulge cells[J]. The Journal of Clinical Investigation, 2006, 116(1): 249-260.

[188] Harris M L, Buac K, Shakhova O, et al. A dual role for SOX10 in the maintenance of the postnatal melanocyte lineage and the differentiation of melanocyte stem cell progenitors[J]. PLoS Genetics, 2013, 9(7): e1003644.

[189] Nishimura E K, Jordan S A, Oshima H, et al. Dominant role of the niche in melanocyte stem-cell fate determination[J]. Nature, 2002, 416(6883): 854-860.

[190] Lang D, Lu M, Huang L, et al. Pax3 functions at a nodal point in melanocyte stem cell differentiation[J]. Nature, 2005, 433(7028): 884-887.

[191] Horsley V, O' Carroll D, Tooze R, et al. Blimp1 defines a progenitor population that governs cellular input to the sebaceous gland[J]. Cell, 2006, 126(3): 597-609.

[192] Garzón I, Miyake J, González-Andrades M, et al. Wharton' s jelly stem cells: a novel cell source for oral mucosa and skin epithelia regeneration[J]. Stem Cells Translational Medicine, 2013, 2(8): 625-632.

[193] Duscher D, Barrera J, Wong V W, et al. Stem cells in wound healing: the future of regenerative medicine? [J]. Gerontology., 2016, 62(2): 216-225.

[194] Dash B C, Xu Z, Lin L, et al. Stem cells and engineered scaffolds for regenerative wound healing[J]. Bioengineering, 2018, 5(1): 23.

[195] Bilousova G, Chen J, Roop D R. Differentiation of mouse induced pluripotent stem cells into a multipotent keratinocyte lineage[J]. Journal of Investigative Dermatology, 2011, 131(4): 857-864.

[196] Okano H, Nakamura M, Yoshida K, et al. Steps toward safe cell therapy using induced pluripotent stem cells[J]. Circulation Research, 2013, 112(3): 523-533.

[197] Phinney D G. Functional heterogeneity of mesenchymal stem cells: implications for cell therapy[J]. Journal of Cellular Biochemistry, 2012, 113(9): 2806-2812.

[198] Balaji S, Keswani S G, Crombleholme T M. The role of mesenchymal stem cells in the regenerative wound healing phenotype[J]. Advances in Wound Care, 2012, 1(4): 159-165.

[199] Smith A N, Willis E, Chan V T, et al. Mesenchymal stem cells induce dermal fibroblast responses to injury[J]. Experimental Cell Research, 2010, 316(1): 48-54.

[200] Li D J, Shen C A, Sun T J, et al. Mesenchymal stem cells promote incision wound repair in a mouse model[J].

Tropical Journal of Pharmaceutical Research, 2017, 16(6): 1317-1323.
[201] Kasper G, Dankert N, Tuischer J, et al. Mesenchymal stem cells regulate angiogenesis according to their mechanical environment[J]. Stem Cells, 2007, 25(4): 903-910.
[202] Liu L, Yu Y, Hou Y, et al. Human umbilical cord mesenchymal stem cells transplantation promotes cutaneous wound healing of severe burned rats[J]. PLoS One, 2014, 9(2): e88348.
[203] Green H, Kehinde O, Thomas J. Growth of cultured human epidermal cells into multiple epithelia suitable for grafting.[J]. PNAS, 1979, 76(11): 5665-5668.
[204] Ortega-Zilic N, Hunziker T, Läuchli S, et al. EpiDex® Swiss field trial 2004–2008[J]. Dermatology, 2010, 221(4): 365-372.
[205] Greaves N S, Iqbal S A, Baguneid M, et al. The role of skin substitutes in the management of chronic cutaneous wounds[J]. Wound Repair and Regeneration, 2013, 21(2): 194-210.
[206] Beele H, De La Brassine M, Lambert J, et al. A prospective multicenter study of the efficacy and tolerability of cryopreserved allogenic human keratinocytes to treat venous leg ulcers[J]. The International Journal of Lower Extremity Wounds, 2005, 4(4): 225-233.
[207] Isakson M, De Blacam C, Whelan D, et al. Mesenchymal stem cells and cutaneous wound healing: current evidence and future potential[J]. Stem Cells International, 2015, 2015: 831095.
[208] Hocking A M. Mesenchymal stem cell therapy for cutaneous wounds[J]. Advances in Wound Care, 2012, 1(4): 166-171.
[209] Badiavas E V, Falanga V. Treatment of chronic wounds with bone marrow–derived cells[J]. Archives of Dermatology, 2003, 139(4): 510-516.
[210] Falanga V, Iwamoto S, Chartier M, et al. Autologous bone marrow–derived cultured mesenchymal stem cells delivered in a fibrin spray accelerate healing in murine and human cutaneous wounds[J]. Tissue Engineering, 2007, 13(6): 1299-1312.
[211] Yoshikawa T, Mitsuno H, Nonaka I, et al. Wound therapy by marrow mesenchymal cell transplantation[J]. Plastic and Reconstructive Surgery, 2008, 121(3): 860-877.

第四篇

细胞治疗产业发展

第十章

免疫细胞治疗产业发展

在技术、资本和政策的驱动下，全球细胞治疗行业快速升温，大量细胞治疗药物研发进入临床甚至获批上市阶段，呈现爆发式增长。本章从免疫细胞治疗的产业发展现状、产业链条、产业化关键技术、企业竞争格局和产业融资五个层面入手，全面揭示全球产业发展态势。

第一节　产业现状

一、市场需求

（一）恶性肿瘤呼唤新的诊疗方法

伴随老龄化加剧、工业化引发环境污染、城市化改变生活方式等诸多因素叠加，全球癌症患病率及发病率日趋增加。世界卫生组织国际癌症研究机构（International Agency for Research on Cancer，IARC）发布的《2020全球癌症报告》显示，2020年全球癌症确诊患者数达1929万人，其中中国新发癌症457万人，占全球23.7%，高居全球第一。IARC估计，全球每5个人中就有1人会在其一生中罹患癌症。预计到2040年，全球新发癌症将达到2840万例[1]。

庞大的肿瘤患者数量、肿瘤患者对新治疗手段的需求和渴望、肿瘤患者对产品的降价需求都为免疫细胞治疗提供了良好的发展前景和巨大市场，以CAR-T治疗为代表的免疫治疗取得突破性进展，为癌症患者带来新的希望。与此同时，国内细胞免疫行业也迎来重大市场机遇，越来越多的医药企业加入免疫细胞治疗产品的研发队列中，并寻求商业化。

（二）免疫细胞治疗的诊疗优势

与传统化学药物或抗体药物相比，免疫细胞治疗具有单次治疗、长期获益的优势和更广泛的应用潜力。一方面，不同于传统药物局限在蛋白质的功能改造、可治疗难治愈，免疫细胞治疗借助分子生物学技术，从疾病根源入手，治标更治本；另一方面，针对蛋白质水平难以成药的靶点（如在罕见病和肿瘤治疗领域），免疫细胞治疗更有极大的作用潜能。

随着免疫细胞治疗临床试验的深入，已有免疫细胞治疗联合药物治疗或其他治疗的治疗方案出现，并表现出一定的诊疗优势：①免疫细胞治疗联合放疗 / 化疗的治疗方案，有助于降低放疗 / 化疗副作用，通过增强患者免疫能力，消除肿瘤微小残余，增强抗击肿瘤的作用；②免疫细胞治疗联合靶向药物的治疗方案，将免疫细胞治疗与免疫检查点抑制剂相结合，可以重塑肿瘤生长微环境，与药物协同抗击肿瘤；③多种免疫细胞治疗联合使用，提升肿瘤治疗效果。

（三）体外对免疫细胞进行“再教育”的更优疗效

在肿瘤细胞的发展过程中，细胞的癌变会导致新抗原物质的产生，而这类不表达于正常细胞的肿瘤特异性抗原可以激活人体免疫系统，促使免疫细胞对肿瘤细胞进行杀伤和清除。然而，肿瘤细胞在宿主体内能通过招募免疫调节细胞、下调肿瘤抗原表达、释放免疫抑制性因子等免疫逃逸机制躲避免疫系统的识别和攻击，从而继续增殖和转移，最终形成可见的肿瘤病灶。而免疫细胞治疗通过在体外对患者免疫细胞进行基因修饰和扩增，使其能够在识别肿瘤抗原后被直接激活，并回输至患者体内，发挥治疗作用。这种治疗方法能大幅增加患者体内抗肿瘤的免疫细胞数量，达到杀伤和清除肿瘤细胞的治疗目的。

二、产业规模

（一）全球产业规模

2017 年是免疫细胞治疗产业实现突破发展的元年，全球首款靶向 CD19 的 CAR-T 产品 Kymriah 获 FDA 批准上市，此后三四年多款接连上市的 CAR-T 产品推动全球细胞治疗市场迅猛发展，以诺华、巨诺、凯特为代表的 CAR-T 领域三巨头，有多个新药被美国 FDA 授予“突破性疗法”资格，未来，随着全球范围内细胞免疫治疗行业研究的不断深入及产业化程度的提升，CAR-T 细胞治疗和 TCR-T 细胞治疗等商业化进程的加速，细胞免疫治疗将逐渐成为主流肿瘤治疗方式。

根据弗若斯特沙利文的数据，2020 年全球肿瘤免疫细胞治疗市场达到了 351 亿美元，并预计将以 25.3% 的复合年增长率于 2025 年扩大至 1082 亿美元。全球 CAR-T 市场规模如图 10-1 所示，从 2017 年的 0.1 亿美元增长到 2020 年的 11 亿美元，预计未来几年将加速增长，2024 年将扩大至 66 亿美元，2019—2024 年复合年增长率为 55.0%。预计 2030 年市场将进一步增长至 218 亿美元，2024—2030 年复合年增长率为 22.1%。

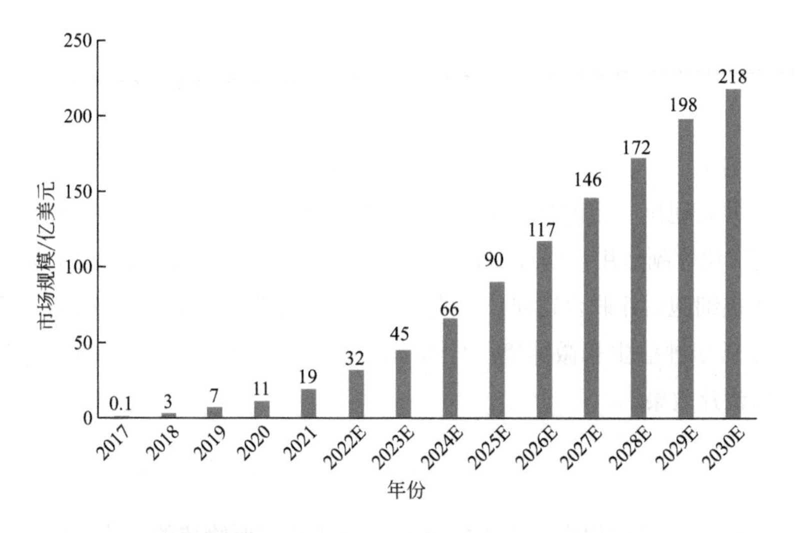

图10-1　2017—2030年全球CAR-T市场规模

年份后的E代表当年数据为预测数据；数据来源：弗若斯特沙利文

（二）中国产业规模

目前，国内免疫细胞治疗业务发展尚处于开拓初期，因此未来国内免疫细胞治疗领域市场潜力巨大。根据弗若斯特沙利文报告（图10-2），中国的细胞免疫治疗市场规模预计于2021—2023年由13亿元升至102亿元，复合年增长率为181.5%。随着更多细胞免疫治疗产品获批，市场预计于2030年达到584亿元人民币，2023—2030年的复合年增长率为28.3%，足见市场潜力极大。其中CAR-T细胞治疗市场空间将由2021年的2亿～3亿元增长至2030年的287亿元（图10-3）。

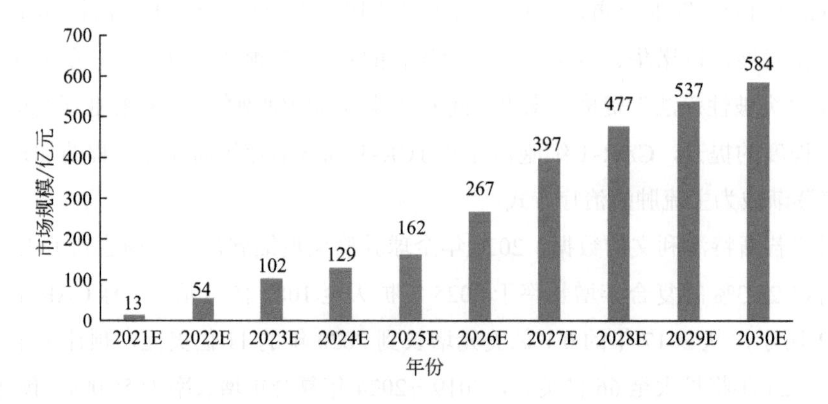

图10-2　2021—2030年中国免疫细胞治疗市场规模

数据来源：弗若斯特沙利文

根据弗若斯特沙利文报告，中国CAR-T市场有望在2021年启动增长，市场规模为2亿元人民币。未来，在癌症患者数增加、政策优惠和患者负担能力提高的推动下，如图10-3所示，中国CAR-T细胞治疗2024年和2030年市场规模将分别进一步增长至53亿元和289亿元，2024—2030年复合年均增长率将达到32.6%。

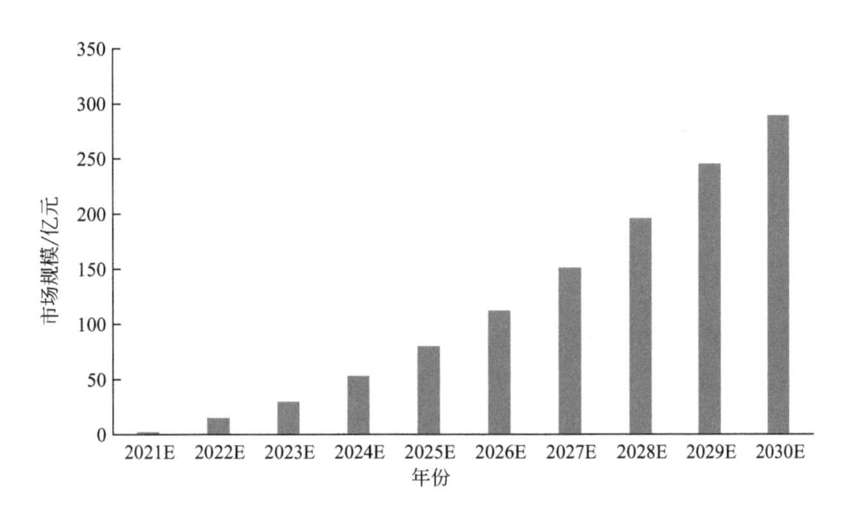

图10-3 2021—2030年中国CAR-T细胞治疗市场规模

数据来源：弗若斯特沙利文

三、应用领域

（一）CAR-T细胞治疗的应用领域

目前细胞免疫治疗领域以CAR-T细胞治疗疗效最为显著，目前大部分该治疗主要应用于血液瘤，CAR-T免疫治疗改变了血液瘤以化疗和放疗为主的传统治疗方式。目前CAR-T应用以淋巴细胞白血病、霍奇金淋巴瘤、非霍奇金淋巴瘤、多发性骨髓瘤为代表。

1. 在淋巴细胞白血病中的应用

淋巴细胞白血病（Acute lymphocytic leukemia，ALL）是一种常见的恶性血液病，以骨髓和淋巴组织中不成熟淋巴细胞的异常增殖和聚集为特点，生物学特征多样，同时具有较高的临床异质性。

CAR-T细胞治疗对ALL效果较好，尤其适用于致命的复发或难治性B淋巴细胞白血病（B-ALL）的治疗。CD19是B细胞的重要分子标志物，由于其在肿瘤细胞表面的较高表达，几乎是治疗B-ALL的理想靶标。有研究显示，治疗前采用环磷酰胺、苯达莫司汀等对靶向CD19的CAR-T细胞进行相应的预处理，用于慢性淋巴细胞白血病等恶性血液肿瘤治疗，作用效果十分显著。在急性淋巴细胞白血病的CAR-T细胞治疗研究中，对难治性B-ALL复发患者以靶向CD19的CAR-T细胞治疗应用最多[2]。此外，也有采用第二代CD19-CAR-T细胞治疗对7例难治性B-ALL复发患者进行治疗，患者病症完全缓解率达到71%，其中2例患者的病症缓解持续时间在15个月以上，效果十分显著[3]。诺华研发的Kymriah正是一种靶向CD19特异性CAR-T细胞药物，已获得美国FDA批准，目前已经获批的适应证包括：①治疗复发或难治性急性淋巴细胞白血病儿童和年轻成人患者（25岁及以下）；②治疗复发或难治性弥漫性大B细胞淋巴瘤成人患者；③接受过二线或多线系统治疗的复发或难治性滤泡性淋巴瘤成人患者，Kymirah治疗滤泡性淋巴瘤完全缓解率为69.1%（95%CI，58.8%～78.3%），总缓解率为86.2%（95%CI，77.5%～92.4%）[4]。

2. 在淋巴瘤中的应用

淋巴瘤可根据瘤细胞分为霍奇金淋巴瘤（Hodgkin lymphoma，HL）、非霍奇金淋巴瘤（Non-Hodgkin lymphoma，NHL），间变性大细胞淋巴瘤（Anaplastic large cell lymphoma，ALCL），其中NHL占80%～90%，根据细胞来源可分为B细胞类型、T细胞类型和NK/T细胞类型。B细胞淋巴瘤中，弥漫性大B细胞淋巴瘤（Diffuse large B cell lymphoma，DLBCL）占到30%～40%，是NHL中最常见的类型。

针对淋巴瘤最传统的治疗方法是化疗和使用抗体药物，使用这类治疗方式后部分患者出现了疾病恶化，CAR-T治疗用于治疗顽固性B细胞淋巴瘤或预后较差的患者临床效果较好。

凯特公司的Yescarta也是一款靶向CD19的CAR-T细胞免疫治疗产品，在治疗大B细胞淋巴瘤时，83%的患者出现缓解，而标准治疗组（接受2～3轮化学免疫治疗，然后对化学免疫治疗有反应的患者进行大剂量化疗和自体干细胞移植）仅50%缓解；Yescarta组和标准治疗组的完全缓解率分别为65%和32%；2年总生存率分别为61%和52%；Yescarta组3级及以上细胞因子释放综合征发生率为6%，3级及以上神经事件发生率为21%[5]。近年来随着CAR-T细胞治疗研究的不断推进采用抗CD20单克隆抗体的CAR-T免疫细胞治疗在B细胞淋巴瘤治疗中也取得了较大的进展，其中以利妥昔单抗在B细胞淋巴瘤治疗上疗效最显著[6]。

3. 在多发性骨髓瘤中的应用

多发性骨髓瘤（Multiple myeloma，MM）是一种克隆性浆细胞异常增殖的恶性疾病，是仅次于非霍奇金淋巴瘤的第二常见的血液系统恶性肿瘤。目前，采用CAR-T细胞治疗进行多发性骨髓瘤治疗中，较为常用的靶点包括CD19、CD38、CD138、BCMA等。

我国传奇生物的西达基奥仑赛美国上市申请获FDA批准，用于治疗成人复发/难治性多发性骨髓瘤，成为中国首个获FDA批准的细胞治疗产品及全球第二款获批靶向BCMA的

CAR-T 细胞免疫治疗，西达基奥仑赛临床总缓解率高达 98%（95%CI，92.7% ～ 99.7%），完全缓解率为 78%（95%CI，68.8% ～ 86.1%）；在 18 个月的中位随访时间中，中位缓解持续时间为 21.8 个月（95%CI，21.8%，上限无法预估）[7]。Arcellx 公司在 2022 年美国临床肿瘤学会（ASCO）年会上展示了其新型自体 CART-ddBCMA 治疗用于治疗多发性骨髓瘤的 Ⅰ 期扩展研究的临床数据。CART-ddBCMA 是 Arcellx 的 BCMA 靶向的 CAR-T 细胞治疗，利用该公司的新型 BCMA 靶向结合域来治疗多发性骨髓瘤患者。目前 CART-ddBCMA 已被美国 FDA 授予快速通道资格、孤儿药资格和再生医学高级治疗指定。

CAR-T 细胞治疗目前主要应用于恶性血液肿瘤，实体瘤治疗适用性并不理想，临床尚无获批产品，CAR-T 细胞治疗实体瘤的疗效目前不如在血液肿瘤中效果显著。主要原因有：第一，缺乏肿瘤特异性抗原，实体瘤肿瘤细胞一般异常表达多个靶点，且这些异常表达的抗原在正常组织中也有表达，例如目前针对神经胶质瘤的研究靶标包括 PSMA、CEA、Her2、GD2 等；第二，实体瘤具有强烈抑制免疫的微环境 [8]，肿瘤相关成纤维细胞（Cancer-associated fibroblasts，CAFs）是肿瘤微环境中最主要的成分之一，构成肿瘤基质层并释放一些抑制性细胞因子，调节性 T 细胞（Treg 细胞）、骨髓来源抑制性细胞、M2 型巨噬细胞等免疫抑制性细胞通过分泌 TGF-β、IL-10 或其他细胞因子来负向调节 CAR-T 细胞免疫反应；第三，CAR-T 细胞表面也缺乏与实体瘤分泌的趋化因子相匹配的相关受体，造成 CAR-T 细胞无法有效趋化至肿瘤细胞附近，另外同样的实体瘤治疗中的免疫抑制性受体高表达抑制了 CAR-T 细胞的有效活化，降低其效应能力，导致 CAR-T 对肿瘤部位的归巢能力差 [9, 10]。

（二）CAR–NK 细胞治疗的应用领域

CAR-NK 和 CAR-T 一样存在胞外、跨膜和胞内信号传导域，NK 细胞通过 NKG2D 和 CD244 两个共刺激分子增加其细胞毒性能力和细胞因子的产生。因此，CAR-NK 细胞比 CAR-T 细胞具有更强的肿瘤特异性靶向性和细胞毒性，CAR-NK 细胞治疗可能在未来成为 CAR-T 细胞治疗的替代方案 [11]。目前尚无上市的 CAR-NK 细胞产品，不过已有多家公司开展了 CAR-NK 的研究工作。

与 CAR-T 一样，CAR-NK 也率先在血液瘤上开展，圣犹德儿童研究医院完成了第一个关于 CAR-NK 的临床 Ⅰ 期试验，这项研究使用靶向 CD19 的 CAR-NK 细胞治疗 B 系急性淋巴细胞白血病。Nant Kwest 和 ProMab Biotechnologies 签署合作协议，在全球范围内建立一种最新的、高亲和力的、针对多发性骨髓瘤 BCMA 靶向抗体序列的 CAR-NK 细胞治疗。MD 安德森癌症中心也公布了 CAR-NK 细胞治疗 11 名复发性 / 难治性非霍奇金淋巴瘤（NHL）或慢性淋巴细胞性白血病（CLL）患者的Ⅰ/Ⅱa 期试验数据，大多数患者在接受细胞输注后 30d 内反应明显，患者在接受治疗以及随访过程中均未出现严重不良事件，证明了 CAR-NK 细胞输注的安全性 [12]。

在 CAR-T 细胞抗击实体瘤的过程中，PD-1 的表达以及肿瘤细胞表面 PD-L1 的表达，导致出现免疫抑制现象。NK 细胞表面 PD-1 表达很低，相对受肿瘤微环境免疫抑制小，也许是抗击实体瘤的良好候选者。目前，CAR-NK 针对实体瘤的研究和治疗逐渐展开。2018 年 6 月 18 日，来自加利福尼亚大学圣地亚哥医学院和明尼苏达大学的研究人员开发一种名为 NK-CAR-iPSC-NK 细胞，在为期 49d 的动物实验期间，注射 CAR-NK 细胞的四只小鼠体内的肿瘤负荷显著减小。在注射的第 7 天，第一只小鼠的肿瘤负荷几乎看不见[13]。2022 年 1 月，美国希望之城的研究人员利用现成的同种异体 CAR NK 细胞治疗 CYTO NK-203，研究发现在输注 CAR-NK 细胞后，胰腺癌小鼠生存超过 90d，显著延长了胰腺癌小鼠的存活时间[14]。

（三）TIL 治疗的应用领域

目前尚未有上市的 TIL 细胞治疗产品，但在 TIL 领域已积累了丰富的临床试验经验，已经在黑色素瘤、宫颈癌、肺癌、肉瘤等多个肿瘤中开展研究，不过 TIL 治疗在黑色素瘤中的研究是最早也是最多的，并且取得的数据也是目前最好的。目前，多家机构和公司在开发 TIL 治疗，包括 Iovance 公司、由 MD 安德森癌症中心和 Berkeley Lights 联合创建的 Optera Therapeutics 公司、TILT Biotherapeutics 公司、Instil Bio 公司等等。

Iovance 公司的 TIL 治疗的临床进度最快。该公司开发的 lifileucel（LN-144）和 LN-145 分别在治疗黑色素瘤和宫颈癌患者的临床试验中表现出优异的疗效。在 2020 年 ASCO 上，Iovance 公司发布了 lifileucel 最新的黑色素瘤临床结果：66 例接受过 PD-1 或靶向治疗后的极晚期黑色素瘤患者接受 TILs 治疗后，疾病控制率高达 80.3%；客观缓解率达到 36.4%。在 2021 年癌症免疫治疗学会（SITC）年会上，Iovance 公司公布 lifileucel 联合 PD-1 单抗 pembrolizumab 治疗多种实体瘤的临床数据：在宫颈癌领域，与 pembrolizumab 单药治疗相比，晚期宫颈癌患者在接受 lifileucel+pembrolizumab（商品名为 Keytruda）联合治疗后，总缓解率为 57.1%（8/14）；在黑色素瘤领域，与 pembrolizumab 单药治疗相比，晚期黑色素瘤患者在接受 lifileucel+pembrolizumab 联合治疗后，总缓解率达 60.0%，66.7% 在 11.5 个月的中位研究随访中有确认应答；在头颈部鳞状细胞癌领域，与 pembrolizumab 单药治疗相比，晚期头颈部鳞状细胞癌患者在接受 lifileucel+pembrolizumab 联合治疗后，总缓解率为 38.9%，50.0% 患者在中位数为 7.8 个月的研究随访中有正在进行的确认应答。

LN-145 则获得了 FDA 授予的突破性治疗认定，在治疗宫颈癌患者时达到 44% 的缓解率和 11% 的完全缓解率。2021 年 11 月，在 SITC 年会上，Iovance 公布了 LN-145 治疗转移性非小细胞肺癌（mNSCLC）的临床研究结果：在 28 例复发 / 难治性 mNSCLC 患者中，LN-145 单药治疗后，总缓解率为 21.4%（1 例 CR 和 5 例 PR，包括 2 例 PD-L1 阴性肿瘤），12 例疾病稳定，疾病控制率达 64.3%。除了 lifileucel 和 LN-145，Iovance 公司管线中的 LN-145-S1、LN-145-Gen 3 也已进入到了Ⅱ期或Ⅲ期临床试验阶段，涉及头颈鳞状细胞癌、转移性非小细胞肺癌等适应证。

除了 Iovance 公司，专注研发 TILs 治疗的 Instil Bio 公司也已经于 2021 年成功登陆纳斯达克。2019 年，Instil Bio 公司从 Immetacyte 公司获得授权引进 TIL 治疗，并于 2020 年收购 Immetacyte。Instil Bio 核心管线 ITIL-168 为同种自体 TILs 治疗，临床适应证为 PD-1 抑制剂耐药 / 复发的晚期黑色素瘤，2021 年 4 月，FDA 授予 ITIL-168 孤儿药称号，用于治疗从Ⅱb 到Ⅳ期黑色素瘤患者。

第二节　产业链分析

全球免疫细胞行业处于快速发展时期，新兴企业不断布局，涌入市场，并开始向全产业链方向布局。产业链各个环节相互支撑，目前集存储、开发、临床应用于一体的产业链基本形成。免疫细胞治疗行业的产业链包括上游的细胞采集、细胞存储和供应、仪器设备及试剂耗材，中游的细胞技术研发以及下游的临床诊疗。

一、产业链上游

如图 10-4，细胞治疗的产业链上游主要涉及细胞处理，包括细胞采集、浓缩、纯化、储存等多项处理步骤和业务。发达国家上游产业技术分化度高、技术特色强，更多地呈现出技术互补而非技术重复的状态。诺华、凯特医药、Bluebird Bio 等企业都与低温物流解决方案供应商 Cryo Port 公司建立了合作关系。

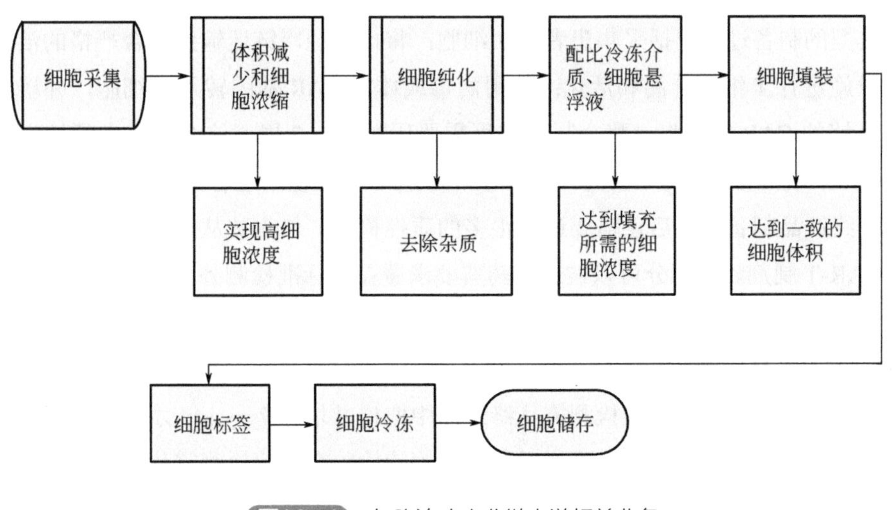

图10-4　细胞治疗产业链上游相关业务

免疫细胞采集是生物治疗的关键一环，T 细胞等主要从捐献者或患者收集外周血中采用密度梯度离心法和免疫吸附法获得，包括费森尤斯等血细胞分离技术显示了高效的人体免疫细胞采集效率，在免疫细胞精准治疗领域作用独特[15]。以 CAR-T 为例，CAR-T 细胞采集的过程主要包括：从捐献者或者患者收集外周血、T 细胞分离并激活、T 细胞修饰、T 细胞扩增培养达到治疗级别的细胞数。密度梯度离心法利用血液中成分的比重差异，经过离心分层，将不同组分分别收集，从而获得所需的成分，血细胞分离机已可以实现全自动化操作。免疫吸附法基于磁珠分离技术，在 CAR-T 细胞治疗中有十分广泛的应用，免疫吸附法的自动化设备为细胞分选仪，Stemcell Technologies 公司开发的 Robo Sep-S 全自动磁性细胞分选仪在该领域占有一定的市场份额[16]。

细胞资源库依赖细胞存储技术逐步完成资源库构建。从存储技术来看，细胞存储指的是运用生物技术从人体内提取免疫细胞，在保证细胞活性和功能不受影响的前提下，将免疫细胞放置于 −196℃的液氮中低温保存，等需要时进行解冻、培养。从全球存储市场来看，近 5 年细胞存储企业快速发展，部分机构和企业建成了综合性的细胞资源库。美国模式培养物寄存库、欧洲认证细胞培养物收藏中心、中国科学院细胞库是全球性大型的综合性细胞资源库。国内企业方面，中源协和、冠昊生物、安科生物等也已经建成了全国性的细胞资源库，以中源协和为例，企业已有 30 多万细胞存储用户，在全国 20 个省（市）建立资源库，基本形成全国性的细胞资源库网络。

仪器设备主要包括生物传感器、细胞分离机、细胞培养箱及配套风控系统，目前我国上游设备主要依赖进口，供货商以赛默飞、贝克曼等国际龙头企业为主。试剂耗材包括血清、培养液、蛋白、抗体等，国际和国内企业均有试剂耗材的涉及，相比仪器设备依赖进口程度低一些，其中，国际供方包括赛默飞、安捷伦等，国内供方包括云克隆、西宝生物等。

开发高质量 CAR-T 细胞及相关重要原材料（如病毒载体）生产工艺、并完成严格的工艺验证、开发并验证相应的质控检验方案，并非易事。由于 CAR-T 细胞是自体活细胞药物，典型的制备过程包括采集患者的血细胞；将血样经冷链运输到符合严格的洁净要求的生产设施进行 T 细胞分离和活化；使用病毒载体将 CAR 基因转入 T 细胞，并培养扩增以获得足够的 CAR-T 细胞。整个制备过程需要历时 1 ～ 2 周，这个过程必须按生产工艺规范（Good Manufacturing Practices，GMP）在超洁净环境里进行连续操作；并且在生产过程中和终产品制备完成后还需要进行很多的质控检测。作为被从静脉回输到患者体内的药物，CAR-T 制剂除了部分可以被现有药典要求覆盖的标准检测外，还有大量的检测方法都必须根据 CAR-T 产品和其工艺特点，通过质量研究进行从头开始的方法学开发和验证。CAR-T 细胞是自体细胞产品，也意味着每一个病人样品都是一个独立的生产批次，必须经过全套质检流程。其中，无菌检测需从终产品中取样并培养 7 ～ 14d 才可获得数据，这使得终产品制剂完成后必须经低温冷冻后暂存，等待检验合格菌检测需从终产品中取样并培养 7 ～ 14d 才可获得数据，这使得终产品制剂完成后必须经低温冷冻后暂存，等待检验合格后才可以被放行，用于治疗。这样的活细胞生物制品对冷链运输也提出了很高的要求，并需要高效、及时的样品鉴别和追溯系统。由于产品生产周期较长，而且每个批次都会单独占用生产车间或舱位，CAR-T 产品的生产效率和产能相对传统药物存在不足[17]。

二、产业链中游

产业链中游主要参与者是免疫细胞治疗研发机构和企业，进行免疫细胞治疗技术的研发、产品的生产及销售。随着海外 CAR-T 产品上市逐步临床应用，国内多个项目的临床申报获得国家药监局药品评审中心受理，涉及的适应证包括急性淋巴白血病、骨髓瘤、淋巴瘤、乳腺癌、成神经细胞瘤、恶性胶质瘤等。国外代表企业有诺华、凯特等，国内代表企业有传奇生物、复星凯特、科济生物、药明巨诺等。

国内企业开发免疫细胞产品方面主要分为 2 个类别：

第一类是专注原创免疫细胞产品开发的企业，包括：①有海外生产技术和管理方式输入的企业，比如药明巨诺、复星凯特；②在海外完成了比较成熟的 CAR-T 生产技术研发，然后在国内进行产业转化的企业，比如优瑞科和 ProMab 公司；③主要在国内开展 CAR-T 生产和临床研发的企业，比如科济生物、斯丹赛、优卡迪、恒润达生、中源协和、吉凯基因、南京传奇、北京马力喏生物、北京艺妙神州等等。

第二类是从其他领域转型到免疫细胞领域的企业，包括：①之前从事干细胞研究转型做免疫细胞产品开发的公司，例如博雅控股、西比曼等。这类公司的技术优势是有已经通过国际标准认证的细胞库和相关管理经验，拥有较为雄厚的资金和资源优势；②之前从事抗体生产转型做免疫细胞产品开发的公司，这类公司以提供上游服务为主，包括靶向的试剂盒或者研发服务等。

从全球来看，美国是免疫细胞治疗产业发展的先驱者，事实上，我国对免疫细胞治疗技术的研发热情并不落后于美国，早期以 CIK、DC-CIK 为主的免疫细胞治疗技术在临床上已有不少应用。CAR-T 产品作为新一代的免疫治疗技术，在原理和临床效果上与 DC-CIK 等早期的过继细胞治疗技术相比具有革命性的优势。因为需要经过体外基因工程改造，所以对 CAR-T 产品的质量管控和临床应用提出了更高的要求。CAR-T 细胞产品必须按照药品进行监管和审批，这是 CAR-T 技术产业化的必经之路。

三、产业链下游

产业链下游以临床诊疗为主，应用场所为医疗机构。从临床应用模式来看，主要包括 2 个类别：第一类是医疗机构自主研发并进行临床应用的模式，如 2018 年中国科学技术大学附属第一医院建立的“肿瘤免疫治疗研究中心”，该中心开展原创性免疫治疗技术的开发，开展符合国际标准的免疫治疗临床研究，推进现代免疫治疗新技术新方法的临床规范化应用。第二类是医疗机构与企业合作开发模式，由企业提供治疗技术、产品和服务支持，医疗机构提供应用平台、负责诊疗实施，这是目前主流的应用模式。

免疫细胞治疗产品商业化应用模式方面，以CAR-T为例，CAR-T作为自体活细胞药物，为规避降解的风险，必须在极短时间内严控温度运输，一般需要在 −80℃至 −180℃的温度下储存，并确保身份链和监管链完整。由于冷链运输建设需要较长周期与较大投入，细胞治疗公司常会选择外包公司提供的运输服务，比如Cryoport公司作为生命科学领域领先的冷链运输公司，为诺华公司的Kymriah和凯特公司的Yescarta提供物流服务。这也就决定着免疫细胞治疗产品的销售流通渠道并不像传统的药品，而是由生产商直接与定点医院合作。一旦病人进行白细胞单采，企业有义务确保产品的成功制备和质控达标放行，并且要在一定的时间内将产品保质送达医院，回输给病人。而在等待这样一个复杂流程完成的时间内，病人的身体状况和疾病的进展程度可能会发生变化，造成无法接受CAR-T产品的回输。对病人来说，必须要到指定的医院就医，那么定点医院的治疗条件、CAR-T产品的供应链和运输条件、产品定价收费等问题是需要产业需要探索和研究的。

第三节　产业化关键技术

免疫细胞领域的产业链已基本成熟，目前已有血液瘤相关产品批准上市，但面向未来更多的免疫细胞治疗，尚存在诸多产业化关键技术难题需要突破。如结合人工智能技术的高通量靶点筛选技术、肿瘤疫苗的制备技术等。而围绕实体瘤的疗效提升更是目前免疫细胞治疗产品面临的重要挑战。本节从人工智能技术驱动的药物开发技术、纳米药物递送系统技术、肿瘤细胞和DC融合技术三个方面进行免疫细胞领域未来产业化涉及的部分关键技术介绍。

一、人工智能技术驱动的药物开发技术

免疫细胞的靶点发掘及药物开发一直是新免疫细胞产品的创新和产业化的关键起始环节，但传统靶点发掘及药物开发是一项复杂的工程，具有高风险、高投入、周期长的特点。因此，国内外药品公司都积极地将人工智能（Artificial intelligence，AI）技术应用于新药研发各环节，以提高研发效率，即能在早期通过计算生物学和生物信息学等手段，筛选除去无活性药物，并形成新的药物开发模式。以下列举AI技术在药物开发中的各类应用场景。

（一）大样本表型筛选技术

一般来说，传统新药研发的起点是利用分子生物学结合生物信息学相关数据，分析确

定疾病治疗的有效靶点，再围绕靶点逐步寻找活性药物。在开发过程中，一般利用虚拟筛选（Virtual screening，VS）、高通量筛选（High throughput screening，HTS）和高内容量筛选（High content screening，HCS）[18] 等。其中，确定疾病靶点以及靶点相关基因和蛋白的过程耗时耗力，严重影响新药研发进程。与传统新药研发相比，AI 技术具有明显的优势，能利用大数据样本表型筛选的方法，加快复杂疾病新药研发的速度和效率。

1. AI 表型筛选技术

表型筛选是在疾病靶点不明确而且发病机制不清楚的条件下，基于生物体表型改变来进行药物筛选。一般来说，先导化合物筛选过程中，常用到 3 种类型细胞表型筛选方法，分别是细胞活力测定、细胞信号通路分析和疾病相关表型分析。

AI 筛选平台和高敏感检测系统的发展，推进了表型分析小型化和大型样品库的快速筛选。Berg Health 公司 Narain 等 [19] 通过将转移性前列腺癌 PC-3 细胞系暴露于模拟的肿瘤微环境中（氧气不足、低 pH 和营养不足），分别在培养 24h、48h 后，吸取 15mL 条件培养基进行蛋白质组学分析，再使用 AI 贝叶斯神经网络推断方法分析蛋白质组数据，生成每个特定因子的独特概率模型，之后根据功能变量子网的 Burt 约束度量得分进行排名，找到潜在的前列腺癌生物标志物 Filamin-A 和 Filamin-B 等，并在前列腺癌患者血样中得到验证。在过去的 20 年里，药物靶点筛选一直是新药研发的主流，而到近十年，AI 技术的崛起使得基于表型筛选的方法重回人们的视线，重新成为药物筛选和先导化合物发现的趋势，例如白血病治疗的溴结构域抑制剂筛选 [20]、丙型肝炎病毒 NS5A 抑制剂开发 [21] 等。

2. 基于细胞图像组学的表型筛选技术

细胞图像组学是指利用 AI 技术，将模拟疾病的细胞模型图像进行形态学分析，建立疾病的细胞表型数据库，并确定疾病的指纹特征。而基于细胞图像组学的表型筛选则是将指纹特征和大量化合物测定的生物学活性相结合，构建特征 - 活性网络，再根据特定化合物的细胞特征信息，来确定其生物学活性并进行筛选。与基于靶点药物筛选缺乏细胞学信息相比，基于细胞表型图像药物筛选可以提供更多的生物学信息，通过相互作用蛋白所处的细胞环境和信号网络相关信息，并能保留高通量筛选能力。美国犹他州 Recursion Pharmaceuticals 公司利用 HTS 经过大量的分析开发后，决定采用 6 种荧光染料进行染色，包括 Hoechst 33342（DNA）、伴刀豆球蛋白 A/Alexa Fluor 488 结合物（内质网）、SYTO14 绿色荧光核酸（核仁，细胞质 RNA）、鬼笔环肽 /Alexa Fluor 568 结合物（肌动蛋白）、小麦胚芽凝集素 /Alexa Fluor 555 结合物（高尔基体，质膜）和 Mito Tracker 深红荧光探针染料（线粒体），可在 5 个通道成像，并能在单个显微镜中区别以上 8 种细胞成分或区室，再借助开源软件 CellProfiler 提取每个细胞的 1000 多个形态特征，从形态学上反映细胞的表型信息，再对上百种罕见病的几万张细胞图片进行特征分析，从而找到罕见病的指纹特征 [22]。之后，结合自动化生化指标检测，实现大规模并行化的高通量药物筛选。

（二）小样本 AI 学习技术

小样本 AI 学习技术是目前更适合产业化的药物研发技术，AI 向小样本学习模式的发展，有利于在缺乏大样本的疾病中进行新药研发，并降低成本。

1. 迁移学习技术

对于某些情况，比如确定个体沙门氏菌血清型[23]等，研究者只能够获取单个或几个样本，有时还是未知样本。为了实现小样本学习，AI 技术常会用到迁移学习（Transfer learning）以及半监督学习（Semi-supervised learning）等。迁移学习指先在样本源领域（Source domain）训练，再把整合的知识迁移到目标领域（Target domain），从而将已知的样本信息与小样本目标信息进行联系。研究者往往将迁移学习和深度学习结合，形成深度迁移学习（Deep transfer learning）。美国芝加哥大学 Huynh 等[24]先从小样本乳腺癌图像数据库中找到每个图像中病灶的感兴趣区域（Region of interest，ROI），并进行截图标记（良性或恶性）作为目标集，通过非医学任务预训练的卷积神经网络，从该小样本医学图像集中提取肿瘤信息，再借助支持向量机分类器进行特征分类，之后利用接收器操作特征分析和交叉验证从而进行模型评估，最终很好地完成了对乳腺癌的准确诊断，并发现潜在的药物作用靶点。此外，迁移学习还可用于阿尔茨海默病、前列腺癌等的准确诊断。所以，迁移学习有利于小样本信息分析，能够推动精准医学中 AI 技术的发展。

2. 基于高维小样本数据的靶点筛选技术

高维数据是多变量数据，使用更多变量来描述样本，而不增加要分析的样本数量，而且变量的数量往往超过了样本的数量。例如，同时测量所有已知基因的表达（大于 20000），但研究中受试者血样可能只有几百个。如何方便、有效地实现高维数据可视化，一直都是国内外科研机构关注的问题。而 AI 技术通过深度自动编码器的反向传播，实现了高维数据的非线性降维，并能保留全局特征，因此，可以帮助人们分析并整合疾病高维数据和遗传信息，以便更好地找到对药物筛选有价值的作用靶点。由于研究样本的复杂性，小样本数据往往以高维数据形式被获取。目前，基于高维小样本数据的疾病靶点筛选方法还在逐步完善中。中国科学院陈洛南团队将高维小样本动态网络生物标志物应用于流感病毒感染和癌症转移的数据集来准确识别疾病的临界状态，以进行个体化疾病诊断，并能分析疾病进展的分子机制。此外，还能识别许多非线性生物过程的临界状态，如细胞分化和细胞增殖等，这有助于找到潜在的药物靶点[25]。加拿大 Chao 等[26]则通过动态基因组信息，借助于微阵列杂交（Microarray hybridization，MH）和 MAS5 算法，找到选定血样集中稳定的探针组，再对挑选出的探针组进行评估和优化，随后利用单个外周血液样品找到多种疾病的生物标志物，包括精神疾病、骨关节炎、心血管疾病、胃肠道疾病、肿瘤等，从而获得每个患者的多种疾病患病风险，为组织活检提供了替代方案，也便于不同疾病的诊断和预后以及药物潜在靶点的筛选。总之，随着小样本学习的发展，基于高维小样本数据的新药研发会使AI技术变得更加全面、成熟。

总之，作为大大提高靶点筛选和药物研发的关键环节技术，AI技术通过高维数据分析结果来生成假设，改变了新药研发“先假设再验证”的传统模式，此外，AI技术可以利用小样本学习，进一步推动免疫细胞产品的开发。

二、纳米药物递送系统技术

目前纳米药物递送系统技术主要应用于免疫检查点阻断（Immune checkpoint blockade，ICB）和CAR-T细胞治疗。然而这两种治疗目前都存在一定局限性。免疫检查点阻断治疗可能存在非特异性免疫细胞活化导致的对正常细胞的杀伤及部分耐药问题；而CAR-T细胞治疗则存在引起细胞因子释放综合征及神经毒性等问题，且目前在实体瘤中的治疗效果十分有限。

开发安全高效的药物递送系统有望克服癌症免疫治疗中遇到的瓶颈问题：一方面可以实现药物的肿瘤靶向递送，提高疗效的同时降低毒性，另一方面可以实现药物的可控释放，从而精确调控免疫细胞的肿瘤定向迁移和功能，改善肿瘤免疫抑制微环境。目前，基于纳米药物递送系统的肿瘤免疫治疗策略已受到广泛关注并开展了大量研究，是未来进一步突破免疫细胞抗肿瘤疗效的关键技术环节之一。以下将重点介绍该技术及其原理。

纳米药物递送系统所用材料是指粒径<100nm的粒子或者粒径为100～1000nm但表现出纳米颗粒性质的材料。按照材料组成，纳米药物递送系统可分为有机药物载体、无机药物载体、生物材料药物载体和复合材料药物载体[27]。肿瘤组织特有的增强渗透性和滞留效应（EPR效应），增强了纳米药物递送系统在肿瘤部位的蓄积，从而提高了抗肿瘤药物的生物利用度并减少其副作用[28]。随着纳米技术的不断发展，纳米药物递送系统被更加广泛地应用于肿瘤治疗的基础研究和临床应用。相对于传统药物，纳米药物递送系统用于肿瘤治疗具有以下优势：

① 递送不同理化性质的药物。提高疏水性药物的溶解性，增强药物的血液循环半衰期或有效递送具有高电荷密度的核酸类药物等。大多数抗癌药物表现为疏水性，如紫杉醇、阿霉素、氨甲蝶呤等，难以通过细胞周围的水环境，穿过细胞膜到达细胞内的作用靶点。因此，此类药物如达到临床应用所需的有效剂量通常会导致严重的毒副作用及耐药性。Zhao等[29]开发的一种纳米胶囊，可以高效装载紫杉醇（包载率约76%），有效抑制紫杉醇耐药肿瘤模型的肿瘤生长和血管增殖，且无明显的全身毒性。

② 同时递送多种类型药物，提高药物靶向性，实现肿瘤的高效协同治疗。研究人员构建了同时负载CD47 siRNA和CCL25趋化因子蛋白的纳米药物递送系统，能够在肿瘤细胞外基质中释放CCL25蛋白并在肿瘤细胞中释放CD47 siRNA，实现调控CCR9+CD8+T细胞向肿瘤组织主动浸润的同时，阻断肿瘤细胞免疫检查点CD47信号通路，有效增强了T细胞介导的抗肿瘤免疫反应，抑制了三阴性乳腺癌肿瘤的生长和转移[30]。

③ 实现药物的可控释放。利用不同纳米药物载体对 pH、光、温度等敏感的特征，设计不同类型的刺激响应性纳米药物递送系统，以实现药物的精准递送和控制释放，从而提高药物的利用度并减少毒副作用。Neshat 等[31]开发了一种基于 DNA 的 pH 响应型药物递送系统，用于协同癌症治疗。该系统建立在一个三链 DNA 纳米开关上，能够对 5.0 ～ 7.0 范围内的 pH 变化发生精确的响应。在细胞外的生理 pH 条件下，DNA 纳米开关保持线性构象，稳定携载 3 种不同类型药物阿霉素、顺铂和靶向存活素（Survivin）基因的反义 DNA。在被肿瘤细胞内吞摄取后，溶酶体的酸性环境导致纳米开关发生从线性到三链的构象变化，实现药物的智能释放、靶基因的高效沉默和肿瘤的显著生长抑制。

④ 同时实现肿瘤的诊断与治疗。Liang 等[32]开发了一种 Fe^{3+} 复合物纳米颗粒，该系统一方面能够作为磁共振成像的造影剂，另一方面能在红外和近红外区域协同表现出良好光学吸收，从而实现肿瘤的光热治疗。

总之，新型纳米药物递送系统开发，提高了药物靶向递送能力，结合肿瘤学和免疫学的发展进步，将是未来免疫细胞治疗产品向实体瘤攻坚的关键技术环节之一。其将为提升纳米药物有效性与实现更安全有效的肿瘤免疫治疗提供帮助。而未来人源化动物模型的开发，也将极大提高新型纳米药物递送系统临床转化的成功率。

三、肿瘤细胞和 DC 融合技术

将肿瘤细胞和 DC 进行融合得到的融合细胞既具备 DC 的功能，又可以表达肿瘤细胞上的肿瘤抗原信息，由此得到的 DC 疫苗免疫原性强、特异性高。这是目前制备 DC 肿瘤疫苗技术的一个关键发展方向。以下将目前促进 DC 和肿瘤细胞融合的技术类别进行梳理。

（一）电融合技术

当细胞置于高电场中时，细胞膜通透性改变，可以使细胞相互融合。电融合技术不仅仅在细胞融合中发挥作用，也可使两种不同植物的原生质体融合，但细胞损伤大、一次融合的细胞数量少、电极稳定性差等缺点限制了其广泛使用。有研究提出双极脉冲（Bipolar pulses，BPs）电融合可以有效降低细胞融合的死亡率[33]。Ke 等[34]利用 BPs 介导骨髓瘤细胞和淋巴细胞融合，结果发现相比于单极脉冲，BPs 介导的细胞融合效率提高了 3 倍。虽然目前电融合技术有所改善，但是由于电融合的不稳定性，该技术已经逐渐被淘汰。

（二）病毒融合技术

目前常用于诱导动物细胞融合的病毒有仙台病毒、新城疫病毒、疱疹病毒等，用灭活的仙台病毒诱导细胞融合，融合率较高，适用于各种动物细胞。其中，日本仙台病毒（Sendai virus，HVJ）是一种具有细胞融合活性的 RNA 病毒。日本血凝病毒囊膜（HVJ-envelope，HVJ-E）是一种经过紫外线照射的 HVJ 粒子，它失去了病毒复制能力和蛋白质合成活性，但保留了促进细胞融合的活性[35]。例如，Yanai 等[36]使用 HVJ-E 制备了 DC1 和小鼠纤维肉瘤 Meth A 细胞的融合细胞疫苗，并在小鼠模型中证明了该融合细胞疫苗能产生特异性抗肿瘤细胞的免疫应答。但由于仙台病毒不稳定，制备过程比较烦琐，且病毒进入细胞后可能会影响细胞正常的生命活动，这种方法正在被逐渐淘汰。

（三）化学方法融合技术

用化学试剂对细胞进行融合，是目前最常用的一种融合方法，而其中具有良好水溶性和黏附性的促溶剂聚乙二醇（PEG）是常用的化学融合试剂。在液相介质中，PEG 表面的醚键带有微弱的负电荷，在 Ca^{2+} 的参与下，可与带正电细胞的膜结合，使其结构发生重排，与此同时 PEG 还可以通过氢键与水分子结合，导致细胞脱水质膜分离，从而使细胞融合。例如，Bird 等[37]制备了犬自发性乳腺癌和 DC 融合细胞疫苗，接种疫苗的狗中位生存期增加了约 14 个月。同样，DC 与表达 α 半乳糖的人乳腺癌细胞（MDA-MB-231）融合，结果表明 MDA-MB-231/DC 对 T 细胞有明显的增殖和活化作用，促进细胞因子 IL-2 和 IFN-γ 的产生，增强 T 细胞对 MDA-MB-231 细胞的杀伤作用，有显著的抗肿瘤作用，延长了小鼠存活时间[38]。但是，该融合过程烦琐，PEG 对细胞可能有细胞毒性，且传统的 PEG 融合效率不高，目前需要寻找 PEG 的替代物。因此，一些辅助介质被用于提高 PEG 制备融合细胞的效率。Ⅰ型胶原蛋白是一种基质蛋白，具有一定的黏附性，可以抵抗细胞表面的分子张力。He 等[39]发现将Ⅰ型胶原蛋白加入异源细胞的融合体系中可以有效提高融合效率。另外，Yoshihara 等[40]利用聚乙二醇类脂质衍生物对细胞表面进行修饰，可以实现细胞与细胞的均质和异质连接，改善细胞的融合。由此可见，PEG 融合细胞还是目前应用比较广泛、使用比较成熟的技术，提高 PEG 的融合效率依然是未来研究的发展方向。

第四节　企业竞争格局

一、细胞治疗研发领域

随着未来细胞免疫治疗逐步发展，在研发进度、研究靶点和适应证、产业化程度等方面脱颖而出的企业有望发挥先发优势，及时占据有利市场。国外代表性的头部企业有诺华、凯特和巨诺，国内代表企业有传奇生物、复星凯特、药明巨诺等。

（一）国际代表企业

1. 诺华公司

诺华公司是制药巨头中最早进入免疫细胞治疗领域的公司，也是临床进度最领先的标杆企业。2017 年 8 月，诺华的 CAR-T 细胞治疗产品 Kymriah 获 FDA 批准用于治疗有急性 B 淋巴性白血病且病情难治或多次复发的 25 岁以下患者，成为人类历史上首款被批准的免疫细胞治疗产品，Kymriah 的上市具有里程碑式的意义，标志着“活的药物”的商业化正式拉开帷幕，将加速更多细胞治疗产品的上市，造福肿瘤患者。2022 年 5 月，诺华宣布美国 FDA 加速批准 Kymriah 用于治疗接受过两种以上全身性治疗的复发 / 难治性滤泡性淋巴瘤患者，这也是 FDA 批准的 Kymriah 的第三项适应证。2022 年 5 月，欧盟委员会也批准 Kymriah 用于经二线或多线全身治疗后的复发或难治性滤泡性淋巴瘤（FL）成人患者的治疗。2020 年，Kymriah 销售额达 4.74 亿美元。

国内生产方面，2018 年 9 月，诺华公司与中国细胞治疗生物科技公司西比曼生物科技集团宣布就诺华公司的 Kymriah 达成了战略许可和合作协议，根据协议内容，西比曼将主要负责 Kymriah 的制造工艺，诺华公司将主要负责中国的分销、监管和商业化方面的工作。此次与诺华达成许可和合作协议后，西比曼将以每股 27.43 美元的价格向诺华公司出售约 9% 的股权，获得 4000 万美元的股权收购款。诺华公司将在全球范围内获得西比曼 CAR-T 相关技术的某些免版税知识产权。

近年来，诺华在细胞与基因治疗领域不断加码布局，2018 年以 87 亿美元收购 AveXis，开始基因治疗布局，获得 AAV 载体药物 Zolgensma，用于治疗脊髓性肌萎缩症；同时与基因编辑公司 Intellia Therapeutics 达成合作，将脂质纳米颗粒递送技术运用于 CRISPR 介导的细胞和基因治疗中；2020 年 7 月与 Sangamo公司签署了高达 7.95 亿美元的许可协议，合作开发神经性疾病的基因治疗；2020 年 10 月又以 2.8 亿美元收购 Vedere Bio 公司，布局眼科疾病的基因治疗。

2. 凯特公司

凯特公司是一家致力于肿瘤免疫产品开发的医药企业，CAR-T 项目主要针对以 CD19 为靶点治疗 B 系淋巴细胞白血病和淋巴瘤，以及 EGFRv Ⅲ 为靶点的胶质细胞瘤治疗。2017 年 10 月 18 日，FDA 宣布批准凯特医药 CAR-T 产品 Yescarta 上市，获批用于成人复发 / 难治性 B 细胞非霍奇金淋巴瘤；2018 年 8 月欧洲药品管理局（EMA）也批准其在欧盟上市。Yescarta 是全球第二款获批上市的 CAR-T 产品，也是第一个获批用于非霍奇金淋巴瘤的 CAR-T 产品，获得优先审评、突破性治疗认定及孤儿药资格。

3. 巨诺医疗公司

巨诺医疗公司是世界肿瘤细胞免疫领域的领军企业，拥有领先的 CAR-T 和 TCR 技术。2014 年，巨诺医疗在美国 IPO 上市。2018 年，新基医药宣布以近 90 亿美元收购巨诺医疗公司近 90% 股权。2019 年 1 月，医药巨头百时美施贵宝公司宣布将通过现金加股票的方式，以总价 740 亿美元的代价收购新基医药，因此巨诺医疗公司目前属于百时美施贵宝子公司。

（二）国内代表企业

目前，国内的复星凯特公司、药明巨诺公司等一大批免疫细胞企业，正在快速发展。

1. 复星凯特公司

复星凯特公司为复星医药集团与凯特公司的合营企业，复星凯特 2017 年初从美国凯特公司引进 Yescarta（商品名：益基利仑赛注射液，又称阿基仑赛注射液），获得全部技术授权，并拥有其在中国包括香港、澳门的商业化权利，该产品将被开发用于治疗两线或以上系统性治疗后复发或难治性大 B 细胞淋巴瘤。2021 年 6 月 22 日，国家药监局批准复星凯特 CAR-T 细胞治疗新药益基利仑赛注射液上市。除 Yescarta 以外，复星凯特公司同时在上述地区享有凯特后续产品授权许可的优先选择权。公司 2000m^2 的细胞治疗研发中心于 2019 年初落成，研发管线还包括多个 CAR-T/TCR-T 临床阶段品种和早期创新研发项目；并且与国内外肿瘤免疫治疗领域优秀研发机构合作，打造可持续的创新研发管线。

2022 年 3 月，复星凯特公司第二款 CAR-T 细胞治疗药物 FKC889 针对既往接受过二线及以上治疗后复发或难治性套细胞淋巴瘤，其临床试验申请已获中国国家药品监督管理局（NMPA）批准。FKC889 是复星凯特公司引进 Tecartus 后在中国进行产业化、商业化的 CAR-T 细胞治疗药物，也是复星凯特公司在血液肿瘤领域的第二款 CAR-T 细胞治疗药物。

2020 年 7 月和 12 月，Tecartus 分别获得美国和欧盟上市批准。Tecartus 目前是第一个、也是唯一一个获批用于治疗复发难治性套细胞淋巴瘤成人患者的 CAR-T 细胞治疗产品。截至 2022 年 6 月，Tecartus 已在全球 33 个国家和地区获批上市。Tecartus 也被 FDA 授予突破性疗法资格、优先药物资格和孤儿药资格。

2. 药明巨诺公司

药明巨诺公司由药明生物和巨诺医疗共同成立，是专注于开发、生产及商业化细胞免疫治疗产品的创新型生物科技公司。2021 年 9 月，倍诺达（瑞基奥仑赛注射液）CAR-T 产品被中国国家药品监督管理局批准上市，用于治疗经过二线或以上系统性治疗后成人患者的复发或难治性大 B 细胞淋巴瘤。倍诺达是中国目前唯一一款同时获得“重大新药创制”专项、新药上市申请优先审评资格及突破性疗法资格认定三项殊荣的 CAR-T 细胞免疫治疗产品。除了倍诺达，JWCAR129 是公司主要研发推进产品，该产品是从巨诺公司引进的一款靶向 BCMA 的 CAR-T 细胞治疗产品，经由基因改造的 CAR 在识别恶性浆细胞表面的 BCMA 后，将启动免疫功能，导致肿瘤细胞死亡。JWCAR129 已于 2021 年 9 月获得国内 IND 批件，正在推进 I 期临床。

3. 传奇生物公司

传奇生物公司成立于 2014 年，是从港股上市公司金斯瑞公司拆分而来，集 CAR-T 细胞免疫治疗技术开发与综合免疫治疗技术研究于一体，目前研发管线涉及血液瘤、实体瘤、自体免疫疾病和感染性疾病等领域。传奇生物公司是中国CAR-T细胞治疗公司第一家上市公司，从2020年3月9日交表到6月5日挂牌上市，不到3个月时间便完成上市，这与公司选取BMCA靶点而非拥挤的CD19靶点，与强生强力合作两个因素密切相关。此外，公司研发管线还覆盖CD4、CD33、CD20等靶点。

2022年2月，传奇生物公司的靶向BCMA嵌合抗原受体T细胞（CAR-T）产品西达基奥仑赛正式获得FDA批准，用于治疗复发/难治性多发性骨髓瘤（r/r MM）患者，这是首款获得FDA批准的中国自主开发的CAR-T细胞治疗产品。

4. 西比曼生物科技集团公司

西比曼生物科技集团公司（简称“西比曼”）成立于2009年，总部坐落于上海张江，致力于开发治疗癌症的免疫细胞治疗产品和治疗退行性疾病的干细胞治疗产品。公司拥有6503m^{2}的细胞GMP生产车间，涵盖12条独立的细胞生产线，年产细胞量能够满足1万名癌症患者和1万名膝骨关节炎患者的治疗需求。公司现有干细胞治疗和免疫细胞治疗两个平台。其中免疫细胞治疗平台主要包含嵌合抗原受体T细胞（CAR-T）、基因工程改造T细胞受体T细胞（TCR-T）以及肿瘤浸润淋巴细胞（TIL）三类产品。此外公司还在无锡和北京设有细胞产品GMP生产设施。

5. 科济生物医药（上海）有限公司

科济生物医药（上海）有限公司（简称“科济生物”）成立于2014年10月，是中国首家专注于CAR-T细胞免疫治疗的创新型企业，也是全球知名的实体肿瘤CAR-T细胞治疗研发企业。公司拥有包括第四代CAR-T技术在内的80多项国内外专利技术，自主构建了研发肿瘤靶向抗体的全人抗体库与人源化抗体技术平台，自主研发了能够覆盖大部分实体瘤及血液瘤的高效特异性CAR-T等候选产品。

截至2022年4月，科济生物有CT032、CT011、CT017、CT041、CT053五款免疫细胞治疗产品进入临床试验。其中CT041是全球唯一靶向CLDN18.2的CAR-T细胞治疗，用于治疗CLDN18.2阳性的实体瘤（如胃癌及胰腺癌），目前正在国内开展Ⅱ期临床试验。CT053被NMPA授予孤儿药资格，适应证为复发难治性多发性骨髓瘤。科济生物建立了一个综合的细胞治疗平台，已开发10多款候选产品的差异化管线。

6. 亘喜生物科技集团公司

亘喜生物科技集团公司（简称“亘喜生物”）成立于2017年，是一家致力于发现和开发突破性细胞治疗的全球临床阶段生物制药公司。利用其开创性FasTCAR和TruUCAR技术平台，亘喜生物正在开发多项自体和同种异体的丰富临床阶段癌症治疗产品管线。这些产品有望攻克传统CAR-T细胞治疗持续存在的重大行业挑战，包括生产时间长、产品细胞质量欠佳、治疗成本高和对实体瘤缺乏有效治疗等。

亘喜生物主要基于 FasTCAR 和 TruUCAR 技术平台开发 GC012F、GC019F、GC027、GC502、GC007g 5 款产品。2022 年 2 月，亘喜生物针对 B 细胞非霍奇金淋巴瘤的 GC012F 的首次人体试验完成首批患者给药，目前 I 期临床试验正在推进中；在 2022 年美国癌症研究协会（AACR）年会上，亘喜生物公布了基于其 TruUCAR 平台开发的高度差异化的候选产品 CD19/CD7 双靶向 GC502，针对复发 / 难治性急性 B 淋巴细胞白血病（r/r B-ALL）的首次人体试验数据，初步临床数据显示出卓越的安全性和有效性。

二、原材料及设备领域

随着免疫细胞治疗产业化来临以及全球免疫细胞治疗 CMO/CDMO 服务的发展，免疫细胞治疗原材料和设备需求将会不断增加。在此背景下，国产免疫细胞治疗产业亟待走上产业技术、装备国产化和产品成本控制之路。国内代表性企业如下。

1. 上海东富龙医疗装备有限公司

上海东富龙医疗装备有限公司（简称“东富龙”）作为上海东富龙科技股份有限公司全资子公司，聚焦于制药、医疗行业前端技术的研究和开发。在细胞治疗领域，为免疫细胞（如 CAR-T/TCR-T 细胞等）、干细胞（如脐带干细胞、胎盘干细胞、脂肪干细胞、骨髓干细胞等）、肿瘤细胞疫苗（如 B 细胞 /DC 细胞 / 成纤维细胞等）等制备生产提供整体解决方案；在生物样本库领域，研究、开发东富龙自动化液氮存储管理系统，并提供细胞、组织样本库整体解决方案。东富龙开发的“GMP 细胞药物设备全站”为细胞治疗提供了全套的解决方案，GMP 细胞药物设备全站是一个专门用于细胞产品制备且满足 GMP 无菌化生产要求的密闭式集成化操作系统，配套东富龙自主开发的蜂巢培养系统可替代传统洁净室完成细胞分离、分选、诱导活化、培养、离心收集等全套工艺步骤。2021 年，上海细胞治疗集团与东富龙达成战略合作，双方将围绕细胞保存、非病毒载体 CAR-T 生产工艺进行深度合作，合力精准开发产业关键设备。

2. 楚天科技股份有限公司

楚天科技股份有限公司（简称“楚天科技”）成立于 2000 年，现已成为世界医药装备行业的主要企业之一，主营业务系医药装备及其整体技术解决方案，并率先推动智慧医药工厂的研究与开发。楚天科技为应对市场对细胞治疗产品和相关器械需求的不断增长，于 2019 年布局细胞治疗产业装备制造，为 CAR-T 领域的干细胞、免疫细胞等细胞治疗市场提供符合 GMP 要求的制药装备。2019 年楚天科技立项展开免疫细胞治疗领域的技术信息和市场供需等调研工作，2020 年初展开方案的设计，对研发制作工艺模块化技术进行攻关，先后完成了高速冷冻离心机、培养箱、低温温控系统、活细胞成像等关键技术设备的匹配和选型，并且进行了人体工程学的模拟操作试验，目前 CAR-T 设备已经成为楚天科技一款成熟、先进的产品。

3. 泰林生物

泰林生物成立于2002年，是优秀的生命科学系统解决方案提供商。公司主营业务聚焦于生物技术、精准医疗、制药工程、食品安全、新材料等领域的技术创新与产品开发，凭借自主核心技术为生命科学研究和产业化提供一站式系列成套装备、精密仪器、配套耗材等产品与服务。泰林生物积极布局细胞治疗产业化装备制造，为免疫细胞治疗药物提供符合GMP要求的装备。2016年泰林生物立项展开细胞治疗工作站技术信息和市场需求调研工作，2017年初展开方案设计，开始研制关键技术模块，先后开发了嵌入式细胞离心机、非接触式水浴装置、基于超声雾化的过氧化氢快速灭菌和分解装置、二氧化碳培养箱转运系统及自动对接装置等关键模块，完成细胞电子显微镜、二氧化碳培养箱配套选型，并制作整机结构模型进行人机工程学试验。目前在建的建筑面积43200m^2，预计生产能力达到年产500套细胞制备工作站、蜂巢式细胞培养系统、智能化细胞培养箱等。

三、外包服务领域

相比于传统大分子、小分子药物，细胞治疗产品需要构建细胞库、病毒载体选择及优化、细胞规模化放大培养，对质量检测、批间稳定性、制剂及运输、用药都有严格要求。正因为免疫细胞技术复杂、工艺开发高门槛、生产规模大、法规监管要求严苛、产业化经验有限，使得免疫细胞产品相比传统制药更加依赖外包服务，合同研发生产组织（CDMO）便成为了一个重要的解决方案。同时，CDMO具备定制研发能力和生产能力，能够提供从临床前研究到商业化生产的一体化服务，在行业、精细分工日益明晰的当下，将部分研发及生产外包给专业CDMO企业可以显著减少原研药成本，而CDMO也就成为了研发企业的长期合作伙伴，目前CDMO外包渗透率超过65%，远超传统生物制剂（35%）。国外代表性的头部企业有Catalent公司、Lonza公司，国内代表企业有药明康德公司、和元生物公司、金斯瑞公司等。

（一）国际代表企业

1. Catalent公司

Catalent公司起源于Cardinal公司制药技术和服务部门，2007年被黑石集团收购后更名Catalent公司。公司以小分子制剂业务起步，历经小分子-大分子-细胞与基因治疗（CGT）CDMO三个时代，最终定位生物药及CGT CDMO为当下发展主线，自此实现快速发展。在2019年以前，公司主要发展重心在小分子制剂与大分子CDMO业务，此后公司通过一系列并购，实现了CGT CDMO领域的弯道超车；2019年，Catalent公司以12亿美元收购了在腺相关病毒载体生产方面有丰富经验的 Paragon Bioservices 公司，正式进入 CGT CDMO 领域；2019 年 6 月，以 1800 万美元收购了 Novavax 公司；2020 年以 3.15 亿美元收购了在 CAR-T 领域有丰富经验的 MaSTherCell 公司，强化了在 CGT 领域的业务布局；2020 年，收购了 Bone Therapeutics 公司；2021 年，Catalent 公司收购 Delphi Genetics 公司，进一步扩大质粒 DNA 的生产产能；此后分别收购了 Hepatic Cell Therapy Support 公司和 RheinCell Therapeutic 公司。Catalent 公司进入 CGT CDMO 领域较晚，但公司凭借并购快速补全能力，成为 CGT CDMO 行业领先企业。

近年来公司通过一系列收购进军技术最复杂且难、潜力巨大的基因与细胞治疗领域（表 10-1），通过技术、工厂、临床供应设施的打造，跻身免疫细胞治疗龙头，带动公司生物制品业务飞速增长，2021 财年该领域已成为最大的业务板块。2022 年 2 月，Catalent 公司宣布计划扩建其在中国上海外高桥自贸区的临床供应设施，提高临床药品的温控储存和分发能力并拓展二级包装产能，预计该设施扩建约 2800m²，临床存储能力将在原有基础上增加一倍。

表10-1　Catalent公司细胞与基因治疗CDMO领域收购活动

公司	时间	地点	目标	金额
Paragon Bioservices	2019 年 6 月	美国芝加哥	AAV、质粒和慢病毒的制造	12 亿美元
Novavax	2019 年 6 月	美国马里兰	新型疫苗的开发，基因和细胞治疗的生产制造	1800 万美元
MaSTherCell	2020 年 2 月	比利时戈斯利	CAR-T 工艺开发和制造	3.15 亿美元
Bone Therapeutics	2020 年 11 月	比利时布鲁塞尔	骨病候选细胞治疗 ALLOB	1400 万美元
Delphi Genetics	2021 年 2 月	比利时戈斯利	质粒 DNA 制造服务	未透露
Hepatic Cell Therapy Support	2021 年 5 月	比利时戈斯利	质粒 DNA 的商业规模生产	未透露
RheinCell Therapeutic	2021 年 6 月	德国兰根菲尔德	实现基于 iPSC 的治疗规模放大	未透露

信息来源：公开统计、Wind 数据库。

2. Lonza 公司

Lonza 公司创始于 1897 年，总部位于巴塞尔，是世界领先的药物、生物技术和特种原料市场的供应商之一，也是全球最大的生物药 CDMO。公司在 1965 年进入医药化工中间体业务领域，并发展小分子 CDMO 业务，之后成为全球小分子 CDMO 巨头；在 20 世纪 90 年代至 2000 年初，积极布局大分子业务，目前是全球拥有最多商业化大分子 CDMO 项目的公司；于 2015 年公司正式布局细胞基因治疗 CDMO 服务，并成为最早实现 2000L 腺病毒相关病毒商业化生产的 CDMO 公司。

2017 年，Lonza 公司通过收购 PharmaCell BV 公司奠定其细胞基因治疗生产领先地位，后者为当时仅有的两款获批细胞治疗产品提供商业化生产。截至 2022 年 6 月，Lonza 公司累计服务超过 120 个细胞基因治疗项目，提供细胞和基因治疗的临床前、临床以及商业化开发以及生产端到端服务，主要包括：①自体和异体细胞治疗生产服务；②用于基因治疗的病毒载体生产；③工艺开发和生物分析服务；④符合 GMP 规范的生产制造；⑤流程监督与管理支持；⑥原材料采购服务。

在产能方面，Lonza 公司在美洲、欧洲、亚洲均有布局，其中位于休斯敦的 CGT 生产园区是全球最大 CGT 生产基地，在 2018 年正式投产，并且现在已获得 FDA 批准进行商业化生产，厂区洁净室采用模块化设计建设，可以根据客户需求有效快速改造，以满足不同规模的生产需求，帮助药品获批上市以及商业化生产。Lonza 公司于 1995 年进入中国市场，目前在广州、苏州、上海等地已设立生产基地与办事处。

2019 年，Lonza 公司与以色列 Sheba 医院再生医学、干细胞和组织工程中心合作，开发 Cocoon 全封闭自动化细胞生产平台，目前 Cocoon 平台已得到应用，Cocoon 平台通过全自动化处理、封闭系统、灵活的个性化设置，在包括 CAR-T 在内的免疫细胞培养的每个阶段，实现点对点的需求匹配，提高细胞培养效率。Cocoon 适用于悬浮细胞、贴壁细胞生产，并且适用于包括 T 细胞在内的各类血液细胞、免疫细胞，集成了磁珠分选、病毒转导或细胞转染、细胞活化、增殖、收获在内的多个步骤，简化了从配方到终产品的上游、下游细胞处理流程，形成了完整的细胞解决方案。

3. Thermo Fisher 公司

Thermo Fisher 公司作为全球实验室耗材及设备的绝对霸主，通过持续并购不断开拓业务边界。公司最早以实验室仪器设备起家，通过 70 余次并购，发展为囊括生命科学、实验室服务与产品、诊断、分析仪器四大板块的国际化公司。2021 年 Thermo Fisher 公司收购全球第五大 CRO 公司 PPD 后，成功打通实验室 - 临床 - 商业化生产全链条，全年营收达 392 亿美元，净利润 77 亿美元，比 Lonza 公司和 Catalent 公司高出一个数量级。

Thermo Fisher 公司在 2017 年通过 72 亿美元收购 Patheon 公司进入小分子及大分子 CDMO 行业，在 2019 年以 17 亿美元收购 Brammar Bio 公司开始布局细胞基因治疗 CDMO 服务。Brammar Bio 公司是一家专注于制造细胞基因治疗病毒载体的 CDMO公司，支持了首个基因治疗临床试验。收购完成后，Thermo Fisher 公司具备了完善的质粒 DNA、病毒载体、细胞治疗生产以及相关供应链服务能力。发展至今，Thermo Fisher 公司细胞基因治疗 CDMO 业务已在美国、欧洲拥有超过 3500 名科学家及技术人员，其主要服务如下。①质粒服务平台提供工艺开发、质量检测和分析以及从临床到商业化 GMP 生产服务。其中，GMP 生产服务提供 30 ～ 1000L 的一次性生产流程。②病毒载体平台提供病毒载体的过程开发、工艺验证、质量分析、GMP 生产服务，涉及病毒种类包括 AAV、腺病毒、慢病毒、逆转录病毒、疱疹病毒，支持贴壁和悬浮细胞培养开发过程。③细胞治疗提供工艺和分析开发、GMP 生产。④临床供应链提供二次包装以及物流服务。Thermo Fisher 公司有超过 27 年的供应链服务经验，拥有全行业最大的 GMP 设施站点，以遵守全球标准操作程序和维护基本行业认证来确保合规性。

（二）国内代表企业

1. 无锡药明康德新药开发股份有限公司（简称“药明康德”）

药明康德高端治疗事业部主要提供针对肿瘤的 CAR-T 细胞治疗以及腺相关病毒类载体及质粒载体研究，目前 CDMO 业务总产能超过 $33000m^2$，包含以下具体服务：①生产工艺研究，包括工艺优化、平台发展、工艺放大与工艺验证；②面向临床试验的细胞治疗和基因治疗产品的小批量生产；③细胞治疗和基因治疗产品的商业化生产；④相关测试服务。

药明康德旗下的上海药明生基医药科技有限公司（药明生基）成立于 2017 年，专注于细胞与基因治疗 CDMO 平台，集研发、生产、测试、产品报批于一体，能提供基因载体及细胞治疗产品从研发到商业化生产的全方位一流服务。2019 年药明康德位于无锡的细胞和基因治疗研发生产基地也投入运营，为国内客户提供细胞和基因治疗产品的 CDMO/CMO 服务。目前，药明康德业务布局全球，在中国、美国和英国拥有 8 个研究生产基地，涵盖了质粒、病毒和细胞生产的全部服务。公司全球化布局稳步推进，在中国，药明生基已建成上海工艺研发基地、无锡基因载体产品和细胞产品研发及 GMP 生产基地，以及上海锦斯生物技术有限公司共建可复制生产型病毒载体产品的研发和 GMP 生产基地；药明康德在费城、圣保罗和亚特兰大三地设有实验室，并拥有成熟的细胞及基因治疗产品生产和过程控制经验；2020 年药明生基完成中美两地 AAV 一体化悬浮培养平台和 CAR-T 细胞治疗一体化封闭式生产平台建设，其中 CAR-T 细胞治疗一体化封闭式生产平台可以进行：①全流程测试和放行测试；②根据剂量要求（有两种模式可供选择），使用预先评估的设备、技术和材料清单，为不同的单元操作开发封闭流程；③提供先进的 GMP 生产设施，其调度灵活性可满足客户生产实践要求。2021 年 3 月通过收购英国基因治疗技术公司 OXGENE 开始布局欧洲业务，大幅提高先进病毒载体平台的能力。

2. 和元生物技术（上海）股份有限公司（简称“和元生物”）

和元生物成立于 2013 年，是一家聚焦基因治疗和细胞治疗领域的生物科技公司，专注于为基因治疗和细胞治疗的基础研究提供载体研制、基因功能研究、药物靶点及药效研究等 CRO 服务，为药物的研发提供工艺开发及测试、IND-CMC 药学研究、临床样品 GMP 生产等 CDMO 服务。

据和元生物招股书披露，和元生物现有中试车间近 $1000m^2$，GMP 车间近 $7000m^2$，质粒生产线 1 条、病毒载体生产线 3 条、CAR-T 生产线 2 条、建库生产线 3 条、灌装线 1 条；

正在建设近 $80000m^2$ 的产业化基地，建成后将具有 33 条 GMP 生产线。2020 年，和元生物在上海临港启动建设和元智造精准医疗产业基地，面积逾 $80000m^2$ 的基因和细胞治疗载体 CDMO 平台可提供从非注册临床研究用质粒和病毒生产、基因治疗新药临床申报整体方案到基因治疗临床样品及商业化 GMP 生产的整体服务，服务产品包括基因和细胞治疗用质粒、腺相关病毒、慢病毒、腺病毒、多种溶瘤病毒以及基因疫苗等新型基因载体。2022 年 6 月 8 日，和元生物发布公告，公司拟以自有资金在美国投资设立全资子公司和元生物技术（美国）有限公司，投资金额不超过 500 万美元，将根据海外业务拓展实际情况和美国子公司发展情况逐步投资到位。

3. 金斯瑞生物科技股份有限公司（简称“金斯瑞”）

金斯瑞成立于 2002 年，目前已建立了四个主要业务平台，包括：①金斯瑞生命科学事业群，提供 CRO 一站式生命科学服务；②金斯瑞蓬勃生物，提供生物药 CDMO 平台服务；③百思杰生物科技，提供工业合成生物产品及平台服务；④传奇生物科技，全国领先的 CAR-T 公司，也是综合性细胞治疗平台。

2020 年成立的金斯瑞蓬勃生物，致力于为基因和细胞治疗药物、疫苗及生物药发现、抗体蛋白药物等提供从靶点开发到商业化生产的 CDMO 服务，目前已完成中美两地临床试验所用的 GMP 设施及设备建设。金斯瑞蓬勃生物的细胞治疗 CDMO 平台能够提供包括质粒、慢病毒载体和 AAV 的从临床前研究、临床试验申报、临床试验阶段到商业化生产的一站式服务。公司具有丰富的质粒生产和工艺开发经验，是中国目前最大的质粒 CDMO 供应商。其病毒载体平台的核心技术包括悬浮细胞系 Power STM-293T 生产慢病毒载体、三质粒共转染 HEK 293 细胞和悬浮培养生产 AAV 载体。

根据金斯瑞 2020 年年报，2020 年金斯瑞营业收入为 3.91 亿美元，同比增长 42.9%，其中细胞与基因治疗 CDMO 业务增速亮眼，收入为 620 万美元，同比增长 148.0%。2020 年细胞与基因治疗 CDMO 业务新增 29 个临床前项目，14 个 CMC 项目和 14 个临床项目，并且其业务涵盖了中国所有 mRNA 疫苗研发公司。过去两年时间，金斯瑞蓬勃生物与香雪生命科学技术有限公司建立深度合作，针对实体瘤治疗的 TCR-T 治疗方案 TAEST16001 注射液的临床申报，临床级、GMP 级质粒和慢病毒载体的工艺开发和生产。目前金斯瑞蓬勃生物已成功助力香雪精准在中美两地顺利获得临床批件。此外，公司还与艾博生物、斯维生物等合作，为 mRNA 新冠疫苗提供 GMP 级质粒，用于 mRNA 疫苗的转录模板。除了与中国所有的 mRNA 疫苗研发公司合作以外，金斯瑞蓬勃生物也服务了多个海外客户，截至 2021 年 7 月，共帮助获得全球四个 IND 批件（含中国两个），另有多个 IND申请正在推进中。伴随着后续合作商的 mRNA 疫苗陆续商业化，有望带动公司质粒业务迅速成长。2021 年 8 月，金斯瑞蓬勃宣布引入高瓴资本为股东，高瓴资本拟 1.5 亿美元获得蓬勃生物 17.25% 股权，投后估值 10 亿美元。

第五节　产业融资情况

一、融资现状

生物医药领域一直以来是医疗行业投资热点领域，根据动脉网发布的《2021 年全球医疗健康产业资本报告》，2021 年，全球生物医药行业融资事件超过 1300 起，累计融资金额达 3690 亿元人民币，依旧是生命健康领域获融资金额最多的领域（图 10-5）。

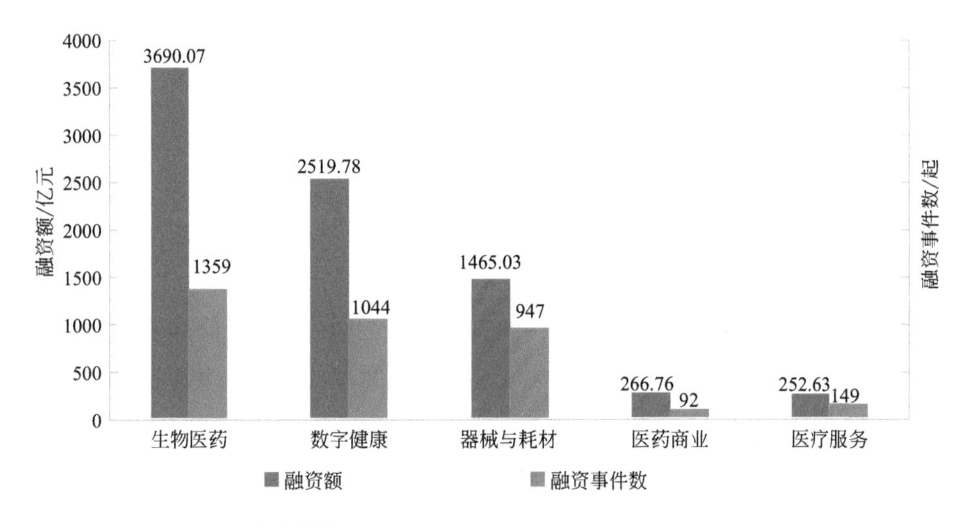

图10-5　2021年全球各医疗细分领域融资情况

数据来源：动脉网，《2021 年全球医疗健康产业资本报告》

受政策、资金的支持，中国医药市场受资本市场的青睐，近年来细胞治疗领域也逐渐成为投资的关注焦点。

（一）全球细胞和基因治疗融资金额创历史新高

根据先进治疗倡导组织再生医学联盟（Alliancefor Regenerative Medicine，ARM）在 2022 年 1 月发布的报告（图 10-6），全球细胞和基因治疗的公司在 2021 年筹集了 231 亿美元，相比 2020 年的 199 亿美元高出 16%。其中 2020—2021 年的增长主要由来自美国公司的推动，与 2020 年相比，美国公司 2021 年获得 180 亿美元融资，同比增长了 53%；欧洲公司获得 33 亿美元融资，同比减少了 8%。

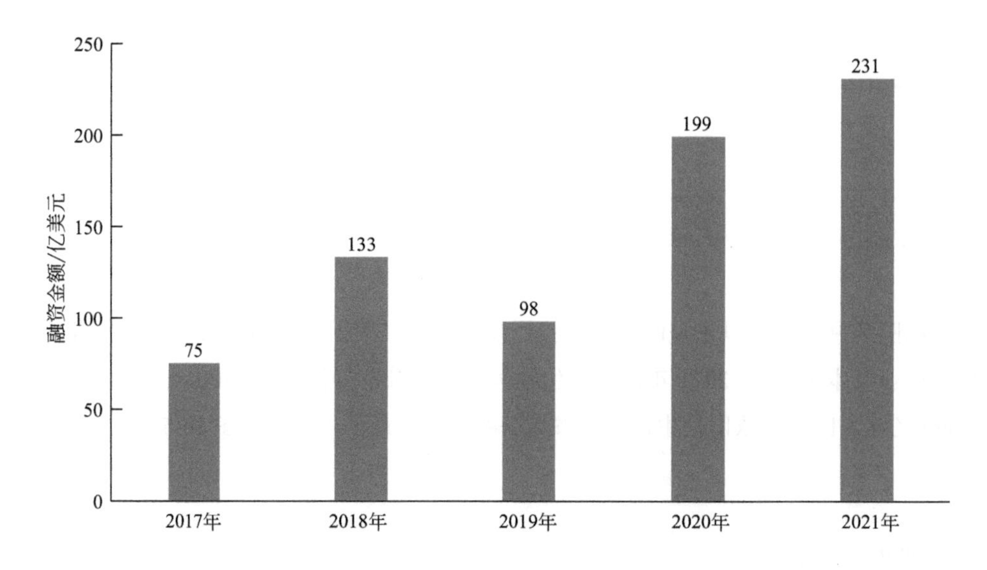

图10-6　2017—2021年全球细胞和基因治疗企业融资金额

数据来源：先进治疗倡导组织再生医学联盟

（二）T 细胞治疗是 2021 年获最多融资的治疗

根据医药魔方数据，2021 年全球免疫细胞治疗领域涉及融资事件约 138 起（含 IPO），总融资金额超 99 亿美元。其中 T 细胞治疗融资最多，超 73 亿美元；其次是 NK 细胞治疗，超 14 亿美元。

BMS、诺华、吉利德、强生公司都是通过投资并购方式进入免疫细胞治疗领域。NK 细胞治疗分别获总额超 18 亿美元以及 23 亿美元的大单。B 细胞、γδ T 细胞、CAR-iNKT、线粒体细胞治疗等新型治疗也备受关注。

（三）2021 年 IPO 事件以国外企业为主

根据公开资料，2021 年全球免疫细胞治疗领域共发生 17 起 IPO 事件（表 10-2）。其中，国外 IPO 融资最高的是美国免疫细胞治疗明星公司 Sana Biotechnology，公司于 2021 年 2 月 8 日宣布完成首次公开募股，总收益约为 6.756 亿美元，这也是 2021 年细胞治疗领域全球最高的 IPO 融资。

国内方面，IPO 融资最高是科济药业，金额高达 31.08 亿港元（约 4 亿美元），全球 IPO 融资金额排名第三，公司所募的资金将主要用于推进科济药业核心候选产品——用于治疗多发性骨髓瘤的 BCMA CAR-T（CT053）的开发，并为其他管线候选产品的研发活动提供资金，培养全面的制造及商业化能力等。

表10-2 2021年全球免疫细胞治疗公司IPO信息

序号	公司	金额	主要疾病领域	重点治疗/项目
1	Sana Biotechnology	6.756亿美元	癌症；糖尿病；中枢神经系统疾病	T细胞治疗（体内工程改造），干细胞治疗
2	Lyell Immunopharma	4.25亿美元	癌症	CAR-T细胞治疗，TIL治疗，TCR-T细胞治疗
3	科济药业	31.08亿港元	癌症	CAR-T细胞治疗
4	Instil Bio	3.68亿美元	癌症	TIL治疗，CAR-T细胞治疗
5	Caribou Biosciences	3.04亿美元	癌症	CAR-NK细胞治疗，下一代CRISPR技术平台
6	Century Therapeutics	2.11亿美元	癌症	T细胞治疗、iPSC细胞治疗
7	亘喜生物	2.09亿美元	癌症	CAR-T细胞治疗
8	Achilles Therapeutics	1.755亿美元	癌症	TIL治疗
9	Sensei Biotherapeutics	1.526亿美元	癌症	噬菌体治疗，CAR-T细胞治疗
10	Celularity	1.38亿美元	癌症；退行性疾病；感染性疾病	CAR-NK细胞治疗，CAR-T细胞治疗
11	Nexlmmune	1.265亿美元	癌症	T细胞治疗
12	Tscan Therapeutics	1亿美元	癌症	TCR-T细胞治疗
13	HCW Biologics	5600万美元	自身免疫性疾病，炎症性疾病等	NK细胞治疗
14	IN8 bio	4000万美元	癌症	T细胞治疗
15	MiNK Therapeutics	4000万美元	癌症；免疫介导疾病	iNKT细胞治疗
16	Longeveron	2660万美元	衰老相关疾病	LOMECEL-B细胞治疗
17	PharmaCyte Biotech	1500万美元	癌症；糖尿病	基于Cell-in-a-BoxR的细胞治疗

数据来源：医药魔方。

（四）融资前十企业主要来自美国

2021年，全球细胞治疗融资前十企业如图10-7。可以看出，全球细胞治疗融资企业前十除上海细胞治疗集团来自中国外，其他企业均来自美国。

（五）制药巨头纷纷通过合作或者授权方式进行布局

除了大量免疫细胞治疗公司完成融资外，2021年还有11家制药巨头通过交易合作加强自身在免疫细胞领域的研发管线布局（表10-3）。默沙东、百济神州、凯特公司斥巨资加强NK细胞治疗布局，2021年1月28日，默沙东宣布与美国生物技术公司Artiva Biotherapeutics签订总额超18亿美元的独家合作和许可协议，两家公司将利用Artiva Biotherapeutics公司的同种异体NK细胞制造平台及专有的CAR-NK技术，开发针对实体瘤的新型CAR-NK细胞治疗。仅2021年6月，美国Shoreline Biosciences公司就分别与百

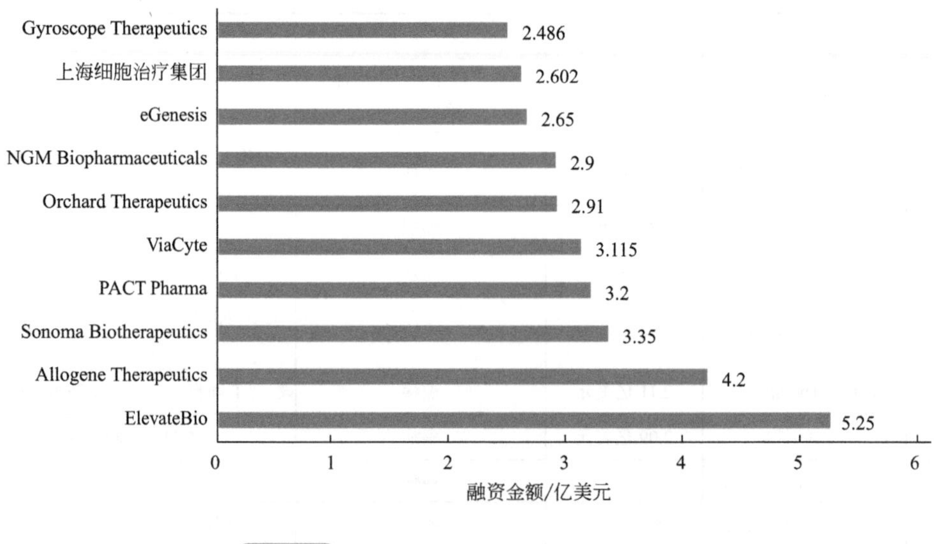

图10-7　2021年全球细胞治疗前十融资企业

数据来源：CB Insight

济神州和吉利德旗下的凯特公司签署协议，分别推进NK细胞治疗、治疗恶性血液肿瘤的同种异体免疫细胞治疗。

表10-3　2021年免疫细胞领域制药巨头交易合作列表

时间	制药巨头	初创公司	交易类型	交易金额	主要疾病领域	重点治疗/项目
2021-01-07	百时美施贵宝	ArsenaiBio	合作	7000万美元预付款	癌症	由“集成电路”修饰的T细胞
2021-01-13	安进	Evoq Therapeutics	合作/授权	超2.4亿美元	自身免疫疾病	基于DC细胞的免疫耐受治疗
2021-01-28	默沙东	Artiva Biotherapeutics	独家合作和许可协议	18亿美元	癌症	CAR-NK
2021-02-10	艾伯维	Carbiou	合作/授权	超4000万美元预付现金和股权投资，以及超3亿美元的开发资金	癌症	CAR-T
2021-06-09	百济神州	Shoreline Biosciences	合作	4500万美元预付金	癌症	NK细胞治疗
2021-06-17	凯特	Shoreline Biosciences	合作	一定金额的预付款，并将可能获得总额超过23亿美元的额外付款	癌症	同种异体免疫细胞治疗
2021-07-30	安斯泰来	Minovia Therapeutics	合作/授权	2000万美元预收款，另有每个产品最高4.2亿美元里程金	线粒体功能障碍引起的疾病	线粒体细胞治疗
2021-08-05	凯特	Appia Bio	合作/授权	8.75亿美元的预付款、股权投资、里程金等	癌症	利用HSC开发CAR-iNKT细胞治疗

续表

时间	制药巨头	初创公司	交易类型	交易金额	主要疾病领域	重点治疗 / 项目
2021-08-24	福泰制药	Arbor	合作	预付款未知	1 型糖尿病、血液疾病	离体工程化细胞治疗
2021-10-13	武田	Immusoft	合作 / 授权	预付款未知	具有中枢神经系统表现和并发症的罕见遗传性代谢疾病	B 细胞治疗
2021-10-27	武田	Gamma Delta Therapeutics	收购	预付款未知，另有潜在的开发和监管里程金	癌症	T 细胞治疗

数据来源：医药魔方、由公开数据整理。

（六）国内融资金额和事件数再创新高

我国免疫细胞首次融资事件发生 2014 年，2018 年开始融资事件和融资金额出现大幅增长。自 2018 年开始，近年融资金额和事件数均呈现增加态势，2021 年融资金额再次突破，相比 2018 年融资金额增长了 195.80%。但是，如图 10-8 所示，2022 年一季度融资总金额为 18.42 亿元，相比 2021 年一季度融资金额的 22 亿有所下降，预计 2022 年国内免疫细胞治疗领域的融资情况将不及 2021 年，市场趋于冷静。

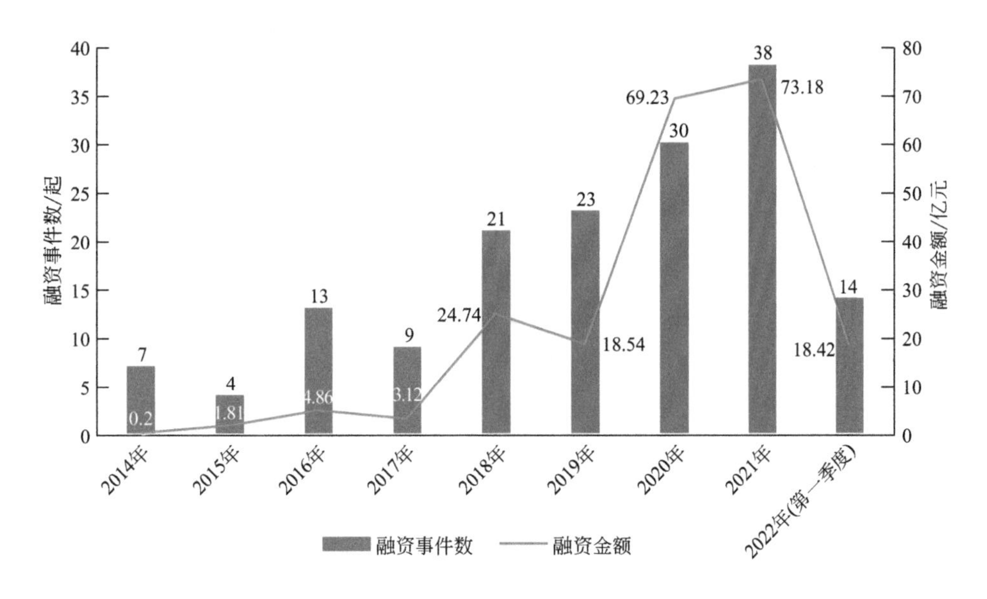

图10-8 2014—2022年第一季度融资事件和融资金额

数据来源：药融云、公开整理

国内免疫细胞融资市场主要分为 3 个阶段，第一阶段是 2018 年以前，第二阶段是

2018—2020年，第三阶段是2021年至今。2018年之前，国内免疫细胞市场处于起步阶段，融资金额普遍不多，2016年融资事件数超过10起，是国内免疫细胞融资市场发展的一个高潮。2018—2020年我国免疫细胞融资市场进入快速发展时期，资本市场纷纷涌入，免疫细胞治疗产品被快速开发，为2021年我国免疫细胞产品获批上市打下坚实基础。2021年是国内免疫细胞治疗商业化元年，随着复星凯特和药明巨诺两款免疫细胞治疗产品获批上市并成功在临床应用，中国免疫细胞治疗的时代序幕徐徐拉开，产业正式进入快速发展期。

二、代表性案例

2021年，全球免疫细胞治疗融资主要集中在欧美地区，以下主要介绍2021年全球免疫细胞领域融资的典型企业和案例。

（一）Elevate Bio公司

Elevate Bio公司成立于2019年，是美国一家细胞和基因治疗技术研发商，重点关注免疫治疗、再生医学和基因治疗，致力于打造下一代细胞和基因治疗Base Camp平台，为基因和细胞治疗开发公司提供资金、研发基地及药物开发和商业化。根据公开资料，Elevate Bio公司于2019年5月获得了A轮1.5亿美元，2020年3月又完成了1.7亿美元的B轮融资。2021年，获得Surveyor资本、祥峰投资、EcoR1资本、Matrix资本、Samsara Bio资本、MPM资本、Redmile集团、富达管理研究、Invus集团、软银集团、新加坡经济发展局、Itochu Technology风投、Emerson Collective等多个国家多个机构的投资，投资金额超过5亿美元，成为2021全球免疫细胞领域获最多融资的企业。

在备受资本热捧和关注的同时，根据公开资料，Elevate Bio公司还投资了三家公司：AlloVir公司、High Pass公司和Life Edit Therapeutics公司。其中AlloVir公司致力于T细胞免疫治疗，目前已有产品处于临床试验的后期阶段；High Pass公司致力于通过T细胞治疗帮助治疗干细胞相关疾病，尤其是针对移植后白血病可能复发的病症；Life Edit Therapeutics公司在此之前则是Elevate Bio公司的合作伙伴，完成投资后将获得Life Edit Therapeutics基因组编辑平台的使用权。

此外，Elevate Bio公司建立BaseCamp基地，基地位于马萨诸塞州的剑桥市，定位于推动细胞和基因治疗项目的研发、工艺开发和病毒生产，内含cGMP生产车间、分析和检测实验室、蛋白质工程、病毒学和免疫学实验室等设施，目前已投入使用。

（二）Sonoma Biotherapeutics公司

Sonoma Biotherapeutics公司成立于2019年，总部位于美国南旧金山和西雅图，是一家T细胞治疗研发商，致力于开发自身免疫和退行性疾病调节性T细胞治疗。公司于

2020年先后获得两次7000万美元的融资，2021年8月，公司获得2.65亿美元的B轮融资，融资资金将用于推进T细胞治疗平台和一种新型Teff调节生物制剂进入临床，以治疗多种严重的自身免疫和炎症疾病，并进一步投资和扩大制造业务，以支持初始供应临床研究。公司重点开发产品有SBT-77-7101和SBT-11-5301。SBT-77-7101是针对难治性类风湿性关节炎患者的CAR-T产品，SBT-11-5301是一种T细胞调理生物制剂，用作治疗1型糖尿病。

（三）New Company公司

New Company公司是CAR-T治疗初创公司，总部位于美国马萨诸塞州剑桥市。2021年，公司由Blackstone Life Sciences公司、Intellia Therapeutics公司和Cellex Cell Professionals公司的子公司GEMoaB合作创建，其中Blackstone Life Sciences公司作为唯一创始投资者投入2.5亿美元用于公司建设。New Company公司将Intellia Therapeutics公司的CRISPR/Cas9异体平台与GEMoaB公司的CAR-T细胞平台（包括UniCAR和RevCAR）相结合，推进其临床阶段的CAR-T细胞项目。

（四）Quell Therapeutics公司

Quell Therapeutics公司成立于2019年，是英国一家细胞治疗公司，公司是开发工程化T细胞治疗的世界领先者，致力于利用、指导和优化T细胞的免疫抑制特性，用于一系列实体器官移植和自身免疫疾病，主要的研究内容包括实体器官移植技术以及免疫类疾病的生物治疗。公司由来自伦敦大学6位免疫学教授合作创办，2019年成立当年就宣布完成3500万英镑的A轮融资，用于支持该公司研发免疫T细胞诊疗方案，协助医疗团队进行器官移植手术，治疗免疫类疾病。2021年11月，公司获得1.56亿美元的B轮融资，融资资金用于QEL-001产品在肝脏疾病方面的Ⅰ/Ⅱ期临床试验，并加速开发移植、神经炎症和自身免疫性疾病方面的研发，同时加强公司多模块工程T细胞平台建设、加大生产规模。QEL-001是公司第一类CAR-T药物，将用于诱导肝脏移植后的操作性耐受，保护移植后的肝脏，而不需要慢性免疫抑制药物。此次融资金额是2021年欧洲地区免疫细胞治疗领域获最多融资金额的案例。

（五）Umoja Biopharma公司

Umoja Biopharma公司总部位于美国西雅图，是一家临床前阶段的CAR-T公司。2021年6月完成的2.1亿美元的B轮融资将用于加速推进新一代的CAR-T细胞免疫治疗，建立厂房，以及推进管线项目的发展，包括推动公司两个主要项目进入临床：用于治疗表达叶酸受体的实体瘤的TumorTag UB-TT170，以及用于治疗CD19+血液癌症的VivoVec UB-VV100。Umoja Biopharma公司开发了新一代整合免疫细胞治疗的技术平台，直接改造患者体内免疫细胞，不再需要像自体CAR-T细胞治疗从患者体内收集T细胞在体外进行基因工程改造和扩增，从而节省了体外培养时间与成本。

除了在免疫细胞治疗领域，近年来，Umoja Biopharma 公司也不断涉足干细胞领域，2022 年 6 月 15 日，Umoja Biopharma 公司与专注于开发 iPSC 治疗的 TreeFrog Therapeutics 公司宣布两方达成合作，双方将前者的 iPSC 平台与后者的 C-Stem 技术结合，在生物反应器内大规模扩增 iPSC 细胞与进行免疫细胞分化。

（六）GentiBio 公司

GentiBio 公司成立于 2020 年 8 月，总部位于美国马萨诸塞州，致力于开发治疗自身免疫、同种免疫、自身炎症和过敏性疾病的工程化调节性 T 细胞。GentiBio 公司利用其高度分化的平台，能够从更丰富的自体和异体细胞来源中创建多种可调整的 T 细胞表型，并可大规模生产。截至 2022 年 6 月，公司已累计筹集 1.77 亿美元，包括 2020 年 8 月完成的 2000 万美元的种子轮融资。2021 年 8 月完成的 1.57 亿美元的 A 轮融资将用于推进其 1 型糖尿病功能性治疗和自身炎症治疗等管线进入临床。

（七）Artiva Biotherapeutics 公司

Artiva Biotherapeutics 公司成立于 2019 年，总部位于美国圣地亚哥市，公司旨在开发能够大规模生产且便于运输的同种异体“现货型”NK 细胞治疗，以治疗血液瘤和实体瘤。其 NK 细胞平台结合了 GC LabCell 公司开发的细胞扩增、激活和工程技术，支持大规模生产、冷冻保存“现货型”同种异体 NK 细胞治疗。在管线方面，公司主要项目为 AB-101 产品，AB-101 是一种与单克隆抗体或固有的细胞接合器结合使用的“现货型”NK 细胞治疗产品。公司目前正在进行 AB-101 联合利妥昔单抗治疗复发性或难治性 B 细胞非霍奇金淋巴瘤的 I/II 期临床试验（NCT04673617）。

在市场融资方面，公司于 2020 年和 2021 年先后获得总计近 2 亿美元的融资。2021 年 1 月，默沙东与 Artiva Biotherapeutics 公司签订了超 18 亿美元的全球独家合作和许可协议，两家公司将利用 Artiva Biotherapeutics 公司同种异体 NK 细胞制造平台和 CAR-NK 技术开发针对实体瘤的新型 CAR-NK 细胞治疗。

参考文献

[1] 刘宗超，李哲轩，张阳，等. 2020 全球癌症统计报告解读 [J]. 肿瘤综合治疗，2021，7(2):1-14.

[2] 张婧，李小龙，黄晓峰，等. 嵌合抗原受体 T 细胞在血液和实体肿瘤中的应用 [J]. 广东医学，2018，39(S1):253-257.

[3] 钟贞，张良满. 嵌合抗原受体的 T 细胞免疫治疗治疗 B 淋巴细胞血液恶性肿瘤的护理 [J]. 现代临床护理，2018，17(2):45-49.

[4] Fowler, N H, Dickinson, M, Dreyling, M, et al. Tisagenlecleucel in adult relapsed or refractory follicular lymphoma: the phase 2 ELARA trial[J]. Nature Medicine, 2022, 28(2): 325-332.

[5] Locke F L, Miklos D B, Jacobson C A, et al. Axicabtagene ciloleucel as second-line therapy for large B-cell lymphoma[J]. New England Journal of Medicine, 2022, 386(7): 640-654.
[6] 夏莉，王月英. 嵌合抗原受体 T 细胞治疗及其在血液肿瘤免疫治疗中的应用 [J]. 上海交通大学学报（医学版），2017，37(6): 823-829.
[7] Berdeja J G, Madduri D, Usmani S Z, et al. Ciltacabtagene autoleucel, a B-cell maturation antigen-directed chimeric antigen receptor T-cell therapy in patients with relapsed or refractory multiple myeloma (CARTITUDE-1): a phase 1b/2 open-label study[J]. The Lancet, 2021, 398(10297): 314-324.
[8] Hou A J, Chen L C, Chen Y Y. Navigating CAR-T cells through the solid-tumour microenvironment [J]. Nature Reviews Drug Discovery, 2021, 20(7): 531-550.
[9] Umut Ö, Gottschlich A, Endres S, et al. CAR-T cell therapy in solid tumors: a short review[J]. Memo-Magazine of European Medical Oncology, 2021, 14(2): 143-149.
[10] Hong M, Clubb J D, Chen Y Y. Engineering CAR-T cells for next-generation cancer therapy[J]. Cancer Cell, 2020, 38(4): 473-488.
[11] Khawar M B, Sun H. CAR-NK cells: from natural basis to design for kill[J]. Frontiers in Immunology, 2021, 12:707542.
[12] Liu E, Marin D, Banerjee P, et al. Use of CAR-transduced natural killer cells in CD19-positive lymphoid tumors[J]. New England Journal of Medicine, 2020, 382(6): 545-553.
[13] Li Y, Hermanson D L, Moriarity B S, et al. Human iPSC-derived natural killer cells engineered iPS with chimeric antigen receptors enhance anti-tumor activity[J]. Cell Stem Cell, 2018, 23(2): 181-192, e5.
[14] Teng K Y, Mansour A G, Zhu Z, et al. Off-the-shelf prostate stem cell antigen–directed chimeric antigen receptor natural killer cell therapy to treat pancreatic cancer[J]. Gastroenterology, 2022, 162(4): 1319-1333.
[15] 常群英，曹卉，闫梦佩. 血细胞分离技术及其应用的研究进展 [J]. 解放军医药杂志，2018，30(11):110-113.
[16] 聂简琪，孙杨，杨艳坤，等. CAR-T 细胞治疗的自动化设备及展望 [J]. 生物产业技术，2017(5):33-37.
[17] 王立群. CAR-T 和免疫细胞肿瘤治疗 [J]. 中国细胞生物学学报，2019，41(4):540-548.
[18] Mao G Z，Liu C Y，Zhang D D，et al. Effects of uranium on hydrocarbon generation of hydrocarbon source rocks with type-III kerogen[J]. 中国科学：地球科学（英文版）, 2014(6):12.
[19] Narain N R, Diers A R, Lee A, et al. Identification of filamin-A and-B as potential biomarkers for prostate cancer[J]. Future Science, 2016, 3(1): FSO161.
[20] Picaud S, Fedorov O, Thanasopoulou A, et al. Generation of a selective small molecule inhibitor of the CBP/p300 bromodomain for Leukemia therapy selective inhibitor for CBP/p300 bromodomains[J]. Cancer Research, 2015, 75(23): 5106-5119.
[21] Gao M, Nettles R E, Belema M, et al. Chemical genetics strategy identifies an HCV NS5A inhibitor with a potent clinical effect[J]. Nature, 2010, 465(7294): 96-100.
[22] Bray M A, Singh S, Han H, et al. Cell Painting, a high-content image-based assay for morphological profiling using multiplexed fluorescent dyes[J]. Nature Protocols, 2016, 11(9): 1757-1774.
[23] Thompson C P, Doak A N, Amirani N, et al. High-resolution identification of multiple Salmonella serovars in a single sample by using CRISPR-SeroSeq[J]. Applied and Environmental Microbiology, 2018, 84(21): e01859-18.
[24] Huynh B Q, Li H, Giger M L. Digital mammographic tumor classification using transfer learning from deep convolutional neural networks[J]. Journal of Medical Imaging, 2016, 3(3): 034501.
[25] Liu X, Chang X, Liu R, et al. Quantifying critical states of complex diseases using single-sample dynamic network biomarkers[J]. PLoS Computational Biology, 2017, 13(7): e1005633.
[26] Chao S, Cheng C, Liew C C. Mining the dynamic genome: a method for identifying multiple disease signatures using quantitative RNA expression analysis of a single blood sample[J]. Microarrays, 2015, 4(4): 671-689.
[27] Irvine D J, Dane E L. Enhancing cancer immunotherapy with nanomedicine[J]. Nature Reviews Immunology, 2020, 20(5): 321-334.
[28] Fang J, Islam W, Maeda H. Exploiting the dynamics of the EPR effect and strategies to improve the therapeutic effects of nanomedicines by using EPR effect enhancers[J]. Advanced Drug Delivery Reviews, 2020, 157: 142-160.

[29] Jiang K, Zhao D, Ye R, et al. Transdermal delivery of poly-hyaluronic acid-based spherical nucleic acids for chemogene therapy[J]. Nanoscale, 2022, 14(5): 1834-1846.

[30] Chen H, Cong X, Wu C, et al. Intratumoral delivery of CCL25 enhances immunotherapy against triple-negative breast cancer by recruiting CCR9+ T cells[J]. Science Advances, 2020, 6(5): eaax4690.

[31] Neshat S Y, Tzeng S Y, Green J J. Gene delivery for immunoengineering[J]. Current Opinion in Biotechnology, 2020, 66: 1-10.

[32] Liang T , Wen D , Chen G , et al. Cancer therapy: adipocyte-derived anticancer lipid droplets[J]. Advanced Materials, 2021, 33（26）: 2170198.

[33] Li C, Ke Q, Yao C, et al. Comparison of bipolar and unipolar pulses in cell electrofusion: Simulation and experimental research[J]. IEEE Transactions on Biomedical Engineering, 2018, 66(5): 1353-1360.

[34] Ke Q, Li C, Wu M, et al. Electrofusion by a bipolar pulsed electric field: increased cell fusion efficiency for monoclonal antibody production[J]. Bioelectrochemistry, 2019, 127: 171-179.

[35] Kiyohara E, Tanemura A, Nishioka M, et al. Intratumoral injection of hemagglutinating virus of Japan-envelope vector yielded an antitumor effect for advanced melanoma: a phase I/IIa clinical study[J]. Cancer Immunology, Immunotherapy, 2020, 69(6): 1131-1140.

[36] Yanai S, Adachi Y, Fuijisawa J I, et al. Anti-tumor effects of fusion cells of type 1 dendritic cells and Meth A tumor cells using hemagglutinating virus of Japan-envelope[J]. International Journal of Oncology, 2009, 35(2): 249-255.

[37] Bird R C, Deinnocentes P, Bird A E C, et al. Autologous hybrid cell fusion vaccine in a spontaneous intermediate model of breast carcinoma[J]. Journal of Veterinary Science, 2019, 20(5)：e48.

[38] Mo F, Xue D, Duan S, et al. Novel fusion cells derived from tumor cells expressing the heterologous α-galactose epitope and dendritic cells effectively target cancer[J]. Vaccine, 2019, 37(7): 926-936.

[39] He J, Zheng R, Zhang Z, et al. Collagen I enhances the efficiency and anti-tumor activity of dendritic-tumor fusion cells[J]. Oncoimmunology, 2017, 6(12): e1361094.

[40] Yoshihara A, Watanabe S, Goel I, et al. Promotion of cell membrane fusion by cell-cell attachment through cell surface modification with functional peptide-PEG-lipids[J]. Biomaterials, 2020, 253: 120113.

第十一章

干细胞治疗产业发展

目前，全球干细胞治疗行业蓬勃发展，全球已有多项干细胞产品获批上市，分布于美国、欧盟、韩国、加拿大、澳大利亚和日本等国家（地区），未来几年内全球范围将有更多干细胞获批上市。本章从干细胞治疗的产业发展现状、产业链条、产业化关键技术、企业竞争格局和产业融资五个层面入手，全面揭示产业发展态势。

第一节　产业现状

一、市场需求

干细胞治疗有其独特的优势（表 11-1）：①安全性高，低毒性或无毒性；②治疗材料来源充足；③治疗范围广泛。因此干细胞技术的诞生为解决这些重大医学问题打开了新的大门，目前，以干细胞治疗为代表的“再生医学”技术引领继药物治疗、手术治疗之后的新一轮医学革命，作为前沿的医疗技术，为一些难治性疾病带来了希望。

表11-1　干细胞治疗与传统治疗的对比

对比内容	干细胞治疗	传统手术 / 药物治疗
安全性	高（自体细胞不会产生免疫排斥反应）	低（面临药物毒性反应、异体移植排斥反应、药物副作用等）
治疗材料	充足（干细胞可大量分化增殖）	有限甚至稀缺
治疗范围	广（可以应用于多种疾病）	窄（一种手术 / 治疗通常针对一种病症）

资料来源：公开资料。

目前，有观点认为肿瘤干细胞是原发性肿瘤起始和引起复发、转移的根本原因，并且也是产生耐药性的主要原因，研究者在多种恶性肿瘤中通过表面标记和荧光标记成功分离和标识出肿瘤干细胞，并在多种肿瘤模型中取得明显的治疗效果 [1]，因此干细胞在恶性肿瘤的治疗中可能可以作为新的治疗方法。

二、产业规模

（一）全球产业规模

根据 Mordor Intelligence 机构发布的数据显示，全球 2021 年干细胞市场价值约为 161.9 亿美元，预计 2027 年收入将达到 295.3 亿美元，2022—2027 年预测期内的年复合增长率为 10.21%。根据国际研究机构 Grand View Research 的统计数据，2020 年，全球干细胞医疗产业市场中，同种异体干细胞医疗的收入份额最大，为 58.2%；自体干细胞医疗的市场规模占比为 41.8%。

在产品类别方面，相比胚胎干细胞，成体干细胞细分市场在 2020 年占据主导地位，份额超过 85%。根据全球最大的市场调研平台 Research and Markets 发布的数据[2]，在新冠疫情危机中，2020 年全球间充质干细胞市值大约为 1.729 亿美元，未来 7 年预计以 4.1% 的年复合增长率增长，预计到 2027 年市值将达到 2.29 亿美元。在干细胞存储方面，《细胞储存产业发展研究报告（2018）》显示，全球干细胞储存市场价值在 2018 年约为 81 亿美元，市场年复合增长率约为 13.5%，将在 2024 年接近 173 亿美元（图 11-1）。

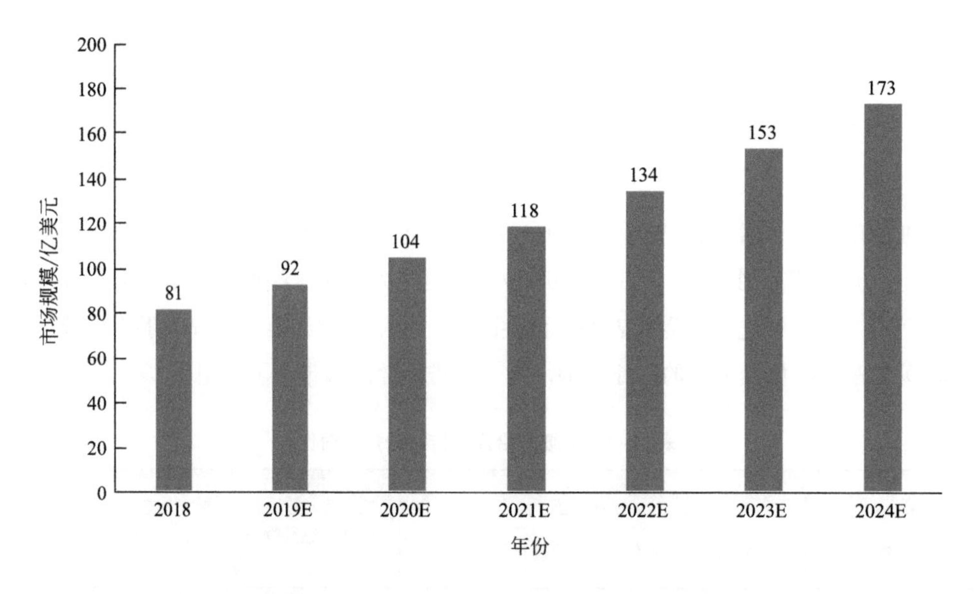

图11-1　2018—2024年全球干细胞存储市场规模预测

数据来源：《细胞储存产业发展研究报告（2018）》

（二）中国产业规模

中国的干细胞治疗产业主要包括干细胞治疗服务业务、干细胞存储业务和干细胞制药业务。结合全球干细胞医疗市场规模进行测算，2020 年，中国干细胞医疗市场规模为 139.89 亿元（图 11-2）。

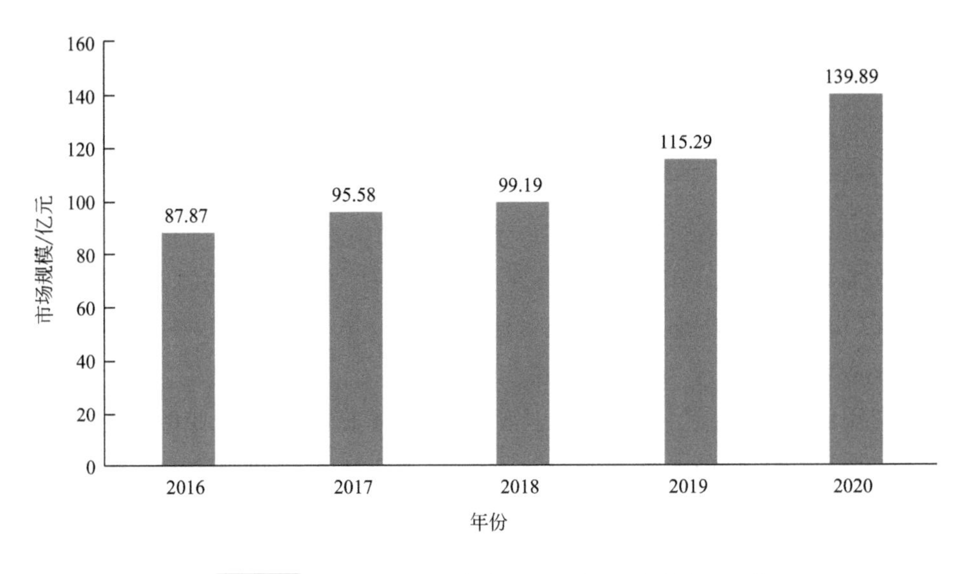

图11-2　2016—2020年中国干细胞医疗产业市场规模

数据来源：前瞻研究院

未来几年，中国干细胞医疗产业市场规模在全球市场规模中的占比预计将进一步上涨。据前瞻研究院估计，到 2026 年，中国干细胞医疗产业市场规模将达到 325 亿元（图 11-3）。

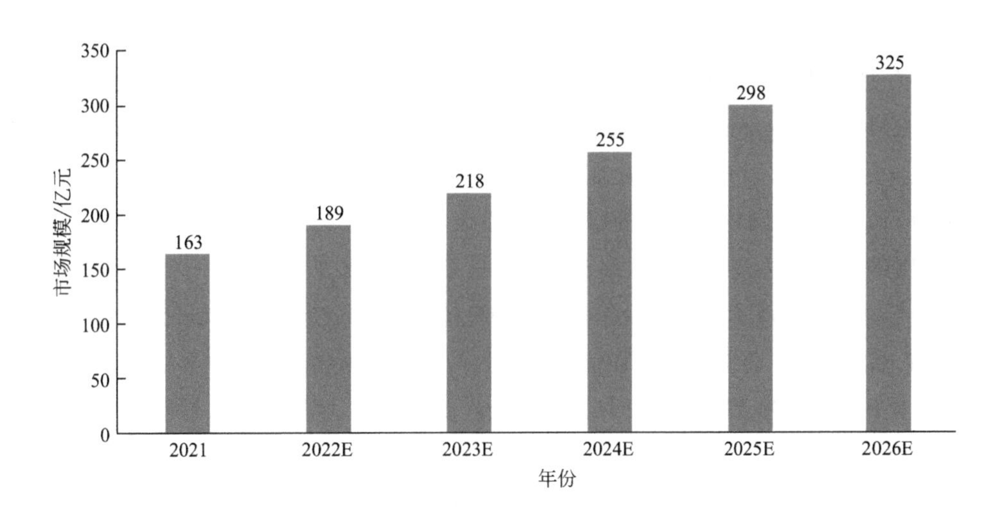

图11-3　2021—2026年中国干细胞医疗产业市场规模预测

数据来源：前瞻研究院

在干细胞存储方面，中国目前干细胞以新生儿围产期组织干细胞存储为主，我国 2020 年出生并已经到公安机关进行户籍登记的新生儿共 1003.5 万人。干细胞存储率在全年出生总量的比重仅为 1% 左右，储存远低于一些发达国家和地区，例如欧美、日本、新加坡等国家（地区）干细胞存储率达到 15% ～ 20%，未来中国细胞储存仍有较大的发展空间。

三、应用领域

从 1968 年，造血干细胞被应用于第一例骨髓移植手术开始，干细胞医疗技术应用便开始快速发展，1998 年，美国科学家发现了可以分离、在体外培养的人类胚胎干细胞，2006 年，日本京都大学教授山中伸弥首次通过基因技术得到了诱导性多能干细胞，自此，干细胞逐步成为了生物医学领域的一大热点。

目前采用的干细胞治疗主要有三类。第一类是成体干细胞治疗，指的是从人体分离出的天然干细胞，已经被用于临床治疗，主要涉及造血干细胞（来源于骨髓、外周血、脐带血）和各种组织来源间充质干细胞的移植。第二类是多能干细胞治疗，主要应用多能干细胞分化产物（以胚胎干细胞和诱导性多能干细胞）。第三类是通过基因工程改造的干细胞治疗（药物递送、基因治疗等）。应用的领域包括心血管疾病、眼病、糖尿病、慢性肾脏疾病、脑损伤、脊髓损伤等。此外，在消费级应用领域，干细胞还能用于医学美容、延缓细胞衰老。

（一）心血管疾病

在临床试验成熟阶段，包括骨髓、脐带血和脂肪组织在内的干细胞已经被证明能刺激毛细血管的生长。临床上从 2002 年至今也有很多干细胞治疗心脏病的案例，2011 年 7 月，韩国食品药品管理局批准了第一个用于商业销售的干细胞治疗药物：FCB-Pharmicell 公司研发的 Hearticellgram-AMI。Hearticellgram-AMI 是从患者自身骨髓中提取间充质干细胞移植注入冠状动脉，可再生受损细胞、恢复心脏功能，主要用于急性心肌梗死的病人。2018 年 9 月，来自英国伦敦大学的研究人员发表在 *Nature* 杂志上的最新发现，血液中的特殊干细胞能够产生内皮细胞，且所产生的内皮细胞能够添加到血管壁中，这种独特的干细胞有助于修复受损血管，有望治疗心脏病和机体循环系统疾病等。Florea 等[3] 也进行了 TRIDENT 临床研究，将缺血性心肌病患者分为两组经心内膜注射同种异体人骨髓间充质干细胞（根据注射细胞数量高低而划分为高剂量组、低剂量组），结果显示出较好的安全性和有效性。

（二）眼病

目前国际上已经有一款眼部干细胞产品 Holoclar 上市，2015 年获欧盟批准。Chiesi 公司的 Holoclar 用于治疗因物理或化学因素所致眼部灼伤导致的中度至重度角膜缘干细胞缺乏症（Limbal stem cell deficiency，LSCD）。Chiesi 公司的 Holoclar 利用自体干细胞的体外扩展并分化横角膜上皮细胞，是全球首款被推荐用于治疗 LSCD 的药物。除了 Holoclar，干细胞已逐步在黄斑变性病症、青光眼等适应证中开展临床研究。

2010年，美国ACT公司获得FDA许可，利用胚胎干细胞衍生的视网膜色素上皮细胞（RPE）治疗两种退行性眼疾病：干性年龄相关性黄斑变性和少年型黄斑营养不良。这是FDA批准的涉及源自人类胚胎干细胞的第二项临床试验。干细胞在眼部疾病的研究发展至今，已有多款产品进入临床试验阶段：英国伦敦一个研究团队利用来源于干细胞的视网膜色素上皮细胞的补片植入2例患者，开展了治疗失明的Ⅰ期临床试验，2例患者的视力在12个月的随访结果中均得到了改善，从佩戴眼镜都无法阅读，到佩戴普通眼镜就能够阅读；我国中山大学中山眼科中心的研究人员利用内源性干细胞对新西兰兔、食蟹猴和先天性白内障患儿进行治疗，成功地实现了功能性晶状体的再生[4]，研究团队还将12例儿童白内障患者列入临床试验，在8个月之后，患者重新长出的晶状体达到了通常的尺寸，这为干细胞治疗白内障提供了重要的思路。

（三）糖尿病

截至2022年6月，全球暂未有获批上市的用于治疗糖尿病的药物和治疗，但近年来，干细胞治疗糖尿病备受关注，Mass General Brigham将其列入第六届细胞与基因治疗“颠覆性技术”前十二名之中[5]，认为将在未来几年内对糖尿病治疗将产生重要的影响。目前多款产品已进入临床试验阶段。

2018年，美国圣地亚哥糖尿病再生医学公司ViaCyte的干细胞治疗糖尿病项目获得1亿美元的融资，并且吸引了国际基因编辑上市公司CRISPR Therapeutics和全球材料巨头企业戈尔公司的合作，共同推进干细胞产品Pec-Direct和Pec-Encap的开发，这两款产品都是源自胚胎干细胞衍生的胰腺祖细胞。2021年7月，ViaCyte公司发布了针对1型糖尿病的Pec-Direct的最新临床试验数据[6]：植入的胰岛祖细胞在患者体内产生内源性胰岛素，临床表现为葡萄糖反应性C肽水平的增加，存在时间延迟以及糖化血红蛋白的降低，表明干细胞治疗1型糖尿病取得了初步疗效。截至2022年6月，针对Pec-Direct第Ⅱ期临床试验（NCT03163511）正在招募更多的患者，以评估Pec-Direct皮下植入1型糖尿病患者的安全性和有效性。Pec-Encap则是针对所有需要胰岛素治疗的糖尿病患者，包括1型糖尿病和2型糖尿病，Pec-Encap现在处于Ⅱ期临床试验中。

此外，2021年3月，FDA授予Vertex制药公司的在研细胞治疗产品VX-880快速通道资格，VX-880是一种干细胞衍生的、完全分化的胰岛细胞治疗，用于治疗1型糖尿病。截至2022年6月，VX-880是已知的第一个也是唯一一个被授予快速通道资格的胰岛素替代治疗方法。目前，Vertex公司已启动了一项Ⅰ/Ⅱ期单臂、开放标签临床试验，采用VX-880对伴有低血糖意识受损的严重低血糖的1型糖尿病（Type 1 diabetes mellitus 1，T1DM）患者进行治疗。这是一项连续的、多部分的临床试验，将评估不同剂量VX-880的安全性和有效性，大约将有17例患者参加这项临床试验。2021年10月18日，一名严重的1型糖尿病患者在接受VX-880治疗后，胰岛细胞功能显著恢复，可以让患者调节胰岛素水平，这一例患者的成功案例为开发取代胰岛素注射治疗的细胞治疗奠定了基础[7]。

（四）慢性肾脏疾病

干细胞治疗在肾病领域逐渐受到科学家重视，已在慢性肾病、急性肾损伤、糖尿病肾病、肾纤维化等肾脏疾病的基础研究中表现出良好作用，为临床应用奠定基础。

国内外已有的临床试验证实了干细胞用于多种急慢性肾病的修复干预是有效安全的，通过 MSCs 的干预调节可改善肾脏纤维化，提高肾功能，为肾病患者的临床干预提供了新方法，相信未来干细胞技术能让更多的肾病患者受益。

（五）脑损伤

截至 2022 年 6 月，全球暂未有获批上市的用于治疗脑损伤的干细胞药物和治疗。2019 年日本一家名为 SanBio 的生物制药公司从健康人骨髓中提取出间充质干细胞并大量培养，将这种再生医疗产品注射到 46 名外伤性脑损伤患者的大脑损伤部位，并和没有接受注射的另外 15 名患者进行比较。结果发现，接受注射的患者手脚运动机能有明显改善。

（六）脊髓损伤

截至 2022 年 6 月，全球仅有一款脊髓损伤的干细胞产品 Stemirac 获批上市，Stemirac 由日本大阪制药公司 Nipro 和札幌医科大学合作开发，研究人员从 40 d 内发生脊髓损伤的患者骨髓中抽取间充质干细胞，并且在体外进行细胞增殖，生成了大约 5000 万～2 亿个细胞，然后把间充质干细胞静脉注射回输到患者体内。在 13 位患者的临床试验中，有 12 名受试者病情都有所改善，在美国脊髓损伤协会的“损伤程度”的认证结果至少提高了一个等级，更有一位瘫痪患者恢复了脚的移动能力。2018 年 12 月，日本批准了 Stemirac 上市。

此后，干细胞治疗脊髓损伤在国内外均有着很大的进展，有些已经进入到申报上市的最后阶段。例如，宁夏医科大学总医院通过自治区重点研发计划项目“基于多模态技术评价生物支架结合干细胞移植治疗脑脊髓损伤后神经环路重建的临床应用研究”，与宁夏人类干细胞研究所、中国科学院遗传与发育生物学研究所等机构合作，成功为 1 名因脊椎骨折、颈髓损伤导致下肢完全瘫痪的患者实施了骨髓干细胞移植治疗手术，病人正在逐渐康复；2022 年 1 月，四川大学华西医院“同种异体脐带间充质干细胞治疗脊髓损伤临床研究”为 1 名因外伤性脊髓损伤导致下半身瘫痪的中年男子注射了间充质干细胞，目前这位患者已完成 4 次间充质干细胞制剂注射，尚无不良反应。

（七）帕金森病

干细胞应用于帕金森病治疗的研究方面，日本处于全球前列。最常使用的干细胞类型为间充质干细胞（MSC）和诱导性多能干细胞（iPSC）。在间充质干细胞方面，国内外均有多个临床数据发表。早在 2014 年，东南大学医学院附属江阴医院就对 26 例帕金森病患者经导管将自体间充质干细胞植入大脑后动脉及小脑上动脉，在移植前后进行帕金森病量表评分，并观察其实验室指标、临床症状的变化及不良反应情况。结果显示，移植后 1 个月、3 个月量表评分均较移植前明显下降，移植后患者肝肾功能无变化，病人无发热等不良反应发生[8]。在诱导性多能干细胞治疗帕金森病方面，早在 2018 年，日本政府就批准了京都大学使用诱导性多能干细胞治疗帕金森病的全球首个临床试验，该试验将 iPSC 在体外培养成神经前体细胞，而后移植到帕金森患者大脑中，以期移植的细胞分化成神经元并释放多巴胺。目前该项目结果还未发表。此外，包括拜耳公司在内的全球制药巨头也纷纷布局了干细胞治疗帕金森领域，2021 年拜耳公司在旗下干细胞治疗帕金森完成首次给药之后，公司针对帕金森的干细胞治疗获得了 FDA 的快速通道认证。

（八）白血病和其他血液癌症

干细胞治疗白血病和其他血液癌症处于临床研究阶段，骨髓或脐带血移植已成为这些病症中的一些标准治疗手段，不过截至 2022 年 6 月，国内还没有干细胞产品获批用于白血病治疗。2018 年 6 月，刊登在国际杂志 *Cell* 上的一篇研究报告中，来自宾夕法尼亚大学的科学家们通过研究利用 CRISPR/Cas9 改造造血干细胞，从而成功促进 CAR-T 细胞有效治疗急性髓性白血病。在我国骨髓捐赠计划网站上有现在可以用造血干细胞治疗的疾病名单，包括各种白血病和淋巴瘤。

第二节　产业链分析

干细胞治疗产业涉及干细胞的采集及存储等上游产业、干细胞的制备与药物开发等中游产业以及干细胞产品应用等下游产业。相比国外成熟的干细胞产业链，我国干细胞行业仍处于起步发展阶段，仅干细胞上游采集及存储产业较为成熟，但全国整体干细胞存储率比例仍不足 1%，地区储存率也不平衡，与发达国家 10% ～ 15% 的存储率相比差距较大。

一、产业链上游

全球干细胞行业产业链上游的机构和企业主要以干细胞采集与存储业务为主，其主要业务模式为脐带血造血干细胞、骨髓造血干细胞、脐带间充质干细胞、脂肪间充质干细胞、羊膜等干细胞的采集与存储，国内干细胞产业链最成熟的环节也是上游干细胞存储，成为当前我国干细胞产业的核心。

（一）干细胞采集

干细胞采集以造血干细胞为典型代表，目前采集造血干细胞主要有以下两种方法。一是抽取骨髓造血干细胞。二是从外周血中采集造血干细胞。中华骨髓库提倡的采集方法是从外周血（静脉）中采集造血干细胞，这也是目前的主流方式。目前国际、国内的干细胞采集技术相对成熟，产业链上游关注点主要集中在干细胞存储方面。

（二）干细胞存储

1. 干细胞存储技术

干细胞存储方式可分为公益捐赠和自体存储。公益捐赠主要用于公众患者配型治疗或者科学研究。捐赠干细胞需充分保障捐赠者权益，捐赠者签署《知情同意书》，该存储方式不以营利为目的，并不收取存储的费用。自体存储系保存者自体使用，属商业行为。通常，不同类型干细胞存储的样本类型与数量也不相同，脐带血造血干细胞和骨髓造血干细胞以血液形式存储。脐带血造血干细胞存储量约 50mL、骨髓造血干细胞存储量约 200mL。脐带间充质干细胞、脂肪间充质干细胞、牙髓间充质干细胞以及诱导多能性干细胞等存储为种子细胞。

在存储技术方面，将干细胞从不同的人体组织中分离培养出来后，再经过检测鉴定，然后将其冻存于 −150℃的液相液氮罐或 −196℃的气相液氮罐中。相较于液相液氮罐，气相液氮罐具有防止样本间的交叉污染、降低样本爆管的风险、损耗低等优势，当前大多数存储机构都选择气相液氮罐存储。

在上游企业方面，多家企业纷纷布局干细胞存储业务。Cord Blood Registry（CBR）是美国最大的脐血库，自 1992 年成立以来，无数家庭委托 CBR 储存了超过 90 万份脐带血和脐带组织样本。我国南京新街口百货商店股份有限公司直接或间接拥有多张脐血库牌照，其中位于山东、北京、浙江、广东的血库总存储量超过 90 余万份。近年来，公司先后收购了中国脐带血库企业集团、新加坡康盛人生集团、山东脐带血库、三胞国际、安康通、Dendreon，布局干细胞治疗、养老和精准医疗领域。中源协和公司承接了国家干细胞工程产品产业化基地项目，并拥有世界上规模最大的干细胞库——天津脐带血造血干细胞库，在全国 19 个地区建立了干细胞库。南华生物公司作为国内唯一一家国资控股的干细胞产业上市公司，自 2015 年起开展干细胞储存业务，目前在湖南省 14 个市开展干细胞储存业务，合作医院 220 多家。2021 年，南华生物公司的干细胞存储业务比 2020 年增长 57.61%，在湖南的市场占有率持续领先，位列中国干细胞行业第一阵营。广州赛莱拉干细胞科技股份有限公司是国内市场唯一定位于细胞制备及服务的企业，以消费级干细胞产品为主，已经与全国 3000 多家美容机构建立合作，公司于 2014 年 8 月登陆新三板，成为中国新三板首家干细胞挂牌企业。

2. 干细胞存储库

（1）脐带血造血干细胞库

脐带血干细胞库是以脐带血造血干细胞移植为目的，具有采集、处理、保存和提供脐带血造血干细胞能力的特殊血站。脐带血干细胞库存储业务的发展是由于近年发现新生儿脐带血中含有丰富的造血干细胞，将脐带干细胞移植，一方面可以减少白血病等恶性血液病治疗过程放疗、化疗带来的副作用影响，另一方面也可以缩短患者造血功能恢复的时间。脐带血造血干细胞库分为“自体库”与“公共库”（表 11-2），自体库用来存储储户自用的脐带血，公共库用来存储提供者自愿捐献供他人使用的脐带血[9]。

表11–2　公共库和自体库的区别

分类	脐带血来源	收费标准	受益人
公共库	公众无偿捐献的脐带血，以公益为原则，不以营利为目的	捐献者不需要支付保管费；通过公共库配型成功的，将收取一定费用	主要用于社会公众患者配型
自体库	客户自费为新生儿或家人储存脐带血，以营利为目的	自体储存费用为 2 万元左右，包括一次性采集制备费、检测费和每年的保管费	只供保存者或家人在需要的时候使用

根据 World Marrow Donor Association 数据库，截至 2021 年，全球有超过 80 万份的脐带血存储在世界各地的公共库中，世界各国（地区）纷纷建立脐血库存储脐带血，其中自体库约占 58%，公共库约占 31%，公自一体约占 11%，而我国则拥有世界最大、脐带血数量最多的脐带血库。2001—2002 年，根据脐带血库设置规划，国家卫健委颁发了北京、天津、上海、浙江、山东、广东和四川 7 个脐带血库特殊血站牌照，即在这 7 个地区可进行脐带血采集和存储（表 11-3），这七家脐血库均同时以自体库和公共库两个“身份”开展经营管理活动，其中公库大多依托企业运营。此外，北京库、浙江库、广东库和四川库四个库通过了国际脐血行业标准制定机构的认证，表明我国的脐血库的技术、质量体系均与国际接轨。

表11–3　中国七个脐带血库简介

细胞库名称	运营主体	简介
北京市脐带血造血干细胞库	北京佳宸弘生物技术有限公司	始建于 1996 年，是国内第一家获批的脐带血造血干细胞库。建筑面积近万平方米，液氮库面积 1500m^2，库容量已达 100 万份，是目前亚洲库容量最大的脐带血库之一，也是我国首个通过 ISO 9001 及美国血库协会（AABB）认证的脐带血库。截至 2022 年 1 月，北京市脐血库已为全国 24 个省、市、自治区提供了近 1800 份脐带血，拯救患者超过 1700 名
天津市脐带血造血干细胞库	中源协和细胞基因工程股份有限公司	是世界卫生组织亚洲脐带血库联盟成员单位，也是中国首批经原国家卫生部批准设置并通过执业验收的造血干细胞库。截至 2022 年 3 月底，已为国内外临床机构提供了 3179 份脐带血进行疾病治疗
上海市脐带血造血干细胞库	中国干细胞集团	由上海市红十字会及上海市血液中心联合设置的国家特殊血站，开展脐带血造血干细胞的采集、制备、检测、冻存、选择、发放、移植等业务。截至 2021 年 6 月 2 日，已为 5988 名患者提供脐带血治疗
浙江省脐带血造血干细胞库	浙江绿蔻生物技术有限公司	2010 年获批，目前建筑面积 5500m^2，储存能力达 50 万份，是全国最具规模的七大脐血库之一
山东省脐带血造血干细胞库	山东齐鲁干细胞工程有限公司	2001 年获批，截至 2021 年底已储存脐带血干细胞 70 余万份，为临床移植应用提供合格脐带血 9000 余份
广东省脐带血造血干细胞库	广州天河诺亚生物工程有限公司	储存能力达 150 万份，截至 2021 年底，库存量已突破 60 万份，是亚洲较大的脐血库之一
四川省脐带血造血干细胞库	四川新生命干细胞科技股份有限公司	中国西部地区唯一获得卫生行政部门执业许可证的从事脐带血采集、制备、冻存和移植配型服务的专业机构，截至 2022 年 6 月，为患者提供 780 余份脐带血

需要注意的是，北京佳宸弘生物科技有限公司、广州天河诺亚生物工程有限公司、浙江绿蔻生物技术有限公司都是国际脐带血库企业集团（简称“国际脐带血库”）下属子公司，国际脐带血库已被南京新街口百货商店股份有限公司收购了200万股股份，此外，南京新街口百货商店股份有限公司也控股山东齐鲁干细胞工程有限公司。

（2）骨髓造血干细胞库

骨髓造血干细胞库在全国共有31家省级管理中心（不含港澳台），与国内20家人类白细胞抗原（Human leucocyte antigen，HLA）组织配型实验室、6家HLA高分辨分型确认实验室、1家HLA质量控制实验室、7家脐血库及200余家采集/移植医院共同为造血干细胞捐献者和血液病患者提供服务。

（3）综合干细胞库

综合干细胞库是收集、保存、利用干细胞的资源中心，存储多种来源的干细胞资源，如脐带间充质干细胞、脂肪间充质干细胞、牙髓间充质干细胞、诱导性多能干细胞等，我国以北方干细胞库、南方干细胞库、华东干细胞库和中科院干细胞库为代表，为国内外的干细胞研究提供多层次、多方面的技术服务，推动了干细胞研究进展。

二、产业链中游

干细胞产业链中游涉及干细胞增殖、制剂开发等干细胞技术及产品研发，主要与技术研发与产品开发有关，囊括干细胞增殖、干细胞药物研发、实验室处理配套产品（如检测试剂）等。

目前，中游干细胞研发创造收益有限，这一环节壁垒高，主要体现在：①安全性，干细胞的选择，需平衡治疗效果与致瘤性，考虑干细胞的分离纯化程度及质量；②有效性，对作用机理及适应证的进一步研究；③稳定性，要保证干细胞来源的统一性难度较大，只能从方法学上进行优化。因其壁垒高，产业中游成为干细胞治疗企业未来核心竞争力的集中体现，备受各企业的重视，美国企业在干细胞研发领域保持领先地位，国内中游企业还比较零散，以中源协和、博雅控股、西比曼、昂赛细胞、北京汉氏等为代表的企业在产业中游已有所布局，西比曼、爱萨尔、北京汉氏等3家公司更是率先取得前三张干细胞临床试验入场券，未来将分别开展脂肪、脐带、胎盘间充质干细胞治疗膝骨关节炎和糖尿病足溃疡适应证的临床试验，但产业链发展仍有待完善。

此外，产业中游的发展与政策监管密切相关，不同国家在产业链中游发展情况不尽相同。以美国为例，近几年美国食品药品监督管理局（FDA）逐步加大对干细胞开发力度，尤其是对间充质干细胞开发的支持力度，并不断创新监管政策，美国也形成了大量的针对不同问题的“指导原则”，用于指导干细胞产品开发，因此美国纽约血液中心、Vericel Corporation等机构在干细胞产品开发领域也处于全球前列。韩国《第四期科学技术基本计划（2018—2022）》健康医疗与生命科学领域重点技术任务就包括干细胞，涉及干细胞功能调节技术和应用，韩国政府对生物医药产业支持的一个重要方向就是干细胞，支持以应用率高的技术为重点开展基础和原创研究，促进干细胞与其他领域的融合研究[10]。近几年，韩国政府正积极推动韩国在干细胞临床研究领域的发展，通过降低干细胞产品进入临床研究以及进入市场的准入门槛，鼓励进行更多的干细胞产品研发。在产品开发方面，以 FCB-Pharmicell、Med-post、Anterogen 公司为代表的企业是韩国干细胞领域的龙头企业，2011 年，韩国食品药品监督管理局获准 FCB-Pharmicell 公司研发的心脏病治疗药物 Hearticellgram-AMI 投入市场销售，这也是首个在韩国上市的干细胞药物。

三、产业链下游

干细胞治疗产业链下游主要包括开展干细胞治疗临床研究及应用的医疗机构，以及一些医疗美容服务机构。目前，干细胞治疗可用于对组织细胞损伤修复、代替损伤细胞功能等领域的疾病治疗，同时可用体外培养、扩增的干细胞培育人体组织器官进行器官移植以及对自身免疫性疾病进行生物修复。此外，在消费级应用领域，干细胞还能用于医学美容，延缓细胞衰老。细胞、组织及器官移植已被世界卫生组织（WHO）认可为一项重要的医学治疗手段，全球干细胞移植已过百万例。目前干细胞移植主要分为自体干细胞移植和同种异体干细胞移植两种类型，自体干细胞移植以其取材方便、安全性高、术后不需要服用抗排异药物等优点，成为干细胞移植的主要治疗手段。

第三节　产业化关键技术

目前，干细胞领域尚存在诸多亟待解决的基础研究问题及其相应带来的产业化技术需求。近年来，干细胞诱导及培养技术作为干细胞领域的产业化关键环节得到了突破性进展。本节从人胚胎干细胞的建系技术、三维培养干细胞技术、诱导性多能干细胞的体细胞分化技术三个方面进行部分关键技术的介绍。

一、人胚胎干细胞的建系技术

胚胎干细胞（Embryonic stem cells，ESCs）是从早期胚胎的内细胞团（Inner cell mass，ICM）或单卵裂球中分离培养得到的一类细胞，其主要特点在于自我更新能力和产生机体内所有细胞的潜能。以下从 ICM 分离方法、hES 细胞培养体系两个方面介绍胚胎干细胞的制备过程中的关键技术。

（一）ICM 的分离方法

分离 ICM 的方法主要有免疫外科法、机械分割法、全胚培养法、激光法和单卵裂球法，5 种分离方法。

1. 免疫外科法

免疫外科法是目前使用最多的方法，成功率高。自 1998 年 Thomson 等[11] 用该法得到 ICM 并成功建立 hES 细胞系以来，许多研究人员仍沿用此法。其原理是用链酶蛋白酶（Pronase）去除透明带，再用抗人的血清处理，然后移至含豚鼠补体的溶液中，囊胚的滋养层（TE）细胞发生免疫溶解，再用机械的方法挑出 ICM。免疫外科法能较为完整地除去 TE 细胞，但也有人认为含有动物源性的抗体和补体会对得到的 hES 细胞造成污染，对于临床应用来说并不是获取 ICM 最理想的方法。

2. 机械分割法

顾名思义，机械分割法是借助特定的工具将 TE 细胞去除，使 ICM 暴露在建系培养基中，从而得到 ES 细胞系。2007 年，Ström 等[12] 率先使用一种针状工具分离 ICM 并成功建立 hES 细胞系，效率约为 26%。机械分割法避免了免疫外科法中动物源性抗体的潜在污染，成本低，但该法对实验人员的操作要求比较高，TE 细胞去除不完全。

3. 全胚培养法

全胚培养法与免疫外科法相似，不同的是酶解法去除透明带后，直接将囊胚放入培养皿中，而不通过机械法挑取 ICM。全胚培养法最初是由 Kim 等[13] 发明，初衷是囊胚的质量较差，无法使用免疫外科法或机械分离法去除 TE 细胞。这种方法操作简单，没有动物源性的潜在污染，但由于没有去除 TE 细胞，其建系效率及质量都不如上述两种。

4. 激光法

激光法是近年来发展起来的，其原理是用激光把 TE 细胞杀死，以获得纯净的 ICM，用于 hES 细胞建系。这种方法最早是 Cortes 等[14] 提出的，后来也被广泛应用于 hES 细胞建系。激光法能够完整地去除 TE 细胞，并且无动物源性潜在污染，但成本较高，对实验人员的操作要求也比较高。

5. 单卵裂球法

单卵裂球法最早是 Klimanskaya 等[15] 提出的，他们将 HCT-8 细胞胚胎在酸性台式液（Tyrodes solution）中短暂暴露，破坏透明带后，取出单个卵裂球，放入 Quinn's 囊胚培养液中，待其分裂 1~2 次后将这些细胞放入 MEF 上培养。Yang 等[16] 从囊胚中取出单细胞放入人包皮成纤维（Human foreskin fibroblasts，HFF）细胞中直接培养而不经其体外分裂过程。此外，Zdravkovic 等[17]也用 8-cell 单卵裂球成功建立 hES 细胞系。单卵裂球法不以牺牲胚胎为代价，不存在 TE 细胞的去除问题，但这种方法对实验人员的操作要求很高，不适合初学者使用。

（二）hES 细胞培养体系

hES 细胞的培养基一般为 DMEM/F12，添加血清替代物（Serum replacement，SR）、2-巯基乙醇、碱性成纤维生长因子（Basic fibroblast growth factor，bFGF）、谷氨酰胺、非必需氨基酸，根据饲养层的有无可以分为含饲养层和无饲养层培养体系两种。

1. 含饲养层培养体系

Thomson 等[18]使用丝裂霉素 C 或 γ 射线灭活的小鼠胚胎成纤维细胞（Mouse embryonic fibroblast，MEF）作为饲养层成功建系以来，含饲养层培养体系一直被大多数研究人员所接受，至今仍是 hES 细胞培养最常见的体系。这种体系中培养的 hES 细胞状态比较稳定，但 MEF 在体外培养代次有限（一般为 8 代左右，饲养层常用 4 代左右），人力物力耗费大，且是鼠源物质，给 hES 细胞的临床应用带来安全隐患。

为避免异源污染，韩国学者用人羊水细胞（Human amniotic fluid，HAF）作为饲养层，并用 SR 代替血清培养 hES 细胞，这一研究使 hES 细胞摆脱动物源污染[19]。除此之外，研究人员还用羊水间充质干细胞[20]、骨髓间充质细胞[21]、毛囊间充质细胞[22]、成纤维细胞[23]作为饲养层，为临床应用奠定基础。

2. 无饲养层培养体系

（1）基质胶的应用

饲养层体系建系、培养 hES 细胞的局限性使学者们渴望寻求一种基质，来代替 MEF 或其他类型的饲养层为 hES 细胞的生长提供营养。Teotia 等[24]用人源饲养层细胞的条件培养基来培养 hES 细胞，条件培养基是细胞处于对数生长期时回收的培养基，经过滤除菌后再次使用，但这种培养基培养的细胞容易分化。Miyazaki 等[25]发现 hES 细胞主要表达整合素 α6β1，其主要结合重组人层粘连蛋白（Recombinant human laminin，rhLM）-111、rhLM-332 和 rhLM-511/rhLM-521。当将 hES 细胞接种到 rhLM 上时，细胞确实明显地黏附于 rhLM-332，并且 rhLM-511 和 rhLM-111 的黏附程度较低。hES 细胞可以在这三种 rhLM 上增殖，同时保持它们的多能性。结果显示 rhLM-111、rhLM-332 和 rhLM-511 是扩展未分化 hES 细胞的良好底物。此外，用作基质胶的还有 Matrigel，它与 rhLM 都是无饲养层培养体系中常用的基质胶，主要成分是层粘连蛋白、Ⅳ型胶原、巢蛋白、硫酸肝素糖蛋白等。Xu 等[26]认为这两种基质胶仍存在异种污染的潜在风险，因此，用辣根过氧化物酶和过氧化氢交联酪胺得到透明质酸 - 酪胺（Hyaluronic acid-tyramine，HA-Tyr）水凝胶，用其作为基质进行 3D 培养后发现 hES 细胞仍具有全能性，他们认为这种基质完全可以通过化学方法来获得，是比较理想的基质胶选择。

（2）无血清培养基培养

防止异源污染的另一种方法是使用成分明确的培养基，即无血清培养体系。无血清培养体系的研究者主要包括美国 Thomson 实验室和北京大学邓宏魁实验室。

2006 年，首次分离出 hES 细胞的 Thomson 实验室使用一种成分明确的培养基 TeSR1 和 Matrigel 包被的培养皿共同维持 hES 细胞的生长[27]。同年，该实验室又报道了对 TeSR1 培养基的改进——以斑马鱼来源的 bFGF（zebrafish basic fibroblast growth factor，zbFGF）取代了人源 bFGF[28]。2011 年，Thomson 实验室又提出只含有 8 种成分的培养基（即 E8）就可以保证维持人诱导多能干细胞（human induced pluripotent stem cells，hiPSCs）的自我更新和全能性[29]。这两种培养基都被 StemCell 公司产品化，从而推出了完全成分确定的无血清培养基，即 mTeSRTM1 和 TeSRTM-E8TM。

此外，邓宏魁实验室一直沿用 NBF 培养体系，即 DMEM/F12 中添加 N2、B27、bFGF 来支持 hES 细胞的自我更新和增殖[30]，但这种培养基并没有商品化生产。近来，该实验室在之前的基础上添加人源白血病抑制因子、CHIR99021 化合物、马来酸二亚甲基、盐酸米诺环素四种小分子可以得到全能性更强的扩展多潜能干细胞（Extended pluripotent stem cells，EPSCs）[31]。

二、三维培养干细胞技术

二维细胞培养体系需要消耗大量劳动力、空间和试剂，被认为只适用于小规模制备细胞，难以满足临床中对人多能干细胞及其衍生细胞应用的高需求。而使用三维培养结合生物反应器系统可能是一个理想的选择。与二维培养相比，细胞聚集体、微载体和水凝胶等三维培养方式具有更高的表面积与体积比，可以显著增加黏附细胞的数量，在相对较小的容器中培养大量人多能干细胞，从而降低人多能干细胞培养所需的培养基和补充剂的成本 30%~60%。以下将围绕用于干细胞三维培养扩增的生物反应器系统以及配套的细胞聚集体、微载体、水凝胶等三维培养体系两方面介绍该技术。

（一）三维培养用生物反应器系统

三维细胞培养包括静态和动态培养两种方法，Bardy 等[32]发现，当使用 Matrigel 包被的 DE-53 微载体静态培养 IMR90 人诱导性多能干细胞 7d，获得了 7.7 倍扩增和 $1.3\times10^9L^{-1}$ 的细胞产量，而在相同条件下改用旋转瓶培养，则能获得 20 倍扩增和 $6.1\times10^9L^{-1}$ 的细胞产量。三维培养更倾向于动态培养扩增细胞，除了简单的旋转瓶培养外，还有生物反应器悬浮动态培养。迄今为止，大部分生物反应器系统已被开发用于培养常规哺乳动物细胞系，包括波形生物反应器（也称为“细胞袋”），袋子主要分为两个区域：一个区域装满培养基，接种细胞；另一个区域装满空气。前者不断被摇动的同时空气通过后者循环以提供必要的氧气交换。在生物反应器的底部填充含有固定支架、微载体或多孔纤维的空心柱或管，并接种细胞，同时使用泵连续循环新鲜培养基以获得足够的氧气和营养物。还有许多其他类型的生物反应器，但在人多能干细胞培养中以旋转壁式生物反应器和搅拌式生物反应器为主。

旋转壁式生物反应器是将细胞及其培养基共同置于2个同轴的内外圆筒之间，沿水平轴连续旋转，在层流条件下产生微重力。通过培养基与细胞和内外圆筒的共同旋转，氧气和营养物质分布更均匀；通过加快旋转速度以减少细胞的沉降。此外，因为没有叶轮的搅拌，很大程度上降低了剪切应力对细胞活性的影响。Gerecht-Nir等[33]成功使用该系统促进拟胚体的形成。然而，旋转壁反应器的水平旋转限制了反应器体积的扩大，进而限制了其在大规模扩增细胞中的应用，该类型生物反应器在人多能干细胞三维培养中应用逐渐减少。

搅拌式生物反应器由外部的玻璃容器和内部的叶轮组成，通过叶轮旋转以提供均匀的生长环境并且抵抗重力沉降，促进所有培养组分的均匀分布，将气体和营养物质转移到细胞聚集体中，并使人多能干细胞受控制地形成聚集，从而促进大规模高密度扩增人多能干细胞。研究发现，随着细胞聚集体直径的扩大，氧气和培养基中的营养物质难以到达细胞聚集体中央，细胞凋亡的数量逐渐增多[34]。因此，生物反应器系统还配备了用于监控和控制温度、pH值、营养物浓度（如葡萄糖）、代谢物（如乳酸盐、氨）和气体（如O_2和CO_2）等培养环境的技术。

（二）三维培养体系

1. 细胞聚集体培养体系

通常在涂布有疏水性和非黏附性材料的多孔板和半固体培养基（例如含有琼脂、琼脂糖或甲基纤维素等的培养基）中使用悬浮法或悬滴法进行细胞聚集体的形成。虽然其不需要附着表面和黏附分子，降低培养成本，但是处理半固体培养基和收获人多能干细胞聚集体并不容易。例如使用悬滴法，一个10cm的培养皿仅能形成30～40个聚集体。因此，这种方法不能大规模扩增细胞。Carpenedo等[35]发现使用旋转轨道悬浮培养系统，可以产生较悬滴法尺寸更为均匀的细胞聚集体，并且在7 d后实现了总细胞产量增加4倍。Watanabe等[36]发现在ROCK抑制剂（Y-27632）存在的情况下，可将单个分散的人多能干细胞直接接种到悬浮生物反应器，之后有报道显示人多能干细胞在搅拌悬浮系统中以聚集体形式扩增。然而，人多能干细胞具有强烈的细胞间相互作用，聚集体常在培养过程中相互融合，形成大的细胞团块（即团聚）。团聚导致细胞聚集体大小不均匀，对细胞培养不利甚至影响细胞表型和分化潜能。因此，这种培养方法最大的挑战之一是需要在初始和长期培养过程中控制细胞总量和聚集体直径。

2. 微载体培养体系

微载体培养是指将人多能干细胞从培养板表面解离（常使用Accutase或EDTA）之后，

使其以单细胞的形式接种在预先处理好的微载体上进行生长的培养方式。微载体技术具有独特的优势，因为它为细胞提供了均一的培养条件，细胞黏附的表面积很大。

目前有两种微载体用于细胞培养：①实心球形或圆盘形颗粒，细胞仅附着于微载体表面；②由纤维素或明胶制备的大孔微载体，允许细胞渗入。市售的大孔微载体（CultiSpher）可使细胞密度提高，并保护细胞免受来自生物反应器的剪切力的影响，虽然成功用于病毒疫苗和重组蛋白生产，但是由于难以从大孔微载体内安全收集细胞，目前仅用于鼠胚胎干细胞的扩增[37]。

对于微载体培养，目前面临的最大问题是细胞在扩增后，人多能干细胞必须保证有效的细胞-微载体分离，并且不会在生存力和功能方面影响细胞质量。虽然这是大规模培养过程的关键步骤，但是这一过程几乎没有被研究。目前所涉及的文献，大多使用 Accutase 酶和细胞过滤器解开细胞与细胞之间及细胞与微载体间的黏附作用。这些都会不同程度降低细胞活力，降低产量。除此之外，生物反应器搅拌引起的剪切力对细胞是有害的，尤其是对于人多能干细胞的影响机制仍未研究清楚。

3. 水凝胶培养体系

人多能干细胞三维培养的另一种方法是将细胞封装在由天然或合成聚合物制备的微胶囊中。封装的一般程序是形成细胞凝胶液滴之后凝胶交联形成水凝胶微胶囊。海藻酸盐这种不需要化学交联剂、具有生物安全性和渗透性的生物相容性材料，是包封的最常用材料。水凝胶的包封保护人多能干细胞免受生物反应器系统内部剪切力的影响，并防止过度的细胞聚集，同时通过多孔结构控制细胞和培养环境之间的交换，并允许物理、化学和生物学修饰。

Serra 等[38]评估了以单细胞、细胞聚集体和微载体 3 种细胞状态进行藻酸盐水凝胶包封后的细胞扩增效果，发现这种方法产生高效的细胞扩增，细胞浓度增加 19 倍。这项研究表明，细胞微胶囊化和微载体技术的结合是最佳的人胚胎干细胞包封形式，且微胶囊化确保了无剪切应力微环境并避免了人胚胎干细胞培养物中微载体和聚集体的过度聚集。

三、诱导性多能干细胞的体细胞分化技术

近十年的研究已发现，几乎所有体细胞都可重编程产生 iPSCs。本部分以心肌细胞为例，将从小规模分化策略和大规模分化策略两个方面列举目前诱导性多能干细胞的体细胞分化关键技术。

（一）小规模分化策略

1. 拟胚体生成法

拟胚体（Embryoid body，EB）生成法是利用 iPSCs 生成心肌细胞的最常用方法。EB 生

成法使未分化的 iPSCs 聚合体在悬液中生长，形成一种被称为 EBs 的结构[39]。EBs 是可以分化为内胚层、外胚层和中胚层的细胞群[40]。传统的 EBs 生成方法，包括静态悬浮培养、悬滴和强制聚集。在无血清条件下，通过几种细胞因子（如激活素 A 和 BMP4）的参与，EBs 可以有效地分化为心肌细胞。Zhang 等[41]用 OCT4、SOX2、NANOG、LIN28 等慢病毒转导 hiPSCs 后生成 EBs，使其分化出具有功能的心肌细胞。证明 iPSCs 是一种可行的心脏修复的自体细胞来源，也是心血管研究的有力工具。这些由 iPSCs/EBs 分化而来的心肌细胞与人类胚胎干细胞产生的心肌细胞相似，并且表达了相似的表型、结构和功能特征。

2. 诱导性多能干细胞与内脏内胚层样细胞共培养

内脏内胚层（Visceral-endoderm，VE）是在胚胎发育的早期阶段形成的胚外细胞层，分泌胚胎发育的关键因子。Mummery 等[42]报道了小鼠的 VE 细胞共同培养可以有效诱导其分化为心肌细胞。Passier 等[43]在研究中发现，在 20% 胎牛血清（FCS）存在的情况下，通过 VE 细胞和 END-2 共培养，可以诱导 iPSCs 向心肌细胞分化。在这项研究中，细胞的分化程度和血清浓度呈负相关，同时，在无胎牛血清的情况下，与只有 20% 的胎牛血清相比，分化后的细胞搏动次数增加了 24 倍。当抗坏血酸被添加到无血清的共培养体中，观察到细胞的搏动次数增加了 40%。

3. 通过特异性心源性生长因子使混合的 iPSCs 单层细胞分化

该方法通过在不同动物模型中依次添加已知诱导心脏发育的生长因子，使 iPSCs 直接向心脏谱系分化。通过这种特定生长因子的连续添加旨在体外模拟心脏组织的胚胎发育过程。外胚层中的 Nodal 信号传导引起中胚层分化标志着原肠胚的发生。Nodal 在胚芽层发育中的作用至关重要。事实上，在早期胃肠形成过程中，Nodal 的丧失已被证明会导致中胚层的丧失和过度的外胚层分化，甚至胚胎的死亡。在脊椎动物胚胎发育中心是第一个可识别的组织。它原始的条纹形成于外胚层和内胚层之间的间胚层细胞层。这些细胞表达大量的中胚层基因，包括 *Wnt3*、*Brachyury T*、*BMP4* 和 *MESP-1*[44]。

小规模分化方案成功地使 iPSCs 向心肌细胞分化，但是它们的可重复性是有限的，相关实验步骤的可控性以及实验方法的烦琐给 iPSCs 的临床应用带来很大限制。

（二）大规模分化策略

1. 2D 单层培养法

iPSCs 的分化通常可以在传统的培养皿或烧瓶中进行，即在基质表面贴壁培养（2D）分化。2D 单层培养法具有超越传统标准方法的巨大优势。2D 单层培养法直接允许无浓度梯度的生长因子和小分子进入细胞，从而潜在地支持实验的再现[45]。2D 单层培养法没有像 EB 法的典型应答步骤，从而减少了操作过程中的步骤以及组织培养用品的使用。因此，通过成倍增加培养皿或使用多层烧瓶，将 2D 培养皿的适用场景扩大至用于 iPSCs 大规模生产。然而，这仍然需要大量的空间和劳动力。出于对细胞治疗制剂生产成本的考虑，此方法最终会受到的经济限制。

2. 3D 悬浮培养法

三维空间的开发需要悬浮物的生成，即在悬浮状态下培养单细胞。最近有学者建议使用一种合成水凝胶作为 iPSCs 分化的 3D 培养物 [46]。水凝胶培养在一定程度上模拟了胚泡内细胞团中人胚胎干细胞的过渡阶段，为多能细胞的增殖分化提供条件。但该方法与 iPSCs 分化的相容性仍有待实践证明。同时，在悬浮培养中植入单个 iPSC 或细胞团，特别是在静态培养时，细胞易在重力作用下聚集。随后，经常观察到不受控制和有害的细胞团融合。最近，利用一种称为 gellan 胶的高分子聚合物，证明了聚合体可以在静态条件下保持完全悬浮，并有效地防止融合 [47]。然而，这种静态的培养环境不能使 iPSCs 与代谢产物、营养物质、细胞因子等充分交换，培养环境的 pH、氧等理化因素不能形成一个动态平衡，因此，一批能使 iPSCs 在动态环境中分化的反应器应运而生。

3. 在生物反应器中使用仪器搅拌的 3D 悬浮培养法

最近研究表明，“自由漂浮”的悬浮培养法有望得到 iPSCs，生产和分化出 $10^7 \sim 10^{10}$ 个甚至更多数量级的目标细胞 [48]。因此，在生物反应器中使用仪器搅拌的 3D 悬浮培养法在 iPSCs 生产和分化中具有巨大的优势。通过叶轮控制搅拌，确保细胞、培养基和气体均匀混合和分布，不同的叶轮类型、搅拌速度和细胞接种密度可用于控制细胞聚集和后续的进程。Donghui 等 [49] 首次在动态的生物反应器用聚赖氨酸包裹藻酸盐的胶囊中实现了心肌细胞的诱导分化。该生物反应器可以监视、调控关键工艺参数，包括 pH 值和 DO 等。其他的在线监测代谢参数，如葡萄糖浓度、乳酸盐浓度和铵浓度也是大型生物反应器的监测指标 [50]。目前正在开发更先进的工具如自动化 3D 显微镜，以更好地评估和控制干细胞的特性。

第四节　企业竞争格局

干细胞治疗产业上游以存储业务为主，这部分技术屏障低，经过长期发展已成熟，企业数量和干细胞存储库数量多。而干细胞中下游的细胞产品开发和应用，其利润大、技术壁垒高，还有很大发展空间。

一、细胞治疗研发领域

国际上美国、韩国、日本、欧盟等均已有经批准的干细胞治疗产品上市，干细胞治疗疾病正越来越广泛用于治疗疾病，在干细胞治疗领域也以美国、韩国企业为主，以 Osiris Therapeutics 公司、Mesoblast 公司为典型代表，随着近年我国对干细胞领域的支持力度逐渐加大，国内企业也争相在该领域布局，以中源协和细胞基因工程股份有限公司、广州赛莱拉干细胞科技股份有限公司为典型代表。

（一）Osiris Therapeutics 公司

Osiris Therapeutics 公司于 1992 年在美国马里兰州成立，技术源于凯斯西储大学 Arnold Caplan 教授领导的研究小组开发的干细胞技术，Osiris 公司主要从事从成人骨髓中获取间充质干细胞的研究。

目前，该公司已经开发出两种相对成熟的干细胞产品——Prochymal 和 Chondrogen，并进行了大量的临床试验，其中 Prochymal 是世界首个获批上市的人造干细胞药物。Prochymal 是一种提取自骨髓的成体间充质干细胞，是一种异体间充质干细胞产品，具有控制炎症、促进组织再生并阻止疤痕形成的作用。2010 年，美国食品药品监督管理局（FDA）以孤儿药的方式核准 Prochymal 用于 1 型糖尿病的治疗。2012 年 5 月加拿大卫生部通过了 Prochymal 的上市批准，用于难治性小儿移植物抗宿主病的治疗。2012 年，Prochymal 被卖给澳大利亚的 Mesoblast 公司，并在加拿大、新西兰获批上市，治疗急性移植物抗宿主病。Chondrogen 主要用于治疗关节炎类疾病，利用这种药物进行膝关节炎治疗的 Ⅰ 期临床试验已经完成，临床 Ⅱ 期试验病人的招募工作也已经结束。2013 年，以 1 亿美元将 Prochymal 和 Chondrogen 转让给澳大利亚的 Mesoblast 公司，停止了所有单纯使用间充质干细胞（MSC）的临床研发，专注于组织工程产品。该公司生产的另外一种新产品 Osteocel，主要用于治疗病灶区骨再生，2008 年 7 月，将 Osteocel 以 8500 万美元的价格出售给 NuVasive 公司。Osiris Therapeutics 公司开发的 Prochymal 和 Chondrogen 均卖给 Mesoblast 公司，可见 Osiris Therapeutics 公司在干细胞治疗领域产品开发的较好基础。

（二）Mesoblast 公司

Mesoblast 公司是一家创办于 2004 年的澳大利亚生物技术公司，开发以干细胞为基础的再生治疗产品，拥有间充质细胞技术平台，开发临床上方便使用的异体干细胞治疗产品。Mesoblast 公司凭借其专有的“间质系成人干细胞以及间充质前体干细胞成人干细胞技术平台”开发了一系列临床上方便使用的异体干细胞治疗产品，这些产品的特点是无需组织配型，无排异反应，可以随时用于治疗临床上尚未治疗的疾病，包括心脏疾病、风湿免疫病、代谢性疾病、脊柱等的退行性疾病以及与肿瘤和血液病治疗相关的免疫性疾病等。目前公司已有 Prochymal、Temcell 等多款干细胞产品获批上市。

2022 年 6 月，Mesoblast 公司独自完成了向 FDA 提交 Remestemcel-L 的上市申请，目前处于审查过程中。公司还正在对 Rexlemestrocel-L 进行额外的研究，这是 Mesoblast 公司旗下研发的一款干细胞治疗，由 1.5 亿个间充质前体细胞组成，通过直接注射到患者的心肌中治疗疾病，以治疗退行性椎间盘疾病引起的慢性腰痛。

（三）中源协和细胞基因工程股份有限公司

中源协和细胞基因工程股份有限公司是中国最早投资生物资源储存项目的企业，公司以精准医疗为中心，逐步形成了以细胞存储为主的精准预防、以体外诊断为主的精准诊断以及以干细胞和免疫细胞治疗为主的精准治疗的3大业务布局：①精准预防业务目前以婴儿的脐带血造血干细胞的储存为主，逐步延伸发展成人细胞存储；②精准诊断板块覆盖“病理诊断＋生化诊断＋分子诊断”的诊断产品以及基因检测服务和科研试剂，子公司上海傲源在精准诊断板块贡献主要营收；③精准治疗业务方面，公司布局干细胞治疗和免疫细胞治疗的研发，这是公司未来重要的发展方向。围绕上述三大业务，公司以天津为总部，拥有国家级干细胞工程产品产业化基地以及国家干细胞工程技术研究中心，同时公司在武汉光谷生物城、无锡傲源、美国波士顿建设有研发生产基地和技术转化基地。通过多年的对外投资并购整合，公司在2011年和2012年分别以4692万元、2998万元共计收购和泽生物100%股权，进入生物科技领域；2014年，8亿元收购执诚生物100%股权，布局体外诊断业务；2018年，12亿元收购上海傲源100%股权，进一步布局精准诊断业务（表11-4）。

表11-4　中源协和主要对外投资事件

披露时间	交易标的	标的主营业务	交易总价
2011-03-22	和泽生物51%股权	细胞储存	4692万元
2012-06-22	和泽生物49%股权	细胞储存	2998万元
2014-02-24	执诚生物100%股权	体外诊断	80000万元
2014-05-22	协和公司33%股权	干细胞基因工程	12598.12万元
2014-12-23	北科生物13%股权	细胞治疗	11877万元
2018-01-05	上海傲源100%股权	体外诊断、科研试剂	120000万元
2019-01-05	合源生物21.642%股权	细胞治疗	5800万元
2019-01-17	合源生物21.642%股权	精准诊断	6611万元
2020-05-08	中源维康46.44%股权	基因检测	0

资料来源：公开整理。

在干细胞存储业务方面，我国批准设置的合法脐带血库共有北京、天津、上海、广东、浙江、山东、四川7张脐带血公共库牌照，其中该公司的细胞储存业务主要是以新生儿的细胞储存为主，其中新生儿的脐带血造血干细胞储存量占公司2020年细胞储存总量的70.62%，脐带间充质干细胞占24.96%，亚全能干细胞占比4.01%，成人的免疫细胞储存量占0.41%。中源协和在天津和浙江各拥有1张牌照，其中天津细胞库是目前世界上最大的单体细胞库，截至2022年1月底，该库为临床提供了3113余份脐带血造血干细胞；浙江细胞库与中国脐带血库共用1张牌照。目前，中源协和已在全国19个省（市）建立细胞资源库，开展脐带血造血干细胞、脐带间充质干细胞、胎盘亚全能干细胞、脂肪干细胞及免疫细胞的检测、制备与存储服务，构建了全国性细胞资源存储网络。

在干细胞产品开发管线中，公司与人脐带间充质干细胞注射液相关的针对不同病症的研发项目有 6 个，针对牙周病的人牙间充质干细胞注射液、注射用重组新蛭素 CNCT19 等产品的研发进度进入到临床Ⅱ期、Ⅲ期，并被纳入“突破性治疗”药物，有望在近年上市（表 11-5）。

表11–5　中源协和公司干细胞治疗板块研发管线

产品	适应证	临床前	Ⅰ期	Ⅱ期	Ⅲ期	上市
人脐带源间充质干细胞注射液	新冠肺炎					
	肝硬化					
	CDK3/4 期慢性肾衰					
	特发性肺纤维化					
	神经性疼痛					
	克罗恩病					
人牙源间充质干细胞注射液						
注射用重组新蛭素 CNCT19						

数据来源：公开整理。

（四）广州赛莱拉干细胞科技股份有限公司

广州赛莱拉干细胞科技股份有限公司（以下简称“赛莱拉”）成立于 2009 年 7 月，是一家专注于干细胞研究、储存及应用的国家高新技术企业，致力于成为全球领先的干细胞制备服务商。

公司早期的主营业务是传统美容化妆品的研发和销售，2014 年，公司开始积极转型，专注于干细胞全产业链布局，包括干细胞研究与储存，干细胞抗衰老美容品定制，干细胞及免疫细胞的分离、培养、鉴定及临床应用等，为医疗机构、营运商及终端用户提供干细胞储存、细胞制备、科研服务，综合细胞库、细胞实验室的整体输出及技术支持等一站式解决方案，致力于打造全球领先的干细胞与再生医学解决方案。

目前在干细胞领域，公司与中国科学院、中国工程院、暨南大学共建了广东省赛莱拉 - 暨南干细胞研究与储存院士工作站。公司旗下拥有国内首家“人类干细胞资源库”，符合 GMP 标准的细胞制备工厂、美容化妆品厂及保健食品厂，拥有“生命备份”“定制青春”“赛莱拉”“赛斯兰黛”“康琪莱”等品牌，在全国范围内拥有数千家加盟店。在产品开发方面，赛莱拉尚无干细胞产品获批上市。2021 年 7 月，赛莱拉司人脐带间充质干细胞治疗膝骨关节炎新药临床试验申请获药监局批准，标志着公司在干细胞新药开发方面进入新的阶段，也是公司在干细胞技术转化应用进程中迈出的重要一步。

（五）其他

除了专注于干细胞领域的公司，包括诺和诺德、拜耳、武田等多家全球性大药企相继涉足这一领域。

诺和诺德公司已专注于由多能干细胞向产生胰岛素的β细胞分化的深入研究已有20余年，实现了临床前概念验证，并通过合作开始开发可用于帕金森病的干细胞治疗。2018年，诺和诺德公司宣布与美国加州大学旧金山分校达成独家合作，开发干细胞治疗以治疗1型糖尿病及其他严重慢性病。基于协议，诺和诺德公司获得一项技术授权，可以生产人胚胎干细胞系列产品，并有权将这些产品进一步开发为未来的再生医学治疗。

拜耳公司于2019年收购专注利用iPSC平台研发干细胞治疗的BlueRock公司，从而建立其细胞治疗管线。BlueRock公司的iPSC技术平台可以通过重新编码人体健康的皮肤细胞、血细胞或者其他细胞，使之分化为神经细胞、肝细胞等任何需要再生的细胞。

武田公司早在2014年就出资25万美元资助伦敦大学一项肌肉萎缩症治疗研究，该研究就诱导性多能干细胞能否产生大量的祖细胞供肌肉移植展开评估，同时将评估人造染色体这类新生物工具用于新基因和细胞治疗的潜力。可见日本企业在干细胞领域的布局之早。在日本政策支持下，武田公司在干细胞领域进展较快，2017年，武田公司开发的人类同种异体脂肪来源的间充质干细胞Alofisel被FDA授予了治疗克罗恩病成人患者复杂性肛周瘘的孤儿药。武田公司也于2018年与比利时干细胞公司TiGenix联合开发的人类同种异体脂肪来源的间充质干细胞Alofisel获得欧盟委员会批准上市，用于瘘管对至少一种传统或生物治疗反应不足的非活动性/轻度活动性管腔克罗恩病成人患者复杂性肛周瘘的治疗。此次批准使Alofisel成为欧洲市场首个获得集中上市许可（MA）批准的异体干细胞治疗。此外，武田公司也与京都大学宣布，一款利用“诱导性多能干细胞技术”开发的CAR-T治疗已由学术界走向产业界，交由武田公司进行临床开发。这款治疗使用一种诱导性多能干细胞库，来创造“通用型”的CAR-T治疗，可根据不同病人的临床需求进行微调。它有望通过一个主要的细胞库产生大量的同源细胞进行治疗。

除了上述典型企业，也有不少新锐公司纷纷瞄准干细胞治疗这一领域以前沿技术开发新一代干细胞治疗。

艾尔普再生医学公司成立于2016年，是一家以iPSC技术为核心，专注于药物无法治疗的退行性及功能损伤性疾病细胞治疗产品研发和商业化应用的中国生物科技公司。目前已建立相关产品线，目标适应证包括缺血性心力衰竭、扩张性心肌病、中风、小儿脑瘫等。据悉，该公司与多家科研单位合作，目前已经成功建立了包括ALS在内的90多条iPSC细胞系。

霍德生物公司由美国约翰霍普金斯大学的神经和干细胞领域科学家于2017年1月联合创立，是一家致力于为全球患者提供稳定、安全、有效和可负担的iPSC细胞治疗产品的创新型研发企业。目前在杭州拥有近4000m^{2}符合美国及欧盟标准的GMP生产、检验及研发中心，iPSC 衍生细胞产品的化学成分生产和控制开发平台及质量体系，拥有自主权益、可供全球市场商业开发和授权的 GMP iPSC 细胞株和细胞库。依托其在人 iPSCs/ESCs 的神经分化及细胞工程等方面的优势，2021 年 11 月，霍德生物公司宣布完成数亿元 B 轮融资，由高瓴创投领投、礼来亚洲及老股东元生创投跟投，本轮募集的资金将用于支持首个产品的临床试验、扩大现有的 iPSC 细胞治疗产品研发管线，以及 GMP 自动化封闭生产体系的开发，这是继 2021 年 5 月的 A++ 轮融资后，完成的又一轮融资，在此前完成的 4 轮融资由杭州经开区创投、合力投资、赛伯乐投资，达泰资本、瑞昇投资，隆门资本、花城创投、元生创投等机构投资人参与。根据该公司官网，目前已有 5 款产品正在开发中，均处于临床前阶段，拟开发适应证包括：脊髓损伤、脑卒中、颅脑损伤、自闭症、阿尔茨海默病等。

Gamida Cell 公司是一家位于以色列的，专注于癌症和罕见遗传病免疫治疗的公司。该公司拥有独家烟酰胺表观调控技术，利用小分子烟酰胺的表观调控功能，在保留细胞特征和功能的同时，改善它们体外培养的扩增效果。2020 年 5 月，该公司宣布其脐带血干细胞治疗 Omidubicel 达到Ⅲ期临床试验终点，用于治疗需要接受骨髓移植的高危恶性血液癌症患者。2022 年 2 月 9 日，Gamida Cell 公司宣布，已启动向美国 FDA 滚动递交 Omidubicel 的 BLA，Omidubicel 有望成为美国 FDA 批准的首款用于同种异体干细胞移植的先进产品，也已在美国和欧盟获得孤儿药资格。

Notch Therapeutics 公司是一家加拿大癌症细胞治疗开发商，公司致力于开发可再生的诱导性多能干细胞衍生的癌症细胞治疗。Notch 正在应用其可扩展的 ETN 技术平台来开发同质且普遍兼容的干细胞衍生细胞治疗，让 iPSCs 分化成为成熟而且功能正常的免疫细胞。该平台可将 iPSCs 大批量扩增，并分化为具有高度一致性、可接受基因工程改造的免疫治疗细胞。迄今为止，该公司已经建立了一个完全集成的、受严格控制的平台，用于从克隆干细胞生成和编辑免疫细胞，从而能够开发各种 T 细胞治疗。Notch 公司已与 Allogene Therapeutics 公司建立了合作伙伴关系，将其 ETN 平台用于开发针对血液疾病的 CAR 靶向 iPSC 衍生的 T 细胞或 NK 细胞治疗。

二、原材料及设备领域

随着产业的成熟化发展，有一批企业通过产业收购、并购等形式，开始进行更上游的干细胞设备的设计、制造与销售，进行干细胞的分离、存储，如浙江博雅生命科技有限公司（以下简称“博雅生命”）旗下自动化的干细胞分离设备 AXP、全自动低温存储系统 BioArchive、上海原能细胞生物低温设备有限公司（以下简称“原能生物”）旗下的全自动深低温生物样本存储系统 BSN-600、基点生物科技（上海）有限公司（以下简称“基点生物”）旗下的生物样本深低温全自动存储系统 Hatch 等。

（一）博雅生命

博雅生命成立于2009年，是一家覆盖细胞治疗技术开发及应用领域全产业链的生命健康企业，目前在全球有9大实验室与业务基地。公司旗下具有博雅感知医疗、博雅干细胞、博雅感知药业三大业务品牌板块，囊括细胞治疗临床研发、细胞自动化设备与医疗器械、干细胞与免疫细胞存储、细胞药物研发等多个业务管线。在干细胞上游的原材料和设备领域，博雅生命旗下博雅感知医疗是国内知名的细胞治疗医疗器械、自动化细胞处理设备及细胞治疗自动化解决方案供应商。博雅感知医疗代理了美国TG医疗前沿的细胞自动化设备系列，TG医疗自主开发了干细胞自动化分离AXP系统和手术室即时使用的自动化骨髓细胞快速处理系统PXP。

（二）原能生物

原能生物致力于先进生物细胞自动化低温存储装备的技术研发、产品设计与制造，以自动化、智能化的深低温生物样本存储设备为核心重点，公司依托集团在低温冷冻及细胞制备领域的雄厚技术实力，可提供整体生物样本库/细胞库的规划、建设、管理、运维等全流程一站式服务。公司主要产品包括四大系列自动化低温生物样本存储设备系列、深低温智能转运与配套设备系列、生物样本智慧库管理系统系列及实验室自动化设备与耗材系列。公司与美国华盛顿大学共建专业的低温生物冷冻技术平台，配备国际级技术专家团队；联合上海理工大学刘宝林教授团队合作共建上海市专家工作站，在自动化存储行业亟须攻克的“临床级别活性生物样本低温保存”领域，研究针对不同活性样本的复温、降温工艺与技术，保障生物样本的活性与机能，推动低温生物医学行业从科学研究迈向标准化、临床化、数据化、智能化、产业化，更为“生物样本安全”及生命科技产业发展的国家战略赋能助力。

（三）基点生物

基点生物成立于2015年，专注于深低温生物资源保藏领域的创新开发、技术运用及过程管理，包括自主研发基于智能控制与机器人相结合的新一代生物资源自动化保藏系统，及生物资源低温保藏全流程无人化的整体解决方案，致力于实现自动化和智能化技术在更广泛生物医疗场景的应用。

目前，公司已设计开发了包括全自动液氮保藏系列产品、全自动超低温冷库KIOSK系列产品以及配套的深低温转运机器人Pelican、深低温挑管工作站Hatch® Mate等，实现了智能化无人化深低温系统产品的全覆盖，为干细胞存储提供了更先进的仪器设备。

三、外包服务领域

干细胞外包服务领域主要集中在干细胞治疗产品开发方面，外包服务企业提供干细胞临床前研究、临床试验、产品的全流程开发等服务，因干细胞产品在各国家（地区）还处于开发初期，外包服务企业也多集中在本国企业，我国以北京汉氏联合生物技术股份有限公司（以下简称“汉氏联合”）、江苏谱新生物医药有限公司（以下简称“谱新生物”）等为典型代表。

（一）汉氏联合

汉氏联合成立于2007年，现有汉氏科技、汉氏医学、汉氏药业、汉氏研究院4大板块，囊括细胞存储与制备、细胞临床研究、新药研发、医疗产业、健康管理、精准检测、生物护肤、健康旅游、CDMO技术服务、国际细胞谷项目等业务，旨在打造完整的细胞全产业链闭环。2015年12月，汉氏联合在新三板挂牌，2020年4月摘牌。

在干细胞外包服务方面，汉氏联合建立了全流程一站式CDMO服务平台，从干细胞临床前研究、临床试验到商业化生产阶段均建立服务平台，可为医院、科研院校、企业等提供细胞制剂制备、质量管理及检测解决方案、临床级干细胞库（GMP实验室）建设解决方案、干细胞临床研究机构和研究项目双备案解决方案、干细胞药品注册申报解决方案、干细胞产品设计及有效性和稳定性评估解决方案等服务，帮助更多干细胞研发型企业进行实际的技术转化，缩短产品上市时间，促进商业化。

（二）谱新生物

谱新生物是国内最早布局细胞药物CDMO服务的公司之一，拥有苏州总部（10000 m^2 GMP厂房）、深圳基地（8000m^2 GMP厂房在建），初步形成全国布局的生产基地网络，公司已支持多个合作伙伴成功孵化了多款CAR-T、TCR-T、干细胞等产品，是国内少数具备免疫细胞产品和干细胞产品全流程工艺开发、临床试验申报、注册及商业化生产能力的CDMO企业，目前产业端客户数目已经超过100家。

第五节　产业融资情况

一、融资现状

近年来，干细胞技术已经成为全球大健康和医药领域的热门话题，国际对干细胞治疗的投融资态势与所属国家政策密切相关，随着我国的干细胞技术监管体系进一步的完善和更新，投资市场对于干细胞市场也逐渐热情起来。根据医药魔方发布的报告，2021年全球干细胞治疗领域共获得超过25亿美元的市场融资。

如表11-6所示，2021年，全球共发生5起干细胞IPO事件，其中Vor Biopharma公司也不是获得最多IPO金额，达2.034亿美元，5家企业均来自国外，无国内企业。可以看到，国外企业以美国和瑞典两个国家为主，其中2021年美国干细胞领域发生4起IPO事件。

表11-6　2021年全球干细胞治疗公司IPO信息

序号	公司	地区	金额	主要疾病领域	重点治疗/项目
1	Vor Biopharma	美国	2.034亿美元	癌症	造血干细胞治疗
2	Talaris Therapeutics	美国	1.5亿美元	器官移植；自身免疫性疾病	造血干细胞治疗
3	Genenta Science	意大利	3600万美元	癌症	造血干细胞治疗
4	BioRestorative	美国	2300万美元	代谢性疾病等	干细胞治疗
5	Amniotics	瑞典	6000万瑞典克朗	肺部疾病	间充质干细胞治疗

来源：医药魔方。

在国内方面，随着政策的进一步松绑，自2018年以来，国内干细胞行业进入了高速发展阶段，多家企业获得市场关注并获得融资。根据公开资料整理，2021年，国内共有超过10家企业获得数亿元融资（表11-7）。

表11-7　2021年中国干细胞融资事件举例

序号	日期	公司名称	融资轮次	融资金额	投资机构
1	2021-04-01	艾凯生物	种子轮	未透露	西湖创新投资
2	2021-04-21	博雅辑因	B+轮	4亿元	正心谷资本，博远资本，夏尔巴资本，IDG资本，礼来亚洲基金，三正健康投资，华盖资本，红杉资本，雅惠投资，昆仑资本
3	2021-04-28	华龛生物	A+轮	数千万元	本草资本
4	2021-05-28	霍德生物	A+轮	近亿元	元生创投，隆门资本，花城创投
5	2021-07	赛隽生物	A+轮	4500万元	松禾资本基金，松禾医健创投，松禾创投
6	2021-08	睿健医药	A轮	近亿元	晨财智领，久友资本
7	2021-08	跃赛生物	天使轮	数千万元	泰福资本领投，昆仑资本，高瓴创投
8	2021-09	士泽生物	Pre-A轮	近亿元	启明创投，礼来亚洲基金，道远资本，嘉程资本，峰瑞资本，元生创投，泰达科投
9	2021-09	智新浩正再生医学	—	近千万美元	凯泰资本
10	2021-09-09	艾凯生物	A轮	数千万元	联新资本
11	2021-09-29	康景生物	A轮	未透露	景越投资，康卓生物
12	2021-11-01	霍德生物	B轮	数亿元	礼来亚洲基金，元生创投，高瓴创投，励柏资本
13	2021-11-15	艾尔普再生医学	C轮	数亿元	分享投资，紫牛基金，贝森资本，聚明创投，金雨茂物，浩悦资本
14	2021-12-29	吉美瑞生	Pre-B轮	千万元	钧源资本

数据来源：公开整理。

二、代表性案例

（一）Vor Biopharma 公司

Vor Biopharma 公司成立于 2015 年，总部位于马萨诸塞州剑桥市，旨在通过开创性的工程造血干细胞（eHSC）治疗来改变癌症患者的生活。公司通过从 eHSC 中去除多余的蛋白质，这些细胞将不受靶向治疗的杀伤，而肿瘤细胞仍然易感，从而发挥了靶向治疗的作用。2019 年和 2020 年，公司先后获得总计超过 1.5 亿美元的融资，2020 年获得的融资主要用于推进工程造血干细胞候选药物 VOR33 的临床试验，VOR33 用于治疗急性髓系白血病。2021 年 9 月，美国 FDA 已授予 VOR33 快速通道指定，目前该药物临床试验处于Ⅰ/Ⅱa 期临床。Vor Biopharma 公司于 2021 年进行 IPO，是 2021 年全球干细胞领域 IPO 金额最多的企业。

（二）Fate Therapeutics 公司

Fate Therapeutics 公司于 2002 年成立于美国特拉华州，2013 年于美国纳斯达克上市，公司是全球诱导性多能干细胞的先驱企业，致力于从公司专有的 iPSC 产品平台生成人诱导性多能干细胞来创建具有生物特性的基因工程 iPSC 免疫治疗产品，该产品制造由四个阶段组成：首先使用符合要求的健康人体供体细胞经过基因工程等处理方式诱导供体细胞的多能性，经过克隆建立 iPSC 库；之后将 iPSC 库中的细胞诱导分化形成特定的细胞，如 CD34+ 细胞；然后通过细胞培养分化产生特定的细胞产品群；最后通过符合要求的工艺处理细胞产品群，冷冻保存细胞产品。

基于上述技术平台，公司现有 13 个候选产品在研，在研产品管线的适应证包括实体瘤、血液瘤、淋巴瘤、多发性骨髓瘤等，其中 FT500、FT516 发展较快。除了公司自主开发候选产品，公司积极与外部机构寻求合作机会以加快产品开发进程。2018 年 9 月，Fate Therapeutics 公司与小野制药公司签订合作协议，共同开发和商业化两个现成的 iPSC 衍生的免疫细胞治疗候选产品，根据协议，小野制药公司向 Fate Therapeutics 公司支付了 1000 万美元的预付款，Fate Therapeutics 公司也将有资格获得高达 8.85 亿美元的里程碑付款；2020 年 4 月，Fate Therapeutics 公司与杨森制药公司签订了合作和期权协议，开发和商业化 iPSC 衍生的 CAR-NK 细胞和 CAR-T 细胞治疗候选产品，用于治疗某些血液恶性肿瘤和实体肿瘤。根据协议，Fate Therapeutics 公司获得 5000 万美元预付款，Fate Therapeutics 公司还将有资格获得高达 30 亿美元的潜在里程碑付款，以及就本次合作开发的药物在未来的销售额分成。在市场融资方面，公司先后有过 9 次融资，累计融资金额超过 1.85 万亿美元（表 11-8）。

表11-8　Fate Therapeutics公司历次融资事件

序号	日期	融资轮次	融资金额	投资机构
1	2018-02-23	捐赠 / 众筹	400 万美元	未透露
2	2016-12-07	未公开	5670 万美元	未透露
3	2016-08-19	未公开	1030 万美元	未透露
4	2015-05-15	未公开	800 万美元	未透露
5	2014-07-31	未公开	2000 万美元	Silicon Valley Bank
6	2013-10-01	首次公开募股	4000 万美元	未透露
7	2012-08-23	债券融资	920 万美元	未透露
8	2011-05-05	B 轮	3600 万美元	Venrock， Polaris Partners， Astellas Venture Management， ARCH Venture Partners
9	2011-04-20	债券融资	100 万美元	未透露

数据来源：药融云。

（三）Shoreline Biosciences 公司

Shoreline Biosciences 公司成立于 2020 年，总部位于美国加利福尼亚州。公司致力于通过 iPSC 设计开发同种异体靶向 NK 细胞和巨噬细胞治疗，用于治疗恶性肿瘤。2021 年 11 月，公司获得 1.4 亿美元战略融资，融资资金用于推进 iPSC 平台的开发，该平台专注于开发下一代 NK 细胞治疗和巨噬细胞治疗，创建有效且持久的 NK 细胞特异性 CAR、可开关的 CAR-NK 细胞衔接器和巨噬细胞特异性 CAR。

在商业活动和产品开发方面，2021 年 6 月 9 日，百济神州公司与 Shoreline Biosciences 公司达成合作协议，协议依托 Shoreline Biosciences 公司的 iPSC-NK 细胞技术和百济神州公司产品开发和临床研究的能力，共同开发并商业化一系列基于 NK 的细胞治疗。根据协议条款，百济神州公司将投资 Shoreline Biosciences 公司 4500 万美元，Shoreline Biosciences 公司将有资格根据某些开发、监管和商业里程碑的成就获得额外的研发资金、里程碑付款和特许权使用费。在这项多靶点合作中，两家公司达成共识，共同开发针对 4 个指定治疗靶点的细胞治疗，并有权在未来扩大合作。

2021 年 6 月 17 日，凯特公司也宣布与 Shoreline Biosciences 公司达成一项战略合作，合作首先集中在 CAR-NK 靶点开发上，凯特公司可以选择扩大合作范围，为一系列血液系统恶性肿瘤开发新的同种异体候选产品。根据两家公司的协议条款，Shoreline Biosciences 公司将获得由凯特支付的预付款，并将可能获得总额超过 23 亿美元的额外付款，以及基于实现某些开发和商业里程碑的特许权使用费。

（四）Century Therapeutics 公司

Century Therapeutics 公司是富士胶片子公司 FCDI 与 Versant Venture 的合资企业，成立于 2018 年，总部位于美国费城。Century Therapeutics 公司获得 FCDI 免疫效应细胞分化方案和知识产权的使用权，并生产 GMP 级免疫效应细胞。2019 年 7 月 1 日，公司获得来自拜耳公司、Versant Venture 公司以及 FCDI 公司高达 2.5 亿美元的融资，用于推进其多项血液肿瘤和恶性实体瘤研究进入临床阶段。2021 年 3 月，公司完成 1.6 亿美元的 C 轮融资；2021 年 6 月，公司在纳斯达克正式上市。目前，该公司利用 iPSCs 技术产生经修饰后的主细胞库，这些细胞可扩展和分化成免疫效应细胞，从而提供大量同种异体、同源的治疗产品。Century Therapeutics 公司的临床前研发项目包括多种诱导性多能干细胞衍生的 CAR-iT 和 CAR-iNK 细胞产品，拟开发用于治疗血液癌症和实体瘤。其中，候选药物 CNTY-103 为靶向 CD133/EGFR 的 CAR-iNK 候选物，拟用于治疗复发性胶质母细胞瘤。

2022 年 1 月，百时美施贵宝公司与 Century Therapeutics 公司达成合作和许可协议，共同开发和商业化四个诱导性多能干细胞（iPSC）衍生的工程化自然杀伤细胞和 / 或 T 细胞项目，用于血液恶性肿瘤和实体瘤治疗。Century Therapeutics 公司将从百时施贵宝公司获得 1.5 亿美元的现金，并可能获得额外 30 亿美元的付款以及全球净产品销售的特许权使用费。

（五）Cellino Biotech 公司

Cellino Biotech 公司成立于 2017 年，总部位于美国马萨诸塞州，公司致力于干细胞产品的规模化生产这一干细胞治疗的关键瓶颈，旨在制造可靠和足够的自体诱导的多潜能干细胞及其衍生细胞。2022 年 1 月，Cellino Biotech 公司完成 8000 万美元 A 轮融资，本轮融资由 Leaps by Bayer、8VC 和 Humboldt Fund 领投，此轮融资金额将用于扩大机器学习能力、软件和硬件水平，端到端地制造基于细胞的治疗，包括基于患者自身细胞进行的自体疗法和由供体细胞进行的“现货型”治疗。根据公司官网，该公司的下一代制造平台结合了人工智能和激光技术，实现了细胞治疗制造的自动化，这种开创性的方法有可能将生产成本降低一个数量级，并增加患者获得细胞治疗的机会。

（六）霍德生物公司

霍德生物公司由美国约翰霍普金斯大学的神经和干细胞领域的科学家联合创立于 2017 年，公司专注于神经领域疾病的干细胞治疗，开发 iPSCs/ESCs 神经细胞分化技术，面向外部提供服务，服务包括高成熟度人神经细胞、国际领先的脑类器官产品、iPSC 重编程的细胞产品、临床级 iPSC 定向分化细胞产品共同开发与授权等。

在生产能力方面，霍德生物公司在杭州拥有近 4000m^2 符合美国及欧盟标准的 GMP 生产、检验及研发中心，iPSC 衍生细胞产品的 CMC 开发平台及质量体系，具有自主权益、可供全球市场商业开发和授权的 GMP iPSC 细胞株和细胞库。在自主研发方面，除了全球的专利布局外，公司重点产品人神经前体细胞产品 hNPC01 是针对脑卒中、颅脑损伤等疾病的 1.1 类创新细胞制剂，目前处于临床前研究状态。至今，霍德生物公司共经历了 4 起融资（表 11-9）。

表11–9　霍德生物公司历次融资事件

序号	时间	融资轮次	融资金额	投资机构
1	2017-06-01	天使轮	1200 万元	赛伯乐投资，杭州经开区创投，合嘉泓励
2	2018-12-24	A 轮	数千万元	达泰资本
3	2020-12-09	A+ 轮	数千万元	隆门资本
4	2021-05-28	A+ 轮	近亿元	元生创投，花城创投，隆门资本

数据来源：公开整理。

参考文献

[1] Yang, L, Shi, P, Zhao, G, et al. Targeting cancer stem cell pathways for cancer therapy[J]. Signal Transduction and Targeted Therapy, 2020, 5(1): 1-35.

[2] Mesenchymal stem cells(MSC)-global market trajectory & analytics [EB/OL]. (2021-04）[2022-06-23]. https：// www.researchandmarkets.com/reports/2769226/mesenchymal_stem_cells_msc_global_market#rela1-5240709.

[3] Florea V, Rieger A C, DiFede D L, et al. Dose comparison study of allogeneic mesenchymal stem cells in patients with ischemic cardiomyopathy (the TRIDENT study）[J]. Circulation Research, 2017, 121(11): 1279-1290.

[4] 刘奕志. 利用内源性干细胞原位再生晶状体治疗婴幼儿白内障 [J]. 科技导报，201，36(7): 37-42.

[5] Top 12 disruptive gene and cell therapy technologies announced[EB/OL]. (2021-05-21）[2022-06-23]. https：//www. massgeneralbrigham.org/newsroom/press-releases/top-12-disruptive-gene-and-cell-therapy-technologies-announced.

[6] ViaCyte reports compelling preliminary clinical data from Islet cell replacement therapy for patients with type 1 diabetes [EB/OL]. (2021-06-25）[2022-06-23]. https：//viacyte.com/press-releases/viacyte-reports-compelling-preliminary-clinical-data-from-islet-cell-replacement-therapy-for-patients-with-type-1-diabetes/.

[7] Zhou Z J, Zhu X, Huang H, et al. Recent progress of research regarding the applications of stem cells for treating diabetes mellitus[J]. Stem Cells and Development, 2022, 31(5/6): 102-110.

[8] 刘定华，顾鲁军，韩伯军，等. 自体骨髓间充质神经干细胞移植治疗帕金森病的疗效观察 [J]. 中华物理医学与康复杂志，2016，38(3): 194-198.

[9] 边宛初，周小雯，左玉迪. 对脐血库“双重身份”的法律探析 [J]. 医学与法学，2022，14(2): 96-100.

[10] 莫富传，胡海鹏，袁永. 韩国生物医药产业创新发展政策研究 [J]. 科技创新发展战略研究，2021，5(3): 64-70.

[11] Thomson J A, Itskovitz-Eldor J, Shapiro S S, et al. Embryonic stem cell lines derived from human blastocysts[J]. Science, 1998, 282(5391): 1145-1147.

[12] Ström S, Inzunza J, Grinnemo K H, et al. Mechanical isolation of the inner cell mass is effective in derivation of new human embryonic stem cell lines[J]. Human Reproduction, 2007, 22(12): 3051-3058.

[13] Kim H S, Oh S K, Park Y B, et al. Methods for derivation of human embryonic stem cells[J]. Stem Cells, 2005, 23(9): 1228-1233.

[14] Cortes J L, Sanchez L, Catalina P, et al. Whole-blastocyst culture followed by laser drilling technology enhances the efficiency of ICM isolation and ESC derivation from good-and poor-quality mouse embryos：new insights for derivation of hESC lines[J]. Stem Cells and Development, 2008, 17(2): 255-268.

[15] Klimanskaya I, Chung Y, Becker S, et al. Derivation of human embryonic stem cells from single blastomeres[J]. Nature Protocols, 2007, 2(8): 1963-1972.

[16] Yang G, Mai Q, Li T, et al. Derivation of human embryonic stem cell lines from single blastomeres of low-quality embryos by direct plating[J]. Journal of Assisted Reproduction and Genetics, 2013, 30(7): 953-961.

[17] Zdravkovic T, Nazor K L, Larocque N, et al. Human stem cells from single blastomeres reveal pathways of embryonic or trophoblast fate specification[J]. Development, 2015, 142(23): 4010-4025.

[18] Thomson J A, Itskovitz-Eldor J, Shapiro S S, et al. Embryonic stem cell lines derived from human blastocysts[J]. Science, 1998, 282(5391): 1145-1147.

[19] Jung J, Baek J A, Seol H W, et al. Propagation of human embryonic stem cells on human amniotic fluid cells as feeder cells in xeno-free culture conditions[J]. Development & Reproduction, 2016, 20(1): 63.

[20] Soong Y K, Huang S Y, Yeh C H, et al. The use of human amniotic fluid mesenchymal stem cells as the feeder layer to establish human embryonic stem cell lines[J]. Journal of Tissue Engineering and Regenerative Medicine, 2015, 9(12): E302-E307.

[21] Havasi P, Nabioni M, Soleimani M, et al. Mesenchymal stem cells as an appropriate feeder layer for prolonged *in vitro* culture of human induced pluripotent stem cells[J]. Molecular Biology Reports, 2013, 40(4): 3023-3031.

[22] Coelho de Oliveira V C, Silva dos Santos D, Vairo L, et al. Hair follicle-derived mesenchymal cells support undifferentiated growth of embryonic stem cells[J]. Experimental and Therapeutic Medicine, 2017, 13(5): 1779-1788.

[23] Unger C, Felldin U, Rodin S, et al. Derivation of human skin fibroblast lines for feeder cells of human embryonic stem cells[J]. Current Protocols in Stem Cell Biology, 2016, 36(1): 1C. 7.1-1C. 7.11.

[24] Teotia P, Sharma S, Airan B, et al. Feeder & basic fibroblast growth factor-free culture of human embryonic stem cells：role of conditioned medium from immortalized human feeders[J]. The Indian Journal of Medical Research, 2016, 144(6): 838.

[25] Miyazaki T, Futaki S, Hasegawa K, et al. Recombinant human laminin isoforms can support the undifferentiated growth of human embryonic stem cells[J]. Biochemical and Biophysical Research Communications, 2008, 375(1): 27-32.

[26] Xu K, Narayanan K, Lee F, et al. Enzyme-mediated hyaluronic acid-tyramine hydrogels for the propagation of human embryonic stem cells in 3D[J]. Acta Biomaterialia, 2015, 24：159-171.

[27] Ludwig T E, Levenstein M E, Jones J M, et al. Derivation of human embryonic stem cells in defined conditions[J]. Nature Biotechnology, 2006, 24(2): 185-187.

[28] Ludwig T E, Bergendahl V, Levenstein M E, et al. Feeder-independent culture of human embryonic stem cells[J]. Nature Methods, 2006, 3(8): 637-646.

[29] Chen G, Gulbranson D R, Hou Z, et al. Chemically defined conditions for human iPSC derivation and culture[J]. Nature Methods, 2011, 8(5): 424-429.

[30] Liu Y, Song Z, Zhao Y, et al. A novel chemical-defined medium with bFGF and N2B27 supplements supports undifferentiated growth in human embryonic stem cells[J]. Biochemical and Biophysical Research Communications, 2006, 346(1): 131-139.

[31] Yang Y, Liu B, Xu J, et al. Derivation of pluripotent stem cells with *in vivo* embryonic and extraembryonic potency[J]. Cell, 2017, 169(2): 243-257, E25.

[32] Bardy J, Chen A K, Lim Y M, et al. Microcarrier suspension cultures for high-density expansion and differentiation of human pluripotent stem cells to neural progenitor cells[J]. Tissue Engineering Part C：Methods, 2013, 19(2): 166-180.

[33] Gerecht‐Nir S, Cohen S, Itskovitz‐Eldor J. Bioreactor cultivation enhances the efficiency of human embryoid body (hEB) formation and differentiation[J]. Biotechnology and Bioengineering, 2004, 86(5): 493-502.

[34] Kempf H, Olmer R, Kropp C, et al. Controlling expansion and cardiomyogenic differentiation of human pluripotent stem cells in scalable suspension culture[J]. Stem Cell Reports, 2014, 3(6): 1132-1146.

[35] Carpenedo R L, Sargent C Y, McDevitt T C. Rotary suspension culture enhances the efficiency, yield, and homogeneity of embryoid body differentiation[J]. Stem Cells, 2007, 25(9): 2224-2234.

[36] Watanabe K, Ueno M, Kamiya D, et al. A ROCK inhibitor permits survival of dissociated human embryonic stem cells[J]. Nature Biotechnology, 2007, 25(6): 681-686.

[37] Gareau T, Lara G G, Shepherd R D, et al. Shear stress influences the pluripotency of murine embryonic stem cells in stirred suspension bioreactors[J]. Journal of Tissue Engineering and Regenerative Medicine, 2014, 8(4): 268-278.

[38] Serra M, Correia C, Malpique R, et al. Microencapsulation technology：a powerful tool for integrating expansion and cryopreservation of human embryonic stem cells[J]. PLoS One, 2011, 6(8): e23212.

[39] Yoshida Y, Yamanaka S. iPS cells：a source of cardiac regeneration[J]. Journal of Molecular and Cellular Cardiology, 2011, 50(2): 327-332.

[40] Pettinato G, Wen X, Zhang N. Formation of well-defined embryoid bodies from dissociated human induced pluripotent stem cells using microfabricated cell-repellent microwell arrays[J]. Scientific Reports, 2014, 4(1): 1-11.

[41] Zhang J, Wilson G F, Soerens A G, et al. Functional cardiomyocytes derived from human induced pluripotent stem cells[J]. Circulation Research, 2009, 104(4): e30-e41.

[42] Mummery C, Ward D, van Den Brink C E, et al. Cardiomyocyte differentiation of mouse and human embryonic stem cells[J]. Journal of Anatomy, 2002, 200(3): 233-242.

[43] Passier R, Oostwaard D W, Snapper J, et al. Increased cardiomyocyte differentiation from human embryonic stem cells in serum - free cultures[J]. Stem Cells, 2005, 23(6): 772-780.

[44] Costello I, Pimeisl I M, Dräger S, et al. The T-box transcription factor Eomesodermin acts upstream of Mesp1 to specify cardiac mesoderm during mouse gastrulation[J]. Nature Cell Biology, 2011, 13(9): 1084-1091.

[45] Mummery C L, Zhang J, Ng E S, et al. Differentiation of human embryonic stem cells and induced pluripotent stem cells to cardiomyocytes：a methods overview[J]. Circulation Research, 2012, 111(3): 344-358.

[46] Lei Y, Schaffer D V. A fully defined and scalable 3D culture system for human pluripotent stem cell expansion and differentiation[J]. PNAS, 2013, 110(52): E5039-E5048.

[47] Otsuji T G, Bin J, Yoshimura A, et al. A 3D sphere culture system containing functional polymers for large-scale human pluripotent stem cell production[J]. Stem Cell Reports, 2014, 2(5): 734-745.

[48] Chen K G, Mallon B S, McKay R D G, et al. Human pluripotent stem cell culture：considerations for maintenance, expansion, and therapeutics[J]. Cell Stem Cell, 2014, 14(1): 13-26.

[49] Jing D, Parikh A, Tzanakakis E S. Cardiac cell generation from encapsulated embryonic stem cells in static and scalable culture systems[J]. Cell Transplantation, 2010, 19(11): 1397-1412.

[50] dos Santos F F, Andrade P Z, da Silva C L, et al. Bioreactor design for clinical - grade expansion of stem cells[J]. Biotechnology Journal, 2013, 8(6): 644-654.

第五篇

细胞治疗政策与监管体系

第十二章

国外细胞治疗政策与监管体系

有效的创新政策与科学有序的监管是推动细胞治疗产业健康发展的重要一环。相比于传统生物医药领域，细胞治疗在多个领域显示出其特殊性。首先，新兴的治疗产品后续的长期安全性和有效性仍然有待评估。未经分化的胚胎干细胞移植后可能形成畸胎瘤，诱导性多能干细胞大约20%后代会发生肿瘤[1]；CAR-T细胞治疗产品干预了固有基因表达，不可避免地带来了与此相关的严重副作用，包括细胞因子释放综合征和神经系统毒性的风险等。除了已知风险，未知副作用和风险也仍在观察中。其次，相比于传统药物，其作用机制、临床试验、给药方式等方面有很大差别，主要体现在以下几个层面：①与其他药品相比，产品涉及活细胞或组织，成分的质量会因供体而异，原料对安全性和有效性有直接的影响；②提交的有效性、安全性数据不足是未能获得上市许可的主要原因，针对个性化治疗临床试验的患者数较少，很难进行传统的随机对照临床试验；③由于很多细胞治疗是个性化治疗，目前难以进行批量化生产，如何保证质量成为非常重要的问题；④从已经上市的细胞治疗产品价格来看，费用均在数十万元到上百万元不等，如何提高产品的可及性且不破坏医药企业创新的积极性同样成为管理难题。因此，政府需要创新相关政策监管措施，制定有针对性的、符合细胞治疗科技与产业发展的科学决策，应对细胞治疗科技与产业发展带来的挑战。

本章系统梳理了美国、欧盟、日本、韩国等在细胞治疗领域政策与监管体系的发展现状，包括发展规划、法律法规、监管体系，并对各个国家（地区）细胞治疗产业的政策与监管特点进行总结；随后运用比较研究法分析比较美国、欧盟、日本、韩国等的具体做法，总结其他国家（地区）的政策与监管框架对我国的可借鉴意义。

细胞治疗已成为全球各国（地区）抢占的科技与产业高地，在传统治疗方式难以突破的领域，例如恶性肿瘤、罕见病等，细胞治疗发挥了不可比拟的优势，具有极高的临床价值和社会价值。为此，各国（地区）已经出台了多项科技与产业规划。

第一节　美　国

一、发展规划

美国是最早开展细胞治疗技术研究的国家之一。1995 年，美国通过了《迪基 - 威克修正案》，明令禁止“任何创造或毁灭胚胎的科学研究”。2001 年，时任美国总统小布什对胚胎干细胞研究设限，规定联邦资金仅准许用于资助已经存在的胚胎干细胞研究。2002 年 4 月，美国国立卫生研究院（National Institutes of Health，NIH）决定拨款 350 万美元，资助 4 所机构进行人类胚胎干细胞研究，获得首批资助的 4 家研究机构分别为美国加州大学旧金山分校、美国威斯康星校友研究基金会、总部位于澳大利亚的 ES 细胞国际公司以及澳大利亚布雷萨根公司设在美国佐治亚州的子公司[2]。这是美国总统布什宣布允许有限地用政府资金支持科学家开展人类胚胎干细胞研究以来，美政府向该领域投入的首笔大额经费。面对政府的限制性规定，不少美国高校积极探索利用私有资金推进干细胞研究。斯坦福大学于 2002 年 12 月宣布，将利用私人捐助的 1200 万美元资金，克隆人类胚胎干细胞以用于癌症等研究。威斯康星大学麦迪逊分校、明尼苏达大学、加州大学旧金山分校也正在利用私有资金研究人类胚胎干细胞。另外，新泽西州政府是美国各州中率先公开支持人类胚胎干细胞研究的，并决定给该州鲁特格尔斯大学提供 650 万美元以用于培育新的人类干细胞系。2004 年 4 月，哈佛大学宣布新建一个干细胞研究中心，该中心建成后将成为美国由私有资金资助的规模最大的干细胞研究机构，新机构被命名为“哈佛干细胞研究所”[3]。2006 年 7 月，小布什不惜动用上任 5 年来首次的总统否决权，以阻挠对该研究增资的议案实施。即便如此，美国科技与产业界对于细胞治疗领域仍然投入极大的热情。2009 年 3 月 9 日，美国总统奥巴马在白宫签署行政命令，宣布解除对用联邦政府资金支持胚胎干细胞研究的限制，该行政命令极大地推动了美国干细胞研究的发展。2009 年 7 月，美国国家卫生研究院出台胚胎干细胞研究规范，放宽了政策。此后，美国在干细胞领域的投入快速增长，NIH 大幅提高干细胞研究的投入资金，从 2002 年的近 3.9 亿美元上升至 2010 年的 14.2 亿美元，其中人类胚胎干细胞经费占比从 2.6% 提高到 11.6%。

2015 年 1 月 30 日，美国总统奥巴马推出“精准医学计划”。2016 年 12 月 13 日，在美国副总统拜登和主要立法者支持下，美国总统奥巴马签署了《21 世纪治愈法案》（21st Century Cures Act）。《21 世纪治愈法案》表达了美国对于先进治疗的态度，其中包含了加速细胞治疗、组织治疗等相关治疗技术的发展和相关条款审批。这项法案极大地推动了细胞治疗技术的发展，特别是干细胞治疗和免疫细胞治疗技术的发展。

虽然美国并未针对细胞治疗出台专项的资助政策，但以 NIH 为主的政府资助在美国细胞治疗技术早期发展中的重要性毋庸置疑。众所周知，诺华的CAR-T细胞治疗产品Kymriah源自宾夕法尼亚大学，由Carl June教授团队研发并成功应用到临床。Carl June教授团队的早期资金来源主要是NIH，但细胞治疗的研发投入巨大，NIH很难支持临床转化阶段的研究。诺华的介入为Carl June教授团队提供了临床转化阶段不可或缺的重要资金来源，Carl June教授团队也成了诺华在CAR-T赛道的技术底牌。可见，私有资金对于科研项目的持续推动有着重要的作用[4]。

除了科技项目的资助，政策在产业导向领域也发挥着重要作用。2016年2月，美国国家细胞制造协会（National Cell Manufacturing Consortium，NCMC）正式发布《面向2025年大规模、低成本、可复制、高质量的细胞制造技术路线图》[5]，该路线图由包括制药、生物技术、干细胞和免疫细胞治疗、供应链和自动化技术等专业领域的多家公司以及药品生产质量管理机构、学术机构、政府机构和私人基金等60余家机构的近百名专家共同制定，构建了公立机构、企业、私人组织和慈善组织的合作机制，期望每年吸引数亿美元的投资。该路线图旨在设计大规模制造能用于治疗一系列疾病的细胞治疗产品的路径，包括癌症、神经退行性疾病、血液病、视觉障碍等疾病以及器官再生和修复。希望通过技术进步提高细胞制备的规模、效率、纯度、质量和制备简易性，进一步降低制备成本。同时，促进一系列基于细胞的治疗及相关产品的研发和临床转化。2017年和2019年，该路线图进行了更新，对细胞制造业的最新进展、行业和临床前景以及细胞生产行业的新需求作出进一步回应[6，7]。

二、法律法规

由于过去的细胞及基因治疗类的产品数量不多，在最初是以个案的方式进行审核的，也并未有专门的法律法规，然而，20世纪90年代出现的数起实验室感染导致的受实验者死亡，促使了美国针对此类产品进行专门的立法。美国在细胞治疗领域已经形成了完善的法规监管框架，由法律、法规、行业指南三个部分组成。

如表12-1所示，从法律层面，美国细胞治疗管理的法律依据来自两个国会法案，即《联邦食品、药品和化妆品法案》及《公共卫生服务法案》。依据两法案的授权，美国FDA于2005年在美国联邦法规21CFR1271中规定了人类细胞、组织及相关产品（HCT/Ps）需要进行注册和认证，具体到细胞及基因治疗产品的法规层面，主要涵盖了条例21CFR312（涉及新药申请）、21CFR50和21CFR56（涉及临床试验评审及管理）、21CFR58（涉及良好实验室规程）、21CFR1271（涉及人类细胞、组织及相关产品）[8]。

2012年7月9日，《FDA安全与创新法案》正式实施，FDA第四条特别审批通道诞生，即突破性治疗，目前获批的细胞治疗产品大多通过突破性治疗进行审批。为了促进干细胞治疗技术的发展，美国FDA在2016年12月出台了《21世纪治愈法案》，该法案针为再生医学先进治疗引入了加快审批程序。对于治疗危重疾病的再生医学治疗，若初步临床证据提示可能解决临床未满足的需求，可以获得再生医学先进治疗资格认定从而加速审批，缩短整个产品研发时间。这些产品包括细胞治疗产品、治疗性组织工程产品、人体细胞组织产品和某些基因治疗等。

FDA 还与相关管理部门、企业、研究机构进行协作，制定了大量的指导性文件。FDA 于 1991 年出版了《人体细胞治疗和基因治疗的考量》，提出了使用细胞与基因治疗应思考和注意的方向后，逐步编撰了系列的指南及指南草案。2022 年 3 月，FDA 发布了《嵌合抗原受体（CAR）T 细胞治疗的研发考量》指南草案和《涉及人类基因组编辑的人类基因治疗产品》指南草案，《嵌合抗原受体（CAR）T 细胞治疗的研发考量》指南草案旨在帮助申请人开发 CAR-T 细胞产品。该指南建议按照生命周期方法开发，明确在不同临床阶段收集的数据类型与提取方式。FDA 指出，申请者可以在开发期间或批准后对 CAR-T 细胞的设计、制造过程和相关设备进行更改。然而，涉及 CAR 结构的变化或从自体产品到同种异体产品的变化，通常会需要通过新的新药临床试验申请（Investigational New Drug Application，IND）材料的提交。每项变更均逐案评估，并应通过 IND 材料的修订文件或正式会议与 FDA 进行沟通。《涉及人类基因组编辑的人类基因治疗产品》指南草案向开发涉及人类体细胞基因组编辑的人类基因治疗产品的研究团队提出指导建议，FDA 认为，在临床研究目标应该是解决产品本身的风险以及与基因编辑相关的脱靶风险。临床试验设计应包括适当的患者选择、有效及安全的给药方法、充分的安全性监测、适当的终点以及首次给药后至少 15 年的长期安全性追踪[9, 10]。

表12-1　美国细胞治疗监管主要法律法规与指南规范

分类	名称	年份
法律	《联邦食品、药品和化妆品法案》	1938
	《公共卫生服务法案》（Public Health Service Act，PHS Act）	1944
	《FDA 安全与创新法案》	2012
	《21 世纪治愈法案》	2018
	《尝试权法案》（Right-To-Try）	2018
法规	《联邦法规法典》（Code of Federal Regulations，CFR）	定期更新
行业指南（部分）	《人体细胞治疗和基因治疗的考量》	1991
	《人类体细胞治疗和基因治疗指南》	1998
	《人类细胞、组织、细胞和组织产品捐赠者资格的确定》	2007
	《FDA 评审和赞助人指南：人类体细胞治疗新药研究申请（IND）化学成分生产和控制（CMC）内容和审评》	2008
	《细胞和基因治疗产品的药效试验》	2011
	《细胞和基因治疗产品的临床前评估》	2013
	《细胞和基因治疗产品早期临床试验设计的思考》	2015

续表

分类	名称	年份
行业指南（部分）	《基因治疗微生物载体的推荐》	2016
	《再生医学先进治疗的设备评估》	2019
	《基因治疗严重情况的加速程序》	2019
	《人体细胞、组织以及细胞和组织产品监管考虑：最小操作和同源使用》	2019
	《嵌合抗原受体（CAR）T细胞治疗的研发考量》	2022
	《涉及人类基因组编辑的人类基因治疗产品》	2022

三、监管方式

美国联邦法规21CFR1271中对细胞产品的范围做出了明确的定义：人体细胞、组织以及细胞和组织产品是指“含有人体细胞或组织，或由人体细胞或组织构成的物品，这些物品用于植入、移植、注入或转移至人体”。细胞产品的种类很多，依据细胞来源，可分为源于病人本身（autologous）、其他授予者（allogeneic）和其他物种来源（xenogeneic）三类。

如表12-2所示，在监管中，美国依据细胞产品的风险性的高低，将其管理分为PHS Act 361产品与PHS Act 351产品两大类管理。一类是低风险的细胞产品（即PHS第361条所规管的细胞产品），主要针对自体来源、最小化处理和同源使用的组织细胞产品。该类产品不需要向FDA提出临床试验申请，但需要对其研发机构和产品进行注册和登记。值得注意的是，非生殖细胞还需要符合21CFR1271 D部分优良组织规范（GTP）的要求。第二类是高风险的细胞产品（即PHS第351条所规管的细胞产品），第一类细胞品外的细胞产品均被划分为此类产品。由FDA的生物制品评估研究中心（Center for Biologics Evaluation and Research，CBER）统一负责审批，除需遵守21CFR1271 D部分优良组织规范（GTP）和C部分捐赠者适用性（Donor Eligibility）之外，与低风险的细胞产品相比，还需要受通用良好制造规范的监管，并完成IND和生物制剂许可申请（Biologics License Agreement，BLA）。

表12-2　PHS Act 361产品和PHS Act 351产品对比[11]

项目	PHS Act 361产品	PHS Act 351产品
风险程度	低风险	高风险
FDA注册申请	不需要向FDA提交申请的细胞/组织产品，但需要对其研发机构进行注册和产品登记	除需进行研发机构注册和产品登记外，必须向FDA提交申请注册的细胞/组织产品
产品要求	必须同时满足以下四个要素：①只经过最低程度的体外处理且不改变其原有生物特性；②执行与内源功能相似的作用；③未与其他药品或医材成分并用；④不会对患者的身体产生系统性作用	不符合低风险类产品四个要素的都被归为属于高风险类产品

续表

项目	PHS Act 361 产品	PHS Act 351 产品
清单举例	骨（包括去盐的骨）、韧带、肌腱、筋膜、软骨、眼组织（角膜及巩膜）、皮肤、血管移植物（静脉或者动脉）不包括保存的脐带静脉、心包膜、羊膜、硬脑膜、心脏瓣膜的同种异体移植、来源于外周血或脐带血的造血干细胞、精子、卵子、胚胎	培养的软骨细胞、培养的神经细胞、淋巴细胞免疫治疗、基因治疗产品、人类克隆、采用基因转移技术的用于治疗的人细胞、无关联的同种异体造血干细胞、无关供者的淋巴细胞输注

对于 PHS 第 351 条所规管的细胞产品，与所有其他的生物制品注册认证流程类似，如图 12-1 所示。

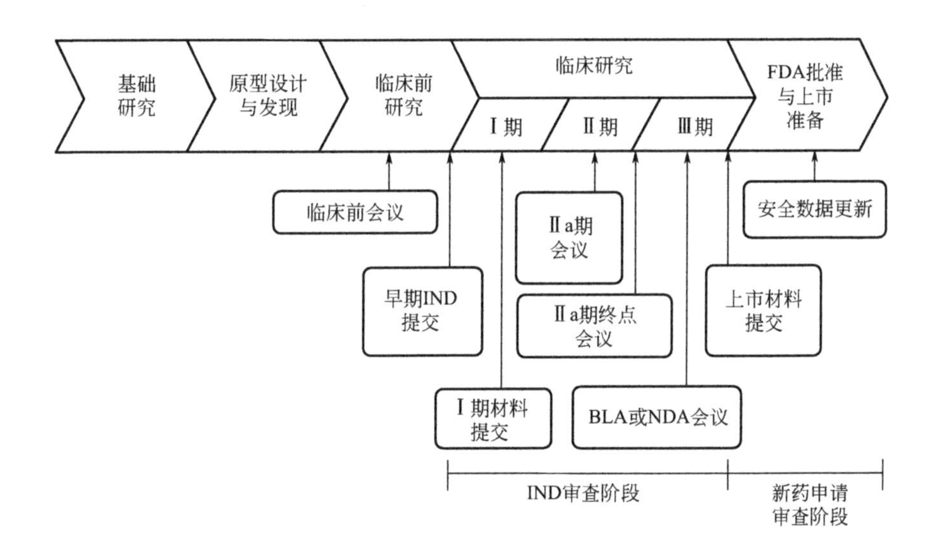

图12-1 FDA生物制品审批流程[12]

细胞及基因产品的 FDA 认证除了与其他生物制品通用要求和规定外，还有以下几点在进行 BLA 申请时需要注意：

① 在 BLA 阶段，由细胞、组织和基因治疗顾问委员会参与其中的讨论。

② 在提交 IND 之前，需要首先完成临床前期的化学成分生产和控制（Chemistry manufacturing and control，CMC）。CMC 的目的在于确定产品的类别、品质、纯度和效能。

③ 有别于其他生物制药产品的是，一般的生物制药产品在提交 IND 时需要同时提交效能实验的数据，但是由于细胞和基因治疗产品的特殊性和复杂性，其在 IND 申请时，FDA 接受渐进的效能实验的模式，即 FDA 接受效能实验的数据在后续实验过程中逐步形成并有所改变。

④ 2004 年 11 月，FDA 宣布了 HCT/Ps 产品的“良好组织规范”(GTP)。

从审批通道来看，美国FDA有四条特别审批通道，即快速通道（Fast Track）、优先审评（Priority Review）、加速批准（Accelerated Approval）和突破性治疗（Breakthrough Therapy Designation，BTD）。进入特别审批通道的条件有两个，即目前无有效药物、新药能填补空白或者新药在有效性（或安全性）上有明显优势。再生医学先进治疗（RMAT）是2016年12月美国修改《21世纪治愈法案》的再生医疗条款时，为了加速创新再生治疗的开发和审批而制定的一种快速通道制度。RMAT资格认定包括了快速通道资格和突破性药物资格的全部优惠政策，包括与FDA进行早期互动、优先审查、加速审批的可能性。在目前上市的细胞治疗产品中，再生医学先进治疗认定、突破性治疗和优先审评是最主要使用的快速审批途径。

此外，FDA对于特殊群体还制定了多项鼓励政策，如扩大准入（Expanded Access）。扩大准入的使用计划可以追溯到1987年，但在2009年进行了修订，扩大准入是FDA针对所有药物设定的，细胞治疗产品同样包括在内，即在无治疗选择的情况下，医生可以给患者没有经过FDA批准的药物，这项措施给无治疗选择的临危患者带来治疗的可能性。此外，《孤儿药法》的相关激励政策也同样适用于细胞治疗产品。

从上市后监管来看，与其他药品类似，在细胞和基因治疗产品经历新药申请审评程序并被批准上市后，FDA还需对药品的安全性进行持续的监察和监管。由于基因治疗产品是通过对人体长期或永久性的作用来达到治疗效果，患者出现延迟性不良事件和不可预测结果的风险增加，为了减轻这种风险，需要进行长期监测。2020年1月，FDA颁布了《人类基因治疗产品给药后的长期随访指导原则》，对细胞和基因治疗产品的临床及上市后安全性研究提供了详细的指导。该指导原则中列举了不同细胞和基因治疗产品发生延迟性不良事件的潜在风险，并给出了评估细胞和基因治疗产品发生延迟性不良事件风险的建议。对于使用了基因编辑技术、载体序列融合或人类基因组改变等风险高的产品，要求其临床试验中包括长期随访观察。长期随访的持续时间应根据产品特性、给药途径及在体内的存留时间等因素来确定。指导原则还就不同产品类型给出了建议，例如使用整合载体（如慢病毒、逆转录病毒和转座子）的产品观察时间为15年，基因组编辑产品的观察时间最长15年。考虑到产品上市之前的临床研究通常不会超过15年，产生的安全性数据可能无法显示所有延迟性不良事件，因此建议在产品上市后要持续进行长期随访观察。对此，指导原则建议在生物制品许可申请（BLA）中提交上市后研究方案、统计分析计划和预期研究时间表以及药物警戒计划（Pharmacovigilance Plan，PVP）。在BLA审查期间还将评估是否需要实施风险评估和缓解策略（Risk Evaluation and Mitigation Strategy，REMS），以确保产品的收益大于风险。相关的指导原则还有《在生产和随访过程中，基于逆转录病毒载体的人类基因治疗产品的逆转录病毒复制能力检测》，考虑到逆转录病毒载体的潜在复制风险，专门针对使用该病毒载体的基因治疗产品在随访过程中进行逆转录病毒复制能力检测提出了具体建议。

以已上市的产品 Kymriah 为例，根据 FDA 网站所公布的信息，由于药物警戒系统不足以评估与产品使用相关的继发恶性肿瘤的严重风险，因此 FDA 确定了一项上市后要求（Post-Marketing Requirement，PMR），即一项前瞻性、多中心、观察性的上市后安全性研究，以评估 Kymriah 的长期安全性及其治疗后发生继发恶性肿瘤的风险，该研究要求对至少 1000 名接受 Kymriah 治疗的患者进行为期 15 年的随访。持有人要定期向 FDA 报告上市后研究及临床试验状态，并在规定时间节点提交最终报告。上市后承诺（Post Marketing Commitment，PMC），包含一项关于某载体的分析方法验证研究，持有人要每年报告 PMC 的状态，并在完成研究后提交最终报告。此外，FDA 还要求提交一份风险评估与减轻策略（Risk Evaluation and Mitigation Strategy，REMS），REMS 由确保安全使用的要素、实施系统和提交 REMS 评估的时间表组成，以对上市后的产品进行风险管理[13，14]。

四、政策特点

（一）根据技术发展实时更新配套政策指南

FDA 细胞基因治疗相应配套政策指南十分完善具体，截至 2022 年 4 月，FDA 发布相关指南已超过 30 个，是世界上发布指南政策最多的国家。FDA 科学有效的监管很大程度上归结于 FDA 将技术监督与行政监督相结合，审评人员是各个领域的专家，且 FDA 十分鼓励审评人员和企业互动。在细胞治疗发展的早期，监管部门和企业的频繁交流有利于增加彼此的专业知识，使管理更加科学、研究更加规范。

（二）依据产品风险等级实施分类管理

FDA 根据细胞治疗产品的风险高低，采取不同的管理模式。FDA 对低风险的细胞免疫治疗产品会进行定期检查，低风险的细胞免疫治疗产品上市不需要向美国食品药品监督管理局提出申请；而高风险的细胞免疫治疗产品则需要向美国食品药品监督管理局提出申请。

（三）通过丰富的加速审批通道促进产品尽早上市

美国是监管加速程序分类最细致的国家，根据不同产品的具体情况给予不同阶段的加速。细胞基因治疗在治疗严重疾病、满足未满足的医学需求上有巨大潜力。对于治疗严重疾病的细胞基因治疗产品，在保证其有效性和安全性的前提下，FDA 依据相关法律制定一系列措施加速审批进程，提高产品的可及性，包括：快速通道、加速批准、优先审评和突破性治疗，以及再生医学先进治疗认定。

第二节　欧　盟

一、发展规划

欧盟自1984年开始实施“研究、技术开发及示范框架计划”，简称“欧盟框架计划”[15]，是欧盟成员国和联系国共同参与的中期重大科技计划，具有研究水平高、涉及领域广、投资力度大、参与国家多等特点。欧盟框架计划是当今世界上最大的官方科技计划之一，以研究国际科技前沿主题和竞争性科技难点为重点，是欧盟投资最多、内容最丰富的全球性科研与技术开发计划。迄今已完成实施七个框架计划，第八个框架计划——“地平线2020”正在实施，预算770亿欧元，而2021—2027年的“地平线欧洲”项目预算将提高到976亿欧元，成为欧盟有史以来最大的研究和创新资金计划。欧盟框架计划是欧盟层面资助细胞治疗的最主要平台。欧盟框架计划建立了针对性的细胞治疗与基因治疗资助计划——CliniGene（2006—2011）计划，出资6580万欧元推动欧洲临床细胞治疗与基因治疗的发展。“地平线2020”是欧盟最大的科研创新框架计划，其中细胞治疗与基因治疗获得4910万欧元资助[16]。

在国家层面，2013年，英国细胞治疗中心（Cell Therapy Center，CTC）发起建立细胞治疗产品数据库，该数据库囊括了该国所有正在进行之中的临床试验项目。建立这个数据库的目的是要扩大研究合作，将更多的早期试验推进到后期开发阶段。该数据库的建设得到了英国技术战略委员会（Technology Strategy Board，TSB）的资助，委员会承诺每年向CTC投入约1650万美元资金以完成该5年的建设计划，其中包括支持细胞治疗产品开发的试点项目等。2016年6月，法国政府宣布投资6.7亿欧元启动基因组和个体化医疗项目，项目为期10年，将重点开展基因组学、个体化医学、基因治疗等研究。

二、法律法规

欧盟药品管理局（European Medicines Agency，EMA）对于细胞和基因产品按照人用药品进行管理。将基因治疗产品、细胞治疗产品和组织工程产品定义为先进治疗医学产品（Advanced Therapy Medicinal Product，ATMP），包括体细胞治疗、基因治疗或组织工程为基础的人用药品。如表12-3所示，EMA以专门的规定对此类产品进行集中审评管理，包括产品生产要求、技术要求、获准上市的程序、临床试验要求等。2004年颁布《人体组织和细胞捐赠、获得、筛选、处理、保存、贮藏和配送的质量和安全标准》；2007年，在对之前相关法规进行整合的基础上，颁布了《先进治疗医学产品法规》，并成立了先进治疗委员会（Committee for Advanced Therapies，CAT），负责 ATMP 的监管和咨询，相关工作于 2008 年 12 月 30 日正式实行。

值得关注的是，《先进治疗医学产品法规》中提出了“医院豁免”条款，允许医生在经过安全性和有效性验证后，为患者个体进行治疗，主要限定于在医疗机构中进行的个体细胞治疗。豁免权需由欧盟各国家修订至本国的相关医学产品治疗法规后才可执行。目前，英国、德国等已经建立相关法规体系，但也有许多国家尚未完成修订法规的工作。

欧盟针对基因治疗和细胞治疗产品还制定了一系列科学指导原则（表 12-3）。这些指导原则提出了对 ATMP 的研发和监管要求，如基于风险的产品开发途径和评价理念、对于细胞和结构组分之间相互作用的特殊要求、对于临床 / 非临床的灵活性考虑、对于药品临床试验管理规范（GCP）的特殊要求，以及关于上市后安全性、有效性跟踪和风险管理的特殊考虑等。如 2008 年 9 月公告《人类细胞医学产品指导原则》取代了 2001 年发布的《体细胞医学产品制造和质量控制要点》。细胞和基因治疗产品按照药品申报，由 EMA 下设的先进治疗委员会这一多学科委员会进行审评，审评意见交由人用药品委员会（Committee for Medicinal Products for Human Use，CHMP）作出最后建议，最终推荐 EMA 批准。

表12–3　欧盟细胞治疗监管主要法律法规与指南规范

分类	名称
法律	《医药产品法》（Medicinal Products 2001/83/EC）
	《医疗器械法》（Medical Devices 93/42/EEC）
法规	《先进治疗医学产品法规》（Regulation 1394/2007/EC）
指南规范	《人体组织和细胞捐赠、获取、检测、处理、保存、储藏和配送的质量安全标准》（Directive 2004/23/EC）
	《人体组织细胞的捐赠、采集与检测技术规范》（Directive 2006/17/EC）
	《人体细胞组织可溯源技术标准、副作用警告与处理、保藏、配送的技术要求》（Directive 2006/86/EC）
	Commission Directive
	《植入人体组织与细胞质量与安全的等效性标准流程》（Directive 2015/566）
	《癌症细胞免疫治疗药物产品的有效性监测指南（2007）》
	《软骨修复的软骨细胞产品意见书（2009）》
	《异种基因细胞治疗产品指南（2009）》
	《干细胞医药产品意见书（2010）》
	《先进治疗产品安全性与有效性的监测评估指南》
	《基因修饰类细胞产品指南》

三、监管方式

从组织管理方式来看，欧盟主要通过先进治疗委员会和人用药品委员会两个机构对细胞治疗产品进行管理。根据 Regulation 1394/2007/EC 规定，EMA 成立一个专门针对高级治疗药物产品（Advanced Therapy Medicinal Product，ATMP）的评估监管委员会，即先进治疗委员会（Committee for Advanced Therapies，CAT），职能包括且不限于：①评估高级治疗药物产品质量、安全性和有效性；②提出分类建议；③评估中小微企业认证质量和非临床数据；④科学建议；⑤参与高级治疗药物产品疗效跟踪、药物警戒和风险管理等一系列围绕高级治疗药物产品质量安全、评估、科学建议等活动。近年来，CAT 积极举办一系列会议和论坛加强行业交流，包括行业内组织、企业、学术界、患者和临床医生等，积极的对话交流有助于科学决策。人用药品委员会（Committee for Medicinal Products for Human Use，CHMP），负责对人用药品进行科学评估，以确定其质量、安全性、有效性和风险。人用药品委员会根据先进治疗委员会的意见草案提出批准药品许可与否的建议，该建议最终交由欧盟委员会作出裁定。

从产品审批角度，欧盟采用的是集中授权程序。欧盟是由 27 个成员国组成，集中授权程序是上市许可由 EMA 统一评估、欧盟委员会批准在欧盟市场上市，无需各成员国单独评估批准。所有先进治疗产品由 EMA 进行集中授权，在高级治疗药物产品获得批准和上市之后，像所有药品一样，EMA 将继续监测安全性和有效性。同时向申请人提供相关科学支持。集中授权程序有利于提高产品在欧盟市场的可及性。一般经过两轮审查，在审评过程中，CAT 起草质量、安全性和有效性方面的意见交给 CHMP，由 CHMP 向欧盟委员会提出建议，最后由欧盟委员会作出最终决定。

如图 12-2 所示，高级治疗药物产品管理分为 3 个部分：研发阶段、上市许可阶段和上市后阶段。在研发之前申请人可以向 EMA 寻求研究设计和方法指导，EMA 的科学建议并非对药物的预先评估，不保证某种药物将获得上市许可。科学建议是自愿的且不具有约束力，除特殊情况之外，申请人向 EMA 支付费用。

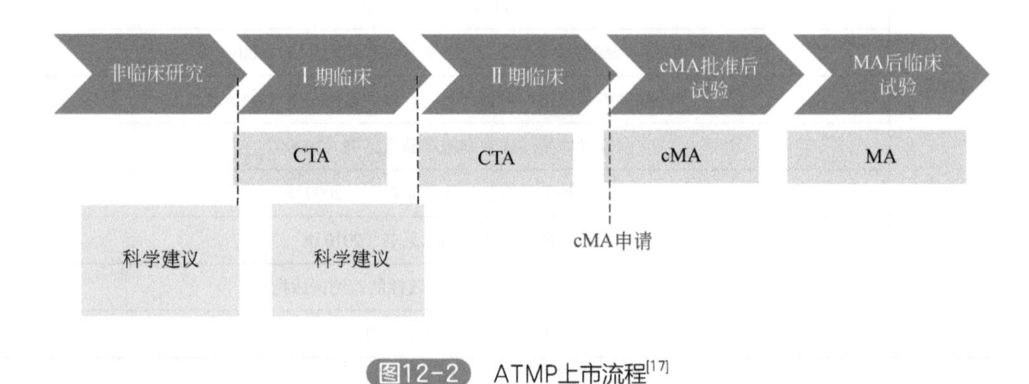

图12-2 ATMP上市流程[17]

临床试验批准（Clinical Trial Authorization，CTA）

附条件上市许可（conditional Market Authorization，cMA）

上市许可（Market Authorization，MA）

（1）研发阶段

试验须有临床试验批准（Clinical Trial Authorization，CTA），CTA 在每个成员国内独立进行。一般分为三期试验，Ⅰ期试验为人首次试验，证明安全性；Ⅱ期试验证明药物质量、相关安全性和作用机制；Ⅲ期为证明有效性的关键试验。由于伦理问题，很多高级治疗药物产品的试验不针对健康人群，如果Ⅰ期、Ⅱ期试验合并为一期试验证明安全性和初步有效性，Ⅲ期的确认性试验的数据将用于上市许可申请提交到 EMA。上市批准后，仍然需要继续研究。

评估开始前的几个月，EMA 为申请人提供相应合规指导。以收益大于风险为评估原则，EMA 评估内容包括：①针对的患者群体和未满足的医疗需求；②药物的质量，包括其化学和物理性质，例如稳定性、纯度和生物活性；③是否符合实验室测试、药品生产和临床试验的国际要求；④药物的作用机制；⑤药物代谢；⑥在患者中观察到的益处和副作用，包括儿童或老年人等特殊群体；⑦药物上市后将如何管理和监测风险；⑧上市后打算从后续研究中收集哪些信息。有关药物的任何（已知的或潜在的）安全性问题的信息、药物获得批准后将如何管理和监控风险、在批准后从后续研究中收集哪些信息称为“风险管理计划（Risk Management Plan，RMP）”。提供给患者和医疗保健专业人员的信息也必须由申请人提供，由 CHMP 审核并同意。此外，申请人需要向 EMA 支付评估费用[17]。

（2）上市许可阶段

上市许可申请（Market Authorization Application，MAA）和美国的 BLA 相似。大多数创新药均由 EMA 评估并获得欧盟委员会的授权才能在欧盟市场上销售，为鼓励 ATMP 的研究和开发，欧盟执行了一些特殊的支持鼓励政策，如减免申请人向管理部门支付的部分费用、申请人可从欧盟获得更多科学支持和帮助等。

（3）上市后阶段

药品上市后，EMA 会持续评估其安全性和有效性，并为研发者提供科学支持以帮助其设计药物警戒和风险管理系统，用于监控上市药品的安全。EMA 有一个专门的委员会，即药物警戒风险评估委员会（PRAC），负责评估和监视药物的安全性，确保 EMA 和欧盟成员国在发现问题后能够迅速采取行动，保护患者和医护人员安全。

此外，除了传统的审批程序，欧盟还采用了多种创新的监管手段加速细胞治疗产品的上市。2004 年，欧盟建立加速审评（Accelerated Assessment）程序，对于具有重大公共卫生利益或对治疗创新有重大意义的药物，显著减少了欧盟药品审评时间。加速审批程序包括与欧盟人用药品委员会（CHMP）、药物警戒风险评估委员会（PRAC）或先进治疗委员会及时沟通，讨论加速审评提案，并可获得包含在应用程序中的数据包和风险管理计划。但该类加速审评程序对药品审评的加速程度仍然非常有限。2006 年，欧盟建立附条件上市许可（conditional Marketing Authorization，cMA），其目的是在应对公共卫生紧急状况时，可尽早让公众获取未被完全证明药效的药物。其认定资格包括：①用于治疗、预防或诊断严重损害或危及生命的疾病的药品；②预期用于紧急情况的药品；③罕见病用药。获得批准的药物可以在药品风险和获益之间平衡，在数据不完整的情况下仍批准上市许可，但需要在上市后完成确证性临床试验，有效期为1年，可根据更新的临床数据进行延续。

2016年3月，EMA推出了优先药物（Priority Medicines，PRIME）计划方案，旨在加速医药短缺领域药品的审评进程。尽管PRIME与FDA突破性疗法认定（BTD）有所重叠，但仍有所差别。入围PRIME的候选药物临床研究程度更低，而创新性更强。如学术机构或中小型药企在临床前研究和药物耐受性试验取得突出的数据，就更有早期进入PRIME方案的机会。一旦获得PRIME认定，EMA会采取一系列措施与研发企业持续沟通和跟进。2019年4月南京传奇生物科技有限公司与强生制药子公司杨森制药共同开发的基于B细胞成熟抗原（B cell maturation antigen，BCMA）靶点、用于治疗多发性骨髓瘤的CAR-T细胞治疗获得了PRIME认定。

除此以外，医院豁免条款也是欧洲细胞治疗监管体系的特色之一。根据ATMP法规的规定，非商业研发的ATMP不需要申请上市许可。在医院豁免条款中，如果这些ATMP仅在某个成员国的医院中使用，由医生全权负责，并且遵守为特殊患者定制的个人处方规定。具有可证明的有效性和安全性，不需要按照欧盟的集中程序。ATMP的这种非常规应用目的在于促进学术团体、医院或非营利组织对先进治疗的研发。

和美国一样，欧盟针对特殊情况的ATMP也采取了激励措施。孤儿药认定的ATMP的激励措施包括在上市许可后有10年市场独占权、量身定制的科学建议、减少科学建议收费等。针对研发儿童药申请者的鼓励措施：采取集中审评程序、儿童孤儿药产品增加两年（共12年）市场独占权、减免费用等。同时允许同情使用程序，即对没有其他选择的患者的临终治疗，患者可以选择未经上市批准的药品。

从上市后监管来看，类似于美国对PMR和PMC的区分，欧盟的药品上市后安全性研究既有应监管部门强制要求而开展的研究，也有持有人自愿开展的研究。对于细胞治疗产品，EMA专门针对此类药物制定了上市后研究的指导原则《先进治疗药物的安全性和有效性随访和风险管理指导原则》。该指导原则就先进治疗药物上市后药物警戒、风险管理计划、安全性和有效性随访等内容进行了详细规定。在安全性方面，指导原则指出在为某个具体的先进治疗药物制定风险管理计划时，应综合考虑已确定重大风险、潜在重大风险及缺失信息等问题，并列出了先进治疗药物在制造、应用和随访等各环节的风险，包括活体捐赠者的风险、与产品质量特征相关的患者风险、产品储存和分发的患者风险、与给药程序相关的患者风险、产品在患者体内持续存在的风险等。在有效性方面，考虑到先进治疗药物在上市前临床数据有限，全面的有效性评估需要几年的随访，因此产品上市后仍需在现实应用中进行评估。对于安全性和有效性随访方案，指导原则指出了方案的设计要点，包括随访的样本量、疾病进展及产品疗效、密切接触者和后代的安全性跟踪等[18]。欧盟通过集中审批程序在2018年先后批准上市了Kymriah和Yescarta两款CAR-T产品。在审批中将两款产品认定为孤儿药，且需要额外监测。额外监测是指该药物相比于其他药物，会受到监管机构更密切的监测，以加强对临床证据欠完善的药物进行不良反应报告。根据

EMA 网站所公布的信息，Kymriah 在欧盟上市后，产品的上市后研究情况如下。在安全性方面，风险管理计划中列出了 Kymriah 产品的安全性考虑，对识别的每一项风险都提出了风险最小化措施，并要求对风险最小化措施的有效性进行评估。药物警戒计划中除了常规药物警戒外，还引入了两项额外药物警戒措施：一是非介入性研究，对来自两个注册机构的数据进行二次使用，以评估接受 CAR-T 细胞治疗的恶性肿瘤患者的长期安全性；二是对接受基于慢病毒的 CAR-T 细胞治疗的患者进行长期随访，以描述与 CAR-T 细胞治疗有关的延迟性不良事件，并监测外周血中 CAR 转基因的持久性，监测慢病毒的表达，评估 CAR-T 的长期疗效。监管部门要求这两项额外药物警戒活动提交年度安全性报告和 5 年中期报告。在有效性方面，持有人与监管机构达成一致，承诺开展一项上市后有效性研究，收集 Kymriah 在真实临床中治疗 3 岁以下患者的数据，进一步评估产品在 3 岁以下患者中的疗效和安全性，以支持收益和风险评估 [19]。

四、政策特点

（一）纳入先进治疗医学产品进行管理

欧盟是世界上第一个颁布专门针对细胞治疗、基因治疗或组织工程为基础的人用药产品法律的地区，采用“集中程序”有利于产品在欧盟各个成员国上市。欧盟设立了按照先进治疗技术医学产品进行临床研究与申报，由欧洲药品管理局（EMA）负责审批和管理以及遵循医院豁免条款由医院决定对患者的治疗应用两条路径。集中审批程序大大节省成员国药政当局和申请者的人力、物力和财力，有利于产品在整个欧盟市场范围内的流通。

（二）首次提出了医院豁免条款

欧盟法规对于 ATMP 产品提出了医院豁免条款，对某一医生进行的为患者个体进行的治疗应用行为进行豁免。该条款允许欧洲医院在经过基础研究、临床研究验证有效性与安全性之后，可以生产小规模的细胞产品用于特定的患者，主要是临床中心进行自体细胞治疗。该政策极大地激励了以研究机构为主体的细胞治疗技术的发展。然而，该政策也存在一定的弊端。首先，医院豁免条款中的医疗机构仅需遵守国家质量和安全标准，由于不受严格标准的限制，医院豁免的研发成本低于企业，持续使用可能会对商业产品构成威胁。其次，医院豁免措施在不同成员国以不同方式执行，医院豁免计划在欧盟成员国中的实施不平衡、标准不统一，涉及安全性和有效性的临床问题同样成为一大困境。医院豁免的真正价值是在患者毫无治疗选择情况下提供一种治疗方案，限定其应用场景。

（三）成立先进治疗委员会针对性管理

在先进医学产药品审评工作中，EMA 属下的先进治疗委员会（Committee for Advanced Therapies，CAT）发挥了核心作用。CAT 根据审评结果，起草有关先进治疗药物的质量、安全性与功效的意见草案。将其发送给人用药品委员会（CHMP）。CHMP 依据 CAT 的意见形成建议，建议欧盟委员会是否批准相关药物。

（四）通过快速审评通道加速产品上市

与美国相似，针对细胞治疗产品的特性，欧盟的监管框架也构建了多个快速审批通道，目前，针对细胞治疗的主要包括优先药物审批（PRIME）、附条件上市许可（cMA）以及加速审评（Accelerated Assessment）。总体来看，EMA 从药物研发的早期阶段就为制药企业提供了诸多政策支持，增加申请者与政府的沟通，加大针对患者的医疗需求尚未满足药物研发支持，进一步促进了患者更早地获得医疗需求大或具有治疗优势的创新药。

第三节　日　本

一、发展规划

生物医药领域一直是日本重点攻略的科技新兴领域，在整体的科技资助方面，《科学技术基本计划》是日本最重要的国家级科技计划，其中，生物医药，特别是干细胞为代表的再生医学始终是支持的重点。2016 年，日本内阁会议审议通过了《第五期科学技术基本计划（2016—2020）》，将再生医疗、组学研究、生物资源库构建、生命伦理研究等作为实现健康长寿社会战略目标的重点举措[20]。2021 年 3 月 26 日，日本内阁府公布《第六期科学技术创新基本计划（2021—2025）》，计划从世界秩序面临重组、气候变化及新冠疫情蔓延等角度进行了现状分析，旨在实现超级智能社会（Society 5.0）的总目标，并为此制定了三大目标：①打造可持续发展且具有韧性的社会；②建立综合知识系统，促进新价值创造；③培育面向新型社会的人才，同时特别提出要强化促进科技政策创新的体制[21]。

此外，日本的干细胞研究在全球独树一帜，日本的领先地位与其对该领域的重视和布局紧密相关。2007 年 11 月，日本京都大学等科研机构在诱导性多能干细胞研究取得进展后，日本文部科学省决定在未来 5 年内投入 70 亿日元，用于支持非胚胎性干细胞等再生医疗领域的研究。新投入的经费将重点用于开发能大量培养人类 iPS 细胞的方法，并用于包括动物实验的再生医疗研究，建立并完善 iPS 细胞库。日本政府还及时确立了相关方针、政策，形成了包括经济产业省、文部科学省、厚生劳动省等全国主要相关部门在内的政府管理体系。2008 年日本综合科学技术会议决定，2008 年日本在 iPS 细胞的相关研究上投入共超过 30 亿日元。此外，为加强再生医疗机构的建设，厚生劳动省 2008 年投入超过 10 亿日元，制订利用 iPS 细胞实现再生医疗的基本安全准则，支持经济产业省的相关制药技术和 iPS 细胞制作技术的研究。在各项政策和资金的保障下，日本的 iPS 细胞研究已经形成合力[22]。在临床转化的推动方面，2014 年，日本健康与医疗战略推进本部公布了《健康医疗战略》，要求利用日本最尖端的医疗技术，建设健康长寿社会。在 2020 年前将国民的“健康寿命”即无需日常护理而能独立生活的时间延长 1 年以上，从而促进经济增长。战略提出，要将研究重点放在癌症、感染症和老年痴呆症上，要促进大学等单位将有关基础研究成果转化为新药和新型医疗器械，并早日产业化。而在医疗一线发现的课题要积极反馈到基础研究中，实现“循环型研究开发”。2015 年 4 月，日本设立日本医疗研究开发机构（Japan Agency for Medical Research and Development，AMED），由日本内阁、文部科学省、厚生劳动省、经济产业省共同主管，依据日本《健康医疗战略推进法》和《国立研究开发法人日本医疗研究开发机构法》开展日常事务。部门的创立最早源于 2013 年《日本再兴战略》中对医疗领域中的研究开发司令部的设想。设立医疗研发机构的目的就是使得医学领域的基础研究和实际应用开发得以无缝衔接，支持大学和研究机构开展研究[23]。

二、法律法规

日本政府修订并出台了一系列有关再生医学的新法规，建立更加高效的通道促进细胞技术转化到临床应用，以保持日本在再生医学领域的研究治疗优势。2012 年，京都大学的山中伸弥因在诱导多潜能干细胞方面的研究获得了诺贝尔生理学或医学奖。

2013 年 5 月，日本国会通过了《再生医学促进法》（Regenerative Medicine Promotion Law），成为根本性改革的起点（表 12-4）。2014 年，颁布了《再生医学安全法》（The Act on the Safety of Regenerative Medicine，ASRM），适用于医院的临床研究；修改了原来的《药事法》（Pharmaceutical Affairs Law，PAL），增加再生医疗产品管理，成为新的《药品和医疗器械法》（Pharmaceuticals and Medical Devices Act，PMD　Act）。三部法律构成了基本的监管基础。《再生医学安全法》允许医院和诊所销售细胞治疗，而无需通过通常类型的试验来证明药物是有效的。为了开始提供这类治疗，医院需要证明他们有一个细胞处理设施，该设施由卫生劳动福利部（Ministry of Health，Labour and Welfare）认证，然后由一个独立的审查委员会通过他们的提案，该委员会也必须获得卫生劳动福利部的认证。《药品和医疗器械法》规定一家公司可以获得“有条件批准”，在全国范围内销售一种治疗方案，而不仅仅是在一家诊所或医院。与 ASRM 不同，该公司需要提供小规模临床试验的疗效数据。然后，该公司可以出售这种治疗方法长达 7 年，在此同时公司必须收集该治疗有效的证据[17]。

此外，日本出台了一系列研究指南规范，包括《干细胞临床研究指南》《再生医疗产品质量指南》《再生医疗产品非临床安全指南》等。2001 年，日本卫生劳动福利部组织干细胞临床研究专家委员会，集中讨论了干细胞技术临床应用的限制范围、临床评估系统、技术向临床转移以及其衍生产品的监管多个问题。2006 年制定了关于干细胞应用安全和有效性的指导方针，以及对投资商和病人的伦理指导和知情同意制度，以确保治疗的安全、透明度以及隐私的保护。这两项指导确定了日本干细胞研究的双重评审系统。日本政府考虑对细胞治疗的监管立法建立分级管理制度，针对诱导多功能干细胞、间充质干细胞、免疫细胞治疗分别制定不同级别的管理办法。

在全球最重视的细胞标准化问题上，日本细胞标准化制备程序完善，从源头支撑产业健康持续发展日本通过两条途径推进细胞标准化处理，从源头把控风险。一是制定完备的细胞标准化制备指导文件。根据三菱综合研究所统计数据，日本目前已发布细胞治疗指导文件共 128 项，针对不同的疾病领域、细胞类型，聚焦细胞采集、细胞制备、质量评价、疗效安全评估以及运输和存储标准等环节，推进细胞标准化制备。二是针对细胞流通展开链式监管。日本厚生劳动省要求企业需获取细胞制备许可证，方可生产并提供细胞制品。获得许可证的企业，需为细胞制品流通负责，并就细胞加工次数、投诉状况、细胞使用情况等情报信息定期向厚生劳动省跟踪报告。根据厚生劳动省数据，目前日本共发放细胞制备许可证 2752 项，对象涵盖医疗机构、研究机构和企业。日本针对细胞流通开展链式跟踪，进一步降低了干细胞风险，为产业持续发展奠定了基础[24]。

表12–4　日本细胞治疗产品主要监管法律法规与指南规范

分类	名称	时间
法律	《再生医学促进法》	2013 年
	《再生医学安全法》	2014 年
	《药品和医疗器械法》	2014 年
指南	《干细胞应用安全和有效性的指导方针》	2006 年
	《基因治疗产品质量安全保证指南》	2008 年
	《干细胞临床研究指南》	2010 年
	《再生医疗产品质量指南》	2013 年
	《再生医疗产品非临床安全指南》	2013 年
	《基因治疗药物质量安全保证指南》	2013 年
	《再生医疗产品无菌和支原体检测指南》	2014 年
	《再生医疗产品上市后调查研究标准条例》	2014 年
	《再生药品安全报告》	2014 年

三、监管方式

再生医疗产品归属《药品和医疗器械法》，包括：①重建、修复或形成人体的结构或功能的组织工程产品；②治疗或预防人类疾病的细胞治疗产品；③基因治疗产品[25]。

日本再生医疗领域的主要国家监管部委包括厚生劳动省（the Ministry of Health，Labor and Welfare，MHLW）、经济产业省、文部科学省和医药品医疗器械综合机构（Pharmaceuticals and Medical Devices Agency，PMDA）。四个机关单位在研究推动、设计开发、许可认定、品质评价、程序审查等具体事务上各有侧重，分工协作。其中与监管相关的主要为 MHLW 和 PMDA。MHLW 负责规划基本政策、依法行政，负责药品和医疗器械的批准、公布紧急安全信息和命令产品退出市场、处理重大突发事件等。无论是药品还是技术，最后的决策都由厚生劳动省批准。PMDA 则负责审查、评估和数据分析：药品和医疗器械研发上市许可的科学审查，药品生产质量管理规范（Good Manufacturing Practice，GMP）/ 药物非临床研究质量管理规范（Good Laboratory Practice，GLP）/ 药物临床试验管理规范（Good Clinical Practice，GCP）检查，咨询、收集、分析和公布有关药品和医疗器械质量、疗效和安全性的信息。在再生医疗产品的监管中，PMDA 负责产品评估。

如图 12-3 所示，日本对细胞和基因治疗产品实行双轨制管理。整体上，仅在诊所或医院等机构内部实施的免疫细胞采集和治疗以及研究者发起的临床研究属于《再生医疗安全法》的管辖范畴，由 MHLW 管理并备案。以产品 IND 和上市为目的的细胞治疗产品或如果有第三方企业等介入免疫细胞的基因操作、加工制备、生产销售等，则由 PMDA 按照修订后的《药事法》管理。

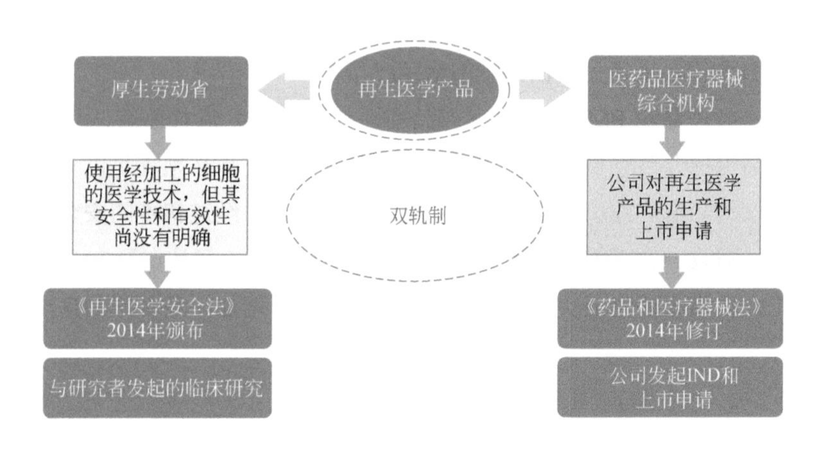

图12-3 日本细胞与基因治疗产品的双轨制监管模式[11]

两种监管方式的开展路径，具体如下：

（1）在医疗机构实施的细胞治疗技术

MHLW 在医疗机构实施的细胞治疗依照《再生医学安全法》进行监管，监管范围包括安全性和有效性未经证实的细胞治疗技术。2014 年以前，细胞治疗只能在具备细胞制备能力的医疗机构开展；2014 年以后，允许向其他不具备细胞制备能力的医疗机构提供细胞治疗产品，供给患者使用。目前已有 40 家研究中心具备了细胞治疗资质并获得批准，主要面向研究者进行的临床研究和类似欧盟“医院豁免”形式的细胞治疗应用。

依据《再生医学安全法》，日本细胞和基因治疗产品按照三级风险进行申报：①未在人体使用过，如 iPS 细胞、胚胎干细胞和导入外源基因的自体或异体细胞等，属于第一级，高风险产品；②已经在人体使用过，如自体间充质干细胞等，属于第二级，中风险产品；③自体细胞肿瘤免疫治疗等，则属于第三级，低风险产品。医疗机构根据风险分级，设立研究计划和实施方案，向MHLW提交申请，MHLW根据不同细胞治疗给患者带来的潜在风险不同，分别设有不同的审批程序。根据风险等级组织再生药物委员会审核，评估结果，听取卫生科学委员会的意见[26]。

在质量控制方面，医疗技术同样需要按照基因、细胞和组织产品制造和质量控制的标准体系（Good Gene，Cellular and Tissue-based Products Manufacturing Practice，GCTP）遵守制造和质量控制标准、设备标准等，细胞加工的设备需要经过MHLW认证。统一规范的标准体系有利于保障患者健康。此外，医疗机构可以将细胞加工委托给经过MHLW批准的商业机构，在这项改革下，如果外国加工机构按照相关标准获得MHLW认证，日本医疗机构甚至可以委托外国加工机构。这将促进学术和商业的早期合作，加快创新，降低细胞加工的成本，同时充分保证过程的质量和安全。

获得批准之后，医疗机构每年须向厚生劳动省报告，包括：①患者数量；②与细胞治疗相关的疾病和残疾发生率；③细胞治疗技术的总体安全性和科学可接受性。再生医学的治疗情况会在网站公布，这体现了监管的持久性和透明性。

（2）以IND和产品上市为目的的细胞治疗产品

日本再生医学产品由PMDA依据《药品和医疗器械法》进行监管，其评估中心下设细胞与组织产品审批办公室负责具体审批事务。再生医学产品必须满足以下条件：适应证为危及生命的疾病，治疗方法为满足需求的创新性产品，并经过初步的安全性和有效性验证，符合相关监管法规政策要求。如图12-4所示，再生医学产品在原有药品9个月审评程序的基础上，在临床研究证实其安全性和有效性之后，增加了条件限制性准入许可。再

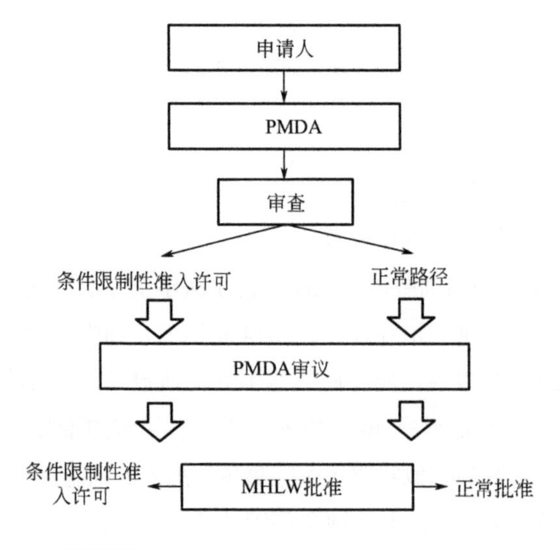

图12-4 日本再生医疗产品上市许可流程

生医学产品开展临床和上市审批周期都大大缩短。条件限制性准入许可时间最长为7年，在临床试验和应用中证明细胞治疗产品有效性后，产品可申请作为再生医学产品正式批准上市。7年时间到期后，可再次申请或退出市场。在条件限制性准入许可期间，PMDA和MHLW有权终止该产品在临床的应用，以保证无效产品不再在市场流通。

此外，日本还为创新药物、医疗器械、体外诊断和再生医疗产品创立了称为“先驱（SAKIGAKE）”认定的加速途径。“Sakigake”在英语中译为“leader”或“pioneer”，它针对：①疾病需要创新治疗；②非临床研究和早期临床试验证明有效；③以治疗严重疾病为目标；④解决未满足的医疗需求；⑤优于现有治疗或弥补现有治疗；⑥在日本市场率先或与其他市场同步上市。SAKIGAKE认定的好处如下：①优先咨询权利（周期由2个月降低至1个月）；②申请前咨询权利；③优先审查权利（周期由12个月降低至6个月）；④加强上市后安全措施，产品批准后延长重新审查期；⑤可能为新产品的溢价定价。

在质量管控方面，日本法律规定了GCTP，保证了产品质量的稳定性。为了进一步确保安全，明确指出医生应为患者提供详尽解释，且需要事先获得患者知情同意。在质量追踪上，医生须保留有关再生医疗产品使用的完整记录。此外，还将再生医疗产品纳入“不良健康影响救济服务”的保护范围内[27]。

在风险管控上，基于细胞治疗技术的高风险性，日本采用了严格的上市后监管政策。因为再生医疗产品使用人/动物活性细胞，差异很大，需要长时间收集数据评估治疗有效性，企业和医疗从业者必须在规定的时间内向PMDA报告严重不良事件、传染性事件或与产品安全性和有效性相关的任何其他问题。PMDA救济系统包括不良反应救济基金系统和感染救济基金系统。医生应向患者告知与产品有关的安全性、有效性和其他信息。产品供应链中的所有相关者必须保存记录以确保可追溯性，以便在感染发生时进行调查。

在上市后的收费机制上，日本允许医疗机构对患者收费，并允许企业在“有条件/期限上市”期间可针对产品收费，降低了医疗机构和企业的成本，提高了企业的积极性；在患者端，日本将再生医学产品纳入了公共医疗保险，规定使用再生医学产品进行治疗的患者，只需负担治疗费用的30%，在最大限度保障患者权益的基础上，提升了产品的可及性。在费用机制方面，日本充分考虑了企业和患者的不同立场，较好地平衡了多方需求，使企业和患者成为双向受益者[25]。

四、政策特点

（一）通过双轨制对技术与产品进行监管

技术和产品分开的双轨管理划分了企业和医疗机构对于细胞治疗的权限，且有专门对应的法律规定，对在医院内进行的细胞治疗技术进行了风险分类管理，高风险类临床研究的审查和认证遵循高标准、严要求，审查程序更加严谨，也提高了对审核专家团队的要求；对企业上市的细胞治疗产品，按照药品上市的标准，其注册试验的各项要求更高，在确定安全性的基础上加快审批，有利于提高产品的可及性和企业创新活力。

（二）通过上市后监管降低快速审批产品的风险

对上市产品实行“条件限制性准入”虽然加速了审批，但是来自 I 期临床试验的数据显然不能提供安全性的确凿证据。对于再生医学产品，不良事件可能有较长的潜伏期，未经过安全性的长期有效论证而直接进入市场，将功效的确定从上市前临床试验转变为上市后监管机制，这从侧面降低了再生医学产品的标准，其长期风险问题有待解决。

（三）细胞标准化制备程序完善

日本通过两条途径推进细胞标准化处理，一是通过制定完备的细胞标准化制备指导文件对细胞采集、细胞制备、质量评价、疗效安全评估以及运输和存储标准等环节进行具体的规定。二是针对细胞流通展开链式监管，日本厚生劳动省要求企业需获取细胞制备许可证，方可生产并提供细胞制品。获得许可证的企业，需为细胞制品流通负责。

（四）将细胞治疗产品纳入公共医疗保险

日本允许医疗机构对患者收取费用，并允许企业在“有条件 / 期限上市”期间可针对产品收费。此外，日本将再生医学产品纳入了公共医疗保险，规定使用再生医学产品进行治疗的患者，只需负担治疗费用的 30%，在最大限度保障患者权益的基础上，提升了产品的可及性，也提升了企业或机构的创新热情。2019 年，日本中央社会保险医疗协议会，批准将 CAR-T 细胞治疗产品 Kymriah，于 5 月 22 日起纳入医保，定价约 3350 万日元（约合人民币 210 万元），据日本厚生劳动省称，此为当前日本纳入医保中的价格最高的药品。“Kymriah”纳入医保后，按照日本公共医疗保险的“高额疗养费制度”来计算，使用“Kymriah”的大部分费用将由日本的公共保险承担，患者最低只需负担 41 万日元的药费，折合成人民币则仅需约 2.57 万元。且只要是持有合法签证、加入日本医保并按期缴纳费用的外国人也适用[28]。

第四节　韩　国

一、发展规划

2005 年 5 月，韩国国家科学技术委员会公布了《科学技术预测调查》，展示了 2030 年前通过发展重点技术使本国经济实现快速发展的目标。韩国政府决定将发展国家重点技术的计划命名为“未来国家有望技术 21 工程”，动员全国力量实现国家扶持的重点技术目标；

6月，韩国组成了“未来国家有望技术委员会”，由23名科学家、各界专家和企业家参与，承担选择“国家有望技术”的工作。一个月后，委员会提出了80个候选重点技术领域，经过社会听证会后确定30个技术领域，再经反复论证，筛选出了21项最重要的技术，其中就包括再生医学科学技术等细胞治疗[29]。

“科学技术基本计划”是根据韩国《科学技术基本法》制定的科技中长期发展规划，每5年规划一次。2018年初颁布的《第四期科学技术基本计划（2018—2022）》提出了韩国未来5年重大战略规划和支撑战略规划的具体任务。其中包括生物医药产业创新发展，从机构设置、对未来社会变化趋势的分析和预测，到具体目标、重点技术任务，都体现了政府对生物医药产业的高度重视和顶层设计。《第四期科学技术基本计划（2018—2022）》认为以人造器官、人工智能等技术为代表的高技术在未来将会得到广泛应用，据此可确定今后5年内的科技发展目标。在生物医药战略目标及重点任务方面，很多与细胞治疗息息相关，其中健康医疗与生命科学领域重点技术任务包含基因组（基因诊断技术、基因治疗技术）、干细胞（干细胞功能调节技术、干细胞技术应用）和新型药物（药物智能优化技术、新型药物开发技术）三个细分领域。在韩国政府研发中长期投资战略中生物医药产业的投资方向层面，将干细胞作为其中的一个重要方向，支持以应用率高的技术为重点开展基础和原创研究，促进干细胞与其他领域的融合研究[30]。

在临床研究建设方面，韩国政府将临床研究服务体系视为社会基础设施的重要组成部分并进行大力支持。在临床研究网络建设方面，韩国致力于建设区域性的临床试验中心，用于协调开展临床试验并确保区域内医院、学术机构所进行的临床试验符合国际标准。保健福祉部投资建立国家临床试验机构，设立专项基金资助新兴技术的创新研发，发起临床试验全球计划，资助医院成立全球卓越中心并形成区域联合体，以推动临床试验发展和能力建设，全面提升国际竞争力，在满足国内临床试验需求的同时吸引全球医药企业进入韩国开展研发活动。此外，韩国政府还批准了大学附属医院、公立和私立医院以及专科诊所等设立临床试验中心，完善临床研究服务体系。

二、法律法规

目前在韩国，细胞治疗产品被韩国食品药品安全部（Ministry of Food and Drug Safety，MFDS）。2013年之前名为韩国食品药品监督管理局（Korea Food and Drug Administration，KFDA）。依据《药事法》《生物制品申请和审查监管条例》作为生物制品进行监管（表12-5）。细胞治疗产品作为特殊的生物制品，为确保其安全性和有效性以及相关产业的有序发展，MFDS制定和实行了一批法规和条例等，并且根据形势的变化进行多次修改（表12-5、表12-6）[31，32]。

受MFDS监管的包括体细胞、干细胞以及此类细胞与支架或其他设备的结合产品。根据立法的基本原则以及不同产品的特性，细胞治疗产品在研发、审批及上市后的管理依照

《药事法》或《医疗器械法》进行监管。

表12-5　韩国细胞治疗产品主要监管法律法规

阶段	相关法律法规
研发阶段	《药事法》（临床试验审批） 《药品毒性试验标准》（药品毒性试验标准）
审批阶段	《药事法》（药品的制造和进口） 《生物制品申请和审查监管条例》（试验方法和规格综述） 《生物制品申请和审查监管条例》（安全性和有效性的审查）
上市后管理	《新药检验标准》 《药品再评价条例》（重新评估） 《药品安全信息管理条例》（安全信息收集） 《药事法执行条例》（分销管理）

表12-6　韩国食品药品安全部公布的关于细胞治疗产品的重要指南

指南名称	发布时间
《关于细胞治疗产品和基因治疗产品的指南》	2004 年
《关于干细胞产品的指南（草案）》	2011 年
《细胞治疗产品命名指南（草案）》	2013 年
《细胞治疗产品有效性测试指南》	2010 年
《关于临床试验中的生物制品的质量要求指南》	2010 年
《微生物安全评估准则指南》	2010 年
《细胞治疗产品支原体检测指南》	2008 年
《行业指南：慢性皮肤溃疡和烧伤创面开发治疗制剂》	2006 年
《干细胞产品致癌性研究的指南（草案）》	2014 年
《关于细胞治疗产品的 GMP 指南》	2012 年
《对生物制品工艺验证的指南》	2012 年

为确保细胞治疗产品相关研究和开发能够安全有序进行，加强其生命周期管理，MFDS 将相关监管事项和审批材料在官方网站进行明确公布。韩国法律中心也为研究者和开发者提供了便捷查询渠道，在不同阶段，不同类型的申请都可以通过电子服务网站提交电子文件。

三、监管方式

在韩国，细胞治疗产品是指通过物理、化学和 / 或生物操作，如在体外培养增殖或筛选自体、同种及异种细胞等方式而制造出来的医学产品。但医生在医院的治疗中对细胞执行最小操作，且不会造成安全问题，这种情况不属于细胞治疗产品上市监管规定范畴。需要指出的是，当被执行最小操作的细胞是在医疗中心以外的公司（或其他商业组织）进行时，这些细胞也被视为细胞治疗产品，需从 MFDS 获得产品批准。

MFDS 是细胞治疗产品的主要监管机构，如图 12-5 所示，由总部、国家食品药品安全研究所（National Institute of Food and Drug Safety Evaluation，NIFDS）和区域办事处三部门组成，总部的生物制药和草药局、药品安全局及 NIFDS 的生物制药和草药评价部、药品医疗器械研究部主要负责生物制品在各个阶段的管理。

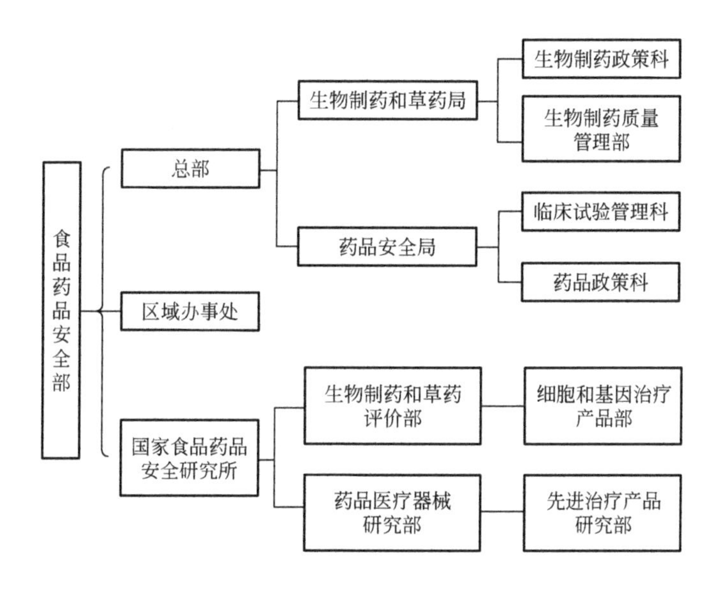

图12-5　细胞治疗的主要监管部门组织架构图[32]

生物制药和草药局下的生物制药政策科主要负责细胞治疗等相关安全政策及营销授权等；生物制药质量管理部主要负责生物制品的重新评估及营销后的监测项目等。药品安全局下的临床试验管理科主要负责制定临床试验政策及相关临床试验批检和监督等；药品政策科负责药品审批管理和孤儿药的指定等。生物制药和草药评价部下的细胞和基因治疗产品部主要负责审查研究性新药、新药应用的安全性和有效性数据。药品医疗器械研究部下的先进治疗产品研究部主要负责药物安全性评估等。MFDS 根据不同部门间的职责分工、权责构建了复杂全面的监管体系，并依据严密的法律法规体系，构建了可操作性强的监管模式，依照此模式，细胞治疗产品实现了从开发到上市直至后续的监督随访完整的监管流程。

对于细胞治疗产品，当细胞在指定医疗机构被操作且大于最小操作时，无论用于临床试验或是上市均需受到 MFDS 的监管（图 12-6）。此外，当细胞在医疗中心以外进行时，这些细胞也被认为是细胞治疗产品，同样受到 MFDS 的审批和监管。细胞治疗产品作为研究性新药 IND 进行临床试验申请，相关的毒理学数据和安全药理学数据必须符合实验室管理规范（GLP）。MFDS 对 IND 临床试验申请材料的审查周期一般为 30d，中央药事咨询委员会负责给出审查建议，审查通过后可进行Ⅰ期～Ⅲ期临床试验。研究性新药的临床试验须严格执行生产质量管理规范（GMP）和临床试验规范标准（GCP）。临床试验结束，药物安全性和有效性确证后可进行新药上市申请NDA，申请审查周期一般为115d。细胞治疗产品在授权销售后进入特定的药物警戒系统，即复查系统和重新评估系统，用于监视药品的安全性和有效性。

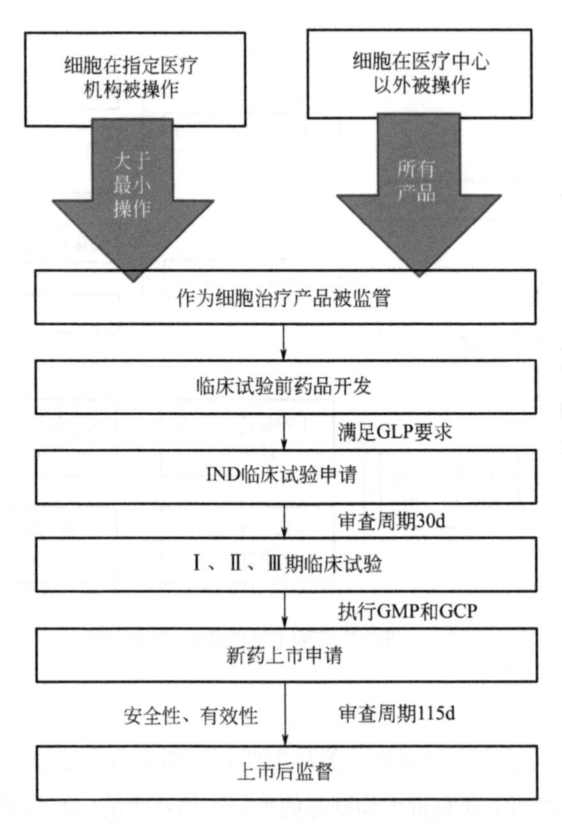

图12-6　韩国细胞治疗监管流程图[32]

为促进细胞治疗研究，韩国MFDS放宽了对自体细胞产品的监管和审批时对数据提交的要求，当Ⅰ期临床试验的数据已发表在专业期刊可以豁免提交数据。此外，MFDS允许上市后再提交特殊药品相关疗效的文件，这些特殊药品是指针对严重的和威胁生命的疾病包括艾滋病和癌症且没有其他可用的治疗可供选择的药品。韩国在全球率先批准了第一个干细胞药品——治疗急性心肌梗死的Hearticellgram。

相比于其他国家的细胞治疗监管政策，韩国的细胞治疗政策有其独特性：

① 临床试验方面，研究性产品的临床试验必须在MFDS指定的170家医院进行，这些医院作为临床试验机构在MFDS的官方网站进行公布。除了制药公司发起的试验（Sponsor

Initiated Trial，SIT），研究人员个人发起的试验（Investigator Initiated Trial，IIT）在没有重大安全问题、仅用于学术研究，并且满足以下条件也可以申请进行研究性产品的临床试验：提交临床方案；获得机构伦理审查委员会（Institutional Review Board，IRB）的批准；有药事咨询委员会相关领域的5位以上专家撰写的临床试验书面知情同意书。

② 针对危及生命且尚无合适治疗方法的疾病的细胞治疗产品，韩国采用了多个快速通道，促进产品的批准上市。一是扩大获取渠道，针对严重疾病的研究性产品在临床试验中被观察到临床有效性，相关负责人可以向MFDS提交包含治疗方案的申请，以允许将研究性产品用于治疗未纳入正在进行的临床试验的患者。相关患者经医学专家确定患有严重的或危及生命的疾病、无法获得替代治疗且治疗无效，则可以在紧急情况下将使用研究性产品的申请提交至MFDS。患者使用研究性产品的相关信息，如不良事件、有效性和安全性随访，也应提交给MFDS。二是快速通道审批，针对威胁生命的疾病如艾滋病或癌症等，处于临床开发阶段且具有足够的临床前数据的研究性产品，可根据探索性临床数据向MFDS提交产品批准申请，以允许在获得销售许可后提交确证治疗性临床数据以及风险管理计划（Risk Management Plan，RMP）。三是使用预审系统，2012年KFDA对细胞治疗产品引入了预审程序，开发人员可以在新药研究的IND和NDA前，提交临床试验申请文件或上市许可申请文件，通过举行中央药事咨询委员会会议进行相关科学和伦理问题的专家咨询以提供建议和反馈。

③ 在上市后管理方面，在细胞治疗产品上市后的监督随访中，为确保产品的安全性，除了要求定期更新安全报告，市场授权持有人还应按规定接受重新审查和重新评估。为降低和控制患者使用细胞治疗产品的风险，持有人还需提交一份全面的不良事件长期随访和RMP相结合的产品安全管理计划。除孤儿药之外，细胞治疗产品应在上市4年或6年后向MFDS提交复审申请及其他相关信息，并保证数据的唯一性，以确认一段时间内常规医疗治疗下发生的任何不良事件。食品药品安全专员会提前向需要接受重新评估的产品持有人发出通知，根据可比较产品的标签和最新文献信息，对已批产品进行安全性和有效性评估。另外，细胞治疗产品根据复审、复评结果每5年进行一次产品审批。

四、政策特点

（一）临床试验必须在指定医院进行

在临床试验方面，研究性产品的临床试验必须在MFDS指定的170家医院进行，这些医院作为临床试验机构在MFDS的官方网站进行公布。

（二）建立快速通道及对特定疾病的治疗通道

特殊细胞治疗产品与常规生物制品采取不同的审批路径。针对重疾的细胞治疗产品研发进程较慢，通过快速通道和预审，在满足相关安全性数据和生产质量标准的条件下加快审批，提高重症患者对于产品的可及性和企业创新积极性。

（三）强调细胞治疗的上市后监管

细胞治疗产品上市后进行长期性、多渠道管理。细胞治疗产品具有风险性不确定、技术更新快、性质多变等特点，进行长期市场监督尤为重要。产品经 MFDS 批准之后仍要进行不良事件长期随访、进行复审和复评等多渠道监督，这有利于降低产品使用风险，推动生物技术健康发展。

第五节　小　结

综上所述，美国、欧盟、日本、韩国均根据本国（地区）情况在细胞治疗领域出台了相关的科技政策，并建立了从法律、法规到行业指南不同层次的监管框架，分级分类管理，促进细胞治疗的医疗技术临床转化。针对各国（地区）细胞治疗政策与监管体系的特点，将相关内容总结如下，如表 12-7 所示。

表12-7　美国、欧盟、日本、韩国细胞治疗政策与监管体系现状

国家	科技计划	监管政策	监管特点
美国	NIH 提升细胞治疗经费支持力度；“精准医学计划”；《面向 2025 年大规模、低成本、可复制、高质量的细胞制造技术路线图》等	《公共卫生服务法案》《FDA 安全与创新法案》《21 世纪治愈法案》《联邦法规法典》《再生医学先进治疗的设备评估》《基因治疗微生物载体的推荐》《细胞和基因治疗产品的临床前评估》等	①根据技术发展实时更新配套政策指南 ②依据产品风险等级实施分类管理 ③通过丰富的加速审批通道促进产品尽早上市
欧盟	欧盟第七个研发框架计划（FP7）、“地平线2020”等	《医药产品法》《医疗器械法》《先进治疗医学产品法规》《先进治疗产品安全性与有效性的监测评估指南》《基因修饰类细胞产品指南》《干细胞医药产品意见书（2010）》等	①纳入先进治疗医学产品进行管理 ②首次提出了医院豁免条款 ③成立先进技术治疗委员会针对性管理 ④通过快速审评通道加速产品上市
日本	《第五期科学技术基本计划（2016—2020）》《第六期科学技术创新基本计划（2021—2025）》《健康医疗战略》等	《再生医学促进法》《再生医学安全法》《药品和医疗器械法》《干细胞应用安全和有效性的指导方针》《再生医疗产品非临床安全指南》等	①通过双轨制对技术与产品进行监管 ②通过上市后监管降低快速审批产品的风险 ③细胞标准化制备程序完善 ④将细胞治疗产品纳入公共医疗保险
韩国	《第四期科学技术基本计划（2018—2022）》等	《药事法》《生物制品申请和审查监管条例》《药品毒性试验标准》《药品稳定性试验监管指南》等	①临床试验必须在指定医院进行 ②建立快速通道及对特定疾病的治疗通道 ③强调细胞治疗的上市后监管

参考文献

[1] 胡泽斌，王立生，崔春萍，等. 干细胞临床应用安全性评估报告 [J]. 中国医药生物技术，2013，8(5): 349-361.

[2] 毛磊. 美政府为首批人类胚胎干细胞研究项目拨款 [EB/OL]. (2002-04-27）[2022-05-02]. http://www. ebiotrade. com/newsf/2002-4/L200242913543. htm.

[3] 新华网. 哈佛大学将建美国最大的干细胞研究中心 [EB/OL]. (2004-03-01）[2022-05-02]. http://www. jiaodong. net/news/system/2004/03/01/000624328. shtml.

[4] 同花顺财经. 诺华放弃 CAR-T 实体瘤项目或是留给创业公司的最好机会 [EB/OL]. (2020-01-02）[2022-05-02]. https://baijiahao. baidu. com/s?id=1654602392293997247&wfr=spider&for=pc.

[5] National Cell Manufacturing Consortium. Achieving large-scale, cost-effective, reproducible manufacturing of high-quality cells A technology roadmap to 2025[EB/OL]. (2016-02-18）[2022-05-02]. https://cellmanufacturingusa. org/sites/default/files/NCMC_Roadmap_021816_high_res-2. pdf.

[6] National Cell Manufacturing Consortium. 2017 roadmap update to achieving large-scale, cost-effective, reproducible manufacturing of high-quality cells[EB/OL]. (2017-07-28）[2022-05-02]. https://cellmanufacturingusa. org/sites/default/files/NCMC-Roadmap-Update_07-28-2017. pdf.

[7] National Cell Manufacturing Consortium. Cell Manufacturing Roadmap To 2030[EB/OL]. (2019-11-08）[2022-05-02]. https://cellmanufacturingusa. org/sites/default/files/Cell-Manufacturing-Roadmap-to-2030_ForWeb_110819. pdf.

[8] 细胞及基因治疗产品 [EB/OL]. (2020-10-21）[2022-05-02]. https://tbt. sist. org. cn/zdcp_75/swyy/mg/jtswyyzpdzcrdcy/201204/t20120405_2005645. html.

[9] FDA. Considerations for the development of chimeric antigen receptor(CAR）T cell products [EB/OL]. (2022-03-16）[2022-05-02]. https://www. federalregister. gov/documents/2022/03/16/2022-05539/considerations-for-the-development-of-chimeric-antigen-receptor-t-cell-products-draft-guidance-for#:~:text=FDA%20is%20announcing%20the%20availability%20of%20a%20draft, and%20academic%20sponsors%2C%20developing%20CAR%20T%20cell%20products.

[10] FDA. Human gene therapy products incorporating human genome editing [EB/OL]. (2020-03-1）[2022-05-02]. https://www. fda. gov/regulatory-information/search-fda-guidance-documents/human-gene-therapy-products-incorporating-human-genome-editing.

[11] 虞淦军，吴艳峰，汪珂，等. 国际细胞和基因治疗制品监管比较及对我国的启示 [J]. 中国食品药品监管，2019，8: 4-19.

[12] Morales C S, Khorasani A A, Weaver J. Closing the gap:accelerating the translational process in nanomedicine by proposing standardized characterization techniques[J]. Int J Nanomedicine, 2014, 9(1): 5729-5751.

[13] FDA. KYMRIAH(tisagenlecleucel）[EB/OL]. (2019-03-28）[2022-05-02]. https://www. fda. gov/vaccines-blood-biologics/cellular-gene-therapy-products/kymriah-tisagenlecleucel.

[14] FDA. FDA approval brings first gene therapy to the United States[EB/OL]. (2017-08-30）[2021-02-23]. https://www. fda. gov/news-events/press-announcements/fda-approval-brings-first-gene-therapy-united-states.

[15] 关健，刘立. 欧盟框架计划的优先研究领域及其演变初探 [J]. 中国科技论坛，2008，1：5.

[16] QuanLiRen2016. 基因治疗的国内外研究进展 [EB/OL]. (2017-12-13）[2022-05-02]. http://www. 360doc. com/content/17/1213/22/29955225_712844182. shtml.

[17] 李玉. 细胞基因治疗监管的国际经验与启示 [D]. 苏州：东南大学，2020.

[18] 田文森，梁毅. 欧美细胞治疗产品上市后研究的经验及对我国的启示 [J]. 中南药学，2021，19(9): 1983-1987.

[19] European Medicines Agency. Kymriah [EB/OL]. (2018-09-19）[2022-05-02]. https://www. ema. europa. eu/en/medicines/human/EPAR/kymriah.

[20] 文部科学省研究振兴局. 日本医療研究開発機構（AMED）設立等の動きについて [EB/OL]. (2018-09-19）[2022-05-02]. http: //www.lifescience.mext.go. jp/files/pdf/ n1514_06.pdf.

[21] 中国国际科技交流中心. 日本内阁：公布《第 6 期科技创新基本计划》[EB/OL]. (2021-10-26）[2022-05-02]. https://www. ciste. org. cn/index. php?m=content&c=index&a=show&catid=73&id=3202.

[22] 黄清华 . 干细胞政策：英国和日本的举国体制与启示 [J]. 科技导报，2012，30(27): 81-81.

[23] 张邦禹，李玉平，徐瑛，等 . 日本临床研究推进计划及其实施效果对中国创新药物的启示 [J]. 中国新药杂志，2020，29(14): 1561-1565.

[24] 聂永星，陈艳萍，赵凯，等 . 日本干细胞双轨制监管对中国的经验借鉴 [J]. 云南大学学报：自然科学版，2020，42(S2): 92-96.

[25] Azuma, Kentaro. Regulatory landscape of regenerative medicine in Japan[J]. Current Stem Cell Reports, 2015, 1(2): 118-128.

[26] Hara A, Sato D, Sahara Y. New governmental regulatory system for stem cell-based therapies in Japan[J]. Therapeutic Innovation & Regulatory Science, 2014, 48(6): 681-688.

[27] Okada K, Koike K, Sawa Y. Consideration of and expectations for the Pharmaceuticals, Medical Devices and Other Therapeutic Products Act in Japan[J]. Regenerative Therapy, 2015, 1 :80-83.

[28] 癌症治愈时代或将来临日本将 CAR-T 细胞免疫治疗 Kymriah 纳入医保 [EB/OL]. (2019-06-12）[2022-05-02]. http://oppo1. yidianzixun. com/article/0MGPP5S5?appid=s3rd_yunos&s=yunos.

[29] 张锦芳 . 韩国决定发展重点科学技术以提升综合国力 [EB/OL]. (2006-08-31）[2022-05-02]. http://news. sohu. com/20050831/n226834102. shtml.

[30] 莫富传，胡海鹏，袁永 . 韩国生物医药产业创新发展政策研究 [J]. 科技创新发展战略研究，2021，5(3): 64-70.

[31] 陈云，邹宜喧，张晓慧，等 . 韩国与日本干细胞药品审批、监管及对我国的启示 [J]. 中国新药杂志，2018，27(3): 267-272.

[32] 李娜，张晓 . 韩国细胞治疗产品监管政策及对我国的启示 [J]. 中国新药杂志，2021，30(7): 584-589.

第十三章 中国细胞治疗政策与监管体系

本章系统梳理了我国在细胞治疗领域的政策与监督体系的发展现状。

第一节 国家层面

一、发展规划

在我国，细胞治疗的发展可追溯到21世纪初，如表13-1所示，在2006年发布的《国家“十一五”基础研究发展规划》中就明确将干细胞研究列入重大科学研究专项规划，建立了“逐步建设以人类为主的含非人灵长类的胚胎干细胞库，建立胚胎干细胞定向分化模型，建立生殖和再生医学临床前评价体系及我国生殖科学和生殖健康研究体系”等发展目标。“十一五”期间，973计划、863计划和发育与生殖研究国家重大科学研究计划大力支持干细胞的基础研究、关键技术和资源平台建设，在干细胞研究及转化应用领域取得了一批标志性成果，促使我国在干细胞研究领域的国际影响力显著提升[1]。

表13-1 “十一五”至“十四五”时期中国支持细胞治疗主要政策列表

发布时间	文件名称	发文部门	主要内容
2006年	《国家“十一五”基础研究发展规划》	科技部	明确将干细胞研究列入重大科学研究专项规划
2012年	《干细胞研究国家重大科学研究计划“十二五”专项规划》	科技部	将干细胞列入“十二五”发展的重点，明确相关重点任务
2012年	《“十二五”生物技术发展规划》	科技部	将干细胞与再生医学技术、基因治疗与细胞治疗技术作为需要突破的关键核心技术
2015年	《“十三五”国家重点研发计划“干细胞及转化研究”重点专项》	科技部	包括干细胞移植治疗免疫相关疾病创新技术及应用项目，将在国际上首次建立以典型、重大、疑难的免疫性疾病为导向的干细胞免疫干预技术策略等四大标准化体系

续表

发布时间	文件名称	发文部门	主要内容
2016年	《“健康中国2030”规划纲要》	中共中央、国务院	“干细胞与再生医学”作为重大科技项目被列入规划纲要，旨在推进医学科技进步，推动健康科技创新
2016年	《“十三五”国家战略性新兴产业发展规划》	国务院	将持续深化干细胞与再生技术临床应用，还将建免疫细胞治疗示范中心
2016年	《“十三五”生物产业发展规划》	发改委	建立个体化免疫细胞治疗技术应用示范中心，并具体提出发展治疗性疫苗、RNA干扰药物、适配子药物以及干细胞、CAR-T等生物治疗产品，以解决国内由恶性肿瘤疾病造成的社会民生以及医疗投入持续增加等问题
2017年	《“十三五”健康产业科技创新专项规划》	科技部等六部委	明确将干细胞与再生医学、肿瘤免疫细胞治疗、CAR-T细胞治疗等新型诊疗服务列为发展的重点任务，规划中还明确要求加快干细胞与再生医学的临床应用
2017年	《“十三五”国家基础研究专项规划》	科技部、教育部、中国科学院、国家自然科学基金会	明确我国干细胞及转化研究以增强我国干细胞转化应用的核心竞争力为目标，以我国多发的重大疾病治疗为需求牵引，重点部署多能干细胞建立与干性维持、干细胞定向分化及细胞转分化、基于干细胞的组织和器官功能再造、干细胞资源库等干细胞临床研究
2017年	《“十三五”卫生与健康科技创新专项规划》	科技部等六部委	明确要求加强干细胞和再生医学、免疫治疗、基因治疗、细胞治疗等关键技术研究，加快生物治疗前沿技术的临床应用，创新治疗技术，提高临床救治水平
2018年	《知识产权重点支持产业目录（2018年本）》	国家知识产权局	干细胞与再生医学、免疫治疗、细胞治疗、基因治疗划为国家重点发展和亟须知识产权支持的重点产业之一
2019年	《科技部关于发布国家重点研发计划“干细胞及转化研究”等重点专项2019年度项目申报指南的通知》	科技部	项目资助经费4亿元，支持12个干细胞研究方向，鼓励干细胞研究和临床转化应用
2019年	《促进健康产业高质量发展行动纲要（2019—2022年）》	发改委、教育部、科技部等21个部门	加快新一代基因测序、肿瘤免疫治疗、干细胞与再生医学、生物医学大数据分析等关键技术研究和转化，推动重大疾病的早期筛查、个体化治疗等精准化应用解决方案和决策支持系统应用
2019年	《产业结构调整指导目录（2019年本，征求意见稿）》	发改委	细胞治疗药物首次被增加到鼓励类目录
2019年	《关于发布国家科技资源共享服务平台优化调整名单的通知》	科技部、财政部	批准建设两个国家级干细胞库：国家干细胞资源库、国家细胞转化资源库
2020年	《科技部关于发布国家重点研发计划“干细胞及转化研究”等重点专项2020年度项目申报指南的通知》	科技部	2020年，拟优先支持9个研究方向。同一指南方向下，原则上只支持1项，仅在申报项目评审结果相近，技术路线明显不同时，可同时支持2项，并建立动态调整机制，根据中期评估结果，再择优继续支持。国家拨款2.40亿元
2021年	对十三届全国人大三次会议第4371号建议的答复	卫健委	明确卫健委等政府部门一直鼓励和支持干细胞、免疫细胞等研究、转化和产业发展
2021年	《2021年“干细胞研究与器官修复”国家重点研发专项申报指南》	科技部	围绕干细胞命运调控，基于干细胞的发育和衰老研究、人和哺乳类器官组织原位再生、复杂器官制造与功能重塑、疾病的干细胞、类器官与人源化动物模型5个重点任务进行部署

续表

发布时间	文件名称	发文部门	主要内容
2022 年	《科技部关于发布对国家重点研发计划“干细胞研究与器官修复”等 5 个重点专项 2022 年度项目申报指南征求意见的通知》	科技部	围绕“干细胞命运调控及机理”“干细胞与器官的发生与衰老”“器官的原位再生与机理”“复杂器官制造与功能重塑”和“基于干细胞的疾病模型”五大任务开展申报
2022 年	“十四五”医药工业发展规划	工业和信息化部、国家发展和改革委员会、科技部九部门	“专栏 2　医药产业化技术攻关工程”针对生物药技术提出：重点开发超大规模（≥ 1 万升 / 罐）细胞培养技术，双功能抗体、抗体偶联药物、多肽偶联药物、新型重组蛋白疫苗、核酸疫苗、细胞治疗和基因治疗药物等新型生物药的产业化制备技术、生物药新给药方式和新型递送技术、疫苗新佐剂

2012 年，根据《国家“十二五”科学和技术发展规划》和《国家基础研究发展“十二五”专项规划》，科技部组织编制了 6 个国家重大科学研究计划“十二五”专项规划，干细胞研究就是这 6 个科技规划之一，旨在实现干细胞基本理论的突破，开发并推广一批临床级干细胞产品和以干细胞为靶点的药物，为形成干细胞临床应用标准、发展干细胞临床治疗新技术和提高疾病的治疗水平提供基础理论支持。自此，以干细胞为代表的再生医学领域正式成为我国生物医药热点研究领域。2015 年，新的《干细胞临床研究管理办法（试行）》出台，限定三甲医院在完成相关备案成为“干细胞临床研究备案机构”后，才能以“临床研究”的名义从事干细胞临床科研，同时“不得收费”。这被认为是能够有效遏制干细胞临床乱象最严格的手段。因为临床途径的严格监管，我国的干细胞产业在一段时间停滞，但庆幸的是，细胞治疗领域的科技研究始终蓬勃发展，自 2015 年 11 月科技部启动第一批国家重点研发计划试点专项工作以来，“干细胞及转化研究”连续多年被划入国家重点专项计划。

2016 年，我国将干细胞纳入《“十三五”国家战略性新兴产业发展规划》以及《“健康中国 2030”规划纲要》，并由上至下，从国家层面到地方政府，陆续且密集地出台了一系列政策支持干细胞研究以及干细胞产业的快速发展。2016 年 10 月，中共中央、国务院公布的《“健康中国 2030”规划纲要》明确规定，“干细胞与再生医学”作为重大科技项目被列入规划纲要，旨在推进医学科技进步，推动健康科技创新。2016 年 11 月，国务院《“十三五”国家战略性新兴产业发展规划的通知》指出：将持续深化干细胞与再生技术临床应用，还将建免疫细胞治疗示范中心。2016 年 12 月，国家发改委印发的《“十三五”生物产业发展规划》，首次提出建立个体化免疫细胞治疗技术应用示范中心，并具体提出发展治疗性疫苗，核糖核酸（Ribonucleic acid，RNA）干扰药物，适配子药物以及干细胞、嵌合抗原受体 T 细胞（CAR-T）免疫治疗等生物治疗产品，以解决国内由恶性肿瘤疾病造成的社会民生以及医疗投入持续增加等问题。2017 年 5 月，六部委联合公布的《“十三五”健康产业科技创新专项规划》，明确将干细胞与再生医学、肿瘤免疫细胞治疗、CAR-T 细胞治疗等新型诊疗服务列为发展的重点任务，规划中还明确要求加快干细胞与再生医学的临床应用。2017 年 5 月，科技部、教育部、中国科学院、国家自然科学基金会联合发布《“十三五”国家基础研究专项规划》，明确我国干细胞及转化研究以增强我国干细胞转化应用的核心竞争力为目标，以我国多发的重大疾病治疗为需求牵引，重点部署多能干细胞建立与干性维持、干细胞定向分化及细胞转分化、基于干细胞的组织和器官功能再造、干细胞资源库等干细胞临床研究。2017 年 6 月，科技部、国家卫生计生委、体育总局、食品药品监管总局、国家中医药管理局、中央军委后勤保障部六部委联合印发《“十三五”卫生与健康科技创新专项规划》。规划中明确要求加强干细胞和再生医学、免疫治疗、基因治疗、细胞治疗等关键技术研究，加快生物治疗前沿技术的临床应用，创新治疗技术，提高临床救治水平。2018 年 1 月，国家知识产权局《知识产权重点支持产业目录（2018 年本）》，明确将干细胞与再生医学、免疫治疗、细胞治疗、基因治疗划为国家重点发展和亟须知识产权支持的重点产业之一。2018 年 8 月，国家统计局关于印发《新产业新业态新商业模式统计分类（2018）》的通知：干细胞临床应用服务正式列入国家统计局新产业统计分类，干细胞产业发展获国家认可。随着全球细胞治疗产品的持续落地，细胞治疗的产业化潜力不断凸显，而细胞治疗临床试验的逐步放开极大地刺激了该领域的科技创新。2019 年 1 月 21 日，《科技部关于发布国家重点研发计划“干细胞及转化研究”等重点专项 2019 年度项目申报指南的通知》，项目资助经费 4 亿元，支持 12 个干细胞研究方向，鼓励干细胞研究和临床转化应用。2019 年 4 月，发改委发布《产业结构调整指导目录（2019 年本，征求意见稿）》，细胞治疗药物等首次被增加到鼓励类目录。2019 年 6 月，科技部、财政部印发《关于发布国家科技资源共享服务平台优化调整名单的通知》，批准建设两个国家级干细胞库：国家干细胞资源库、国家细胞转化资源库。进入 2020 年，细胞治疗领域的研究以快速的步伐稳健推进着，我国政府也不断出台相关政策法规并在资金上予以大力支持，促使细胞治疗基础研究向临床转化，推动细胞治疗产业快速发展。2020 年 3 月，科技部发布了《科技部关于发布国家重点研发计划“干细胞及转化研究”等重点专项 2020 年度项目申报指南的通知》，持续对干细胞研究和转化应用的支持。

我国“十四五”规划中，基因与生物技术被确定为国家七大科技前沿攻关领域之一，同时，基因技术被列为需要提前谋划布局的前沿科技和产业变革领域，许多地方政府也制定了一系列加快生命科学前沿技术领域发展的方针和政策。国家卫健委一直鼓励和支持干细胞、免疫细胞等研究、转化和产业发展。国家药品监督管理局已经为相关制剂快速通过药品审批制定配套政策，审批后可以迅速广泛应用，既有利于保障医疗质量安全，又有利于产业化、高质量发展。2021 年 5 月，科技部发布《2021 年“干细胞研究与器官修复”国家重点研发专项申报指南》。为落实“十四五”期间国家科技创新有关部署安排，国家重点研发计划启动实施“干细胞研究与器官修复”重点专项。2021 年度指南围绕干细胞命运调控，基于干细胞的发育和衰老研究、人和哺乳类器官组织原位再生、复杂器官制造与功能重塑、疾病的干细胞、类器官与人源化动物模型 5 个重点任务进行部署，支持 17 个项目，安排国家拨经费概算4.4亿元。2022年2月8日，《科技部关于发布关于对国家重点研发计划“干细胞研究与器官修复”等5个重点专项2022年度项目申报指南征求意见的通知》。指南围绕“干细胞命运调控及机理”“干细胞与器官的发生与衰老”“器官的原位再生与机理”“复杂器官制造与功能重塑”和“基于干细胞的疾病模型”五大任务。涵盖热点包括：类器官、器官芯片、外囊泡（外泌体）、干细胞与器官抗衰老、器官原位再生、干细胞和生物材料。2022年3月，工业和信息化部、国家发展和改革委员会、科技部、商务部、国家卫生健康委员会、应急管理部、国家医疗保障局、国家药品监督管理局、国家中医药管理局九部门联合印发《“十四五”医药工业发展规划》，《规划》中“专栏2 医药产业化技术攻关工程”针对生物药技术提出：重点开发超大规模（≥1万升/罐）细胞培养技术，双功能抗体、抗体偶联药物、多肽偶联药物、新型重组蛋白疫苗、核酸疫苗、细胞治疗和基因治疗药物等新型生物药的产业化制备技术、生物药新给药方式和新型递送技术、疫苗新佐剂。

二、法律法规

在技术和产品的发展过程中，政府主管部门的严格监管是促进行业规范化发展的必要条件。细胞治疗，既有技术的属性，又有产品的属性。目前，我国对CAR-T细胞治疗、干细胞治疗等新兴的细胞治疗，相应地也有两种监管模式并存：一种是作为第三类医疗技术的监管；一种是作为药品的监管。

如表13-2、表13-3所示，纵观细胞治疗领域相关监管政策的制定，可以分为五个阶段。

表13-2　我国细胞治疗按药品和技术管理的相关主要法律法规与指导原则

监管途径	年份	颁发机构	政策名称	相关内容
药品管理	1999	原食药监局	《新生物制品审批办法》	规定将基因工程、细胞工程按照生物制品审批
	2007	原食药监局	《药品注册管理办法》	将基因治疗、体细胞治疗及其制品纳入监管范围
	2013	原卫计委及原食药监局	《干细胞临床试验研究管理办法（试行）》《干细胞临床试验研究基地管理办法（试行）》和《干细胞制剂质量控制和临床前研究指导原则（试行）的征求意见稿》	干细胞临床试验研究必须在干细胞临床研究基地进行，研究基地必须具备三级甲等医院和药监局认定的药物临床试验机构等资质
药品管理	2017	原食药监局	《生物制品注册分类及申报资料要求（试行）》	将细胞治疗类产品规定按治疗用生物制品对应类别进行申报
	2017	原食药监局	《细胞治疗产品临床研究与评价技术指导原则（试行）》	承认细胞治疗可以存在按药品或者技术申报管理
	2019	药监局	《药品管理法》	药品包括生物制品

续表

监管途径	年份	颁发机构	政策名称	相关内容
技术管理	2009	原卫生部	《首批允许临床应用的第三类医疗技术目录》	细胞治疗技术纳入可以进入临床研究和临床应用的第三类医疗技术，实行第三方技术审核制度，取得卫生行政部门批文的医疗机构在办理了医疗技术等级后方可开展第三类医疗技术临床应用
	2009	原卫生部	《医疗技术临床应用管理办法》	细胞治疗和基因治疗按照第三类医疗技术管理，实行分级分类管理
	2009	原卫生部	《自体免疫细胞（T细胞、NK细胞）治疗技术管理规范（征求意见稿）》	对自体免疫细胞（T细胞、NK细胞）治疗技术制定了管理规范，这使得该项技术有了可循的质量管理细则
	2011	原卫计委	《关于开展干细胞临床研究和应用自查自纠工作的通知》	叫停正在开展的未经批准的干细胞临床研究和应用项目
	2015	原卫计委和原食药监局	《干细胞临床研究管理办法（试行）》	不得向受试者收取干细胞临床研究相关费用
	2015	原卫计委	《关于取消第三类医疗技术临床应用准入审批有关工作的通知》	取消第三类医疗技术临床应用准入审批，免疫细胞治疗技术列为“临床研究”范畴
	2017	原卫计委和原食药监局	《关于开展干细胞临床研究机构备案工作的通知》	医疗机构备案制
	2019	卫健委	《体细胞治疗临床研究和转化应用管理办法（试行）》	体细胞治疗临床研究不得向受试者收取任何费用。但是转入临床应用阶段，已经申请备案的医疗机构通过当地省级价格主管部门可以正式提出临床应用收费申请

表13-3　我国细胞治疗领域其他主要法律法规与指导原则（2018年以来）

年份	颁发机构	政策名称	相关内容
2018	原食药监局	《细胞治疗产品申请临床试验药学研究和申报资料的考虑要点》	为申请临床试验阶段药学研究和申报资料的整理准备提供参考
2018	中国食品药品检定研究院	《CAR-T细胞治疗产品质量控制检测研究及非临床中国食品药品检定研究考虑要点》	以CAR-T细胞产品的生产工艺及产品特性为主线，对CAR-T细胞治疗产品的适用范围、原材料和辅料的选择及质量控制等多方面进行了规定
2018	国务院	《关于支持自由贸易试验区深化改革创新若干措施的通知》	自贸试验区内医疗机构可根据自身的技术能力，按照有关规定开展干细胞临床前沿医疗技术研究项目
2019	原食药监局	《GMP附录 - 细胞治疗产品》（征求意见稿）	针对细胞治疗产品生产管理的特殊性，制定相关要求，用以规范细胞治疗产品的生产和质量控制行为
2020	CDE	《免疫细胞治疗产品临床试验技术指导原则（征求意见稿）》	为免疫细胞治疗产品开展临床试验的总体规划、设计、实施和试验数据分析等方面提供必要的技术指导
2020	CDE	《人源性干细胞及其衍生细胞治疗产品临床试验技术指导原则（征求意见稿）》	为人源性干细胞产品开展临床试验的总体规划、设计、实施和试验数据分析等方面提供必要的技术指导，以减少受试者参加临床试验的风险，并规范对该类产品的安全性和有效性的评价方法

续表

年份	颁发机构	政策名称	相关内容
2020	CDE	《免疫细胞治疗产品药学研究与评价技术指导原则（征求意见稿）》	介绍了免疫细胞治疗产品在开展临床试验时的一般考虑及个体化治疗产品的特殊考虑，对免疫细胞治疗产品开展探索性临床试验和确证性临床试验的研究目标、研究方法和评价方式等进行了阐述，并提出免疫细胞治疗产品长期随访的相关要求
2020	国务院	《关于印发北京、湖南、安徽自由贸易试验区总体方案及浙江自由贸易试验区扩展区域方案的通知》	明确自贸区内可开展跨境远程医疗等临床医学研究，区内医疗机构可根据自身技术能力，按照有关规定开展干细胞临床前沿医疗技术研究项目。支持开展免疫细胞、干细胞等临床前沿医疗技术研究项目
2020	CDE	《免疫细胞治疗产品临床试验技术指导原则（试行）》	指导我国免疫细胞治疗产品研发，提供可参考的技术标准
2021	国务院	《关于全面加强药品监管能力建设的实施意见》	重点支持基因药物、细胞药物等领域的监管科学研究，加快新产品研发上市
2021	CDE	《人源性干细胞产品药学研究与评价技术指导原则（征求意见稿）》	规范和指导干细胞产品的药学研发和申报，促进干细胞产业发展
2021	CDE	《嵌合抗原受体T细胞（CAR-T）产品申报上市临床风险管理计划技术指导原则（征求意见稿）》	针对企业CAR-T产品的申报上市的临床风险管理计划提出要求和提供指导
2021	国家发展和改革委员会和商务部	第47号、第48号令	禁止外商投资“人体干细胞、基因诊断与治疗技术开发和应用”；“医疗机构限于合资”
2022	药监局	《药品生产质量管理规范－细胞治疗产品附录（征求意见稿）》	适用于细胞产品从供者材料的运输、接收、产品生产和检验到成品放行、储存和运输的全过程

（1）早期探索阶段

在2017年之前，细胞治疗技术一直作为第三类医疗技术进行管理。2009年3月，原卫生部制定印发《医疗技术临床应用管理办法》规定第三类医疗技术由卫生部负责技术审定和临床应用管理。研究机构证实动物试验和临床试验有效，提交申请给卫生部，经卫生部审定批准后再用于临床治疗。该管理办法首次把细胞治疗技术作为第三类医疗技术，从此细胞治疗技术有了明确的管理部门。2009年5月，原卫生部发布《首批允许临床应用的第三类医疗技术目录》，将细胞治疗技术归为第三类医疗技术。2009年6月，原卫生部为规范细胞治疗技术临床应用，保证医疗质量和医疗安全，制定了《自体免疫细胞（T细胞、NK细胞）治疗技术管理规范（征求意见稿）》。对自体免疫细胞（T细胞、NK细胞）治疗技术制定了管理规范，这使得该项技术有了可循的质量管理细则。值得关注的是，2007年，国家发改委、原卫生部、国家中医药管理局联合印发了《全国医疗服务价格项目规范》，对细胞治疗进行了费用规定。2012年对规范进行了修订，对细胞治疗的诊疗服务价格进行了统一规定，为医药费用的收取提供了法律依据。在医疗保障方面，根据卫生部新增的医疗项目，生物治疗已纳入国家医保项目范围，省医保可报销90%，市医保可报销80%。相关政策的陆续出台带来相关技术应用的“井喷期”，部分医疗机构科室在没有经过原卫计委批准的情况下，纷纷开展细胞治疗项目，各种形式的临床试验和临床应用项目迅速增加。

（2）临床备案和审核阶段

针对大量“未批准”“乱收费”细胞治疗项目的开展，我国对于细胞治疗临床项目的备案与审核进行了明确规定。2011年6月，原卫生部公布第三类医疗技术审核机构名单，将中华医学会、中国医院协会、中国医师协会、中华口腔医学会作为第三类医疗技术审核机构，有效期为自2011年5月2日至2013年5月31日。审核机构的公布是对权威机构的认证。2011年12月，原卫生部和原国家食品药品监督管理局联合发布《关于开展干细胞临床研究和应用自查自纠工作的通知》，决定联合开展为期一年的干细胞临床研究和应用等活动。自行开展、没有经过任何审批的行为要立刻停止。对于已经经过原食药监局批准的干细胞制品的临床试验项目，要按照批件和药品临床试验有关质量规范的要求严格执行，不能随意变更临床试验方案，更不能收费。同时，在2012年7月1日之前，停止所有的新项目申报。行业乱象频出，行业健康发展需要监管部门的介入。2013年，原卫计委及原食品药品监督管理局联合发布《干细胞临床试验研究管理办法（试行)》《干细胞临床试验研究基地管理办法（试行)》和《干细胞制剂质量控制和临床前研究指导原则（试行)》3个文件的征求意见稿，指出干细胞临床试验研究必须在干细胞临床研究基地进行，研究基地必须具备三级甲等医院和药监局认定的药物临床试验机构等资质。对于临床试验管理办法、研究场所、认证机构进行规定，使得私自开展的临床试验无所遁形。

（3）调整阶段

2015年8月，原卫计委根据《国务院关于取消非行政许可审批事项的决定》(国发〔2015〕27号）下发《国家卫生计生委关于取消第三类医疗技术临床应用准入审批有关工作的通知》(国卫医发〔2015〕71号)，正式取消了第三类医疗技术临床应用准入审批，由医疗机构（即医院）对本机构医疗技术临床应用和管理承担主体责任。根据上述规定，按照第三类医疗技术进行临床试验的，都称为研究者发起的临床试验。2016年5月，原卫计委召开关于规范医疗机构科室管理和医疗技术管理工作的电视电话会议，明确要求所有类型的免疫细胞治疗技术停止应用于临床治疗，仅限于临床研究。免疫细胞治疗在国内进入停滞期。

（4）有序放开到步入正轨

美国和欧盟均将细胞治疗产品作为药品来监管。经过长期的论证和征求意见，2016年12月，药品监督管理局药品评审中心（Center for Drug Evaluation，CDE）发布了关于《细胞制品研究与评价技术指导原则》(征求意见稿）的通知，根据征求意见稿，细胞制品未来将按药品评审原则进行处理。细胞治疗政策落地反映国家对医疗创新技术的高度支持和鼓励，对细胞治疗技术公司是巨大的利好。原国家食品药品监督管理总局于2017年12月22日颁布了《细胞治疗产品临床研究与评价技术指导原则（试行)》，正式确立细胞治疗产品按照药品来进行监管。同时，CDE也颁布了一系列的适用于细胞治疗产品的临床试验规范。自此，我国对细胞治疗产品管理的“双轨制”正式确立。

（5）持续完善到积极探索

2018 年后，细胞治疗作为药品的临床与上市细则不断完善，在这个阶段，出台了多个指导原则、细则和考虑要点为细胞治疗产品的临床和上市提供参考。

在临床方面，2018 年 3 月，原药监局发布《细胞治疗产品申请临床试验药学研究和申报资料的考虑要点》。进一步鼓励创新，尽快满足晚期肿瘤患者急迫的临床用药需求，为同类药品的研发和申报资料准备提供参考。2018 年 11 月，国务院印发《关于支持自由贸易试验区深化改革创新若干措施的通知》。措施中明确，自贸试验区内医疗机构可根据自身的技术能力，按照有关规定开展干细胞临床前沿医疗技术研究项目。2020 年后，随着细胞治疗研发与产业化步伐的持续加快，多项文件的密集出台为相关产品的临床与上市奠定了坚实的基础，包括《免疫细胞治疗产品临床试验技术指导原则（征求意见稿）》《人源性干细胞及其衍生细胞治疗产品临床试验技术指导原则（征求意见稿）》《免疫细胞治疗产品药学研究与评价技术指导原则（征求意见稿）》《免疫细胞治疗产品临床试验技术指导原则（试行）》《人源性干细胞产品药学研究与评价技术指导原则（征求意见稿）》《嵌合抗原受体 T 细胞（CAR-T）产品申报上市临床风险管理计划技术指导原则（征求意见稿）》等。

在外资准入方面，2021 年 12 月，国家发展和改革委员会和商务部共同发布了第 47 号、第 48 号令，《外商投资准入特别管理措施（负面清单）（2021 年版）》《自由贸易试验区外商投资准入特别管理措施（负面清单）（2021 年版）》自 2022 年 1 月 1 日起施行。第 47 号、48 号令指出，禁止外商投资“人体干细胞、基因诊断与治疗技术开发和应用”，“医疗机构限于合资”。

在生产质量管理方面，2018 年 6 月，中国食品药品检定研究院发布《CAR-T 细胞治疗产品质量控制检测研究及非临床中国食品药品检定研究考虑要点》。以 CAR-T 细胞产品的生产工艺及产品特性为主线，对 CAR-T 细胞治疗产品的适用范围、原材料和辅料的选择及质量控制等多方面进行了规定。2019 年 11 月，国家药品监督管理局发布《GMP 附录 - 细胞治疗产品》（征求意见稿）的通知，针对细胞治疗产品生产管理的特殊性，制定相关要求，用以规范细胞治疗产品的生产和质量控制行为。2022 年 1 月 6 日，国家药品监督管理局公布《药品生产质量管理规范 - 细胞治疗产品附录（征求意见稿）》。《征求意见稿》明确，所述的细胞治疗产品是指人源的活细胞产品，包括经过或未经过基因修饰的细胞，如自体或异体的免疫细胞、干细胞、组织细胞或细胞系等产品，不包括输血用的血液成分、已有规定的移植用造血干细胞、生殖相关细胞，以及由细胞组成的组织、器官类产品等。值得注意的是，附录适用于细胞产品从供者材料的运输、接收、产品生产和检验到成品放行、储存和运输的全过程。直接用于细胞产品生产的基因修饰载体或其他起始生物材料（包括病毒、质粒、RNA、抗原肽、抗原蛋白、蛋白 -RNA 复合体等）的生产、检验和放行等过程应符合现行版《药品生产质量管理规范》正文及其相关附录的要求。

三、监管方式

从欧、美、日、韩的经验来看，细胞治疗领域有必要建立从法律、法规到行业指南不同层次的监管与政策框架，分级分类管理，形成细胞治疗监管科学从顶层设计到具体医疗技术的药学研究、临床前研究、临床转化、上市申报、上市后监管等全方位、全链条产业政策。

目前在我国对细胞治疗产品存在两套监管体系，两套监管法规都有效。一件细胞治疗产品要在我国申报临床试验，第一条是向省级卫健委申报，按照第三类医疗技术，属于研究者发起的临床试验；第二条向国家药监局申报，按照药品进行临床试验。目前两种体系并存的主要原因，是国家相关监管部门长期以来对新型细胞治疗产品的认识和定位一直在不断地发展中。对此必须一分为二地看待，作为医疗技术的临床试验，会给一些新技术、新产品的快速验证提供便利的条件，有利于快速把新的技术、新的产品推向应用，会给一些无药可医、走投无路的病人带来希望，也有利于加快研发的进展。但另一方面也会带来一些乱象，典型的就是2016年5月的魏泽西事件，但是只要牢牢抓住“不得收费”这个关键点，临床试验的乱象一定能够得到控制。而在新技术和新产品得到初步临床验证后，按照药品向药监局进行申报临床试验，也会大大加快进度，造福于患者。当然，药品申报制和医疗机构备案制形成了我国的“双轨制”，但仍处于完善阶段，如“双轨制”是否意味着“双标准”、医院的“备案制”和企业产品的“注册制”区别在哪、卫健委和药监局的监管范围是否存在重叠和监管空白、产品和技术的分界点等等。

对于机构开展的细胞治疗临床试验，以干细胞领域为例，医疗机构如果拟开展干细胞临床研究，须按照管理办法的要求，首先完成机构备案。完成干细胞临床研究机构备案后，在开展干细胞临床研究项目前，还需按照管理办法的要求，完成项目备案后方可实施。按照国家卫生健康委和国家药监局《关于做好2019年干细胞临床研究监督管理工作的通知》的要求，自2019年起，干细胞临床研究机构和项目备案结合进行，不再单独开展干细胞临床研究机构备案。拟开展干细胞临床研究而尚未完成机构备案的医疗机构，应当将完整的机构备案材料和项目备案材料经省级卫生健康委员会和药品监督管理局（两委局）审核后，报国家卫生健康委员会和药品监督管理局（两委局）备案（图13-1）。只有干细胞临床研究机构和项目备案材料同时符合备案要求才可以备案。医疗机构在完成干细胞临床研究机构备案后，如果拟开展干细胞临床研究项目，应在项目开展前将完整的干细胞临床研究项目备案材料由省级两委局审核通过后向国家两委局备案。干细胞临床研究项目完成备案后方可实施，医疗机构不可自行开展任何未完成备案的干细胞临床研究。

向国家药监局申报，按照药品进行临床试验申报的细胞治疗产品，主要依据2017年发布的《细胞治疗产品临床研究与评价技术指导原则（试行）》，该指导原则提出了细胞治疗产品在药学研究、非临床研究和临床研究方面应遵循的一般原则和基本要求。值得注

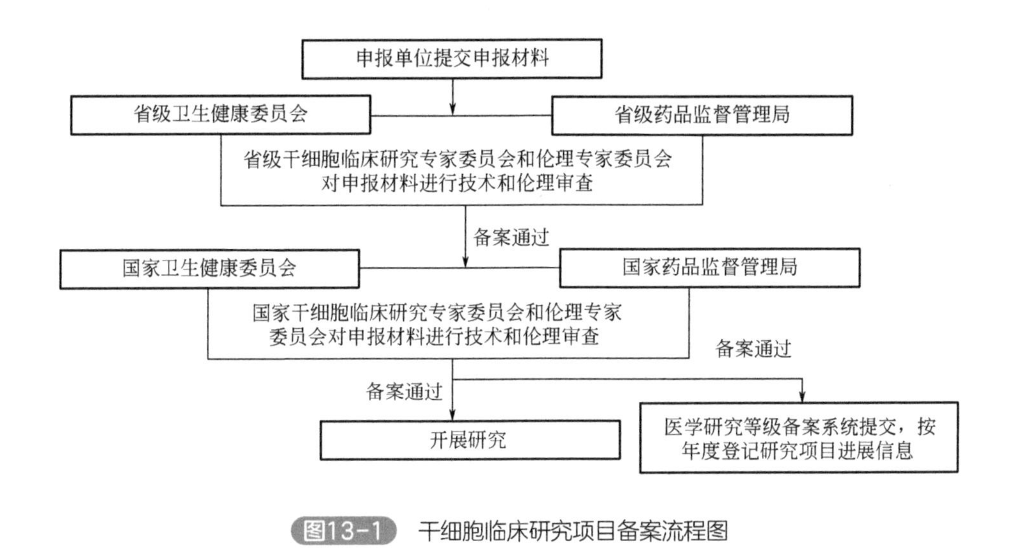

图13-1　干细胞临床研究项目备案流程图

意的是，该指导原则指出由于细胞治疗产品的特殊性，传统的Ⅰ、Ⅱ、Ⅲ期临床研究分期设计不能完全适用于细胞治疗产品开展临床研究。申请人可根据拟申请产品的具体特性自行拟定临床研究分期和研究设计，一般按研究进度可分为早期临床试验阶段和确证性临床试验阶段两部分。早期临床试验阶段的研究内容原则上应包括初步的安全性评价、药代动力学研究、初步的药效学研究和剂量探索研究。建议在早期临床试验阶段尽可能获得较为充分的研究证据以支持后续确证性临床试验，必要时鼓励与药品审评机构沟通交流，以确保确证性临床试验方案设计的合理性，有利于研究结果的研判和拟申报产品的注册上市。在完成临床后，细胞治疗产品可开展新药上市申请（NDA）。我国的新药上市申请需要进行形式审查，如符合要求的，5个工作日予以受理。国家药品监督管理局药品审评中心将组织药学、药理毒理、临床和统计等技术人员进行技术审评，审评过程中，基于风险启动药学注册检验程序。药品审评中心将根据药品注册申报资料技术审评结果与核查结果，对药品的安全性、有效性和质量可控性进行综合审评，向国家药品监督管理局呈送综合审评报告，并提出批准或不批准的建议，由国家药品监督管理局最终决定是否批准。

2020年7月1日生效的新版《药品注册管理办法》规定了标准审评和优先审评，其中标准审评的时限为200个工作日，优先审评的时限为130个工作日。以上时间不包括申请人补充资料、核查后整改以及按要求核对生产工艺、质量标准和说明书等所占用的时间；审评过程中若有发补，审评时间需要相应延长（标准审评延长三分之一，优先审评延长四分之一）。如表13-4所示，2021年国家药品监督管理局批准两款细胞治疗产品上市，且均给予了优先审评，审批时限分别约为16个月和14个月，延长的主要原因为审评过程中补充资料提交及应对注册监管要求。

表13-4　我国细胞治疗产品上市批准历时

产品名称	药品上市许可持有人	CDE 承办日期	纳入优先审评	NMPA 批准上市	批准历时
阿基仑赛注射液（商品名：奕凯达）	复星凯特	2020 年 2 月 26 日	2020 年 3 月 5 日	2021 年 6 月 22 日	约 16 个月
瑞基奥仑赛注射液（商品名：倍诺达）	药明巨诺	2020 年 6 月 30 日	2020 年 9 月 14 日	2021 年 9 月 1 日	约 14 个月

通过对我国细胞治疗监管相关政策的梳理可以看出，近年来，药监部门、卫健部门等频繁发布细胞治疗产品的指导文件，表现了其对于该类产品的重视，希望通过出台技术指导文件规范和促进细胞治疗产品在我国的发展。然而，政策的出台和实际落实之间仍然有一定的差距，何况很多政策仍处于征求意见阶段。如图 13-2、图 13-3 所示，从目前我国细胞治疗产品的研发和上市情况来看，以已上市的复星凯特阿基仑赛、药明巨诺瑞基奥仑赛为代表的免疫细胞产品已打通了上市路径，而在新规下我国尚未有一种干细胞药物上市。

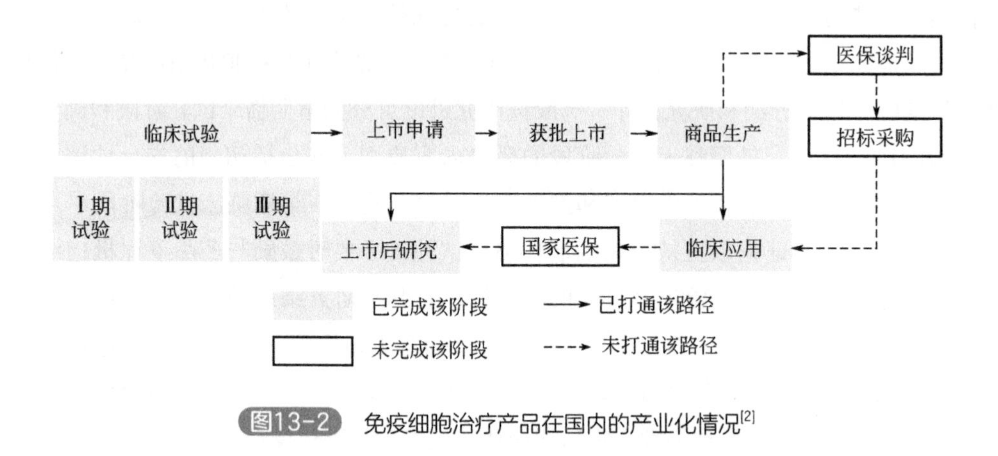

图13-2　免疫细胞治疗产品在国内的产业化情况[2]

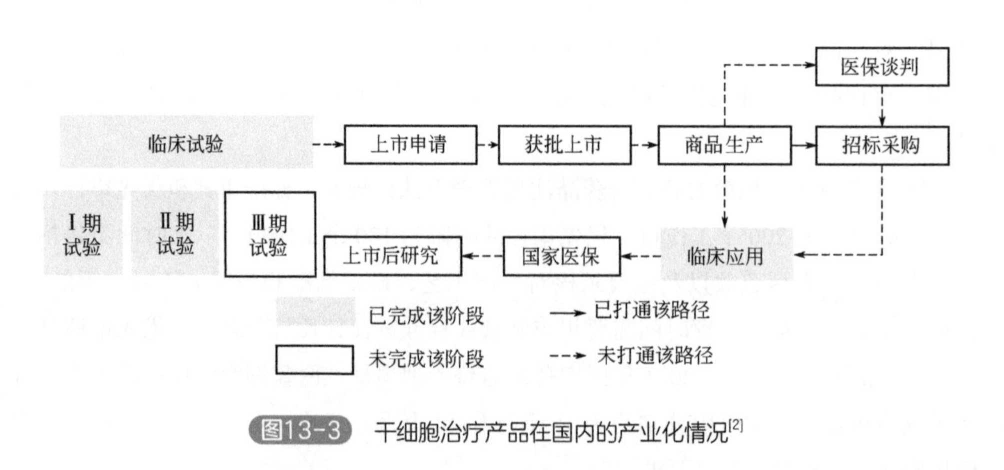

图13-3　干细胞治疗产品在国内的产业化情况[2]

截至2021年，按照国家《干细胞临床研究管理办法（试行）》的规定，完成备案的干细胞临床研究项目共111项，国内已批准成立的干细胞临床研究备案机构140家。

四、政策特点

（一）政策驱动细胞治疗产业快速发展

在经历了产业停滞期和有序开放期，目前，我国细胞治疗产业发展已进入快速发展期。国家和地方层面密集出台相关政策，包括各类科技政策和产业政策支持细胞治疗产业发展。政策红利的继续加持推动以干细胞治疗、免疫细胞治疗为代表的细胞治疗基础研究、临床研究与成果转化不断拓展，细胞治疗发展总体上进入快车道。

（二）通过“双轨制”对细胞治疗进行监管

目前，我国明确细胞治疗按药品、技术管理的“双轨制”监管。作为药品（生物制品），由国家药监局监管，新药必须获得药品临床试验批件，并进行Ⅰ期、Ⅱ期、Ⅲ期试验，以确保其安全性和疗效。作为医疗技术，由卫健委监管，采用医疗技术向卫健委申请机构备案管理方式，重在事中事后管理。

（三）出台文件主要集中于非临床研究和临床试验环节

针对细胞治疗产品个性化及新技术不断迭代的特点，从2018年起，我国相关指导文件的出台效率显著提升，尤其是作为药品上市路径的指导文件，如技术审评考虑要点等，积极审慎地引导该类产品的研发，并在过程中加强与业界的交流，总结积累经验，制定出台不同层级的技术指导原则，并针对免疫细胞治疗产品、人源性干细胞及其衍生细胞治疗产品、嵌合抗原受体T细胞治疗产品等特定领域出台了针对性的指导文件。然而，由于我国已上市的细胞治疗产品非常有限，我国对商业化生产、产品流通以及上市后监管的相关指导文件涉及较少。

（四）我国细胞治疗产业对外资进行限制

对于外资准入的问题，在规则层面，根据第47号、第48号令，禁止外商投资“人体干细胞、基因诊断与治疗技术开发和应用”。但负面清单并没有明确“基因治疗技术”的具体范围，直接导致了实践中不同的操作方式。对于人类遗传资源管理问题，2019年7月1日生效的《人类遗传资源管理条例》规定“外国组织、个人及其设立或者实际控制的机构（外方单位）不得在我国境内采集、保藏我国人类遗传资源。”，但该规定并没有明确外方单位的具体范围。如果细胞治疗企业未来有上市的安排，将不可避免地考虑外资准入、人类遗传资源管理等合规性问题，以符合各地区证券市场对上市公司合规性的要求。

第二节　地方层面

一、上海市

上海是全国最早开展细胞治疗科技与产业发展的地区之一。在基础和临床研究方面，上海拥有包括同济大学、中科院分子细胞科学卓越创新中心、复旦大学、上海交通大学等众多优秀的细胞治疗研究力量。拥有国家干细胞工程技术研究中心上海医学转化基地（中国人民解放军海军特色医学中心）、海军军医大学转化医学中心 GMP 细胞技术平台等一批高水平细胞治疗转化医学研究平台。在产业发展方面，上海集聚了一大批优秀的细胞治疗领域研发生产企业，如复星凯特、药明巨诺等合资企业，科济生物、恒润达生、西比曼、优卡迪、斯丹赛等头部企业，以及和元生物等合同研发生产组织（Contract Development Manufacture Organization，CDMO）骨干企业。截至 2022 年 4 月，上海围绕整个细胞治疗上下游产业链的企业超过 50 家，其中，有 25 家企业已有产品进入临床或上市阶段。

2019 年上海市科委正式批复同意成立上海张江细胞产业园。2021 年 10 月 12 日，上海张江细胞产业园更名为“张江细胞和基因产业园”在“2021 上海国际生物医药产业周——首届张江生命科学国际创新峰会”上揭牌。张江细胞和基因产业园规划面积 920 亩（1 亩 =666.67 平方米），其中核心区 290 亩，围绕“张江细胞产业园”与“张江基因岛”，打造具有全球集聚度和显示度的产业新地标。到 2024 年，张江细胞和基因产业园的目标是集聚相关企业超过 150 家，进入临床试验产品超过 30 个，累计上市产品超过 5 个；到 2027 年，力争集聚相关企业超过 200 家，细分领域龙头企业不低于 30 家，累计上市产品超过 10 个，营业收入超过 200 亿元。

上海在细胞治疗领域的突出表现，与上海政府对于细胞治疗领域的大力支持不无关系。如表 13-5 所示，上海市制定出台一系列有利于促进细胞治疗机构与企业在沪持续深耕、培育打造上海全球细胞治疗发展高地的政策措施，巩固上海在全球细胞治疗科技与产业竞争中的领先优势地位。

表13–5　上海细胞治疗主要政策列表

发布时间	文件名称	发布机构	相关内容
2006 年	《上海中长期科学和技术发展规划纲要（2006—2020 年）》	上海市人民政府	将干细胞与再生医学列为中长期科学研究的主要任务，包括：维持胚胎干细胞全能性及定向分化的机制；发现肿瘤干细胞的分子标志物、建立肿瘤干细胞的分离扩增方法；基于干细胞的组织工程新理论和新方法，解决组织工程种子细胞的应用、材料特性对组织形成的影响等组织构建和临床应用的基础性问题

续表

发布时间	文件名称	发布机构	相关内容
2015 年	《关于加快建设具有全球影响力的科技创新中心的意见》	上海市人民政府	积极推进干细胞与组织功能修复等一批重大科技基础前沿布局
2017 年	《上海市医学科技创新发展“十三五”规划》	原上海市卫生和计划生育委员会	加快生物治疗、干细胞与再生医学等精准医学领域发展，加快新型疾病特异性分子标志物和药物靶标等研究，促进精准医学发展
2017 年	《上海市科技创新“十三五”规划》	上海市人民政府	围绕组织功能修复，聚焦干细胞属性、干细胞获取、细胞命运决定、干细胞与疾病、干细胞与再生医学等重大科学问题开展研究和攻关，在干细胞基础理论与应用方面取得具有国际影响的研究成果，实现干细胞在一些重大疾病治疗中的率先突破，发展具有自主知识产权的干细胞技术与产品，在上海形成国内领先的再生医学产业链，推动以干细胞治疗为核心的再生医学成为继药物、手术治疗后的第三种治疗途径
2017 年	《关于促进本市生物医药产业健康发展的实施意见》	上海市人民政府	加快免疫细胞治疗、干细胞治疗、基因治疗相关技术研究
2018 年	《关于推进本市健康服务业高质量发展加快建设一流医学中心城市的若干意见》	上海市人民政府	推动新型个体化生物治疗产品标准化、规范化应用，打造免疫细胞治疗、干细胞治疗和基因检测产业集群
2018 年	《“健康上海 2030”规划纲要》	上海市人民政府	加快免疫细胞治疗、干细胞治疗、基因治疗的研发，积极推动抗肿瘤和治疗心衰等重组细胞因子药物的产业化；发展干细胞与再生医学等前沿技术，加快精准医学等领域关键技术突破
2018 年	《关于开展协同创新集群征集的通知》	上海卫生健康委员会	再生医学与干细胞研究为其中重点方向之一，协同创新集群将围绕重大疾病的干细胞治疗，进行应用基础研究、临床前研究、临床和转化医学研究一体化设计
2018 年	《促进上海市生物医药产业高质量发展行动方案（2018—2020 年）》	上海市人民政府	支持一批创新主体，在细胞治疗等方向，突破一批关键共性技术，研发一批重大创新产品，力争在创新药和高端医疗器械部分领域达到国际先进水平；全力支持在沪各类科研机构发展壮大，聚焦干细胞与再生医学等产业交叉融合等热点方向，布局实施一批重大项目和重大专项，发起、参与若干国际大科学计划
2019 年	《本市贯彻〈关于支持自由贸易试验区深化改革创新若干措施〉实施方案》	上海市人民政府	浦东新区医疗机构可根据自身的技术能力，按照有关规定开展干细胞临床前沿医疗技术研究项目；支持在上海自贸试验区建设干细胞生产中心、干细胞质检服务平台和国家干细胞资源库、国家干细胞临床研究功能平台，完善干细胞研究者和受试者保护机制；拓展张江跨境科创监管服务中心功能，建立干细胞产品快速审查通道，对国外上市的干细胞产品经快速审查批准后可先行开展临床研究
2021 年	《关于促进本市生物医药产业高质量发展的若干意见》	上海市人民政府	将基因治疗、细胞治疗等高端生物制品作为重点支持领域

续表

发布时间	文件名称	发布机构	相关内容
2021 年	《上海市先进制造业发展“十四五”规划》	上海市人民政府	以创新突破、规模生产为重点，发展免疫细胞治疗、蛋白和多肽类、抗体偶联等生物技术类药物和新型疫苗，加快免疫治疗、基因治疗、溶瘤病毒治疗等技术产品的研究和转化
2021 年	《上海市战略性新兴产业和先导产业发展“十四五”规划》	上海市人民政府	将细胞治疗与基因治疗作为战略性新兴产业发展重点，并将基因编辑、合成生物学等基因与细胞技术作为面向未来的先导产业开展布局
2021 年	《上海市浦东新区促进张江生物医药产业创新高地建设规定》	上海市人大及其常委会	浦东新区人民政府应当将促进人体细胞和基因产业发展纳入生物医药产业发展协调促进机制，在风险可控的前提下，支持符合条件的多元化投资主体开展人体细胞、基因技术研发和推进产业化进程
2022 年	《上海市自体 CAR-T 细胞治疗药品监督管理暂行规定（征求意见稿）》	上海市药品监督管理局	针对上海市细胞治疗药品上市许可持有人，细胞治疗药品生产企业，细胞治疗药品经营、运输和使用单位细胞治疗产品的上市后监管进行规定

在干细胞临床研究的推动方面，2017 年 3 月，原上海市食品药品监督管理局积极配合原上海市卫生和计划生育委员会，在成立上海市干细胞临床研究领导小组和上海市干细胞临床研究专家委员会的基础上，密切协同，共同做好干细胞临床研究机构和项目的初审、推荐工作[3]。同日，原上海市卫生和计划生育委员会还发布了《关于成立上海市干细胞临床研究管理工作领导小组的通知》，明确各区可根据工作需要，参照成立干细胞临床研究管理工作领导小组。自此，上海市的干细胞产品研发工作完成了从政策制定到政府监管的全面部署。

二、北京市

北京是我国细胞治疗领域创新资源最丰富的地区之一，拥有清华大学、北京大学、中国科学院动物研究所等全国顶尖的高校与研究院所以及各类医疗机构。北京是全国通过干细胞临床研究机构备案最多的地区，也集聚了北京细胞治疗集团、汉氏联合、北联中合等一大批细胞治疗企业。和其他省（市）一样，如表 13-6 所示，北京在科技与产业规划方面表现出对细胞治疗领域的全力支持，《北京市加快医药健康协同创新行动计划（2021—2023 年）》《北京市“十四五”时期高精尖产业发展规划》《北京市“十四五”时期国际科技创新中心建设规划》等文件均将细胞治疗研发创新与产业发展作为未来城市发展的重点。2021 年 12 月，免疫细胞治疗北京市工程研究中心正式获得市发展改革委批复，该项目是市发展改革委出台《北京市工程研究中心管理办法》以来首年批复的工程研究中心。免疫细胞治疗北京市工程研究中心是由北京臻知医学科技有限责任公司牵头，联合北京大学人民医院、北京细胞治疗转化研究院、北京新航城建设实业发展有限公司共同组建。建设内容包括细胞规模扩增制备环境搭建，具体表现为P2生物安全等级细胞制备间、C+A洁净级细胞制备车间、B+A洁净级细胞制备车间、质检室、开放实验室技术支撑平台、综合服务区等基础研究设施，与大兴国际机场临空经济区产业发展体系高度契合。

在临床应用方面，北京也逐步打开对细胞治疗产品的先试先行。2019年8月，北京市人民政府发布《服务业扩大开放综合试点重点领域开放改革三年行动计划》，鼓励在京医疗机构根据自身的技术能力，按照国家有关规定开展干细胞临床前沿医疗技术研究项目。2020年9月，国务院发布《关于印发北京、湖南、安徽自由贸易试验区总体方案及浙江自由贸易试验区扩展区域方案的通知》，明确自贸区内可开展跨境远程医疗等临床医学研究，区内医疗机构可根据自身技术能力，按照有关规定开展干细胞临床前沿医疗技术研究项目。支持开展免疫细胞、干细胞等临床前沿医疗技术研究项目。2020年12月，北京卫健委联合市教委、市科委、市经信局等10个部门联合印发《北京市关于加强医疗卫生机构研究创新功能的实施方案（2020—2022年）》，明确加大对抗肿瘤药物和干细胞、体细胞等方面应用性、实用性战略攻关的创新投入。在标准化方面，2021年7月，中关村玖泰药物临床试验技术创新联盟获得中关村标准化协会批准成立细胞治疗分技术委员会并予以公示，2022年1月11日在第二届中关村国际标准化主题周全体大会上授牌，助力地区细胞治疗标准的建立。

在细胞治疗这一新兴领域，北京对于细胞治疗的监管尤为看重，并从市级卫健委的角度出台了多项政策规范该领域的发展。2018年11月，北京市卫健委发布了《医疗机构合作开展干细胞临床研究干细胞制剂院内质量管理指南》，旨在强化干细胞临床研究管理，促进干细胞临床研究规范有序开展。2019年1月，北京市卫健委官网正式发布了《首批重点新增医疗服务价格项目规范表》，其中包含了“关节软骨损伤的组织工程软骨治疗”和“股骨头坏死组织工程技术修复术”两项细胞治疗项目，为细胞治疗领域带来了重大利好。2020年11月，北京卫健委正式发布《CAR-T细胞免疫治疗临床研究伦理审查指南》，适用于医疗卫生机构开展的CAR-T临床研究伦理审查，包括药物临床试验及研究者发起的探索性临床研究。同时，医疗机构承担研究的主体责任，应当建立完备的细胞制备及临床研究全过程质量管理体系、数据信息管理及相关风险管理机制。开展CAR-T临床研究的机构不得向受试者收取任何研究相关费用，且应购买第三方保险，对于发生与研究相关的损害或死亡的受试者承担治疗费用及相应的经济补偿或赔偿。

表13-6 北京细胞治疗主要政策列表

发布时间	文件名称	发布机构	相关内容
2017年	《北京市加快科技创新发展医药健康产业的指导意见》	北京市人民政府	引导有条件的医疗机构和创新研发机构在免疫细胞治疗、再生与干细胞技术和基因治疗技术等方面取得进步，开发治疗重大疾病的细胞产品
2018年	《北京市加快医药健康协同创新行动计划（2018—2020年）》	北京市人民政府	重点支持干细胞与再生医学、脑科学与类脑、结构生物学、合成生物学、蛋白质组学等基础研究，推动免疫治疗、基因检测及新型测序、多模态跨尺度生物医学成像等技术发展

续表

发布时间	文件名称	发布机构	相关内容
2018 年	《医疗机构合作开展干细胞临床研究干细胞制剂院内质量管理指南》	北京市卫健委	强化干细胞临床研究管理，促进干细胞临床研究规范有序开展
2019 年	《首批重点新增医疗服务价格项目规范》	北京市卫健委	包含了“关节软骨损伤的组织工程软骨治疗”和“股骨头坏死组织工程技术修复术”两项细胞治疗项目
2019 年	《服务业扩大开放综合试点重点领域开放改革三年行动计划》	北京市人民政府	鼓励在京医疗机构根据自身的技术能力，按照国家有关规定开展干细胞临床前沿医疗技术研究项目
2020 年	《关于印发北京、湖南、安徽自由贸易试验区总体方案及浙江自由贸易试验区扩展区域方案的通知》	国务院	明确自贸区内可开展跨境远程医疗等临床医学研究，区内医疗机构可根据自身技术能力，按照有关规定开展干细胞临床前沿医疗技术研究项目。支持开展免疫细胞、干细胞等临床前沿医疗技术研究项目
2020 年	《CAR-T 细胞免疫治疗临床研究伦理审查指南》	北京市卫健委	适用于医疗卫生机构开展的 CAR-T 临床研究伦理审查，包括药物临床试验及研究者发起的探索性临床研究
2020 年	《北京市关于加强医疗卫生机构研究创新功能的实施方案（2020—2022 年）》	北京市卫健委联合市教委、市科委、市经信局等 10 个部门	明确加大对抗肿瘤药物和干细胞、体细胞等方面应用性、实用性战略攻关的创新投入
2021 年	《2021 年北京市卫生健康科教工作要点》	北京市卫健委	2021 年做好干细胞、体细胞临床研究机构和项目备案的初审工作，为推动干细胞进入临床应用提供重要的循证支持
2021 年	《北京市加快医药健康协同创新行动计划（2021—2023 年）》	北京市人民政府	支持生命科学领域前沿关键技术研究，在基因编辑、新型细胞治疗、干细胞与再生医学等基础核心技术领域，产生重要的技术突破和具有国际引领性的原创发现，推动疑难、罕见疾病的精准诊断和突破性治疗。持续推进细胞与基因治疗等第三方专业技术服务平台建设，推动建设国家动物模型技术创新中心。保障机制之一是要争取政策支持，加强与国家部委开展的行政审批服务创新试点相关政策对接，积极争取人类遗传资源服务站试点，医疗器械服务站试点，干细胞等创新产品监管创新试点相关政策支持
2021 年	《北京市“十四五”时期高精尖产业发展规划》	北京市人民政府	在细胞和基因治疗方面构筑领先优势，推动医药制造与健康服务并行发展。搭建基因编辑平台，加快间充质干细胞、CAR-T（嵌合抗原受体 T 细胞治疗）、非病毒载体基因治疗产品研制；建成生物药研发生产平台、细胞与基因治疗研发中试基地等
2021 年	《北京市“十四五”时期国际科技创新中心建设规划》	中共北京市委、北京市人民政府	在细胞功能和病理状态在体检测、基因编辑、新型细胞治疗、干细胞与再生医学等基础核心技术领域，产生具有国际引领性的原创发现，建立重大疫病、疑难罕见疾病精准诊断和突破性治疗方法。加速培育高精尖产业新动能，创新药方向持续加强对细胞和基因治疗等新机制、新靶点、新结构的原创新药的研发。提升创新型产业集群示范区，建成细胞与基因治疗研发中试基地等，提升医药健康平台创新支撑作用

续表

发布时间	文件名称	发布机构	相关内容
2021 年	《"十四五"时期中关村国家自主创新示范区发展建设规划》	中关村示范区领导小组	加强重点技术领域布局，支持颠覆性技术创新。支持开展基因编辑、干细胞与再生医学、单细胞多组学、合成生物科技等生命科技研究。加强高校院所成果转移转化服务，建设细胞和基因治疗中试生产平台，开展中试基地认定工作，对符合条件的中试基地给予专项资金支持。
2022 年	《北京市卫生健康委员会关于印发 2022 年北京市卫生健康科教工作要点的通知》	北京市卫健委	做好干细胞、体细胞临床研究机构和项目备案的初审工作，加强政策咨询服务和申请前辅导

三、天津市

天津是全国较早开展细胞治疗基础研究与产业化的地区之一，在全国率先建立起"国家干细胞工程技术研究中心（2002 年）""国家干细胞工程产品产业化基地（2004 年）"等。如表 13-7 所示，随着相关政策的出台，细胞产业呈现出加快发展的态势，细胞治疗已成为天津生物医药发展的重点领域。

天津的细胞治疗产业主要布局在滨海新区。2021 年 10 月，天津滨海高新区"细胞谷"试验区正式挂牌，启动"一实验室"（细胞生态海河实验室）"两基地"[中国医学科学院细胞产业转化基地、中国（天津）自由贸易试验区联动创新示范基地]"三中心"（天津市细胞技术创新中心、工程创新中心、细胞药品监管科学研究中心）建设。目前，已有以中源协和、合源生物等公司为代表的 30 余家细胞相关企业集聚高新区，涵盖了细胞提取制备、细胞存储、质控检验、研发生产、应用转化、冷链物流等方面，细胞全产业链基本形成。天津市细胞产业创新型产业集群入选 2021 年度"国家创新型产业集群"。在政策方面，2021 年 10 月，天津市滨海新区科学技术局发布《滨海新区推进创新立区、打造自主创新升级版若干措施（试行）》（"创新立区 24 条"），涉及创新型企业培育、科技金融支撑、科技创新人才引育、重点产业支持等九个方面 24 条措施。在政策"先行先试"方面，已形成《滨海新区细胞产业技术创新行动方案》《中国（天津）自由贸易试验区滨海高新区联动创新区总体方案》《2021 年"滨海新区细胞产业技术创新行动方案"工作要点》等政策。2019 年 10 月，天津市滨海新区人民政府正式印发《滨海新区细胞产业技术创新行动方案》，目标将滨海新区建成细胞治疗示范区。建成以细胞和基因治疗为代表的生物医学新技术临床试验与应用基地，打造辐射全国的健康医疗示范区。2021 年 4 月，天津市人民政府提出《中国（天津）自由贸易试验区滨海高新区联动创新区总体方案》《中国（天津）自由贸易试验区中新生态城联动创新区总体方案》，提出争取细胞治疗等生物医药先行先试政策试点；推进京津冀"细胞谷"建设，在国家干细胞工程产品产业化基地建设自贸试验区联动创新示范基地；支持在区内筹建天津市细胞药物监管研究院；依托联动创新区细胞提取制备、细胞存储、质控检验、研发生产、应用转化和冷链物流等全细胞产业链，加快建设天津市细胞技术创新中心、天津市细胞工程创新中心、细胞药物基础与转化研究平台（细胞产业转化基地）等细胞治疗核心技术平台；加强研究先进国家细胞与基因治疗相关政策法规、监管程序和技术标准，跟踪京津冀、长三角、珠三角等先进地区发展细胞与基因技术成功经验，依托区内企业实际需求，借鉴和及时转化为联动创新区的政策。2021 年 5 月，滨海新区科学技术局印发《2021 年“滨海新区细胞产业技术创新行动方案”工作要点》，对 2019 年的行动方案进行进一步细化，提出建设中国（天津）自由贸易区联动创新示范基地，推动建立细胞治疗临床研究与转化应用试点，探索细胞治疗创新发展路径。

表13–7　天津细胞治疗主要政策列表

发布时间	文件名称	发布机构	相关内容
2018 年	《天津市生物医药产业发展三年行动计划（2018—2020 年）》	天津市人民政府	支持细胞治疗产业发展，开展干细胞和血液病细胞免疫治疗药物的临床研究，加快干细胞药物和再生医学、基因治疗、免疫细胞治疗、嵌合抗原受体 T 细胞免疫治疗、精准医疗、高端医疗等开发和应用
2019 年	《滨海新区细胞产业技术创新行动方案》	天津市滨海新区人民政府	目标将滨海新区建成细胞治疗示范区。建成以细胞和基因治疗为代表的生物医学新技术临床试验与应用基地，打造辐射全国的健康医疗示范区
2021 年	《天津市生物医药产业发展“十四五”专项规划》	天津市工业和信息化局	重点建设滨海新区“细胞谷”等代表性生物医药产业特色园区，加快政策创新，放宽干细胞等前沿医疗技术准入以及在天津自贸区内探索开展细胞治疗的“风险分级，准入分类”管理，允许相关政策在中日（天津）健康产业发展合作示范区落实
2021 年	《滨海新区推进创新立区、打造自主创新升级版若干措施（试行）》	天津市滨海新区科学技术局	对细胞产业创新药研发、CDMO 等公共服务平台出台了支持政策；包括对开展临床试验并在新区转化的 1 类创新药物予以奖励；对注册在新区并投入运营的细胞领域公共服务平台，经认定后，按照其上年度为新区企业（与本企业无投资关系）服务的实际情况予以奖励；对于第三方细胞制品质控中心项目按“一事一议”方式给予支持
2021 年	《中国（天津）自由贸易试验区滨海高新区联动创新区总体方案》	天津市人民政府	争取细胞治疗等生物医药先行先试政策试点；推进京津冀“细胞谷”建设，在国家干细胞工程产品产业化基地建设自贸试验区联动创新示范基地；支持在区内筹建天津市细胞药物监管研究院；依托联动创新区细胞提取制备、细胞存储、质控检验、研发生产、应用转化和冷链物流等全细胞产业链，加快建设天津市细胞技术创新中心、天津市细胞工程创新中心、细胞药物基础与转化研究平台（细胞产业转化基地）等细胞治疗核心技术平台；加强研究先进国家细胞与基因治疗相关政策法规、监督程序和技术标准，跟踪京津冀、长三角、珠三角等先进地区发展细胞与基因技术成功经验，依托区内企业实际需求，借鉴和及时转化为联动创新区的政策
2021 年	《2021 年“滨海新区细胞产业技术创新行动方案”工作要点》	天津市滨海新区科学技术局	对 2019 年的行动方案进行进一步细化，提出建设中国（天津）自由贸易区联动创新示范基地，推动建立细胞治疗临床研究与转化应用试点，探索细胞治疗创新发展路径

四、广东省

细胞治疗一直是广东省重点发展的生物医药领域，深圳、广州等地更在全国细胞治疗产业的发展中处于领先地位。如表 13-8 所示，广东省通过《广东省发展改革委关于进一步明确我省优先发展产业的通知》《关于促进生物医药创新发展的若干政策措施》《广东省制造业高质量发展“十四五”规划》《广东省科技创新“十四五”规划》等政策（表 13-8）提出做精做深细胞治疗产业，特别是支持深圳将细胞与基因治疗作为重点进行布局。

表13-8　广东省与深圳市细胞治疗主要政策列表

发布时间	文件名称	发布机构	相关内容
2014 年	《深圳市未来产业 2014 年“创新链 + 产业链”融合专项扶持计划》	深圳市科创委、深圳市发改委	在申报指南中，CAR-T 细胞治疗第一次被写进地方性政府的产业链指南里，且深圳连续 3 年拿出 1500 万元支持 CAR-T 产业的发展
2019 年	《广东省发展改革委关于进一步明确我省优先发展产业的通知》	广东省发改委	将细胞治疗技术和产品的研发与应用列为优先发展产业
2019 年	《关于支持自由贸易试验区深化改革创新若干措施工作方案》	深圳市人民政府	自贸试验区内医疗机构可根据自身的技术能力，按照有关规定开展干细胞临床前沿医疗技术研究项目
2020 年	《关于促进生物医药创新发展的若干政策措施》	广东省科学技术厅、发改委、工业和信息化厅等 9 部委	支持深圳市做精做深细胞治疗等产业，组织实施精准医学与干细胞等省重点专项
2020 年	《深圳市促进生物医药产业集聚发展的指导意见》及三份配套文件	深圳市发改委	明确支持搭建体细胞治疗临床研究和转化应用平台。支持医疗机构联合粤港澳大湾区的优质资源建设全球领先的细胞与基因治疗标准与检测研究院，争取获得国家第三方检测实验室资质，推进干细胞等先进技术创新应用
2020 年	《深圳经济特区前海蛇口自由贸易试验片区条例》	深圳市人民代表大会常务委员会	自贸片区内医疗机构和科研机构可以根据自身的技术能力，按照有关规定开展干细胞、免疫细胞、基因治疗以及单抗药物、组织工程等新技术研究和转化应用
2020 年	《深圳建设中国特色社会主义先行示范区综合改革试点实施方案（2020—2025 年）》	中共中央、国务院办公厅	支持深圳扩宽经济特区立法空间，在新兴领域加强立法探索，依法制定经济特区法规规章
2021 年	《广东省制造业高质量发展“十四五”规划》	广东省人民政府	着力突破精准医学与干细胞作为重点任务，并支持深圳将细胞与基因治疗作为重点进行布局
2021 年	《广东省科技创新“十四五”规划》	广东省人民政府	着力突破精准医学与干细胞作为重点任务
2021 年	《深圳经济特区细胞和基因产业促进条例（征求意见稿）》	深圳市人大常委会	为推动深圳经济特区内细胞和基因产业健康、持续、高质量发展，从细胞采集和储存、细胞和基因产品研发、药物拓展性临床试验、基因技术应用、产品生产和使用、保障措施等层面制定条例

续表

发布时间	文件名称	发布机构	相关内容
2022 年	《关于深圳建设中国特色社会主义先行示范区放宽市场准入若干特别措施的意见》	国家发改委、商务部	围绕放宽市场准入限制、优化市场准入环境、破除市场准入壁垒部署了涉及领域广、突破力度大、含金量高的订单式专项型政策包，为干细胞治疗、免疫治疗、基因治疗等新型医疗产品的政策突破提供了更大的可能

从广东省地级市细胞治疗领域的发展来看，深圳是广东省细胞治疗的重点布局地区，也是全国最早从政策角度支持免疫细胞治疗的地区之一。深圳细胞治疗产业的发展得益于深圳市政府对新技术的敏感性和强有力的支持，截至 2022 年 4 月，深圳市细胞治疗行业已经初具规模，以细胞治疗作为主营业务的企业达到 40 家以上，三级甲等医院均具有进行不同种类细胞治疗的能力，细胞治疗相关发明专利超过 200 件，拥有北科生物、因诺免疫、益世康宁、再生之城、宾德生物等细胞治疗领域的领跑企业。早在 2011 年，深圳市就对生物医药高新技术领域进行了前瞻性的布局，2014—2015 年深圳市科创委和深圳市发改委提出了《深圳市未来产业 2014 年“创新链 + 产业链”融合专项扶持计划》。在申报指南中，CAR-T 细胞治疗第一次被写进地方性政府的产业链指南里，且深圳连续 3 年拿出 1500 万元支持 CAR-T 产业的发展。2016 年初，深圳市科创委发布了《深圳细胞治疗产业路线图》，这是深圳市政府大力扶持细胞治疗产业的指导性文件。2015 年市发改委还支持北科生物公司 1500 万元建立了区域细胞制备中心。2016 年 5 月，国家卫生计生委紧急“叫停”免疫细胞治疗技术的临床诊疗，相关企业和医院受影响巨大。2016 年 9 月，深圳八家处于产、学、研前端的机构发起并成立了“深圳市细胞治疗技术协会”，旨在打造行业产品标准。2018 年，深圳市细胞治疗技术协会正式对外发布临床研究用人脐带来源间充质干细胞、人外周血来源 CIK 细胞、人外周血来源 NK 细胞、人脂肪组织来源间充质干细胞 4 项制剂规范。4 项细胞制剂规范的公布，为细胞治疗领域的各医院和应用单位，提供一个可参照、依据的细胞质量控制标准，为下一步细胞治疗药物临床研究和细胞治疗技术良性发展奠定基础。2019 年 7 月 2 日，深圳市人民政府发布《关于支持自由贸易试验区深化改革创新若干措施工作方案》的通知，指出自贸试验区内医疗机构可根据自身的技术能力，按照有关规定开展干细胞临床前沿医疗技术研究项目。2020 年 1 月，深圳市发改委官网发布《深圳市促进生物医药产业集聚发展的指导意见》及《深圳市生物医药产业集聚发展实施方案（2020—2025 年）》《深圳市生物医药产业发展行动计划（2020—2025 年）》《深圳市促进生物医药产业集聚发展的若干措施》三份配套文件，明确支持搭建体细胞治疗临床研究和转化应用平台。支持医疗机构联合粤港澳大湾区的优质资源建设全球领先的细胞与基因治疗标准与检测研究院，争取获得国家第三方检测实验室资质，推进干细胞等先进技术创新应用。在人才方面，深圳经济特区于 2010 年 10 月推出的引进高技术人才的项目。纳入“孔雀计划”的海外高层次人才可享受 160 万～ 300 万元的奖励补贴，并享受居留和出入境、落户、子女入学、配偶就业、医疗保险等方面的待遇政策。对于引进的世界

一流团队给予最高 8000 万元的专项资助，并在创业启动、项目研发、政策配套、成果转化等方面支持海外高层次人才创新创业。目前，已有多个细胞治疗团队纳入“孔雀计划”。2020 年，广东省细胞与基因治疗创新药物工程技术研究中心获广东省科技厅认定，该研究中心由莱恩医药、深圳普瑞金生物药业有限公司、深圳市儿童医院联合共建，主要围绕细胞与基因治疗药物重大共性关键技术进行科技攻关，旨在突破一批“卡脖子”关键技术，打造一个以外包服务的形式承担细胞及基因治疗药物项目的中试、放大转化，临床前药理毒理研究、药物注册申报、批量生产过程中的一项或多项定制服务的一站式服务平台。

从法律法规方面，深圳率先为细胞和基因产业发展立法。2020 年 10 月 1 日起开始施行的全国首部自贸片区立法《深圳经济特区前海蛇口自由贸易试验片区条例》，为深圳细胞和基因治疗产业发展提供了新的动力和空间。条例明确规定，自贸片区内医疗机构和科研机构可以根据自身的技术能力，按照有关规定开展干细胞、免疫细胞、基因治疗以及单抗药物、组织工程等新技术研究和转化应用。同月，中共中央、国务院办公厅印发的《深圳建设中国特色社会主义先行示范区综合改革试点实施方案（2020—2025 年）》为深圳细胞和基因治疗等新兴领域的立法工作提供政策依据和保障，实施方案中明确提出“支持深圳扩宽经济特区立法空间，在新兴领域加强立法探索，依法制定经济特区法规规章”。为推动细胞和基因产业健康、持续、高质量发展，提升生物医药产业整体发展水平，更好地满足人民群众对健康生活的需求，深圳市人大常委会计划预算工委于 2020 年 12 月开始组织起草《深圳经济特区细胞和基因产业促进条例（草案）》并于 2021 年 11 月正式面向社会公开征求意见。该条例对深圳细胞治疗产业的发展有重要的作用[4]。

此外，2022 年 1 月 26 日，国家发改委、商务部发布《关于深圳建设中国特色社会主义先行示范区放宽市场准入若干特别措施的意见》，围绕放宽市场准入限制、优化市场准入环境、破除市场准入壁垒部署了涉及领域广、突破力度大、含金量高的订单式专项型政策包，为干细胞治疗、免疫治疗、基因治疗等新型医疗产品的政策突破提供了更大的可能，极大支持了深圳在细胞治疗产业的先行先试。

五、江苏省

江苏省近年来持续加大对细胞治疗领域的支持力度，如表 13-9 所示，江苏省对于细胞治疗的支持主要起始于“十三五”阶段，包括《江苏省“十三五”医药产业发展规划》《江苏省“十三五”现代产业体系发展规划》《江苏省“十四五”科技创新规划》等。2022 年 1 月，《江苏省“十四五”医药产业发展规划》，对江苏省内的细胞治疗产业发展进行了详细规划，在“十四五”期间，江苏省将加大细胞治疗和基因工程药物融合发展新技术的研发，重点开发一批以嵌合抗原受体 T 细胞（CAR-T）为代表的免疫细胞治疗、干细胞治疗以及核糖核酸（RNA）干扰等基因治疗药物。在空间布局上，江苏省在细胞治疗领域的布局如下：在南京围绕细胞治疗与基因治疗等特色领域，打造公共服务平台，建设从细胞存储、核心试剂和细胞培养基产品开发、临床研究到实际应用全产业链条；苏州加快推进新型疫苗、基因与细胞治疗研发和产业化步伐，在自由贸易试验区苏州片区围绕免疫细胞治疗、干细胞治疗和基因治疗前沿技术领域，积极向上争取创新政策制度先行先试，把苏州片区打造成细胞治疗和基因治疗的先行区；南通加快发展基因检测产品、免疫治疗药物、干细胞产品等，推动产业链配套集聚；常州推进建设西太湖长三角细胞治疗前沿技术研究院。

表13-9　江苏省及主要地级市细胞治疗主要政策列表

发布时间	文件名称	发布机构	相关内容
2016年	《江苏省"十三五"医药产业发展规划》	江苏省人民政府	鼓励开展基因治疗药物、干细胞等细胞治疗产品的研究
2016年	《江苏省"十三五"现代产业体系发展规划》	江苏省人民政府	研发人成体干细胞及人多能干细胞临床应用技术，加快实施一批干细胞临床试验、新药研发等示范项目
2016年	《江苏省"十三五"战略性新兴产业发展规划》	江苏省人民政府	加快基因编辑、功能细胞获得、细胞规模化培养、靶向和长效释药等新技术研发和推广应用，开展核酸药物、基因治疗药物、干细胞等细胞治疗产品的研究
2020年	《全力打造苏州市生物医药及健康产业地标实施方案（2020—2030年）》	苏州市委、苏州市人民政府	将基因与细胞治疗作为创新药物的主攻方向，重点发展基因工程药物、基因治疗、以CAR-T细胞治疗为代表的免疫细胞治疗、干细胞治疗、基因检测、基因编辑等。全力打造国家级试验基地
2020年	《南京市打造新医药与生命健康产业地标行动计划》	南京市人民政府	重点发展细胞存储、细胞技术研发、免疫细胞治疗、干细胞治疗等产业；建立基因细胞工程基地，建立细胞工程基地
2021年	《江苏省"十四五"科技创新规划》	江苏省人民政府	重点发展新一代基因编辑、免疫调控等前沿技术；重点发展基因工程药物、细胞治疗产品等生物技术药
2021年	《关于促进全省生物医药产业高质量发展若干政策措施的通知》	江苏省人民政府	瞄准药物新靶标发现、细胞治疗药物设计等前沿方向，对符合省前沿引领技术基础研究专项立项条件的项目给予500万～2000万元资金支持
2021年	《省有关部门协力支持中国（江苏）自由贸易试验区生物医药产业开放创新发展政策措施》	江苏省人民政府	支持自贸试验区符合条件的医疗机构申报干细胞临床研究机构及项目备案
2021年	《江苏省"十四五"制造业高质量发展规划》	江苏省人民政府	大力发展大分子药物和基因及细胞治疗药物等生物药，推进细胞免疫治疗等新靶点生物大分子创新药物研发
2021年	《南京江北新区"十四五"发展规划》	江苏省人民政府	以基因技术和细胞治疗为主攻方向，大力建设基因与细胞实验室，发展干细胞治疗等高端医疗，在细胞免疫治疗领域培育变革性技术
2022年	《江苏省"十四五"医药产业发展规划》	江苏省工业和信息化厅	加大细胞治疗和基因工程药物融合发展新技术的研发，重点开发一批以嵌合抗原受体T细胞（CAR-T）为代表的免疫细胞治疗、干细胞治疗以及核糖核酸（RNA）干扰等基因治疗药物；将南京、苏州等地作为产业布局的重点

六、浙江省

如表13-10所示，浙江省加快了对细胞治疗领域的科技与产业布局，相关政策包括《关于加快生命健康科技创新发展的实施意见（征求意见稿）》《关于推动浙江省医药产业高质量发展的若干意见》《浙江省健康产业发展“十四五”规划》等。

对地级市的细胞治疗政策进行分析，浙江省对于细胞治疗产业的布局主要集中于杭州与温州。在杭州，在生物医药领域良好的科研与临床基础以及中国（浙江）自由贸易试验区的建设是该地区发展细胞治疗产业的主要契机。2020年10月，杭州高新开发区（滨江）管委会、政府办公室发布《关于促进生命健康产业创新发展的实施意见》，提出发展干细胞治疗、免疫治疗、基因治疗等生物治疗技术，推进布局免疫细胞治疗研发中心。2021年2月，杭州市萧山区人民政府发布《中国（浙江）自由贸易试验区杭州片区萧山区块建设方案》，提出重点争取对细胞治疗和基因治疗临床和商业化审批权限的开放，探索建立细胞与基因治疗药物申报、检测过程中的绿色通道。支持应用于临床研究的境外创新医疗技术准入。在温州，2019年起温州启动中国基因药谷的建设，主要依托温州医科大学及附属第一医院，联合中国生物技术股份有限公司，打造浙南生物新药产业化基地。2021年3月，温州佑仁生物技术有限公司与温州医科大学附属第一医院签订科研合作协议，共同构建浙南首个精准性个体化细胞研究中心，填补温州市细胞存储与细胞治疗领域空白，加速推动全市细胞研究发展进程。2021年12月，温州市发展改革委、市科学技术局发布《温州市生命健康产业发展“十四五”规划》，重点发展新型免疫细胞治疗、干细胞治疗、基因治疗、基因编辑等精准治疗技术。

表13-10　浙江省及主要地级市细胞治疗主要政策列表

发布时间	文件名称	发布机构	相关内容
2019年	《关于加快生命健康科技创新发展的实施意见（征求意见稿）》	浙江省科学技术厅	建设复旦大学温州研究院，聚焦创新大分子药物、干细胞和免疫细胞以及创新医疗器械等领域打造高端产业化研发平台；建设区域细胞制备中心、干细胞临床研究基地等研发与服务平台
2020年	《关于推动浙江省医药产业高质量发展的若干意见》	浙江省发展改革委、省经信厅、省科技厅等7部门	支持免疫治疗、基因治疗、干细胞治疗等新兴领域的技术创新和产业发展，重点推动基因治疗药物和细胞治疗药物等产品研发和成果产业化
2020年	《关于促进生命健康产业创新发展的实施意见》	杭州高新开发区（滨江）管委会、政府办公室	发展干细胞治疗、免疫治疗、基因治疗等生物治疗技术，推进布局免疫细胞治疗研发中心
2021年	《浙江省健康产业发展“十四五”规划》	浙江省发展改革委	大力发展基因治疗、细胞治疗等个体化治疗服务，加强免疫治疗、基因治疗、干细胞治疗等新兴生物技术研发转化。积极推进中国基因药谷、丽水细胞生命科技产业园等项目建设。允许自贸试验区内医疗机构根据自身技术能力按规定开展干细胞临床研究项目，对审批合格产品开展临床应用

续表

发布时间	文件名称	发布机构	相关内容
2021 年	《浙江省医药产业发展“十四五”规划》	浙江省经济和信息化厅	加快免疫细胞治疗药物、干细胞治疗药物、基因治疗药物等市场紧缺产品开发，开发人工设计细胞、基因设计制品等制备技术，探索布局基因编辑、合成生物学等前瞻领域
2021 年	《中国（浙江）自由贸易试验区杭州片区萧山区块建设方案》	杭州市萧山区人民政府	重点争取对细胞治疗和基因治疗临床和商业化审批权限的开放，探索建立细胞与基因治疗药物申报、检测过程中的绿色通道。支持应用于临床研究的境外创新医疗技术准入
2021 年	《温州市生命健康产业发展“十四五”规划》	温州市发展改革委、市科学技术局	重点发展新型免疫细胞治疗、干细胞治疗、基因治疗、基因编辑等精准治疗技术

七、海南省

海南博鳌作为国内医疗旅游的先行区，将开放性的临床准入政策作为该地区的竞争优势。如表 13-11 所示，2013 年 2 月，国务院正式批复海南设立博鳌乐城国际医疗旅游先行区。根据《国务院关于同意设立海南博鳌乐城国际医疗旅游先行区的批复》，将给予先行区九项支持政策，其中第二条即为：先行区可根据自身的技术能力，申报开展干细胞临床研究等前沿医疗技术研究项目。因此细胞治疗一直是海南博鳌发展的核心内容之一。目前，国家已将该支持政策扩展为全国所有自贸区均可开展干细胞临床前沿医疗技术研究项目。2018 年 7 月，中国干细胞集团在博鳌乐城国际医疗旅游先行区建成了中国干细胞集团海南博鳌附属干细胞医院，这是我国首个也是目前唯一一个干细胞医院，致力于打造成为全国具有影响力的血液病治疗平台。2019 年 7 月，科技部、国家卫生健康委、海南省人民政府签署了《关于共同推进重大新药创制国家科技重大专项成果转移转化试点示范框架协议》，三方以海口国家高新区、博鳌乐城国际医疗旅游先行区及相关医学院校、医疗机构、企业为依托，共同建设试点示范基地。海南是全国第二个重大新药创制专项成果转移转化试点示范基地。海口国家高新区主要承接一般的化学药以及细胞药之外的生物药，乐城先行区主要做细胞治疗药物。同月，海南省制定了《博鳌乐城先行区干细胞医疗技术准入和临床研究及转化应用管理办法》和《海南省创制新药成果转移转化基地建设项目申报书》，探索干细胞和新药转化在博鳌乐城国际医疗旅游先行试验区先行先试。2020 年 6 月，海南省人民政府发布《海南自由贸易港博鳌乐城国际医疗旅游先行区条例》，明确提出先行区医疗机构可以在先行区进行干细胞、免疫细胞治疗、单抗药物、基因治疗、组织工程等新技术研究和转化应用。2021 年 1 月，海南省科学技术厅、卫生健康委员会、药品监督管理局和医疗保障局四部门联合印发《海南省关于支持重大新药创制国家科技重大专项成果转移转化的若干意见》，支持在博鳌乐城先行区按照《海南博鳌乐城国际医疗旅游先行区干细胞医疗技术临床研究与转化应用暂行规定》申报开展干细胞临床研究和转化应用，支持建设具备细胞制备、质控质检、评价能力的公共服务平台。

表13–11　海南省细胞治疗主要政策列表

发布时间	文件名称	发布机构	相关内容
2013 年	《国务院关于同意设立海南博鳌乐城国际医疗旅游先行区的批复》	国务院	先行区可根据自身的技术能力，申报开展干细胞临床研究等前沿医疗技术研究项目等
2019 年	《关于共同推进重大新药创制国家科技重大专项成果转移转化试点示范框架协议》	科技部、国家卫生健康委、海南省人民政府	以海口国家高新区、博鳌乐城国际医疗旅游先行区及相关医学院校、医疗机构、企业为依托，共同建设试点示范基地
2019 年	《博鳌乐城先行区干细胞医疗技术准入和临床研究及转化应用管理办法》	海南省卫生健康委员会	探索干细胞在博鳌乐城国际医疗旅游先行试验区先行先试
2020 年	《海南自由贸易港博鳌乐城国际医疗旅游先行区条例》	海南省人民政府	先行区医疗机构可以在先行区进行干细胞、免疫细胞治疗、单抗药物、基因治疗、组织工程等新技术研究和转化应用
2021 年	《海南省关于支持重大新药创制国家科技重大专项成果转移转化的若干意见》	海南省科学技术厅、卫生健康委员会、药品监督管理局和医疗保障局四部门	支持在博鳌乐城先行区按照《海南博鳌乐城国际医疗旅游先行区干细胞医疗技术临床研究与转化应用暂行规定》申报开展干细胞临床研究和转化应用，支持建设具备细胞制备、质控质检、评价能力的公共服务平台

八、其他省（市）

细胞治疗改变了很多重大难治性疾病的传统治疗手段，给疾病的机理研究和临床应用带来了颠覆性变化。如表 13-12 所示，除了国家层面，以及上海、北京、广东、天津等起步较早的地区出台一系列扶持举措，细胞治疗产业已在我国“全面开花”，四川、重庆、河北、云南、山东等省市相继颁发各类规划、方案、规范和意见，将细胞治疗列为深化发展、重点扶持的领域，支持细胞治疗的技术研究、临床应用和产业发展。

表13–12　其他省（市）细胞治疗主要政策列表

省（市）名称	发布时间	文件名称	相关内容
四川省	2017 年	《四川省“十三五”科技创新规划》	研发创新基因治疗药物、免疫细胞治疗制剂、干细胞治疗制剂等一批重点创新产品
	2022 年	《四川省“十四五”高新技术产业发展规划（征求意见稿）》	开展生物药相关的新靶点确认、基因编辑、药物设计与修饰、规模化制备与质控等技术研究，研发基因治疗药物，免疫细胞治疗制剂、干细胞治疗制剂等中一批重点创新产品
重庆市	2019 年	《重庆市人民政府关于印发重庆市推动制造业高质量发展专项行动方案（2019—2022 年）的通知》	重点引进培育基于免疫抗体技术、蛋白重组等基因工程技术的生物制品和新型疫苗；积极探索布局基于 CAR-T、TCR-T 等基因重组 T 细胞治疗药物及间充质干细胞、神经干细胞、造血干细胞等细胞生物制品；将建设三个细胞治疗技术应用示范中心

续表

省（市）名称	发布时间	文件名称	相关内容
重庆市	2021 年	《关于开展重庆市江北区区域细胞制备中心建设的通知》	择优选择区内具备条件的企业开展区域细胞制备中心建设工作，努力打造集“生物样本储存、细胞制备、细胞质量检测”于一体的产业示范平台，实现细胞来源和细胞制备的安全性和可控性，推进细胞产业共性关键技术攻关与新技术研发
河北省	2020 年	《关于支持中国（河北）自由贸易试验区正定片区高水平开放高质量建设的若干意见（试行）》	明确支持正定片区内符合条件的医疗机构开展干细胞相关研究工作，对完成备案的干细胞临床前沿医疗技术临床研究项目，给予 500 万元科研经费支持
	2021 年	《细胞免疫治疗临床操作技术规范》	规定了基本要求、风险预案、实施方案的制定、实施与操作、毒副反应的处理、患者随访等内容；适用于实施细胞免疫治疗的医疗机构与细胞制备机构
云南省	2019 年	《关于加快生物医药产业高质量发展的若干意见》	积极发展以干细胞为重点的细胞治疗产品。加强细胞产品应用基础研究和转化研究，推进细胞产品临床研究项目备案。依托在滇科研机构或有关企业，建设细胞产品制备中心
	2020 年	《关于建立云南省推进细胞产业发展联席会议制度的通知》	在省人民政府的领导下，统筹协调推进全省细胞产业发展，加强对全省细胞产业发展的指导，研究制定促进细胞产业发展的政策措施
	2020 年	《昆明市大健康产业发展规划（2019—2030 年）》	集全市之力打造干细胞和再生医学集群，成为昆明大健康产业的标志性亮点和品牌；研究干细胞和再生医学产品和技术等前沿生命科学试验的突破性政策需求和实施方案；支持医疗机构按照规定开展干细胞临床前沿医疗技术研究项目
	2021 年	《昆明高新区促进细胞产业集群创新发展若干政策（试行）》	以昆明高新区细胞产业集群创新园为核心区和主要聚集区，围绕支持细胞产业集群发展、促进细胞产业标准化建设、扶持细胞产业平台建设等七个方面出台了 16 条政策措施
山东省	2021 年	《烟台市人民政府关于促进全市生物医药产业高质量发展的若干意见》	推动成立细胞与基因治疗发展联盟，打造“中日再生医疗临床试验中心”“干细胞与再生医学和抗衰老研究中心”等干细胞与再生医学研发平台、成果转化平台

第三节　小　结

从我国细胞治疗产业的发展历程来看，我国是全球最早开展细胞治疗科技与产业布局的国家之一，通过不断地修改与完善相关政策法规，我国已形成了一套具有中国特色的细胞治疗政策与监管框架。同时，我国的政策呈现高度的变化性，当前处于细胞治疗成果进入产业化与临床应用的关键阶段，近年来，我国在临床阶段与生产阶段的相关规划与标准也不断增多，虽然多处于征求意见稿阶段，且不少地方也在申请先试先行，但是总体而言，我国的细胞治疗政策与监管体系总体呈现产业利好趋势，我国细胞产业的高速发展时期即将到来。

对上海、北京、天津、广东等在细胞治疗领域的政策布局进行研究可见，该领域已成为各地科技与产业发展的重点。总结各地的政策特点，主要体现为以下几点：

（1）出台规划强调细胞治疗在地方科技与产业发展中的重要地位

从“十三五”阶段开始，细胞治疗就成为各地生物医药科技与产业布局的重点，上海、北京、天津、广东、江苏等均通过产业规划强调细胞治疗在各省（市）发展中的重要地位，其中，上海、北京、天津、广东等地方布局较早，从21世纪初就开展了科技布局，主要集中于干细胞研究；也有少部分城市早期就将免疫细胞作为重点布局的领域，如广东省深圳市。通观“十四五”阶段，随着国家对该领域政策的不断放开，细胞治疗技术与产业热度不断攀升对于细胞治疗企业、机构与人才的争夺也愈发激烈。

（2）自贸区成为打开细胞治疗临床与商业化通道的“重要窗口”

根据国家对于自贸区的相关政策，上海、北京、湖南、安徽、广东、海南等10多个省（市）均通过地方规划或出台针对性的工作方案，推动自贸区细胞治疗的临床应用与商业化，如《2021年“滨海新区细胞产业技术创新行动方案”工作要点》《关于支持自由贸易试验区深化改革创新若干措施工作方案》《深圳经济特区前海蛇口自由贸易试验片区条例》等，具体实施细则较少，实际开展行动也较为谨慎。

（3）部分省（市）针对细胞治疗出台针对性的发展政策

北京、深圳、天津、海南等地方针对细胞治疗产业发布了针对性的政策，从内容来看，以打通审批通道，加快细胞治疗临床应用和产品上市居多。从类型上来看，主要包括三种：①细胞治疗临床和生产层面的指南、标准和规范，如北京市卫生健康委员会发布的《CAR-T细胞免疫治疗临床研究伦理审查指南》、河北省市场监督管理局组织编写的《细胞免疫治疗临床操作技术规范》地方标准、海南省卫生健康委员会发布的《先行区干细胞医疗技术准入与临床研究及转化应用管理办法（试行）》等；②针对细胞治疗领域出台和探索相关的法律，如深圳出台《深圳经济特区细胞和基因产业促进条例（征求意见稿）》等；③针对地方方针出台相关行动要点和实施方案，如天津市滨海新区科学技术局发布的《2021年“滨海新区细胞产业技术创新行动方案”工作要点》。

（4）为细胞治疗发展搭建针对性机构、平台或示范区

针对细胞治疗的标准建立、项目孵化、临床应用、产品上市等问题、不少地区出台了针对性强的机构、平台或示范区推动相关产业的全链条发展，如在标准制定方面，深圳八家处于产、学、研前端的机构发起并成立了“深圳市细胞治疗技术协会”；在项目孵化方面，大连自贸片区与大连医科大学签订框架协议，在大连自贸片区共建“大连基因细胞治疗先行示范区”；在临床应用方面，重庆市建设三个细胞治疗技术应用示范中心；在产品上市方面，深圳、江苏、浙江等均建立了区域细胞制备中心。

参考文献

[1] 科技部．干细胞研究国家重大科学研究计划“十二五”专项规划（公示稿）[EB/OL].（2012-04-17）[2022-05-02]. http: //www.phirda.com/artilce_9561.html.

[2] 火石创造．我国细胞治疗产业发展阶段及前景分析 [EB/OL].（2022-01-20）[2022-05-02]. http: //phirda.com/artilce_26671. html.

[3] 上海卫计委．上海市成立干细胞临床研究专家委员会 [EB/OL].（2017-03-23）[2022-05-02]. http: //wsjkw.sh.gov.cn/kjjy2/20180815/0012-57120. html.

[4] 深圳市人大常委会．关于《深圳经济特区细胞和基因产业促进条例（征求意见稿）》公开征求意见的公告 [EB/OL].（2021-11-12）[2022-05-02]. http: //www.szrd.gov.cn/rdyw/fgcayjzj/content/post_742653.html.

第十四章

启示与建议

虽然目前以细胞治疗为代表的生物治疗不是临床疾病救助的主流治疗措施，但是从全球的发展来看，细胞治疗已成为药物与医疗技术的重要组成部分，相关科学问题正逐渐阐明，越来越多的治疗产品进入产业化，细胞治疗产业也正由无序走向有序。通过对国内外细胞治疗政策与监管体系进行分析，可以看到细胞治疗已成为各国家（地区）政府、科技界和企业界高度关注和大力投入的重要发展方向，该领域的发展也考验着各国家（地区）对于新兴技术的管理能力。本章将分析我国当前细胞治疗政策与监管体系的不足，提出构建和完善我国细胞治疗政策与监管体系的建议。

第一节　我国当前政策与监管体系存在的问题

我国现行细胞治疗监管制度仍将重点放在临床应用前期的风险管控上，产业发展部分受困于临床准入、产品上市、伦理监管等政策因素，主要总结为以下几点。

一、细胞治疗政策的覆盖面与稳定性尚待提升

目前，我国细胞治疗的政策与监管体系主要存在产品生命周期覆盖不到位以及政策文件稳定性不高两大方面的问题。从覆盖的产业链条和产品生命周期来看，更多集中于非临床研究和临床试验研究环节，对商业化生产、产品流通以及上市后监管涉及较少。从政策稳定性来看，目前国内相关政策多为“征求意见稿”“试行”等形式，文件极有可能随着技术的发展与国内产业环境的变动进行更新迭代，我国细胞治疗行业相关监管政策仍然存在较高的“变动性”。

二、在细胞临床应用阶段未对产品进行分级管理

以干细胞治疗领域为例，对于可开展干细胞临床应用的机构，目前我国干细胞临床研究主体需要进行机构备案，2018年以来，我国细胞治疗的备案机构数量非常有限，主体需为三甲医院，且近年来新备案的机构数量明显减少。对于干细胞项目的临床应用，目前，我国临床研究项目监管备案模式缺乏柔性，无论风险等级高低，均按照同等要求开展备案。如较低风险的自体来源和较高风险的异体来源干细胞，均采取相同的专家评审机制和要求。

三、细胞产品从审批到上市的通道尚未完全打通

目前，我国细胞产品从审批到上市的通道尚未打通，以干细胞产品为例，干细胞治疗产品在国内作为药品仍然处于临床试验阶段，虽然有多件干细胞产品已提交上市申请，但是尚无一件干细胞产品获批上市。此外，根据规定，细胞治疗的临床试验只能在备案机构展开，但在具体实施中，对于除干细胞外的其他类型细胞治疗的临床试验机构未落实具体的备案机制，不同类型细胞治疗临床试验项目与机构的审批机制亟待进一步完善。

四、从细胞来源到细胞生产缺乏行业标准支撑

近两年，我国陆续发布了《药品生产质量管理规范 - 细胞治疗产品附录（征求意见稿）》《药品生产质量管理规范 - 细胞治疗产品附录》（征求意见稿）《嵌合抗原受体T细胞（CAR-T）产品申报上市临床风险管理计划技术指导原则（征求意见稿）》等相关指导原则或管理规范，对细胞治疗产品的生产和临床上市路径提出了更明确的要求。但从细胞治疗产品研发与上市的全流程来看，对不同的细胞类型（如干细胞、免疫细胞）、不同的细胞来源（自体、异体）、不同的细胞操作流程、不同的细胞生产方法、不同的细胞流通过程等的标准亟待完善。虽然中国细胞生物学学会等第三方机构以及河北等省（市）也发布了一些标准，但是相对于细胞治疗产品研发和上市还远远不够，且多为推荐性标准，而非强制性标准。

五、上市后机构和患者双向受益机制有待挖掘

在机构端，我国临床研究机构的转化路径不明确，如干细胞领域备案的100多家机构均仅限于开展无偿形式的临床研究。在患者端，我国细胞产品未纳入医保目录，价格昂贵又使得可及性受到限制。

第二节　对我国政策和监管体系的建议

一、提升国内政策的覆盖面和稳定性

国际经验表明，细胞治疗领域有必要建立从法律、法规到行业指南不同层次的监管与政策框架，分级分类管理，形成细胞治疗监管科学从顶层设计到具体医疗技术的药学研究、临床前研究、临床转化、上市申报、上市后监管等全方位、全链条产业政策。虽然我国目前仍存在政策覆盖面与稳定性不足的问题，但是随着技术、行业、产业不断发展，更多产品将进入产业化、商业化环节，我国细胞治疗相关政策必将日趋完善。

因此，建议基于细胞治疗产品特殊性，明确具有针对性的全生命周期的监管要求，对于目前的"征求意见稿""试行"等文件尽快开展验证工作，推动以满足患者对新治疗的迫切临床需求为目标且贯穿细胞治疗产品全生命周期的协调统一的监管体系，并根据新技术的发展和应用不断调整。

二、通过快速审批加快细胞治疗产品上市

当前美国上市批准的免疫细胞治疗产品均获得了优先审评，2017—2020年3款CAR-T细胞治疗产品（Kymriah®、Yescarta®、Tecartus®）从申报完成到批准上市时长均小于8个月。国外把监管的重点放在上市后，如FDA对基因治疗产品的临床及上市后安全性研究提供了详细的指导，要求对至少1000名接受Kymriah治疗的患者进行为期15年的随访；欧盟明确指出已根据孤儿药批准上市的Kymriah和Yescarta相比于其他药物会受到监管机构更为密切的监测，需要提供为期5年的安全性报告；在日本，细胞治疗产品为非标准化治疗产品，日本采取"有条件 / 期限上市许可"，将再生医学产品的有效性评价从上市前转移到了上市后。

细胞治疗产品具有两面性，一方面由于细胞治疗的特殊性，必须对其安全性、有效性和可控性进行严格的监管，必须对其审批采取审慎的态度；另一方面，基于细胞的特殊属性，细胞治疗产品的审批入市如果走通常的新药审评之路不仅太长，也缺乏针对性的标准。我国针对细胞治疗药物尚未设立针对性的快速审批通道，对于上市后的监管更处于起步阶段。因此，建议参考美国、欧盟、日本等国家（组织）的经验，建立有别于化学药和常规生物制品的细胞治疗新药注册、评审、临床评价机制，开辟细胞治疗审批的快速通道，在保证严格、规范的前提下提高审批效率。同时，进一步完善上市后监管机制，对于安全性和有效性建立随访方案，确保对细胞治疗产品未知风险的长期监控。

三、探索细胞治疗产品监管的风险分级

美国、日本等国均对细胞治疗产品进行了监管分级。在美国，低风险的细胞免疫治疗产品上市不需要向美国食品药品监督管理局提出申请；而高风险的细胞免疫治疗产品则需要向美国食品药品监督管理局提出申请。日本对在医院内进行的细胞治疗技术进行了风险分类管理，高风险类临床研究的审查和认证遵循高标准、严要求，审查程序更加严谨，也提高了对审核专家团队的要求。根据日本厚生劳动省数据，在风险分级监管实施后的两年内，日本提交的临床研究和应用达3700多项，相比于实施前的84项，数量涨幅高达40多倍，极大提升了细胞治疗的临床研究与应用。

因此，建议我国探索“风险分级、准入分类”的临床研究管理模式，按细胞治疗产品的风险大小实行风险分级和准入分类，通过差异化的监管模式，提升低风险细胞治疗产品的临床准入速度，通过对高风险的细胞治疗产品加大审批力度，提升对产品安全性和有效性的监管力度，更大程度保证患者利益。

四、建立细胞治疗技术与产品的标准化体系

行业的规范化以及产品的标准化发展，是细胞治疗技术从基础研究到临床应用的重要一步。目前，各国家（地区）对于细胞治疗产品均设立了丰富的标准与指南，以日本为例，日本通过两条途径推进细胞标准化处理，一是制定完备的细胞标准化制备指导文件；二是针对细胞流通展开链式监管。日本厚生劳动省要求企业须获取细胞制备许可证，方可生产并提供细胞制品。截至2022年5月，我国的标准化建设尚处于起步阶段，从国家层面出台的强制性标准更处于空白。

因此，建议我国针对不同的疾病领域、细胞类型，聚焦细胞采集、细胞制备、质量评价、疗效安全评估以及运输和存储标准等环节，推进细胞标准化建设。除了第三方机构、企业或地方出台的推荐性标准，更期待从强制性标准的角度把控细胞治疗产品的红线，更好地推动产业的发展。

五、建立完善的支付模式提升研发积极性

细胞治疗支付模式的改善主要体现在两个层面：一是在医疗机构开展的细胞治疗技术的临床应用是否允许收费；二是细胞治疗产品价格异常高昂。建议尽快明确地方乃至国家层面对于医疗机构细胞治疗技术应用的收费机制，提升医疗机构技术应用的积极性。另外，对于已上市的细胞治疗产品，参考国外细胞治疗的支付模式，可考虑通过地方补充医疗保险、医疗救助项目、专项基金等模式帮助患者承担一定比例的用药费用。